中建股份科技研发课题《大型剧院工程综合施工成套技术研究》CSCEC-2015-Z-34

艺术殿堂　匠心营造
大型剧院工程综合施工技术

Integrated Construction Technologies of Large Theater Projects

主　编　张晓勇　黄　海　张世武　李忠卫

副主编　亓立刚　周光毅　汪贵临　陈俊杰

中国建筑工业出版社

图书在版编目（CIP）数据

艺术殿堂　匠心营造：大型剧院工程综合施工技术 / 张晓勇，黄海等主编.—北京：中国建筑工业出版社，2017.1

ISBN 978-7-112-20337-6

Ⅰ.①艺… Ⅱ.①张… ②黄… Ⅲ.①剧院—建筑工程—成套技术 Ⅳ.① TU745.5

中国版本图书馆CIP数据核字（2017）第013818号

本书是中建八局对近年来施工建设的十七个大剧院项目技术经验的总结。全书共分为4篇，包括：大型剧院工程施工共性技术、大型剧院工程施工特色技术、大型剧院工程施工组织方案以及大型剧院工程绿色施工技术案例。其中，共性技术以江苏大剧院为蓝本，特色技术以分布在全国各地的大剧院项目为例，体现了目前国内大剧院建设过程中碰到的各类问题，内容极具参考价值。对我国剧院建筑施工建设水平的提升将起到积极的促进作用。

本书可供建筑施工技术人员、管理人员及建筑院校师生参考使用。

责任编辑：王　治　王砾瑶
责任校对：姜小莲

艺术殿堂　匠心营造
大型剧院工程综合施工技术
张晓勇　黄　海　张世武　李忠卫　主　编
亓立刚　周光毅　汪贵临　陈俊杰　副主编

*

中国建筑工业出版社出版、发行（北京海淀三里河路9号）
各地新华书店、建筑书店经销
北京京点图文设计有限公司制版
北京富诚彩色印刷有限公司印刷

*

开本：880×1230毫米　1/16　印张：24½　字数：678千字
2018年3月第一版　2018年3月第一次印刷
定价：395.00元
ISBN 978-7-112-20337-6
　　　　（29786）

版权所有　翻印必究
如有印装质量问题，可寄本社退换
（邮政编码 100037）

《艺术殿堂 匠心营造——大型剧院工程综合施工技术》编写组

参加编写单位、人员及分工：

单位 / 部门	人员	分工
中国建筑股份有限公司	肖绪文院士	顾问、策划
中建八局三公司	李清超 招庆洲 戚肇刚 程建军 章 群 黄 海 汪贵临 马明磊 唐 潮 王洪浩 王建昌 余海梅	第1篇、第6章、第3篇
中建八局总承包公司	陈新喜 孙晓阳 李 赟 颜卫东 曹 浩 危 鼎 王红成 牛 辉	第9章、第16章
中建八局西北公司	陈俊杰 曹海良 李 磊 王志中 武 练 李 超 王锋刚 马长安	第7章、第13章
中建八局二公司	李忠卫 刘 雄 毕 磊 马海龙 刘 民 王大勇 袁 伟 张立波	第11章、第12章
中建八局广西公司	戈祥林 黄 贵 张皆科 陆仕颖 欧阳国云 高宗立 莫 凡 王 维 赵志涛	第14章、第20章
中建八局天津公司	亓立刚 宋素东 郑春华 苏亚武 崔爱珍	第8章
中建八局上海公司	王文元 朱 健 战 胜 陈 立 艾迪飞	第10章
中建八局广州公司	万利民 蔡庆军 王彩明 郭青松 王四久	第15章
中建八局东北公司	周光毅 白 羽 唐家如 王志强 周垚臣	第17章
中建八局青岛公司	丁志强 田宝吉 周 禄 周冬晓 高福庆	第18章
中建八局西南公司	徐玉飞 魏爱生 窦同宽 薛建房 张金山	第19章
中建八局一公司	于 科 张爱军 王良超 赵海峰 秦永江	第21章
中建八局钢结构公司	冯国军 樊警雷 窦市鹏 李善文 史 伟	第5章大部分内容
中建八局装饰公司	梁 涛 刘国舟 孙美茹 史文言 宋泊阳	第3章，美图、封面设计
中建八局	张晓勇 葛 杰 何 平 张世武 裴鸿斌 窦安华 周海贵 范 亮 左 岗	综合策划、执行，校稿

欢迎扫码：

中建八局大型剧院 工程巡展视频		中建八局 微信公众号	

序　一

近年来，全国各地兴建了许多剧院、音乐厅等厅堂建筑，亦称观演建筑。这些建筑，尤其是剧院建筑，呈现规模大、标准高、投资巨等特点，堪称是最复杂、技术含量最高的建筑类型之一。据统计，全国这些年用于观演建筑的投资规模已达数百亿元，平均每座剧院的投资约为八亿多元，且高于十几亿元的大剧院不在少数。仅举江苏大剧院为例，其投资规模达 36 亿元。由此足见搞好这些剧院建筑的质量，提升其音质水平，具有多么重要的意义。

厅堂建筑是听音的场所。对于这一点，古人早已有了清醒的认识。厅的繁体字"廳"，就是广盖头下一个听音的"聽"字。国际上对此类厅堂建筑的音质设计、施工、测试及竣工后的音质评价与研究均十分重视。通常在立项之初，便成立由建筑师、声学顾问及剧场顾问三位一体组成的现场设计组，相互协调，共同开展设计。对于较为重要的剧院、音乐厅，除了采用计算机声学分析软件进行声场三维仿真，求出若干重要的声学参数，例如混响时间、强度指数、侧向效率、明晰度、双耳互相关系数及混响时间频率特性的数值外，尚须制作 1∶10、1∶20 或 1∶25 的缩尺声学模型，开展声学实验，检查各主要座位区代表性测点的脉冲响应分布是否合理，是否存在诸如回声、颤动回声、长延时强反射声、声影区或声聚焦等声学缺陷。

目前，关于剧院、音乐厅的音质分析技术的进展，主要体现在两个方面：其一是提高缩尺模型实验的预测精度；其二是研究可听化（Auralization）技术，乃至发展出三维视听一体化技术，以实现座位选择系统，使得具有不同听觉主观偏好的观众，可事先根据对各座位区音质的试听，来选择购票的座位。关于这两方面技术的研发，华南理工大学亚热带建筑科学国家重点实验室开展了深入、系统的工作，业已达到国际先进，乃至领先的水平。该实验室所研发的缩尺模型实验技术，已达到能较准确地预计上述若干重要音质参数的程度，与厅堂建成后实测的数据相当吻合。

良好的剧院、音乐厅音质的实现，仅有良好的音质设计与研究是不够的，还要有高超的施工技术予以落实。剧院、音乐厅音质的高要求，决定了剧院、音乐厅施工技术的高难度。因为噪声振动控制以及良好音质的实现，要靠高标准、严要求的施工技术及经验来保证，特别要注意一些细节上的处理，稍微不慎，则可能全盘皆输。例如，出现微小的裂缝或空隙，或出现声桥，都可能导致噪声的渗透和隔声隔振的失效。再如厅堂界面的位置、角度以及界面构造，包括孔径、孔隙率、龙骨间距，空腔尺寸等细节，无不对音质产生微妙影响。此外，空调与照明设备的噪声控制，更是细致的工艺。这就要求承担剧院、音乐厅施工的单位，必须有高超的施工技术、工艺和较丰富的实践经验。

中建八局是我国资深和信誉良好的大型建筑企业，承担过许多重要的大剧院建筑工程的施工，积累了丰富、宝贵的经验。作为这些宝贵经验的技术总结，《艺术殿堂　匠心营造——大型剧院工程综合施工技术》的问世，是我国厅堂建筑技术成熟和取得巨大进步的结晶和体现，必将对提升我国乃至世界观演建筑的品质，推动施工技术以及施工管理的科技进步起到十分重要的作用。我衷心祝福此书的出版，并对编著者的辛勤努力表示崇高的敬意！

中国科学院院士
华南理工大学教授

吴硕贤

2016 年 12 月

序 二

一、我国大型剧院工程建设发展趋势

随着我国经济持续快速发展，人们对精神文化需求不断提高，文化设施的建设日益增加，剧院作为文化建筑设施的主体，是完善公共文化事业建设的重要载体，是实现民众文化权利的艺术殿堂，是拉动文化产业发展的重要平台。

近年来，国内大型剧院建设逐渐受到各界高度重视，特别是 2014 年 10 月，习近平总书记在京主持召开文艺工作座谈会强调：实现中华民族伟大复兴的中国梦，文艺的作用不可替代。作为文化设施建设的重要组成部分，大型剧院工程建设如雨后春笋般崛起。

正如美国国家公共电台 National Public Radio 所讲：亚洲尤其是中国的文化设施建设将成为继道路、桥梁等基础建设之后的下一个增长点。据政府公告和各大媒体公开资料文献，全国各地掀起的大剧院建设热潮，呈现出范围广、数量多、投资大、标准高等特点。

二、大型剧院建筑设计艺术风格与功能业态的特点需要综合技术的支撑

现代化大剧院首先是建筑，人们能够看到的表象也正是这座建筑的形状。建筑本身就是一门艺术，按照美的规律，运用建筑艺术独特的语言，使建筑形象具有文化价值和审美价值，具有象征性和形式美，体现出民族性和时代感。每一座大剧院都可以作为所在城市的标志性建筑，包含了本地的风土人情，具有独特的艺术气息。

大型剧院工程不仅是蕴含地域文化特色的地标性建筑和城市名片，更重要的是作为演艺建筑综合体，同时集休闲观光、文化展示、影视观览、音乐演出、戏剧歌舞剧演艺等多功能于一体，是"文化艺术中心"之经典主体。现代化的大剧院所赋予其的特殊功能业态，使之在建筑造型、结构形式、空间布局，机电设备安装，智能化系统集成控制，建筑声学控制，特别是包括舞台形体设计、舞台机械、舞台灯光在内的舞台工艺等均有别于其他工程，对设计、施工、建设管理及后期运营维护等均具有极高的要求。

剧院建筑是国际建筑界公认的高难度工程，现代化大剧院的建成与投入使用，需要设计、施工、管理综合技术的支撑。

三、我国目前大型剧院工程建设综合技术有待集成创新与完善

从 20 世纪 50 年代至今，纵观我国剧院建设历史，分为四个阶段：第一个阶段剧院建设是基于建造的从无到有，第二个阶段剧院建设是基于建造过程

的学习仿造，第三个阶段剧院建设是基于专业技术的提升完善，第四个阶段剧院建设是基于工程技术与运营管理的结合突破。历史反映出事物不断发展的过程，剧院建设的历史反映出人民群众文化诉求的不断提升，是我国剧院工程建设艺术与艺术不断攀升，科技需求不断提高的历程。

近年来我国各地陆续建成多个剧院精品工程，山东省会大剧院、大连国际会议中心大剧院、南京青奥中心大剧院、江苏大剧院等一批具有国际水准大剧院，在建筑声学、技术、艺术等成为不同年份的剧院经典代表，成为国内剧院的标杆。

《中国质量报》曾指出：在新中国成立以来已建成的大剧院中，超过1/3不能满足专业演出要求，1/3存在较大的质量缺陷，仅1/3达到设计标准。这造成了巨大的社会财富浪费，更给大剧院后续的经营带来了重重困难。这种状况显然不适应未来大型剧院工程的建设需要。

中建八局作为国家首批房建施工总承包特级企业，是中国建筑股份有限公司的核心骨干企业，结合全国各地十七个典型大剧院工程施工技术，总结提炼，按大剧院共性技术、特色技术、施工组织及绿色施工等四个方面展开总结分析。共性技术以江苏大剧院为蓝本，从施工各主要阶段进行介绍；特色技术以分布在全国各地的大剧院项目为例，结合各剧院的不同气候区、地质环境、文化环境、宗教环境及用途，单独提炼每个剧场的特色技术，体现了目前国内大剧院建设过程中碰到的各类问题，极具参考价值；对于施工组织设计与绿色施工部分，由于大剧院工程的跨度、单层层高、艺术表现力与其他类型的建筑有区别，施工组织也需要单独设计。开展绿色施工，减少环境污染并节约资源，是施工总承包企业必须履行的社会责任。中建八局主编了国家标准《建筑工程绿色施工评价标准》GB/T 50640-2010，参编国家标准《绿色施工规范》GB/T 50905-2014，在绿色施工研究方面走在全国前列。

目前我国建筑行业项目总承包模式尚不成熟，诸多技术难以有效衔接，精装施工过程中极易发生的火灾问题难以得到根本解决。基于建设理论和工程实践，研究一套大型剧院工程施工综合技术，已成为一项紧迫任务。本书经过作者们辛苦努力，顺利出版发行，甚感欣慰。

中国工程院院士

中国建筑股份有限公司首席专家

肖绪文

2016 年 12 月

前　言

随着我国经济的快速发展，综合国力不断增强，人民大众的生活品质逐步提高，经济的繁荣带来了文化繁荣。剧场建筑作为文化传承的建筑载体，通常是地方的标志性建筑，增添了城市的文化氛围和艺术品位。剧院是重要的交际场所，也是陶冶情操、提升艺术素养的艺术殿堂，欧洲人通常会盛装出席。

观演建筑在我国起源较早，公元前一千多年的商代就出现了利用自然地形观看歌舞表演的"宛丘"，《诗经·陈风》描述"坎其击鼓，宛丘之下"的演出场景。汉代，位于洛阳城的平乐观九层华盖，高九丈，可见当时观坛建筑之宏伟。南北朝时，寺院常成为民间音乐的演出场所。隋代剧场建筑被称为戏场、屋场，至唐代演变为歌场、变场、道场、戏场与乐棚等，甚至出现了"锦筵"，即在周边设有低矮栏杆的方形舞台，装饰华丽，四周有伴奏的乐队，可见当时盛况。

宋代的舞台也称为露台，露天而建，不设盖顶。后来出现营业性在演艺场所，称为"瓦舍"，表演的地方称为"勾栏"。金、元时期出现了大量的民间戏台建筑，至明代发展到更高水准，一些庭院式剧场演变成在功能、结构、造型上都更为完善的室内剧场，戏台、剧场也成为节庆、仪典、聚会、娱乐的中心。我国的剧场建筑发展历时三千多年，对亚洲各国有着深刻的影响，成为文化传播、传承的重要载体。

由于东西方文化的差异，观演建筑的表现形式各有千秋。现代的大型综合剧场，是由欧洲演变而来的。历史上最古老的剧院可以追溯到公元前 7 世纪的古希腊露天剧场，由石块在山坡上筑起层层看台，围绕一小片平坦的表演区。历经两千年的发展，以及舞台机械的大量使用，出现了现代意义的综合大型剧院，音乐厅也从小型的室内乐厅发展而来，出现了音质较好的鞋盒式音乐厅。目前全球公认的音质最佳的音乐厅有三个：维也纳音乐厅、阿姆斯特丹音乐厅和波士顿交响音乐厅，它们是文艺工作者心向神往的艺术殿堂。此外巴黎国家剧院、意大利米兰剧院、悉尼歌剧院、莫斯科大剧院等成为国际交流、文化融合的重要平台。

历史演进的波澜壮阔，阻挡不住人类对艺术和文化探寻的脚步。文化的交流促使建筑形式相互融合，我国的现代剧场建筑吸收了大量的欧式建筑元素。

我国最早的欧式剧场，是葡萄牙人 1868 年在澳门建成的岗顶剧院。该剧院曾经是引领中国接受西方艺术的主要场所，拥有中国最早的电影放映厅。

于 1959 年建成的人民大会堂，是世界上最大的厅堂建筑，其核心的万人大会堂也采用了剧场的形式，有效容积9万 m³，厅堂音质良好，这种会堂兼作剧场的模式是会堂设计向剧场化发展的先例，也影响了全国各地在兴建会堂时所采用的模式。

伴随着改革开放的春风，我国的文化建设工作也受到党中央的高度重视。自1998年以来，剧场建设逐渐进入高速发展期，全国新建、改扩建剧场266个，总投资约千亿元。剧场的设施功能不断完善，设备配置不断齐全，演出条件不断改善，包括国家大剧院在内，舞台台口宽度超过18 m的大型剧场有69个，占25.9%。2014年10月，习近平总书记在京主持召开文艺工作座谈会强调：实现中华民族伟大复兴的中国梦，文艺的作用不可替代。

现代的综合大型剧院一般由以下几个部分组成：表演区、观演区、观众活动和休息区、演出用房、技术用房、排练用房、翻译用房、制作房、设备机房、接待中心、行政管理用房等区域。

剧院的蓬勃发展带来产业繁荣的同时，因国内建筑声学设计、模拟理论，以及建筑防火、结构设计等理念和技术落后于实践的现状，导致建设质量参差不齐，很多剧院建筑在设计和施工、建设期管理、综合运营等专业间的融合没有彻底解决，缺乏技术统筹，艺术、技术、声学难以有效集成。

中建八局近年来承建了大批有影响力的剧院工程，如大连国际会议中心、南京牛首山佛顶宫、江苏大剧院、山东省会大剧院、珠海歌剧院等项目，用当代工匠精神塑造了一座座经典、典雅的艺术殿堂。

在工程质量方面，获得鲁班奖的工程项目有：上海保利大剧院、山东省会大剧院、深圳南山文体中心、敦煌大剧院、无锡灵山佛教剧场、宁夏国际会议中心、大连国际会议中心、南京牛首山佛顶宫、非盟国际会议中心、南京青奥会剧院等十个项目，其中无锡灵山佛教剧场是世界佛教论坛永久会址。另外非盟国际会议中心是我国在海外获得的首个鲁班奖项目。大连国际会议中心项目还获得詹天佑大奖、华夏奖，是达沃斯论坛中心主场馆，其设计建造堪比中国国家体育场（鸟巢）的难度，国内罕见，属世界建筑的奇迹，经鉴定整体达到国际先进水平。宁夏国际会议中心是中国—阿拉伯国家博览会永久会址，成果鉴定也达国际先进水平。经专家鉴定达到整体国际领先水平的项目有：南京牛首山佛顶宫、珠海歌剧院、无锡灵山佛教剧场等项目。

在单项技术方面，南京牛首山佛顶宫项目的"复杂地质条件下废弃矿坑超高边坡治理与生态修复技术"获国家级工法，"250 m多曲率异型铝合金结构穹顶施工关键技术"经鉴定也达到国际先进水平。上海保利大剧院的"大型剧院空间清水混凝土施工技术"达到国际先进。山东省会大剧院的"大空间大截面钢混组合梁板结构施工技术"、深圳南山文体中心"斜向弧形空腔钢筋混凝土墙体施工技术"获国家级工法。大连国际会议中心的"复杂空间节点深化设计、加工制作及安装技术"达国际领先水平。南京青奥会剧场工程"大空间自由曲面三维数字化施工技术"获2014年全国建筑装饰十大科技创新成果奖。桂林大剧院获中施协技术创新成果一等奖;珠海歌剧院的"高大空间复杂变曲率双曲面薄壁钢骨混凝土结构施工技术"获中施协技术创新成果二等奖等,成果丰硕。

编撰本书的初衷,是总结我单位近年来施工建设的大剧院项目技术经验,进行系统分析,全面提升我国剧院建筑在地基基础、主体结构、装饰装修、机电安装、舞台工艺等方面的施工建设水平,期望引领行业发展。也为更好地弘扬鲁班文化,传承工匠精神,给人民大众筑造精美的艺术殿堂,传承中华文明,促进国际交流与合作,特组织编撰本著作,以飨读者。

本书收录的17个剧院工程已有10个获得鲁班奖,参建单位有金螳螂、亚厦、中建钢构、中建安装、沪宁钢机、佳合舞台、浙江大丰、乐雷光电、中孚泰、深圳洪涛等,在此表示感谢。

本书编撰过程中得到诸多专家、学者的大力支持,尤其是得到各大剧院业主单位的首肯和帮助,在此一并致谢。由于剧院工程建设内容量大面广,各省市文化习俗、地质条件和建筑形式多种多样,本书内容无法全面覆盖,同时限于水平,本书不当之处在所难免,还望广大读者批评指正,愿共勉之。对于书中的问题,读者可发邮件至:zhang_shiwu@cscec.com。

本书编委会
2017 年 1 月

目 录

第 1 篇

大型剧院工程施工共性技术

　　本篇内容以江苏大剧院为蓝本，根据大剧院工程施工各主要阶段、分部分项工程编排，分为地基基础、主体结构、装饰装修、舞台工艺、仿真与信息化五章。每章提取五项技术，作为剧院工程的共性技术，供业内参考。

　　江苏大剧院总建筑面积27万m^2，占地面积20万m^2，包括2280座歌剧厅、1001座戏剧厅、1500座音乐厅和2711座大综艺厅，还有780座小综艺厅以及附属配套设施。满足歌剧、舞剧、话剧、戏曲、交响乐、曲艺和大型综艺演出功能需要，具备接待世界一流艺术表演团体演出的条件和能力，也是公众的文化活动场所，是中国最大的现代化大剧院，亚洲最大的剧院综合体。

第1章 剧院工程地基基础施工技术

1.1 长江漫滩软土带超大面积深基坑施工技术

江苏大剧院建筑以荷叶水滴造型矗立于长江之畔，完美诠释"水韵江苏"的设计理念，建成后将成为南京市乃至江苏省的地标性建筑。工程位于南京市河西新城文化体育轴线西端，具体位置为滨江大道以东、梦都大街及向阳河以南、奥体大街以北、规划南北向步行轴线以西；大剧院基地净用地面积 19.7 万 m²，建筑高度 47.3 m，包括 2280 座歌剧厅、1000 座戏剧厅、1500 座音乐厅和一个可供 2700 人举行会议的综合厅，900 座国际报告厅、300 座多功能厅以及附属配套舞台机械和灯光音响设施，剧院内还有的会议室、琴房、报告厅、办公室等功能房。本工程 2013 年 12 月开工，2017 年 8 月投入使用，图 1-1 是大剧院效果图。

大剧院所处地貌单元为长江漫滩地貌单元。地下室基坑面积达 92318 m²，周长 1334 m，长 451 m，宽 311 m，深 7.55 m，地下室为超长混凝土结构，基础底板为大体积混凝土，位于长江漫滩区，地下水位高、地质条件差，淤泥层深达 10 m，地下室抗裂防渗为本工程需要重点关注的问题。另外歌剧厅舞台设备、舞台储藏、乐池深坑连为一体，长 59.3 m，宽 56.3 m，标高分别为 −17.65 m、−10.45 m、−12.45 m，相对地下室普遍基坑（−7.55 m）深 10.1 m、2.9 m、4.9 m，该坑中坑一部分位于普遍基坑的被动区留土护坡区域，深度大、换撑工况复杂、需要进行承压水处理，是本工程的难点。

歌剧厅深坑基础底板有 −9.30 m、−16.30 m、−11.30 m 三个标高，为本工程基坑最深处，也是坑中坑施工最复杂处，歌剧厅深坑平面如图 1-2 所示。

因本基坑工程涉及跨越原市政污水箱涵，管涵，需破除；钢管斜抛撑、混凝土撑、钢管撑等不同的支撑方式，且基坑面积大、"坑中坑"、施工难度较大，

图 1-1　江苏大剧院效果图

为确保施工安全，借助现代数值分析手段，对整个基坑的土方开挖过程进行了施工模拟，以确保整个基坑的变形、土层应力等均在控制范围内。模拟分析选取南北纵向剖面如图 1-3 所示。

歌剧厅坑中坑施工步骤及工况分析：

（1）歌剧厅区域土方大面开挖至 –8.35 m，先施工 –7.95 m 高度的水平支撑和周边斜撑（放坡土体下部的水平撑暂不施工），水平撑施工范围见图 1-4 中阴影部分，变形预测分析如图 1-5 所示（土体变形：开挖至标高 –8.35 m 处，变形以坑底隆起为主）。

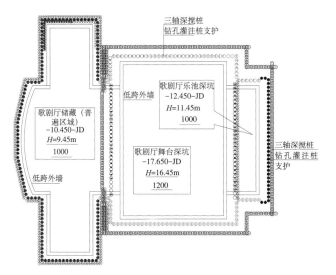

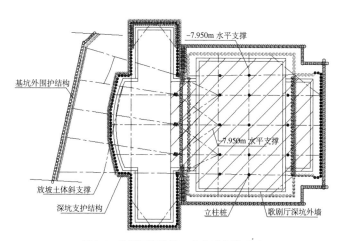

图 1-4　歌剧厅深坑第一道水平支撑平面

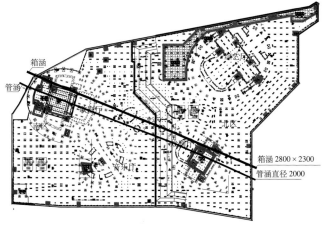

图 1-2　歌剧厅深坑平面、歌剧厅深坑跨南京市箱涵、管涵

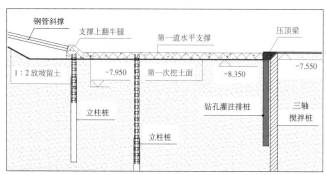

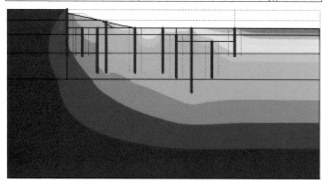

图 1-5　第一道水平支撑施工剖面、深坑第一次挖土变形预测分

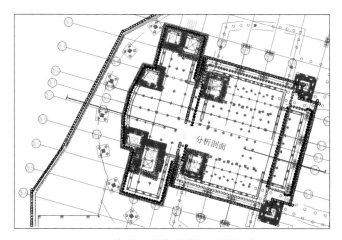

图 1-3　歌剧厅深坑数值模拟分析剖面布置

（2）第一道水平撑施工完成并满足强度要求后，开挖歌剧厅深坑下部土方至 –10.45 m，变形预测分析如图 1-6 所示（土体变形：开挖至标高 –10.45 m 处，

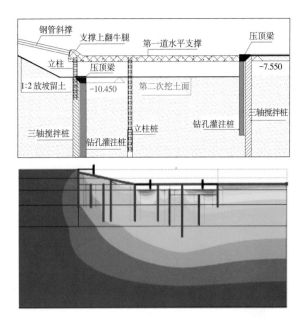

图 1-6　深坑第二次土方开挖剖面、深坑第二次挖土变形预测分析

位移由中心向两边扩展）。

（3）歌剧厅深坑土方继续下挖至 -13.300 m，施工第二道水平支撑，变形预测分析如图 1-7 所示（土体变形：开挖至标高 -13.05 m（型钢支撑底部）处，坑中坑区域土体以隆起变形为主）。

（4）第二道支撑完成后，继续分层开挖歌剧厅舞台区域深坑土方至设计基底标高 -17.65 m，变形预测分析如图 1-8 所示（土体变形：开挖至标高 -17.65 m（最深）处，坑内整体土体变形以隆起为主，局部深坑处最大）。

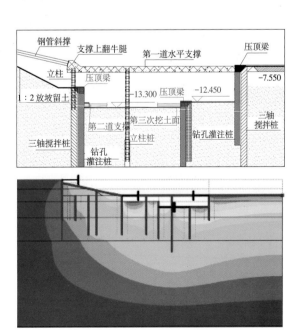

图 1-7　深坑第三次土方开挖剖面、深坑第三次挖土变形预测分析

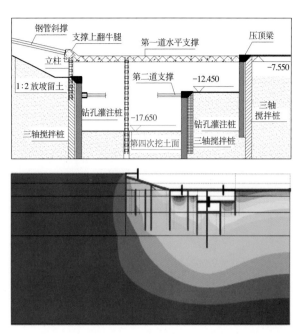

图 1-8　深坑土方开挖至基底示意图、深坑第四次挖土变形预测分析

（5）施工歌剧厅舞台深坑 -16.30 m 底板及周边换撑，待底板强度符合设计要求后拆除第二道水平支撑，施工舞台深坑地下室外墙，如图 1-9 所示。

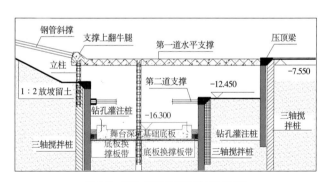

图 1-9　舞台深坑基底板施工示意图

（6）舞台深坑外墙与支护桩边采用 C20 混凝土回填。将支护桩与外墙之间空腔填实，对外墙防水做出进一步加强。外墙混凝土采用对撑和斜撑的方法单侧支模；歌剧厅储藏区域 -9.30 m 处底板施工至放坡土体下部留出施工缝，斜撑下部设配筋换撑支墩与底板整体浇筑；歌剧厅乐池区域 -11.30 m 底板及板边换撑施工至支护桩边，如图 1-10 所示。

（7）挖除放坡区域土方，将 -7.95 m 处第一道水平位于原放坡土体下部的支撑施工完成，待支撑强度符合要求后挖除下部歌剧厅储藏室土方，施工完成

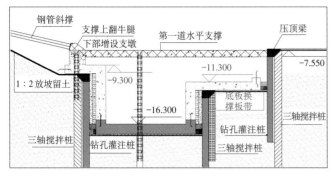

图 1-10　深坑地下室外墙施工示意图

歌剧厅储藏室 −9.30 m 底板及周边换撑结构，变形预测分析如图 1-11 所示（土体变形：放坡土体下部土方开挖后，随着水平支撑的形成，土体的变形得到有效控制）。

（8）待底板及换撑强度符合要求后拆除第一道水平支撑并对斜撑下部支座、换撑支墩做好保护，外墙混凝土采用对撑和斜撑的方法单侧支模，然后将歌剧厅舞台、储藏、乐池的地下室外墙与 −6.80 m 地下室普遍区域底板连成整体，变形预测分析见图 1-12（土

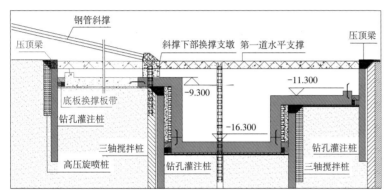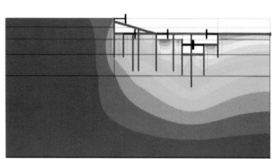

图 1-11　放坡土体下部施工示意图、放坡土下部施工后变形预测分析

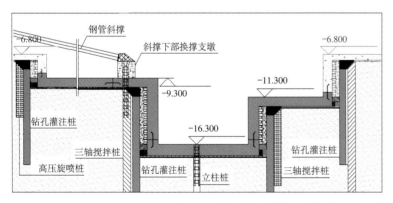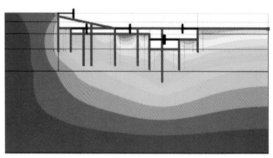

图 1-12　结构外墙与普遍区域底板施工图、底板施工完成后变形预测分析

体变形：土方施工完毕且地板结构施工完成，整个土体位移场的分布较为均匀）。

1.2 长江漫滩软土超大面积底板无缝跳仓施工技术

江苏大剧院地下一层，基础底板面积为 92318 m²，基坑延长 1334 m，平面尺寸约 450 m×310 m，地下室基础筏板板厚 600～1000 mm，承台 800～1700 mm，混凝土强度 C35 P8，混凝土方量约 70000 m³。基坑采用盆式开挖，分为中心岛与斜抛撑下方区域两部分，待中心岛区域地下室结构完成、钢管斜抛撑完成后、再做钢管斜抛撑下方底板。根据原设计后浇带位置，将底板划分 69 块，其中中心岛区域分为 48 块、斜抛撑下方区域分为 21 块。每个区域面积约为 1400 m²。

无缝跳仓施工技术是充分利用混凝土在 5～10d

期间性能尚未稳定和没有彻底凝固前容易将内应力释放出来的"放"特性原理，将建筑物地基或大面积混凝土平面机构划分成若干个区域，按照"分块规划、隔块施工、分层浇筑、整体成型"的原则施工，其模式和跳棋一样，即隔一段、浇一段。相邻两段间隔时间不少于7d，以充分释放混凝土施工初期由于温差及干燥作用而产生的变形，而在结构整体封仓后，以混凝土本身的抗拉强度抵抗后期的收缩应力。

1. 中心岛区域底板施工

先将整个基坑分为A、B、C、D四个区，A、B区先于C、D区施工，A、B区平行施工，每个区投入两个班组进行平行施工，每次混凝土浇筑两块，其A区先按照A1→A2顺序跳仓施工，然后按照A1″→A2″填仓施工；B区先按照的B1→B2→B3跳仓顺序施工，然后按照B1″→B2″→B3″填仓施工，C区、D区均按照A、B区的原则进行，其跳仓、填仓施工顺序如图1-13、图1-14所示。

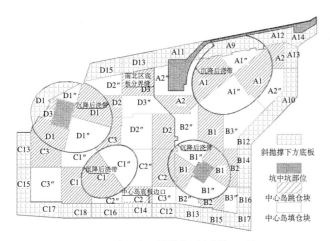

图1-13　中心岛区域跳仓、填仓施工顺序

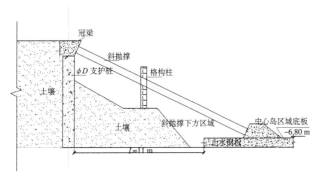

图1-14　中心岛及斜抛撑下方区域剖面

2. 斜抛撑下方周边底板施工

按照A、B、C、D划分区域从两边向个角点集中地原则进行跳仓施工，每个区投入两个班组进行平行施工，每次浇筑2块。A区先按照A3→A4跳仓顺序施工，后按照A3″→A4″填仓顺序进行施工，B区先按照B4→B5跳仓顺序施工，后按照B4″→B5″填仓顺序进行施工，C、D区均按照A、B区跳仓原则进行施工，其施工顺序如图1-15所示。

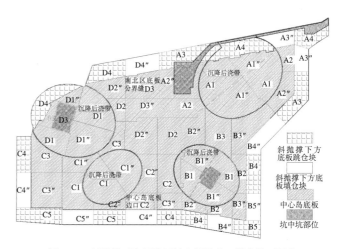

图1-15　斜抛撑下方周边区域底板跳仓、填仓施工顺序

跳仓施工缝做法详如图1-16所示。

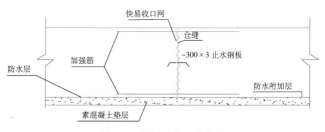

图1-16　跳仓法施工缝做法

1.3　富水软土地基超长群桩施工技术

1. 地基概况简述

（1）桩基概况

江苏大剧院工程桩基采用 $\phi650$ mm 及 $\phi800$ mm 钻孔灌注桩，桩基有效长度47.6～56.2 m，工程桩基共3785根。所有工程桩分布在长530 m×宽310 m的矩形场地；工期期限为120日，工程量大、工期紧，施

工质量、施工形象要求高，施工组织速度要求快，项目部通过科学组织与管理顺利实现预期目标，并积累了相应技术经验。

（2）场地地质水文概况

1）场地状况

现场支护结构施工队伍已进场施工，其钢筋加场及作业人员生活场所均布置在场内，场地内局部低洼积水，场地有部分推土，堆土及表层杂填土极为松散，承载力极差，需经处理后才能布置桩机机械，另外场地内存在贯穿场地的矩形的污水管、箱涵。

2）地质状况

场区内岩土含：杂填土、素填土、淤泥质填土、淤泥质粉质黏土、粉质黏土、粉砂、粉土、粉细砂、含砾中细砂、强风化泥岩、粉砂质泥岩、强-中风化泥岩、中风化泥岩、中风化泥质粉砂岩。各岩土层分布土层顺序自上至下情况如表1-1所示。

地质勘探分析统计表　　　　　　　　　　　　　　表1-1

序号	土的分类	层厚（m）	层顶深度（m）	岩性描述
1	杂填土	0.5~6.6	0	松散，粉质黏土夹大量的碎石、砖块等建筑垃圾，场地西侧堆填有大块片石
2	素填土	0.5~6.2	0.5~6.6	松散，粉质黏土夹少量的碎砖块等建筑垃圾
3	淤泥质填土	0.3~6.7	0~6.7	流塑，分布在原水塘沟渠低洼部位
4	淤泥质粉质黏土	0.9~18.3	0.6~9.4	饱和，流塑，高压缩性，含少量的腐殖物、中灵敏度
5	粉质黏土夹粉土、粉砂	2~18.3	3.5~22.8	含有机质、云母，局部夹粉砂等，土质均匀，光滑
6	粉砂夹粉土	1.5~10.4	11.1~29	饱和，中压缩性，以长石、石英云母组成，颗粒级配较好，具水平沉积层理
7	粉砂	2~13.6	16.1~33.6	饱和，中密，以长石、石英云母组成，颗粒级配不均，具水平沉积层理
8	粉细砂	1.3~21.2	23.8~42.7	饱和，密实，以长石、石英云母组成，颗粒级配不均
9	粉质黏土	0.6~5.8	29~43.7	饱和，软塑，呈透镜状分布于粉细砂层中，且分布无规律
10	粉细砂	0.3~10	39~48.5	饱和，密实，以长石、石英云母组成。颗粒级配不均
11	粉质黏土	0.8~4.5	42.5~46.5	饱和，软-可塑，呈透镜状分布于粉细砂层中，且分布无规律
12	含砾中细砂	0.2~3	44.3~52.1	长石、石英云母组成级配不均。夹砾石多为硅质，含量约5%~10%，底部砾石富集
13	强风化、粉砂质泥岩	0.3~4	44.7~52.5	棕红色、褐红色，风化强烈，上部坚硬土状，下部呈碎石状
14	中风化、粉砂质泥岩	1~28.3	46.1~83	棕红色-褐红色，块状结构，厚层状构造，由黏土类矿物组成，泥钙质胶结
15	强-中风化泥岩	0.5~24	49.9~71	岩芯呈砂土碎石状，分布于中风化泥岩、粉砂质泥岩之中
16	中风化泥质粉砂岩	Max=5	49.4~78	棕红色-暗红色，泥砂质结构，块状构造、以中风化泥岩伴生

3）水文状况

场地地下水可分为两类：一类为孔隙潜水，赋存于上部填土中，富水性一般，透水性强，水量一般。另一类地下水为弱承压水，主要赋存于粉砂夹粉土、粉砂、粉细砂、含砾中细砂中，该含水层层厚巨大、富水性好、透水性强、水量丰富。水位变化主要受季节性大气降水，周围工程施工降水、长江季节性水位等因素影响，拟建场地环境类型属于Ⅱ类。

2.超长群桩施工方法

根据该工程的特点，施工过程选用了旋转钻机成孔及回旋钻机成孔两种成孔工艺，工艺流程如图1-17所示。

施工工艺如下：

（1）施工测量

1）校对测量仪器

全站仪、经纬仪、水准仪等经政府行政部门批准的计量检测单位校核准确。

2）复核原始基准点

对业主提供的坐标点及水准点进行复试，确保水准点和坐标点的准确性。

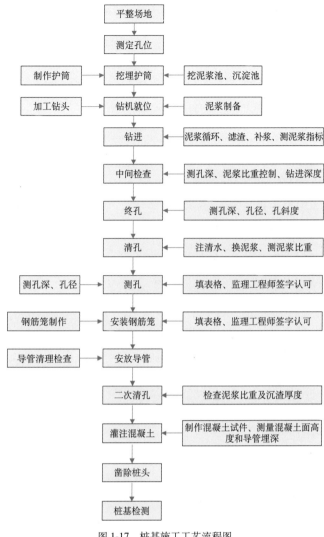

图 1-17 桩基施工工艺流程图

3）复核原始基准点

设置一级控制网、二级控制网和高程总控制网，控制点设置在工地四周附近，用混凝土做成，牢固、精确、便于观测的基准点。测量工作流程：测量准备→建立控制网→测量放样→复核及矫正。

（2）桩位测量定位

按照测量方案进行放样，以桩位中心点为圆心挖出比设计桩径大 200 mm 的圆坑，采用十字中心吊锤法将护筒埋好。

（3）钻机安装就位

桩机在施工前检测合格并经过备案程序，现场钻头、钻杆、导管等建档试验调试完成，所有资料报验监理单位并经同意后用于施工。钻机安装必须水平、周正、稳固。保证桩架天车、转盘中心、护筒中心在

同一铅垂线上；做到"三点一线"；用水平尺校正施工平台水平度和转盘的水平度，保证转盘中心与护筒的偏差不大于 2 cm；钻机平台底座必须坐落在较坚实的位置，并用足够长度的枕木铺底，防止施工中倾斜；对各连接部位进行检查，确保钢丝绳、电机电缆等部件完备、无破损，具备正常使用的各项功能。

（4）桩机钻孔及成孔

1）泥浆管理与运用

钻进成孔中，本工程的地质条件采用现场原土人工配置泥浆，满足钻孔排渣需要。尤其对较厚的杂填土及砂性土更要采用原土优质泥浆。

2）泥浆循环系统的设置

每台钻机施工配置一个循环池。泥浆池容量根据单桩方量及最多同时施工的桩数而定，本工程共设置 4 个 600 m³ 容量的泥浆池，循环池尽量放在桩位空隙处，循环池的位置随现场施工变化确保设置位置避开桩机行进路线且离开桩机一定安全距离，不得随意开挖，确保现场规范有序和施工安全。

3）泥浆的性能参数

桩基施工的泥浆比重初定 1.15，黏度（s）18″～22″，在桩基施工工程根据现场实际土层分布情况对泥浆的性能参数做适当调整，本工程土质较为软弱，泥浆黏度宜由设置偏大，具体泥浆参数指标的调整按照表 1-2 执行。

泥浆比重参数　　　　　　　　　　表1-2

土层类别	黏度	比重	含砂量	胶体率	pH值
黏土	18″～21″	1.10～1.20	<3%	96%	7.5～8.0
淤泥质黏土	20″～22″	1.15～1.25	<3%	96%	7.5～8.0
砂性土	21″～24″	1.18～1.30	<4%	92%	7.5～8.0

4）废浆外运

设专人进行泥浆管理，性能不合格泥浆不得使用，对于施工中产生的废浆均输送到指定废浆池外运处理。

5）钻孔

成孔钻进时，合理选用钻头，土层部分采用

三翼合金钻头钻进。开孔宜用慢档位钻进穿过杂填土层。在填土层较易产生塌孔现象，需减少进尺，加大泥浆比重，泥浆比重不得小于规范要求或加黏土块造壁以保持泥浆面的稳定。在钻进至软流塑的淤质土及粉土、粉砂地层时，易产生钻孔缩径现象，采用参加膨润土泥浆，开孔时加大泥浆比重。成孔过程中每钻进 2 m 要认真做好钻孔记录，准确丈量钻杆、钻头长度，各岗位操作人员必须认真履行岗位职责，终孔前 0.5 ~ 1.0 m，采用低速扫孔钻进至终孔，以减少对孔底的扰动。钻进成孔中为确保钻孔深度达到设计桩深，钻进中必须用钢卷尺丈量钻杆长度，准确丈量机上余尺，并作正确计算、记录。

（5）第一次清孔

成孔后立即进行第一次清孔，适当控制泥浆比重和性能，将钻具提离孔底 0.2 ~ 0.5 m，上、下活动，低速回转，全泵量冲孔，充分研磨孔底较大颗粒土块，待孔内返出浆液中无泥块泥皮可视为一次清孔完毕，实现"一次清孔为主，二次清孔为辅"的清孔排渣原则。根据沉渣厚度控制清孔时间一般不少于 30min，第一次清孔时泥浆的性能参数：密度控制在 1.25 以内，黏度 21″ ~ 24″ 用测锤测得孔深符合设计要求为止。

（6）钢筋笼及制作与吊装

1）钢筋骨架的制作：钢筋的下料、焊接及绑扎要严格按设计图纸及施工规范要求进行。钢筋笼根据设计长度分节加工，钢筋笼每节长自行调节，以防止骨架在运输、吊装就位过程中变形。工程桩基础设计桩长为 47.6 m、55.4 m，钢筋笼下放必须采用分节安装，主筋连接采用焊接连接。

2）钢筋笼运输采用两部加托架的平车直接运输。总的要求是：无论采用什么办法运输，都不得使骨架变形。采用汽车吊安装。起吊时可用双吊点，吊点位置恰当。第一吊点设在骨架的上部，使用主钩起吊。第二吊点设在骨架的中点到三分点之间。起吊时，先起吊第一吊点，使骨架稍提起，再与第二吊点同时起吊。待骨架离开地面后，第一吊点停止起吊。松第二吊点。直到骨架与地面垂直后停止起吊。解除第二吊

点后，吊入钢筋笼时应对准孔位，轻放慢放，若遇至阻碍，可徐起直落和正反旋转使之下放防止碰撞孔壁因而引起坍塌。下放过程中要密切注意观察孔内水位情况，如发生异样马上停止，检验是否发生坍孔。

（7）导管安装及第二次清孔

导管直径为 φ250，下导管前应准确丈量其每节长度并记录排放好，要求导管总长度超出孔深 1 m 左右，最下一节导管长度在 4 m 以上，中间节为 2 ~ 3 m。使用导管前，应在地面进行导管连接，并进行压水试验，测试水压力不小于 0.7MPa，下导管时连接严紧，密封性好，及时更换密封圈。开工前必须将导管内外彻底清洗干净，保证混凝土畅通、无阻。

导管下完后，进行二次清孔，二次清孔后工程桩的沉渣厚度小于 100 mm，为了准确地测量沉渣厚度，对于测绳经常应用钢尺复测校核测绳长度。清孔后泥浆性能的测试：采用泥浆测试仪测试泥浆比重、黏度、含砂率，泥浆相对密度控制在 1.15 以内，黏度在 18″ ~ 22″。

（8）水下混凝土灌注

1）二次清孔结束，经验收符合要求后，迅速组织灌注混凝土，停滞 30min 以上需测量沉渣，不符合要求应重新清孔。

2）灌注混凝土前，应测定商品混凝土的坍落度，混凝土要有良好的和易性，不合格的作退货处理，混凝土的坍落度按 18 ~ 22 cm 控制。

3）混凝土首灌时用隔水栓，导管底部距孔底的距离为 40 cm 左右。

4）为保证水下混凝土浇灌的质量，首批灌注混凝土能满足导管初次埋置深度不小于 1 m 的要求，直径 800 mm 的桩基，首灌量必须达到 1.7 m³ 以上才能满足要求。现场施工采用 2 m³ 的储料斗保证混凝土浇筑质量。

5）水下混凝土灌注作业连续紧凑，不得中断，要保证导管在混凝土中埋深不小于 2 m，严禁把导管底端提出混凝土面以免出现断桩事故。

6）浇筑过程中要做好浇筑记录，并按规定制作好混凝土试件。

7）灌注混凝土时，随时探测钢护筒顶面以下的

孔深和所灌注的混凝土面高度，以控制导管埋入深度和桩顶标高。

8）为确保桩顶质量，混凝土灌注高度在桩顶设计标高以上，超灌量控制在 1 倍桩径以内。

9）最后阶段由于导管内混凝土高度减少，导管外泥浆重量增加，超压力降低，拔管速度要慢，以防止桩顶沉淀的浓泥浆挤入形成"泥心"，确保桩头质量。

10）浇注完毕桩的空头部分需及时用土填实或设置安全警示带圈围确保安全。

11）桩基采取较密的区域采用隔桩施工，确保桩间间距不小于 3 倍的桩直径，灌注混凝土 24h 后进行邻桩施工。

（9）桩端注浆

本工程按设计要求需对 $\phi 800$ 桩基进行桩端注浆，压浆水灰比为 0.55，要求单桩注浆量为 2.0t，对于注浆量未达到预定要求的桩，采取从临桩进行加大压浆量的措施处理，桩端浆控制标准：①注浆总量和压力值均达到设计要求；②单桩注浆量达到 75%，注浆压力。要求注浆压力控制范围为 1.2～4 MPa，注浆前清水劈裂及注浆时间：混凝土浇筑 2d 后进行注浆及时进行作业；注浆作业与成孔作业点的距离不宜小于 8～10 m；终止注浆压力：4 MPa。

1）注浆管制作

注浆管管材、规格：按照设计图纸，注浆管采用钢管 $\phi 60 \times 3.5$ mm 注浆管。

2）注浆管布设及安装

桩端注浆管：沿钢筋笼外侧对称布设 2 根焊接钢管作为注浆管，注浆管与钢筋笼加强筋绑扎连接。安装方法如下：在下钢筋笼前，将设计的桩底注浆管置于钢筋笼，对均匀分布，与钢筋主筋平行，并用 10～12 号铁丝每隔 2～3 m 与钢筋笼主筋牢固地绑扎在一起。上端出露地表约 0.3 m，并固定于孔口，做好标记，安装注浆管时技术人员必须在现场检查监督安装质量。管路连接时螺丝处缠止水胶带，并牢固拧紧。每下完一节注浆管，必须在管内注清水检查管路的密封性能，当压浆管路注满清水后，并保持水面稳定不下降为准，如发现有漏水现象，必须提起钢筋笼

检查，排除故障后方可继续下笼。

3）注浆清水劈裂

注浆前清水劈裂开塞是桩底注浆一道重要工序。除起到一般注浆工程的三个作用外（即检查设备及系统的密封性与完好率，确定注浆初压及确定注浆起始浓度和注浆配合比，）在桩底注浆中还有三个重要作用：①疏通注浆通道；②将沉渣及泥层中的细粒部分压至加固范围内；③水量一般控制在 0.2 m^3 以内，压水时间 1～2min，以压通为准（即压通后泵压明显下降）。

4）桩端注浆施工流程

桩端注浆施工流程如图 1-18 所示。

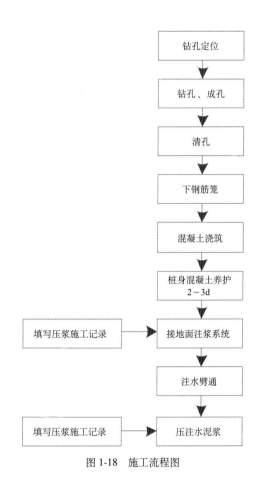

图 1-18   施工流程图

5）后注浆机械设备及施工控制

后注浆机械设备包括注浆泵、水泥浆搅拌桶和连接注浆导管与注浆泵之间的高压软管：

①注浆泵采用 BW-150 型高压注浆泵，功率 8.5 kW。

②注浆泵监控压力表为 1.6 级 10 MPa 抗震压力表。

③液浆搅拌机为与注浆泵相匹配的 YJ-340 型液浆搅拌机，容积为 0.62 m³ 功率 4kW。

④水泥浆搅拌：桩端注浆水泥量为 2.0t（用于直径 800 mm 桩），在搅拌水泥浆前应用按搅拌桶的体积计算出水泥浆配比所需要的水的容量，并做好标记。

⑤水泥的过滤：在水泥浆搅拌好后，放入多层过滤网进行过滤，防止大水泥颗粒进入注浆管路中，造成压力过高或管路堵塞。

⑥注浆管路系统连接：注浆管用三通与注浆导管进行连接。接口处一定要严密，以保证注浆压力的准确性。

⑦进行注浆：开始注浆时，注浆压力会偏高（劈开压力），观察压力表和浆液的注入情况，并做好记录。如果出现压力偏高、不足或桩侧溢浆，应该根据规范采取措施。当达到注浆量时，应该停止注浆，关闭三通下阀门打开上阀门。

⑧如出现注浆压力长时间低于正常值或地面出现冒浆或周围孔串浆，应更改为间歇注浆，间歇时间宜为 30 ~ 60min，或调低浆液水灰比。

⑨注浆结束时，做好记录，用清水将压浆管冲洗干净并放好。

1.4 底板 L 型牛腿法换撑施工技术

随着我国经济的发展，基坑工程具有工程量大、技术难度高、不可预见因素多等特点，基坑支护的安全可靠性不仅影响基坑工程本身，而且往往会影响基坑的周边环境。正因为如此，基坑支护方案必须结合周边环境情况进行选择；另一方面，基坑支护虽然是临时结构，但其费用很高，对工程总造价的影响不容忽视。因此，选择保护环境又经济合理的基坑支护形式，具有重要的现实意义。

江苏大剧院基坑开挖工程采用 L 型翻边板换撑施工技术，如图 1-19 所示。该技术具有以下特点：

（1）L 型换撑板支设操作工艺简单，所用材料为施工中常用材料，施工完成后可以满足基坑稳定要求。

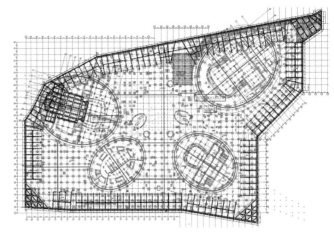

图 1-19　基坑支撑平面布置图

（2）与采用传统的基坑开挖后支护桩的支护方法相比，可以达到一次施工的目的，避免了多次进行混凝土施工容易产生施工冷缝的问题。

（3）与传统的斜抛撑施工相比，地下室顶板和外墙未形成即可拆斜抛撑，节约了施工工期，规避了地下室后期外墙出现渗漏问题。

（4）后期施工中 L 型换撑板联合支护桩共同形成基坑水土压力的围挡，具有受力形式简单，稳定可靠的特点。

1. 底板 L 型牛腿法换撑施工工艺原理及流程（如图 1-20 所示）

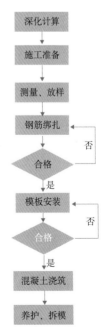

图 1-20　底板 L 型牛腿法换撑施工流程

（1）与传统的斜抛撑施工相比，在斜抛撑下方土方开挖结束后进行底板及 L 型换撑板的施工，待换撑板强度达到设计强度后便可拆除斜抛撑，进行地下室外墙及顶板的施工。

（2）根据计算确定 L 型换撑板的竖直段宽度及竖直段高度。通过 BIM 模型建立对构件所需材料进行放样，在现场进行钢筋绑扎、模板安装及混凝土浇筑等施工流程。

（3）将 L 型换撑板的水平段与中心混凝土底板相连接，将 L 型换撑板的竖直段与支护桩相连接，促成基坑底板与支护形成整体，确保其稳定性。

2. 施工要点

（1）深化计算

根据单个所述支护桩承受的土压力 F_1 引起的弯矩 M_1 不大于单个所述支护桩的最大抗弯能力 M_D，利用公式 $M_1 \leqslant M_D$，计算得到所述 L 型换撑板的竖直段的高度 H：

$$H \geqslant L_0 - \sqrt[3]{3 f_c \pi D^3 / 16 \gamma s K_0}$$

根据所述 L 型换撑板承受的土压力引起的弯矩 M_r 不大于所述 L 型换撑板的最大抗弯能力 M_L，利用公式 $M_r \leqslant M_L$，计算得到所述 L 型换撑板的竖直段的宽度 B：

$$B \geqslant \sqrt{\left[\gamma K_0 L_0^3 - \gamma K_0 \left(L_0 - H \right)^3 \right] / f_c}$$

式中　K_0——基坑上的土体的静止土压力系数；
　　　γ——基坑底板上所有土体的加权平均重度值；
　　　L_0——支护桩的支护深度；
　　　s——相邻两个所述支护桩之间的间距；
　　　f_c——L 型换撑板的混凝土设计强度。

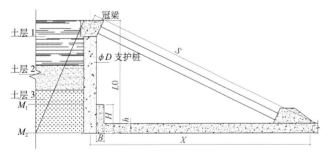

图 1-21　剖面图（S 为斜抛撑长度，H 和 B 为 L 换撑板高度和宽度）

（2）施工准备

1）认真熟悉图纸，建立 BIM 模型，发现问题并及时解决；确定 L 型换撑板所需要材料的计划清单。

2）对构件所需要材料进场需进行验收，合格后方可进行现场施工使用。

（3）测量、放样

对土建提供的轴线，水平线进行复核，通过全站仪放出外墙边线，并在支护桩上弹出标高线；通过 BIM 模型对现场 L 型换撑板不同区域内所需要材料进行放样，计算出相应的规格尺寸。

（4）钢筋绑扎

清理垫层上的杂物，用粉笔在垫层上画好主筋、分布筋的间距，按划好的间距，先摆放受力钢筋、后放分布筋，两层钢筋需加钢筋马凳，以确保上部钢筋的位置，每个相交点均要绑扎，钢筋的搭接长度均满足规范要求，如图 1-22 所示。

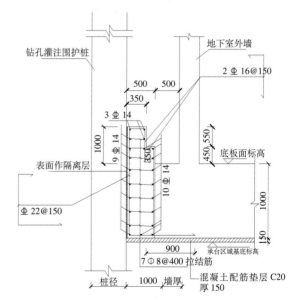

图 1-22　承台位置 L 型换撑板配筋图

（5）模板安装

在换撑板高低跨的位置采用吊模方式来承受侧向荷载，保持其稳定性，能使构件水平度和垂直度满足要求，在高低跨位置焊接定位筋确定低跨的水平面标高，高跨侧模采用木模进行支模，吊模加固需进行理论上的验算。

（6）混凝土浇筑

先对低跨区域混凝土进行浇筑，低跨区域混凝土浇筑完成后，待混凝土达到初凝后，再对高跨区域混凝土进行浇筑，高跨区混凝土振捣时不要紧贴侧模边，为防止混凝土对模板的侧压力过大，因而导致模板胀模。依据支护桩上标高，控制好构件的完成面标高，混凝土浇筑终凝时间到达后，及时进行浇水养护，如图 1-23 所示。

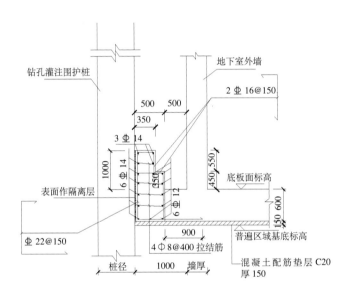

图 1-23　普遍底板位置 L 型换撑板配筋图

3. L 型换撑支护基坑监测变形

根据设计及监测方案当中确定的报警值如表 1-3 所示：

基坑监测报警值汇总表　　　　　表 1-3

监测项目	速率（mm/d）	累计值（mm）
临近顶管办公楼侧桩顶位移	3	25
临近顶管办公楼侧桩身、土体倾斜	3	25
临近顶管办公楼侧坑外地表沉降	3	20
普遍区域桩顶位移	4	30
普遍区域桩身、土体倾斜	4	30
普遍区域坑外地表沉降	4	25

圈梁垂直位移监测点 D22 的累积垂直位移量最大，其累积位移量为 22.6 mm，接近报警值（30.0 mm），

该点位于基坑北侧。其余各点垂直位移变化均小于 D22。

桩顶垂直位移累计变化量最大点 D22- 时间曲线图如图 1-24 所示：

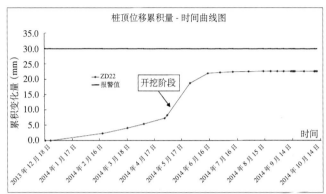

图 1-24　桩顶垂直位移累计变化量最大点 D22- 时间曲线图

圈梁水平位移监测点 D22 的累计水平位移量最大，其累积位移量为 28.8 mm，接近报警值（30.0 mm），该点位于基坑北侧。其余各点水平位移变化均小于 D22。

桩顶水平位移累计变化量最大点 D22- 时间曲线图如图 1-25 所示：

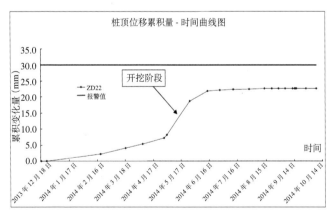

图 1-25　桩顶水平位移累计变化量最大点 D22- 时间曲线图

该基坑工程目前已施工完毕，质量达到设计和规范要求，基坑变形有效的控制在了设计范围内，L 型换撑板的运用，保证的施工的质量和安全。从整体来看，该工法施工有效、可行。

1.5　大面积柱板固结疏散平台防裂施工技术

本工程大面积共享疏散平台采用连续板柱固结，易造成短柱区柱端板拉裂，为了缓解该施工病害，应对其整体温度效应进行分析建模，通过增加无粘结预应力现浇空心楼板的施工手段，减少温度约束变形。无粘结预应力筋采用低松弛预应力钢绞线 $U\Phi^s15.2$，抗拉强度标准 $f_{ptk}=1860MPa$。普通楼板配筋为 $2U\Phi^s15.2@500$，空心板内配筋为 $3U\Phi^s15.2@620$、$3U\Phi^s15.2@650$，抗震等级为二级。预应力筋采用直线布置。楼板预应力配筋截面如图1-26、图1-27所示。

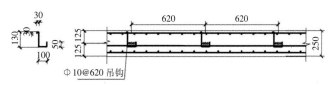

图1-26　实心楼板预应力配筋截面图

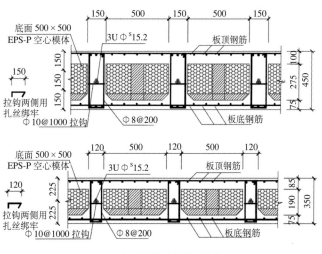

图1-27　空心楼板预应力配筋截面图

1. 无粘结预应力板施工流程（如图1-28所示）

2. 无粘结预应力板施工方法

（1）施工顺序

梁模板及钢筋骨架安装→板底模安装→板底钢筋绑扎固定→无粘结筋铺设→板面钢筋绑扎→张拉端埋件安装→隐蔽工程验收→混凝土浇筑与养护→张拉端清孔、安装锚具→预应力筋张拉→张拉端切割封锚。

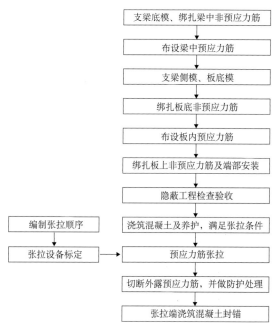

图1-28　无粘结预应力板施工流程图

（2）现场无粘结筋的制作

无粘结筋的下料制作场地宜选在使用点附近，即无粘结筋进场时就应卸在下料地点，以减少场内运输。

1）无粘结预应力筋下料长度

L = 无粘结筋孔道长度 + 张拉端工作长度。

2）放线下料

成盘供应的无粘结筋重量约为 $1\sim2.5t$，在放线时尽量减少破损。现场用砂轮切割机下料。下料中仔细检查无粘结筋个别破损处，及时用胶粘带封裹。下料时对不同长度的无粘结筋分类编号。

（3）无粘结预应力筋铺放要点

1）无粘结预应力筋绑扎要求位置准确，板内无粘结预应力筋为直线布置。

2）一般情况下各种管道应在预应力筋布置好后铺设，并尽量为预应力筋让路。

3）无粘结筋与锚垫板垂直。张拉端承压钢板与螺旋筋点焊固定，挤压锚的承压钢板与螺旋筋用扎丝固定。

4）作隐蔽工程检查时，检查的重点是无粘结筋塑料套管有无破损；张拉端和固定端安装是否妥当；张拉端外露长度是否足够；无粘结预应力筋远看是否是一条直线；检查后作记录备档，立侧模前纠正。

（4）混凝土浇筑

1）在浇筑混凝土之前，需再对无粘结筋束形、数量、各关键位置及埋入端锚具进行认真检查，发现问题及时改正。

2）浇筑混凝土前，应进行隐蔽工程检查验收，并填写"隐蔽工程检查验收单"进行分项工程交接。

3）浇筑混凝土时，严禁踏压无粘结筋及触碰锚具，确保无粘结筋的束形和高度的准确。

4）混凝土应振捣密实，尤其是张拉端和固定端的预埋承压垫板处不允许出现漏振和孔洞。

5）加强混凝土养护，夏季应防止水分蒸发，冬季应防冻。

（5）预应力张拉

1）混凝土强度应达 85% 之后，方可进行张拉；当无粘结预应力筋过后浇带时，需等待后浇带浇筑后且强度达到 85% 方可进行张拉，正式张拉应有同条件养护试块的试压报告。

2）设计张拉控制应力 $\sigma_{con}=0.7f_{ptk}$，即 1302 MPa。

3）预应力筋的张拉程序为：$0 \rightarrow 0.1\sigma_{con}$（量初值）$\rightarrow 1.0\sigma_{con}$（量终值）$\rightarrow$ 锚固。

4）张拉伸长值应从 $0.1\sigma_{con} \rightarrow 1.0\sigma_{con}$，分两次量测，并作现场记录。

5）张拉时油压应缓慢、平稳上升。

6）实际伸长值与计算伸长值偏差应在 $-6\% \sim +6\%$ 之内，否则应暂停张拉，查明原因并采取措施后方可继续张拉。

7）锚具张拉回缩值应控制在 $6 \sim 8$ mm 范围之内。

（6）封端保护

无粘结预应力筋张拉完成后用角磨机切除外露多余钢绞线，剩余外露钢绞线长度不小于 30 mm，再用 C45 微膨胀细石混凝土对张拉端进行封堵。

3. 无粘结预应力板施工技术措施

（1）张拉端与固定端的设置

板中无粘结预应力筋的张拉端与固定端节点大样如图 1-29 所示：

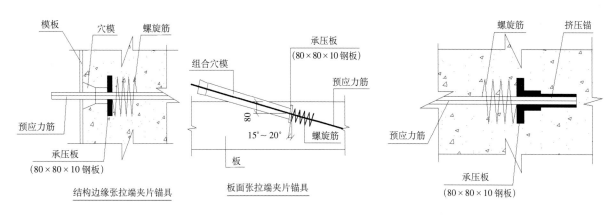

图 1-29　无粘结预应力筋张拉端与固定端节点大样图

（2）伸长值的计算与测量

1）预应力伸长值 ΔL，可按下式计算：

$$\Delta L_T = \int_0^{L_T} \frac{F_j \cdot e^{-(kx+u\theta)}}{A_P E_P} dx = \frac{F_j \cdot L_T}{A_P E_P} \cdot \frac{1 - e^{-(kL_T+u\theta)}}{kL_T+u\theta}$$

式中　ΔL_T——张拉伸长值；

F_j——预应力筋张拉端张拉力；

A_P——预应力筋截面积；

E_P——预应力筋弹性模量；

K——每米孔孔道局部偏差摩擦影响系数；

μ——预应力筋与孔道壁之间的摩擦系数；

θ——从张拉端至固定端曲线孔道部分切线的总夹角（rad）。

2）伸长值的测量

将千斤顶加压到 $0.1\sigma_{con}$，这时预应力筋的张拉应

力为 σ_A，此时开始测量并记录预应力筋长度 L_A，即下图中 A 点，然后逐步增加压力，直至控制张拉力，测量记录此时的预应力筋长度 L_B。推算伸长值计算简图示意简图。

$$\Delta L_2 = L_B - L_A$$

由于在弹性范围内，伸长值与应力成正比，因此 ΔL_1 的计算公式为：

$$\Delta L_1 = (\sigma_A \cdot \Delta L_2) / (\sigma_{con} - \sigma_A)$$

预应力筋的总伸长值为：

$$\Delta L_{总} = \Delta L_1 + \Delta L_2$$

4. 板中无粘结预应力筋塔吊洞口及普通小洞口处做法

板中无粘结预应力筋在遇到塔吊洞口时应断开布置，但在洞口四周应附加预应力筋，做法如图 1-30 所示。

板内无粘结筋当遇到较小孔洞时，可以在平面内绕过洞口。由于无粘结筋的侧向力作用，可能使混凝土开裂。为避免和控制这类裂缝，无粘结筋离开孔边要有一定的距离，并以足够大的曲率半径平缓绕过板中的开孔，洞口边应配置普通钢筋加强。做法如图 1-31、图 1-32 所示。

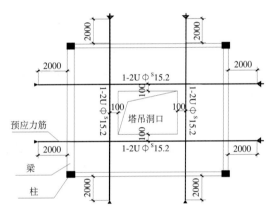

图 1-30　塔吊洞口处附加预应力筋做法

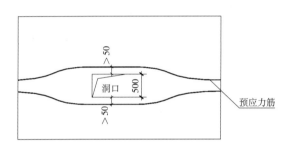

图 1-31　板内预应力筋绕洞口做法

图 1-32　现场施工照片

第 2 章　剧院工程复杂主体结构施工技术

2.1　剧院复杂交汇钢节点力学性能研究

（本节计算内容由同济大学实施）

江苏大剧院建筑结构设计独特，受力状况复杂，在施工和使用过程中受到各种荷载的作用。屋盖顶部为拉梁交汇处，八根拉梁交汇形成节点。根据该节点在实际结构中的受力特点，从支座选取、加载方式、试验设计等方面进行考虑，采用有限元进行数值分析，进一步通过模型试验明确该节点的受力机理，验证节点在设计荷载下的安全性与可靠性。

1. 工程背景

由于加工制作方便、成本低廉，近年来国内外的一些大型公共建筑中广泛采用了钢结构。随着科学技术的不断发展，考虑到钢结构具有轻质高强、成本相对较低和增强建筑美感的特点，在未来的十年内高强钢也会得到广泛应用。

节点是钢结构关键的受力部分，钢管节点是钢管结构中的重要传力部件，其受力性能往往会影响整个结构在荷载下的表现。一般来说，钢管节点的种类有空心球焊接节点、螺栓球节点、钢管相贯节点、钢管鼓节点和钢板节点等几类，音乐厅结构示意图如图 2-1 所示。

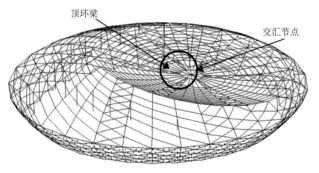

图 2-1　音乐厅结构示意图

在目前的建筑结构中，部分钢节点构造复杂，国内外规范尚无合理的公式计算其承载力。因此通过模型试验与有限元软件分析节点的受力特性便显得尤为重要。有限元分析可以更全面地了解试验的受力机理，而且可以很方便地对模型进行参数分析，也是现代结构分析中必不可少的一种工具。

建筑结构形式复杂，高度为 35 m，跨度超过 60 m。上部屋盖为钢结构，下部为混凝土结构，中间部分为斜柱。钢屋盖中部的 8 根斜拉梁一端通过销轴和耳板形成铰，连接在顶环梁上，另一端交汇形成交汇节点，交汇节点结构示意图如图 2-2 所示。

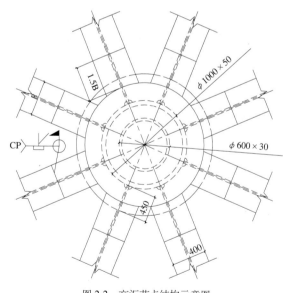

图 2-2　交汇节点结构示意图

2. 交汇节点分析

从交汇节点的设计过程中可以发现，该节点与常规的节点相比，有 8 根工字梁在此交汇，构造相对复杂，与常规的钢节点在分析过程上有较大的区别。因此在进行模型试验的设计时需要考虑以下几个方面的问题：

（1）交汇节点具有很强的对称性。8 根工字梁在交汇处的截面尺寸一致，交汇节点中部为圆形钢管。设计模型试验时，需要考虑模型节点在受力与构造上的对称性。

（2）工字梁的一端在节点处交汇，另一端连接在钢屋盖的顶环梁上。设计模型节点时，需要考察斜拉梁在各种荷载下的受力状态，为斜拉梁设计合理的支座形式。

（3）在设计模型节点时，还需要依据交汇节点在整个音乐厅结构中受力情况，根据内力资料，确定对模型节点施加的荷载形式。

3. 模型节点的设计与简化

针对上面提出的问题，为了保证节点试验能很好地反映原型节点的力学性能，需要从以下三个方面来设计节点试验。

（1）明确模型节点的基本构造

钢屋盖 8 根斜拉梁均采用工字形截面，截面为 H800×400×25×25，节点材料采用 Q390GJ-C 高强度钢，各杆件之间采用一级焊缝进行等强连接。考虑试验场地的加载条件，根据以往工程项目经验，首先确定模型节点的几何相似常数为 1:4。模型材料仍然采用 Q390GJ-C，即原型节点和模型节点的弹性模量、泊松比是一致的。根据相似常数，可以确定模型节点尺寸，如表 2-1 所示。

交汇节点模型各构件尺寸　　　　表2-1

构件名称	截面尺寸	构件名称	截面尺寸
斜拉梁	H200×100×6×6	内侧圆形加劲板	$\phi135×8$
上（下）盖板	$\phi350×16$	外侧圆筒	$\phi250×8×336$
外侧环形加劲肋	$\phi474×250×8$	内侧圆筒	$\phi151×8×336$
内侧环形加劲肋	$\phi226×151×8$		

（2）确定支座及加载形式

工字梁一端在中心位置的节点中部交汇，另一端通过销轴和耳板连接在了顶环梁上。通过分析结构在不同工况下的内力，可以发现工字梁在荷载作用下以轴力为主，剪力与弯矩相对较小，因此在模型节点中

也相应地采用铰支座。此外 8 根工字梁在实际设计中并不在同一平面内，但是出平面的角度比较小，可以简化为平面加载试验，如图 2-3 所示。

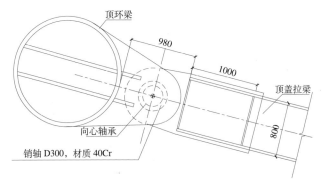

顶环梁
980
1000
顶盖拉梁
800
向心轴承
销轴 D300，材质 40Cr

图 2-3　工字梁另一端连接在顶环梁上

（3）加载形式的选择

在确定好模型节点的尺寸后，还需要依据交汇节点在整个音乐厅结构中的受力情况，从音乐厅结构的内力资料进行分析，确定对模型节点施加的荷载。本文对 7 组方案进行试算，所采用的荷载为实际的设计荷载，计算结果如表 2-2 所示。

根据表 2-2 可知，方案 1 和方案 3 中，施加的压力和拉力能够较好地沿着直线进行传递，比较符合结构设计的意图，但是这两个方案需要设置 4 个铰支座，而且方案 3 不具有对称性。在方案 2 中，受拉荷载施加在两根杆件上，但是，拉力却无法通过节点几何中心进行直线传递，与铰支座相连的几根杆件中，轴力值很小，方案 4 和方案 5 也有类似的问题。方案 7 能够比较好地模拟交汇节点的受力情况，仅需要两个铰支座。方案 6 虽然也可以达到方案 7 的效果，但是缺乏对称性。

综上所述，方案 7 不仅具有很好的对称性，所用的铰支座数量不是很多，操作相对简单，而且所施加的压力和拉力能够较好地沿直线传递，符合节点在实际结构中的受力情况，因此采用方案 7 进行加载。交汇节点主要测点与位移计布置图如图 2-4 所示。

4. 模型试验

（1）测点布置

该模型节点的位移计与主要测点布置如表 2-2 所

交汇节点模型试验不同加载方案的比较

表2-2

方案	加载示意图	弯矩图	轴力图	铰支座杆件内力
方案1	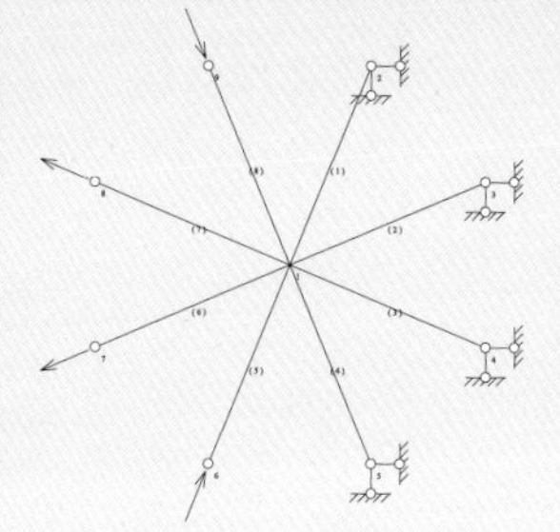	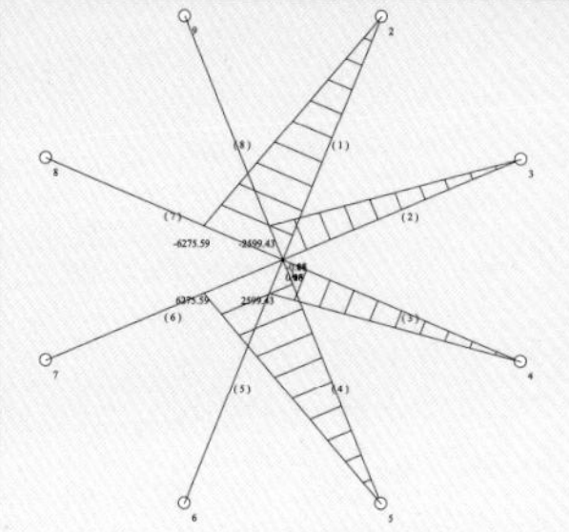	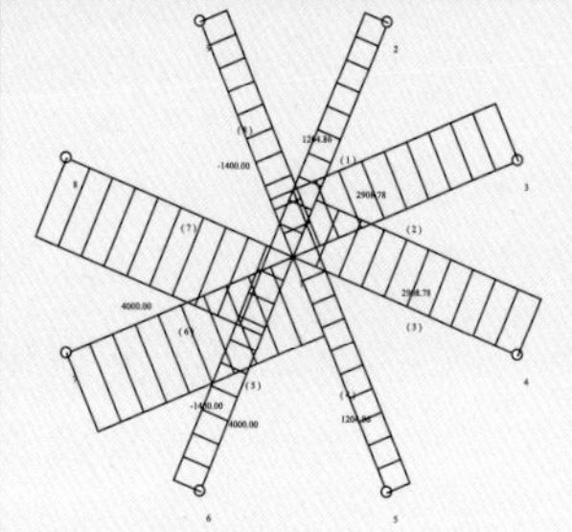	弯矩最大值6276kN·m，轴力最大值2909kN
方案2	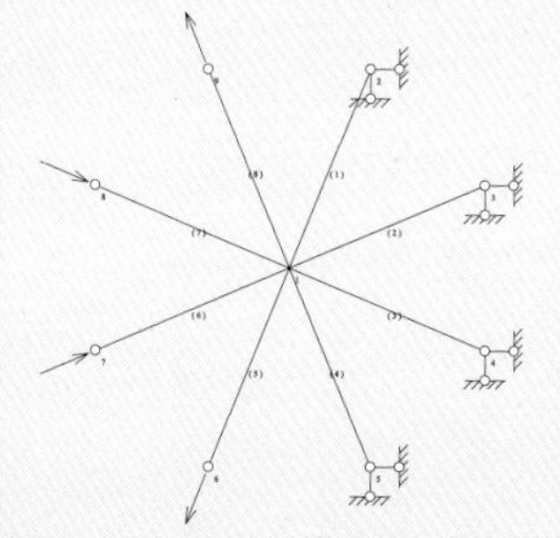	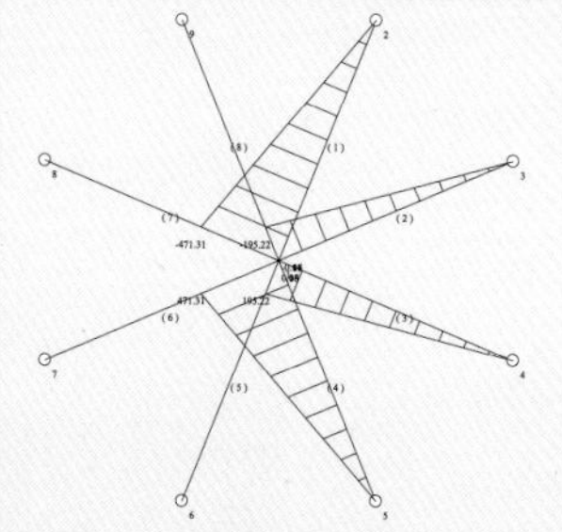	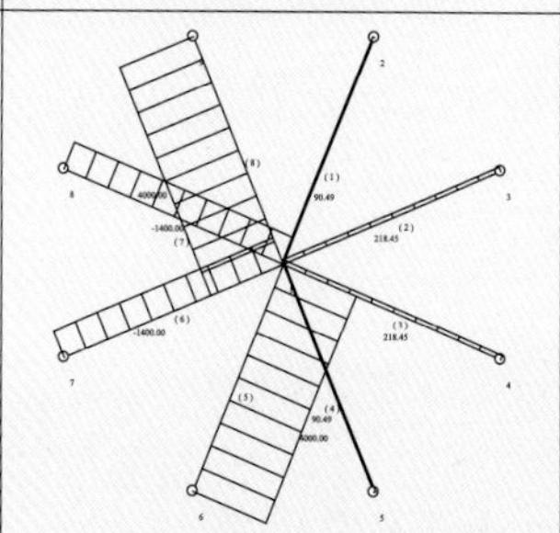	弯矩最大值为471 kN·m，轴力最大值为218 kN
方案3	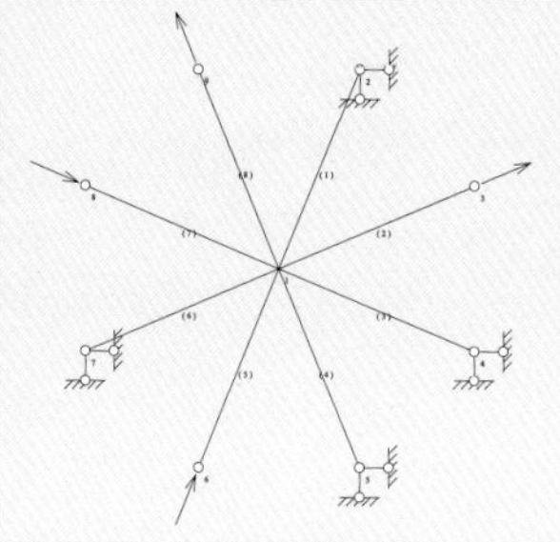	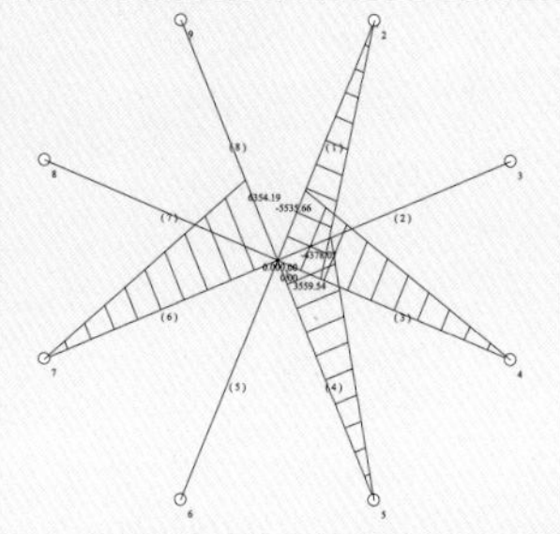	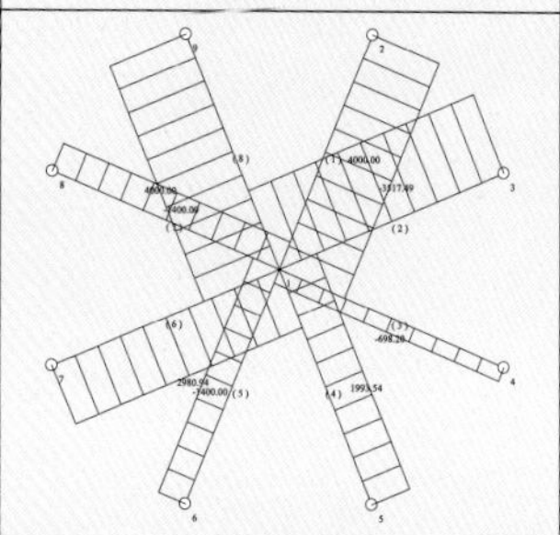	弯矩最大值6354 kN·m，最大轴压力为-3517.6 kN，最大轴拉力为2980.94 kN
方案4	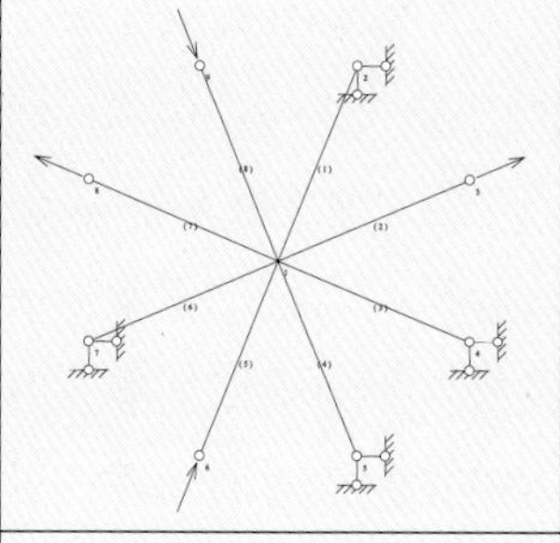	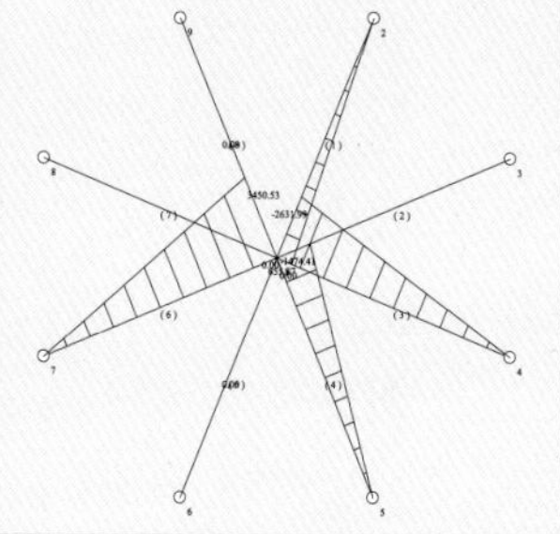	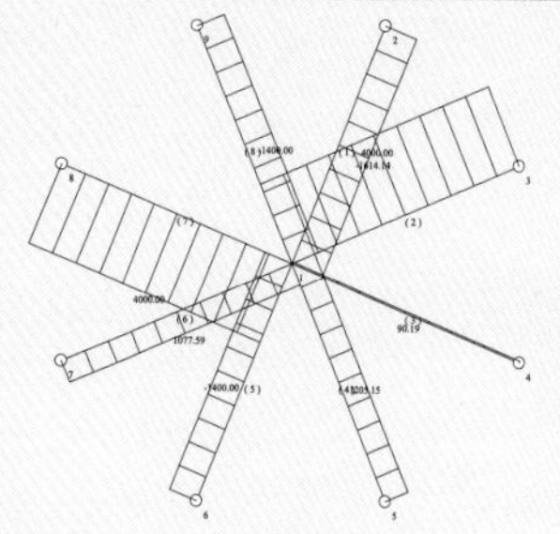	弯矩最大值3450 kN·m，最大轴压力为-1614 kN，最大轴拉力为1205 kN
方案5	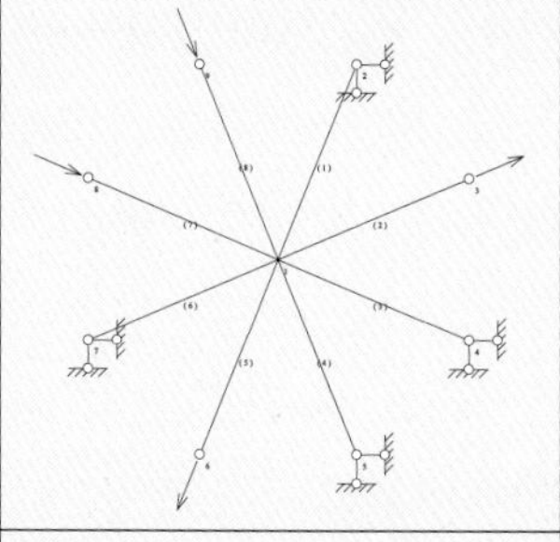	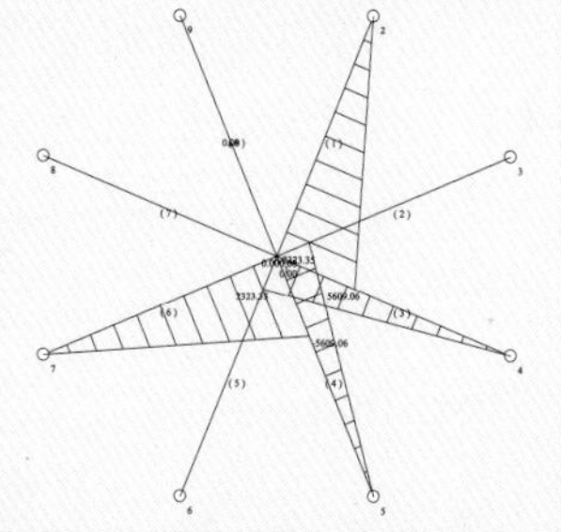	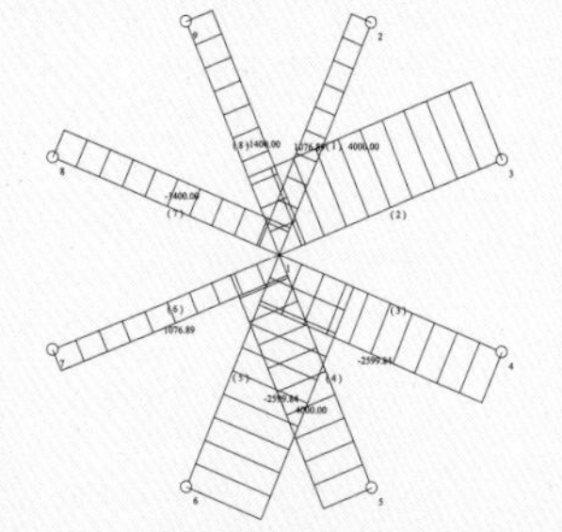	弯矩最大值5609 kN·m，最大轴压力为-2600 kN，最大轴拉力为1077 kN
方案6	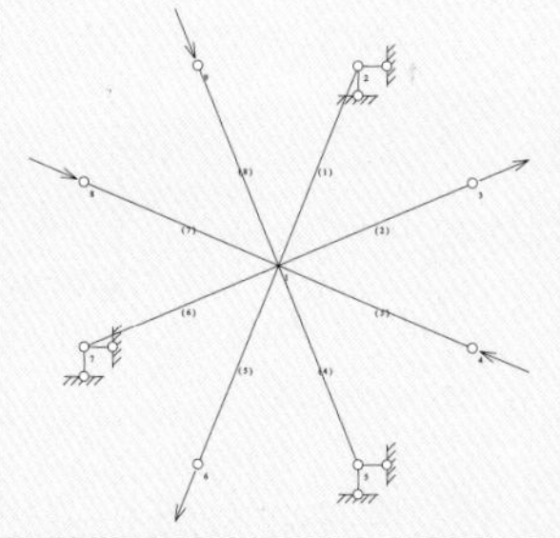	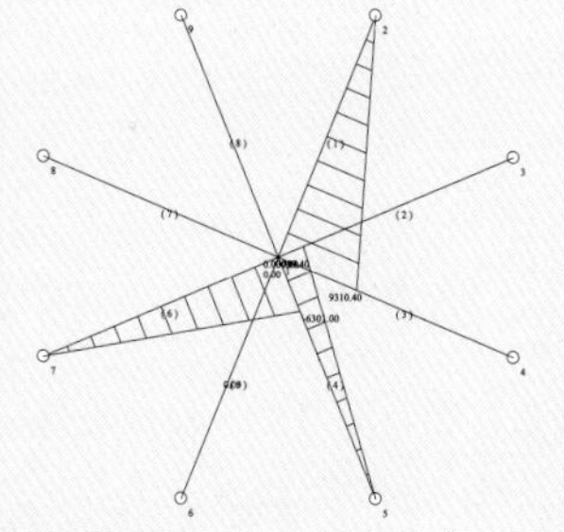	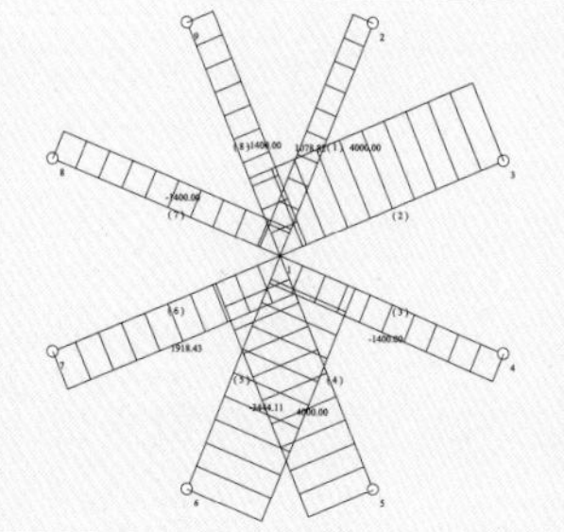	弯矩最大值9310 kN·m，最大轴压力为-3444 kN，最大轴拉力为1918 kN

续表

方案	加载示意图	弯矩图	轴力图	铰支座杆件内力
方案7				弯矩最大值3572 kN·m，最大轴压力为−3517.6 kN，最大轴拉力为3999.8 kN

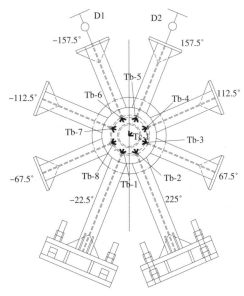

图 2-4　交汇节点主要测点与位移计布置图

图 2-5　交汇节点加载装置图

示。位移计 D_1 和 D_2 用来测量受拉工字梁的轴向位移。T_b 系列测点与 T_c 系列测点用于测量交汇节点顶部圆盖板上的应变。在处理数据时，测点的 Mises 应变的计算公式如下：

$$\varepsilon_e = \frac{(\varepsilon_1 - \varepsilon_2)^2 + (\varepsilon_2 - \varepsilon_3)^2 + (\varepsilon_3 - \varepsilon_1)^2}{2(1 + \nu)}$$

其中 ν 表示钢材泊松比，本次试验取值 0.3，ε_1、ε_2、ε_3 表示该测点的主应变。

（2）加载制度

为了对节点进行平面内加载，本文设计了一个自平衡的反力架，加载装置图如下图所示。交汇节点模型的加载荷载如图 2-5 所示，加载前期以 10 kN 为一级，加载后期以 20 kN 为一级。加载到 3 倍设计荷载后，保持压力不变，仅增加拉力直到节点发生破坏或者无法达到加载的情形。

对节点进行加载后，通过试验现象、试验数据进行研究，试验分别从应力 - 应变曲线、节点承载能力等方面对节点试验进行了分析研究。试验数据表明，在设计荷载下，模型节点各测点的应变均小于 900 $\mu\varepsilon$，未达到材料的屈服应变值，节点能够满足弹性工作要求，符合设计要求。在 3 倍设计荷载作用下，交汇节点测点的应变最大值为 3173 $\mu\varepsilon$，部分区域出现塑性。在节点中心区域，各个测点的 Mises 应变在 3 倍设计荷载下仍然在弹性范围，所以说明节点中心区域是强于杆件的，交汇节点模型荷载如表 2-3 所示。

交汇节点模型荷载　　　　　表2-3

荷载类型	设计荷载/kN	2倍设计荷载/kN	3倍设计荷载/kN	加载后期/kN
压力	250	500	750	继续增加
拉力	87.5	175	262.5	262.5

（3）有限元模拟

采用通用的有限元软件 ABAQUS 进行有限元建

模，节点模型采用三维实体线性积分单元 C3D10，网格划分采用自由划分。钢材采用双折线模型，初始阶段弹性模量 E_1=2.06×105 MPa，强化阶段弹性模量 E_2=1.5×104 MPa，屈服强度 f_y=390 MPa。

根据第四强度理论，当钢结构的 von Mises 应力小于屈服强度时，可认为钢结构工作在弹性状态；反之则认为钢结构进入塑性阶段。在设计荷载作用下计算所得的交汇节点 von Mises 应力分布如图 2-6 所示。从节点内部提取的 von Mises 应力中可以看出，在设计荷载下交汇节点的最大 Mises 应力为 219.5 MPa，最小 Mises 应力为 0.4 MPa，最大值的位置出现在斜拉梁与外侧环形加劲肋连接的地方，此处也出现了明显的应力集中现象，该应力集中现象会逐步扩展到拉梁腹板的大片区域，使得拉梁过早进入屈服和强化阶段。为了缓解此处的应力集中现象，根据工程经验应该在此处设置圆倒角。交汇节点中部与受压工字梁连接的地方应力值较小，这些特点与实际加载过程中观测到的数据是一致的。

图 2-6　交汇节点模型网络划分、设计荷载下交汇节点应力分布

5. 总结分析

（1）分析交汇节点的受力特性，通过合理的简化，包括对称性的利用、支座形式的选取、加载方式的选择、模型节点的构造设计等方面，该交汇节点可以通过模型试验来分析其力学特点，验证节点在设计荷载下的安全性。

（2）有限元建模能够实现交汇节点模型试验的模拟，借助有限元软件可以明确节点在荷载下的受力特性，为试验的开展提供较强的指导意义。

（3）试验加载与有限元模拟均表明，受拉工字梁远离支座端的肋板处出现了较为明显的应力集中，其节点应力水平要比节点其他部分高，在后续的设计工作中应多加注意。

2.2　高大空间异形钢筋混凝土结构施工技术

江苏大剧院工程的钢筋混凝土结构具有空间高、跨度大、弧形构件多等特征。舞台区域为大空间，高度最大达 50.3 m，舞台上方独立梁断面尺寸最大达 1200 mm×3650 mm，跨度最长达 25.2 m；观众厅看台大量采用弧形墙、扇形曲面看台，其中楼座看台为大跨度悬挑结构，并使用有粘结预应力；空间钢结构支座为椭圆形大环梁，断面尺寸为 2000 mm×2000 mm，长度最大达 340 m；大环梁下方的框架柱均为 1.2 m×1.2 m 钢骨柱；大剧院标高繁杂，同层标高均不统一，高低相差最大达 5.95 m。

1. 观众厅多段不同心弧形钢筋混凝土结构施工技术

本项目四个厅均呈"水滴形"，各个厅内的观众厅呈椭圆形，建筑外墙和内墙由多段不同心弧形钢筋混凝土结构组成，椭圆形长轴最大为 126 m，最小为 86.4 m，短轴最大为 97.7 m，最小为 61.8 m，基础埋深约 7 m，地上六层，地下 1 层，主体为钢筋混凝土框架－剪力墙结构，外壳为钢结构。以音乐厅为例，如图 2-7 所示。

常见的建筑工程结构形式中，形状规则的钢筋混凝土框架剪力墙结构比较普遍，规则的混凝土结构施

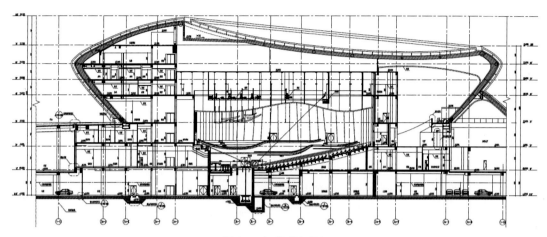

图 2-7　音乐厅剖面图

工技术与施工工艺已经非常成熟，各项施工控制措施比较完善。但是对于剧院复杂多段不同心弧形非常规的钢筋混凝土结构施工，则给测量定位、模板支架搭设、钢筋绑扎等带来较大难度，为本工程施工难点。

（1）施工工艺流程见图 2-8。

（2）操作要点

1）测量放线时，当一段弧较长导致现场测量放线不方便时，可将同一圆心所对应的弧分成多段，每一段按照 500～1000 的距离等分，运用计算机辅助技术，计算出每一段弧的端点坐标，然后利用经纬仪及控制点进行放线。

2）模板方案设计中的模板加固是复杂多段不同心弧形剪力墙的重难点之一，模板体系加固采用高强穿墙螺杆对拉钢管，加固前钢管需根据墙体弧度进行预弯，达到所需弧度要求，且模板拼缝处平顺过渡，通过调节螺杆保证弧形墙体的弧度准确；对同一墙体钢管、模板进行编号，一层施工完毕后周转至上层同一墙体继续施工，这样既加快了施工速度，又可以有效地节约材料。

3）钢筋绑扎严格按照设计图纸及相关规范进行施工，钢筋绑扎主要是保证墙水平筋的弧度和钢筋保护层，在绑扎完成的墙体钢筋上利用定型保护层垫块及墙体内部支撑撑块来控制弧形墙体钢筋保护层的厚度和墙体截面尺寸的准确。

4）钢筋弧度控制主要是在绑扎水平筋时，预留一个接头暂不绑扎，接头位置预留在墙的端部。随着

模板弧度逐步调整到位的同时，钢筋弧度也同时在逐步到位，将钢筋调整到位后，将预留未绑的接头再进行绑扎校正。

5）弧形墙混凝土浇筑采用车载泵进行浇筑，必须对进场的混凝土坍落度进行检查。

6）浇筑前用水湿润模板和混凝土接槎处，并在接槎处浇筑 50～100 mm 厚同强度等级的水泥砂浆结合层。

7）第一层浇筑时控制在 0.5 m 高，以免浇筑过高产生侧压力过大使模板变形。第一层浇筑完后，以后每一层浇筑高度不得超过 0.6 m，每次施工高度为 2 m 左右。在浇筑过程中，振捣棒要逐点振捣到位，浇筑

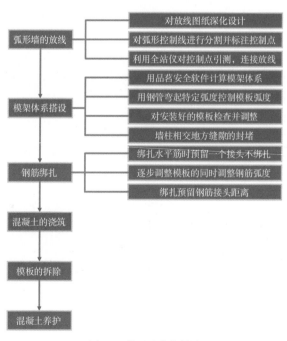

图 2-8　施工工艺流程图

到标高位置后，将表面压实抹平。

8）竖向结构模板拆除时需待混凝土强度达到 1.2MPa 后再进行拆除，防止混凝土构件变形；拆除后及时用棉毡覆盖，洒水养护。

采用本施工技术，克服了传统施工工作量大且施工难度高，建筑几何尺寸控制困难等问题，加快了施工工期，节约资源。施工过程中无风险，杜绝了安全事故，施工质量经检查质量良好，充分保证了建筑物的使用功能，取得了良好的社会效益。

2. 观众厅扇形曲面观众席施工技术

本节以施工难度最大的歌剧厅为例，阐述扇形曲面观众席的施工技术。

歌剧厅位于建筑的西南角，可容纳 2280 观众，观众厅呈马蹄形，由一层池座（1354 座），两层楼座（474+452 座）组成，布置简洁经典。观众厅分为一层池座和两层楼座。歌剧厅阶梯式池座，弧形梁跨度 28～36 m 长、楼层 1.7～4.3 m 高、台阶高差 4400 mm，由二层休息厅进入；一层楼座首排座位的地面标高为 9.300 mm，最后一排座位的地面标高为 12.234 mm，由三层前厅进入；二层楼座首排座位的地面标高为 15.093 mm，最后一排座位的地面标高为 19.500 mm，由四层前厅进入；观众厅顶标高为 26.200 mm，如图 2-9 所示。

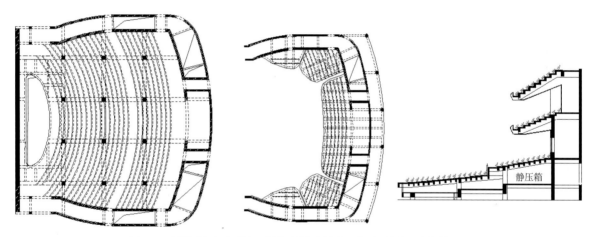

图 2-9　歌剧厅池座平面图，歌剧厅观众席楼座，歌剧厅楼座、池座剖面图

该观众厅上层楼座为悬挑预应力变截面大梁，径向悬臂长度达到 7 m，梁高最高达到 1.2 m，最小为 400 mm，宽度为 500 mm；看台次梁为 200 mm× 900 mm，边梁截面为 400 mm×400 mm，最大曲率半径为 50.15 m，最小曲率半径为 2.55 m，跨度 2～7 m 不等。综上所述，本工程歌剧院扇形曲面观众席施工，弧形定位测量，高支模模板支撑加固，混凝土施工缝设置，弧形大梁模板支撑加固，悬挑构件施工，混凝土阶梯面层标高平整度的控制等是重难点。

（1）观众厅支架体系搭设

脚手架采用钢管扣件式支架体系，歌剧厅观众席池座、楼座踏步宽度 900～950 mm，立杆径向间距同踏步宽度，环向间距 500～550 mm，水平步距 1200 mm，立杆位于踏步中心线上，其支架搭设平面图与立面图，

如图 2-10 所示。

1200 mm×500 mm，预应力悬挑梁主梁施工时，下层模板支架不拆除，悬挑梁的立杆与下层立杆对应，其支架搭设如图 2-11 所示；待上层结构施工完毕且强度达到设计要求后在拆除。

悬挑部位看台现浇混凝土楼盖，属高大支模，传下的荷载大，在楼座支模前放线时将天顶大梁位置投影在静压箱底板上，（悬挑楼座观众席施工时下方的池座已施工完毕，池座与静压箱底板视情况进行加固，最不利的工况是：第一层悬挑楼座预应力尚未张拉，第二层悬挑楼座需浇筑混凝土，对第一层悬挑楼座及下方支架需进行验算，对下方的池座与静压箱底板进行验算，防止已浇好的构件被压裂）并弹出墨线。静压箱底板层、池座层均布置有放射式大梁和弧线（折

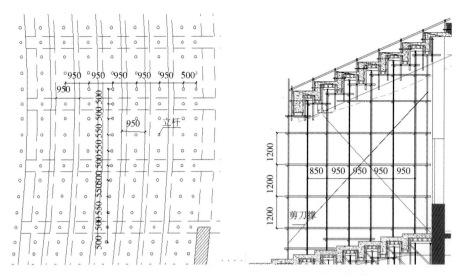

图 2-10 楼座支架立杆平面布置图、楼座支架立杆立面布置图

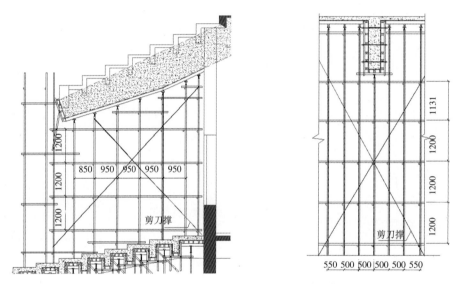

图 2-11 悬挑梁沿轴线方向剖面图、悬挑梁沿曲线方向剖面图

线）次梁，放线时这些梁部位均应上下对应弹出墨线。搭设支模架时以便对这些梁部位上下对应加强，保证静压箱底板和池座两层楼板协同受力，并在静压箱底板下一层对应位置采用搭设井架和支撑架对静压箱底板回顶加固，确保上部结构施工安全。待预应力大梁张拉完毕后方可拆除池座支撑体系。

（2）模板加固

观众席为弧形踏步，弧形模板处采用梁侧模主楞与梁底主楞沿弧形曲线固定，通过侧模主楞定位完成弧形曲面定位。踏步采用 18 mm 厚镜面板，梁底主楞采用 φ48×3 mm 单钢管，梁底次楞采用 50×100 木方，梁侧模板次楞 50 mm×100 mm、50 mm×50 mm 木方，

梁侧主楞 φ48×3 mm 双钢管，采用 φ12 对拉螺栓进行加固，对拉螺栓 500～550 mm，踏步高度不够的采用铁丝与木方进行吊模加固，吊模安装时，用一根 14 号铁丝一端固定在吊模下口外侧，穿过梁侧模板，另一端固定到梁外侧的主龙骨（直径 48 mm 钢管）上；另用一根 14 号铁丝一端固定在吊模上口外侧，另一端固定在阶梯板下面的木方背楞上，如图 2-12 所示。

径向悬挑梁悬臂长度达到 7750 mm，梁高 1200 mm，局部 1500 mm，宽度为 400 mm，悬挑主梁支架稳定性是楼座模架的关键，悬挑主梁次楞为 50 mm×100 mm 木方，主楞为 φ48×3 mm 双钢管，对拉螺栓间距 400 mm×500 mm，第一道距底模 200 mm。

（3）混凝土工程

观众席区块划分同主体结构，混凝土浇筑与本楼层其余楼板一起浇筑，由于池座属于阶梯型，混凝土浇筑存在吊模，浇筑由低到高，先浇筑下一台阶，由左到右，浇筑完毕一排座位后等混凝土初凝后，浇筑上面一层混凝土，以此类推，严格控制池座的混凝土表面高度；混凝土采用低流动度，坍落度 140 mm 左右，扩展度 400 mm 左右，如图 2-13 所示。

图 2-12　梁侧模板

图 2-13　混凝土结构最终效果

2.3　高桁架自承重钢筋混凝土模板支撑技术

江苏大剧院外观造型独特，气势雄伟。由于钢桁架下方为混凝土平台、台阶、舞台基坑等标高不一，垂直高差 26～52 m 不等，很难搭设满堂钢管脚手架支模，且经济性和实用性也大打折扣。而钢筋桁架楼承板的应用很好地解决了这一高空大跨度楼板浇筑的模板问题。

钢筋桁架楼承板是将楼板中的钢筋在工厂采用进口设备加工成钢筋桁架，并将钢筋桁架与镀锌钢板在工厂焊接成一体的组合模板。该模板系统是将混凝土楼板中的钢筋与施工模板组合为一体，组成一个在施工阶段能够承受湿混凝土自重及施工荷载的承重构件，并且该构件在施工阶段可作为钢梁的侧向支撑使用。在使用阶段，钢筋桁架与混凝土共同工作，承受使用荷载。

在施工现场，可以将钢筋桁架楼承板直接铺设在钢梁上，然后进行简单的钢筋工程，便可浇筑混凝土。使用该模板不需要架设木模及脚手架，底部镀锌压型钢板仅做模板用，不替代受力钢筋，故不需考虑防火喷涂及防腐维护的问题，并且，钢筋排列均匀，上下两层钢筋间距及混凝土保护层厚度能充分得到保证，为提高楼板施工质量创造了有利条件。当浇筑混凝土形成楼板后，具有现浇板整体刚度大、抗震性能好、抗冲击性能好、防水性能好等众多优点。采用钢筋桁架楼层板的钢—混凝土组合楼盖，可减少次梁，抗剪栓钉焊接速度快，施工质量稳定，成为本工程使用的理想技术，如图 2-14、图 2-15 所示。

1. 施工顺序

钢结构施工完成并验收合格→钢筋桁架模板铺

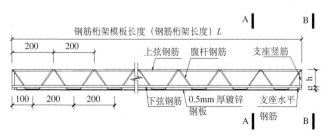

图 2-14　钢筋桁架模板图

图 2-15　钢筋桁架模板

设、栓钉焊接→钢筋桁架楼承板包边封堵→钢筋桁架楼承板边端钢筋与混凝土结构预留钢筋焊接固定→钢筋桁架楼承板底层钢筋绑扎→钢筋桁架楼承板支座底层钢筋绑扎→钢筋桁架楼承板上层钢筋绑扎→钢筋桁架楼承板上层钢筋支座节点钢筋绑扎→钢筋安装与绑扎验收合格→泵管安设→混凝土浇筑。

2. 施工要点

（1）钢筋桁架模板铺设、栓钉焊接

钢筋桁架楼层板铺设顺序：根据钢筋桁架楼承板施工排版图起始位置由一侧按顺序铺设。

根据连接体钢梁边线，对准基准线，安装第一块板，并依次安装其他板，板与板之间连接采用扣合方式，连接紧密，确保在浇筑混凝土时不漏浆。

抗剪连接栓钉部分直接焊在钢梁顶面上，为非穿透焊；部分钢梁与栓钉中间夹有压型钢板，为穿透焊。

钢筋桁架楼承板底模与母材的间隙控制在 1.00mm 以内，保证良好的栓钉焊接质量。钢筋桁架楼承板厚度大时板形易不规则、不平整，造成间隙过大。同时还应该注意控制钢梁的顶面标高及钢梁的挠度，以尽可能的减小其间隙，保证施工质量。

（2）钢筋桁架楼承板包边封堵

包边采用"L"形 2 mm 厚铁皮制作而成，高度为板厚 200 mm，与钢梁压边宽度为 100 mm。安装时，边紧贴钢梁立面，边与钢梁表面每隔 300 mm 点焊长25 mm，高 2 mm 的焊缝。在整浇楼层与桁架楼板结合

处第一块及最后一块钢筋桁架模板的铺设应确保楼层板的预留筋位置准确，不得随意割断，在局部缺失的部分应根据设计要求采取种植钢筋的办法补齐预留钢筋，并将将钢筋桁架楼承板的钢筋与原结构预留的钢筋焊接牢固，接缝封堵密实。

（3）钢筋桁架楼承板钢筋绑扎

钢筋绑扎顺序：底层钢筋绑扎→底层支座节点加强筋绑扎→上层钢筋绑扎→上层支座节点加强筋绑扎。上下层钢筋与钢筋桁架楼承板桁架钢筋按图纸间距垂直绑扎固定。支座节点钢筋绑扎：支座节点钢筋与桁架钢筋平行连接绑扎固定，且搭接长度、间距符合图纸设计要求。

（4）泵管布设

泵管竖向布设：泵管竖向通过风道管井进行垂直布设；

泵管水平布设：泵管水平沿连接体钢构件方向进行布设，支点为连接体钢梁，支点采用 8 号槽钢与连接体钢梁焊接支架，支架间距为 3 m，埋入混凝土中，待混凝土浇筑完成后，割除高出屋面部分。

（5）混凝土浇筑

混凝土浇筑，从跨中开始分别向南北两侧背向浇筑。避免在钢筋桁架楼承板上有过大集中荷载。混凝土浇筑过程中，随时将混凝土摊平分散，严禁将混凝土堆积过高，高度不得超过 0.3m。混凝土振捣采用平板振捣器，严禁采用振捣棒。

混凝土浇筑完毕后，随即在表层用塑料薄膜覆盖。终凝后洒水养护 10d。

3. 技术优势

与普通现浇混凝土的搭设排架模板＋绑扎钢筋＋浇筑混凝土施工工艺、压型钢板楼承板相比，钢筋桁架模板在江苏大剧院工程中的运用具有较好的综合经济优势。

施工速度快

钢筋桁架模板大部分钢筋任务都在工厂完成，可减少现场钢筋绑扎工作量的 60%～70%，其楼板整体施工速度可达到 120～150 m²/（人·d）（1d 按 8h 计）；而普通钢筋混凝土、压型钢板须搭设排架、支设模板、

绑扎钢筋，最后浇筑混凝土，相对于前者，施工速度很慢。由于钢筋桁架楼承板直接支撑在钢梁或混凝土梁上，本身既是混凝土楼板的受力构件，也是施工脚手架，更是混凝土楼板的模板，节省了搭设脚手架和支模板的时间，缩短了工期。

钢筋桁架楼承板直接支承在楼层梁上，其桁架合理的受力模式为多工种作业提供了宽敞的安全工作平台，浇筑混凝土及其他工种均可多层立体施工，楼板可多层同时浇筑，可充分发挥商品混凝土的优势，大大缩短了工期，尤其对规模较大的高层、超高层建筑具有明显的工期优势，如图 2-16 所示。

图 2-16　戏剧厅屋面大跨度钢梁

（1）性能好

混凝土楼板的自重完全由钢筋承受，不在混凝土内产生拉应力，使用阶段负弯矩区和正弯矩区混凝土拉应力显著降低，裂缝宽度减小，镀锌钢板的存在避免了楼板下面的暴露裂缝，改善了楼板的使用性能和耐久性。

采用钢筋桁架楼承板后可根据需要将楼板设计成双向板，等同于传统的现浇钢筋混凝土双向配筋楼板，而压型钢板组合楼板是难以实现双向板的，采用双向板不仅减小楼板结构层的厚度、降低结构自重，增大跨度和开间，而且更加经济合理。

钢筋完全被混凝土包裹，具有可靠的耐火性能，与传统现浇楼板等同。钢筋桁架楼承板采用镀锌钢板，具有防腐蚀功能，但在使用阶段不考虑镀锌钢板的作用，无需防腐处理。相对于压型钢板组合楼板，钢筋桁架楼层板具有更优越的防腐蚀性能。

楼板整体刚度大，振动小，隔声性能好，楼板下表面平整，易于建筑装修。钢筋桁架楼承板楼板的施工挠度小于传统压型钢板楼板的挠度。

（2）受力模式合理

钢筋桁架混凝土楼板计算模型与普通现浇混凝土等同，其双向刚度一致，钢筋桁架腹杆筋改善了楼板的受力性能，使其具有良好的抗震性能。压型钢板楼层板双向刚度不一致，抗震能力差，其弱边（垂直肋）方向楼板刚度比强边（顺肋）方向的刚度小得多，压型钢板在弱边方向不能起到受力钢筋的作用。钢筋桁架模板受力模式更加合理，实景图如图 2-17 所示。

（3）经济性好

钢筋桁架楼承板下表面平整美观，无需型压板肋和波纹，镀锌板展开面积利用率达到 96%，厚度仅需 0.5 mm。与厚度 0.8 ~ 1.2 mm 的普通压型钢板相比，改变了压型钢板的用途，仅作为楼板施工阶段的模板，减少了钢板厚度和镀锌层厚度，单位面积楼板钢板用量少，降低成本，具有更好的经济性。

图 2-17　钢筋桁架楼承板实景图

2.4　复杂曲面水滴形空间钢结构外围护体系
（本节专项由江苏沪宁钢机股份有限公司实施）

1. 主要技术内容

（1）特点

复杂曲面水滴形空间钢结构外围护体系很大程度上适应了新时代建筑造型的灵活多变的要求，不仅在美观方面能追求艺术，结构的安全适用耐久性同样满足结构年限要求。

复杂曲面水滴形空间钢结构外围护体系给制作安装带来很大困难：绝大多数构件均是曲面造型加工困难、V 型和 W 型的斜柱安装需要大量的支撑胎架、斜柱的分段对接空间定位困难、大直径圆管相贯焊缝对接定位及焊接复杂、对称安装难度大、结构复杂，卸载计算分析工作量大等，因此，采用科学合理的安装方法对确保工期、质量、安全是非常重要的。

根据结构特点，将整体结构进行合理分段划分，所有分段在厂内加工制作完成，再运到现场，结合土建结构特点及现场实际情况钢结构吊装采用大型行走式塔吊和大型履带吊相结合，将塔吊及履带吊全部布置在钢结构外围。行走式塔吊利用混凝土柱顶架设钢梁作为行走通道，受力全部由混凝土柱来承担，经验算，行走式塔吊行走通道的局部区域需要进行加固处理，根据以往类似工程的施工经验及现场特点，采用钢管支撑进行加固。行走式塔吊及履带吊站位区域的部分混凝土结构需后做，待钢结构施工完成后再续做。履带吊通道采用承重路基箱来搭设，通过路基箱进行转换，最终将受力通过混凝土柱或临时支撑柱传到大底板。

根据结构特点，为了满足吊装要求，塔吊行走通道及履带吊吊装通道均需设置在地下室顶面，利用混凝土结构柱设置吊装通道，为确保混凝土结构不受影响，对局部区域采用 H 型钢及钢管进行加固。结合钢结构屋盖的特点，将整体钢结构屋盖进行合理分段划分，所有分段在厂内进行制作，再由特殊车辆运到施工现场，通过塔吊和履带吊进行分段吊装，根据分段位置设置临时支撑，临时支撑通过转换梁与混凝土柱或梁相接，在混凝土柱或梁上设置预埋件，将转换梁与预埋件焊接固定。安装时考虑从两侧对称安装，先安装内环梁，再安装斜钢柱和顶环梁分段，再将顶环梁分段对应的顶盖接梁安装完成使结构形成稳定体系，然后再依次沿着环向对称安装直至整体结构安装完成。待结构形成整体沉降稳定后进行卸载。

（2）优势

本技术采用高空散装施工，是国内目前异形结构施工比较先进的方法，技术含量高，相比传统满堂脚手架施工具有以下优势：

1）避免大量使用脚手架，节约成本和空间；

2）胎架自成体系，互不影响，可以循环使用；

3）独立胎架，安装拆除方便，节约工期；

4）相对脚手架，胎架可以自由增加楔形板调节构件角度；

5）独立胎架整体稳定性和刚度强度较脚手架要好很多；

（3）关键技术内容

1）吊装机械及通道的选择

本工程音乐厅和戏剧厅两大部分安装时采用 2 台 1400t·m 行走式塔吊及 2 台 350t 履带吊作为主要吊装机械。根据结构特点，为了满足吊装要求，塔吊行走通道及履带吊吊装通道均需设置在地下室顶面，利用混凝土结构柱设置吊装通道，为确保混凝土结构不受影响，对局部区域采用 H 型钢及钢管进行加固。结合钢结构屋盖的特点，将整体钢结构屋盖进行合理分段划分，所有分段在厂内进行制作，再由特殊车辆运到施工现场，通过塔吊和履带吊进行分段吊装，根据分段位置设置临时支撑，临时支撑通过转换梁与混凝土柱或梁相接，在混凝土柱或梁上设置预埋件，将转换梁与预埋件焊接固定，如图 2-18 所示。

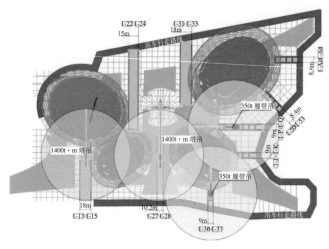

图 2-18　吊装机械布置图

本工程安装时塔吊行走轨道主要充分利用土建结构混凝土柱作为传力构件，最终将荷载传到大底板上。首先在混凝土柱头做预埋件，在预埋件上设置箱形轨道梁，规格为 878×520×22×40，在箱形轨道梁上表面铺设轨道。箱形轨道梁与预埋件之间通过垫板和钢支墩进行找平，钢支墩规格为 H400×400×13×21；为了保证轨道梁的侧向稳定性，沿轨道梁长度方向在所有混凝土梁上表面设置预埋件，采用 φ180×6 的钢管设置斜撑。沿着塔吊行走轨道长度方向，在局部柱间距较大或没有混凝土柱的部位，采用 φ351×12 的钢管撑进行临时加固，钢管撑下端通过预埋件与大底板相连，钢管撑上端通过封头板与混凝土梁相连，如图 2-19、图 2-20 所示。

2）构件分段位置的确定

根据总体安装思路，安装时考虑从两侧对称安装，先安装内环梁，再安装斜钢柱和顶环梁分段，再将顶环梁分段对应的顶盖接梁安装完成使结构形成稳定体系，然后再依次沿着环向对称安装直至整体结构安装完成，如图 2-21 所示。

本工程采用的是 2 台 1400 t·m 的行走式塔吊和 2 台 350t 履带吊进行吊装。

1400 t·m 行走式塔吊对应的吊装区域内最重分段重量为 43.6t，对应吊装半径为 23 m，塔吊在此吊装半径下对应的额定起重量为 60t；最大吊装半径为 62 m，该吊装半径下对应构件最重为 15t，塔吊装对应的额定起重量为 19t。

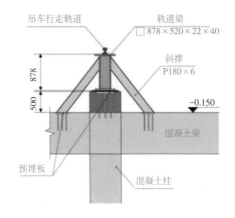

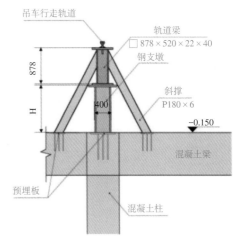

图 2-20　塔吊钢管撑

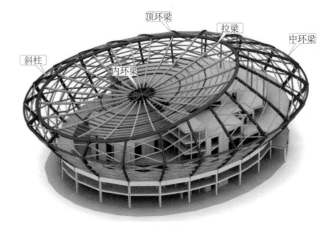

图 2-21　歌剧厅环梁示意图

350t 履带吊对应的吊装区域内最重分段重量为 41t，对应吊装半径为 26 m；350t 履带吊在此吊装半径下对应的额定起重量为 46t；最大吊装半径为 56 m，该吊装半径下对应构件最重分段的重量为 11.1t，履带吊装对应的额定起重量为 14.2t。音乐厅斜钢柱分段示意图如图 2-22 所示。

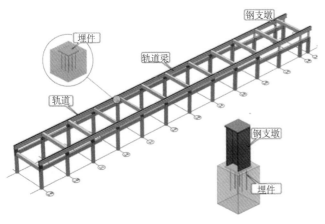

图 2-19　塔吊行走轨道

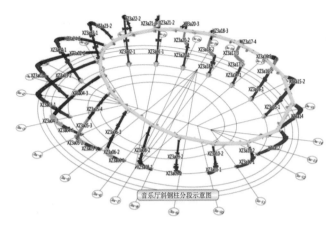

图 2-22   音乐厅斜钢柱分段示意图

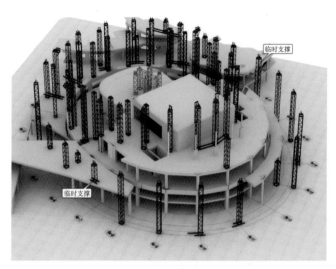

图 2-23   歌剧厅临时支撑

综上分析安装时所选的吊装机械完全能满足施工要求。

3）胎架位置的确定

由于本工程结构跨度较大，结构安装采用分段吊装，因此在分段吊装时须借助临时支撑进行安装。根据结构高度，分段重量及设置临时支撑的位置不同，本工程安装时采用格构式临时支撑、单片式临时支撑及单管式临时支撑相结合的支撑体系。

根据受力计算分析，本工程格构式临时支撑及单片式临时支撑立杆采用 $\phi 180 \times 8$ 的钢管，腹杆采用 $\phi 89 \times 6$ 的钢管，临时支撑宽度为 1.5 m，水平腹杆之间的间距为 2.0 m，格构支撑上端口设置一田字形钢平台，钢平台采用 $H 200 \times 200 \times 8 \times 12$ 的 H 型钢焊接而成，安装时利用钢平台设置胎架及操作平台。

临时支撑布置是否得当关系到整体结构的稳定性，施工的复杂性，因此需进行合理布临时支撑。布置按照以下原则进行：

①临时支撑需简单、实用，降低施工难度；

②临时支撑需经过受力计算，确保承载能力达到施工要求；

③临时支撑自身需通过稳定性验算，确保施工过程临时支撑不会失稳而影响工程质量；

④临时支撑下部与混凝土结构接触面需要进行合理转换，将荷载传递到混凝土主梁或柱上，确保临时支撑不会对既有混凝土结构造成破坏，歌剧厅临时支撑如图 2-23 所示。

根据结构分段位置设置临时支撑，对于直接落在混凝土楼面的临时支撑需进行转换以保证混凝土结构的不被破坏。本工程临时支撑布置情况复杂，有的支撑只需进行一次转换，有的支撑需进行二次转换，根据临时支撑布置图，典型支撑下端转换梁设置如图 2-24 所示。

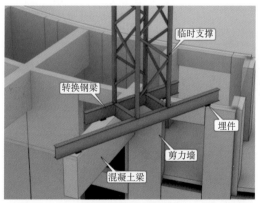

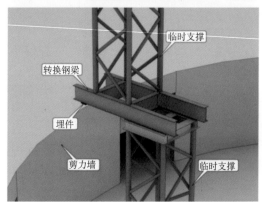

图 2-24   临时支撑下端转换梁

4) 卸载变形的控制

本工程在主结构部分施工吊装完成、达到验收标准后，即开始结构的卸载施工。结构卸载是将屋盖钢结构从支撑受力状态下，转换到自由受力状态的过程，即在保证现有钢结构临时支撑体系整体受力安全、主体结构由施工安装状态顺利过渡到设计状态。本工程卸载方案遵循卸载过程中结构构件的受力与变形协调、均衡、变化过程缓和、结构多次循环微量下降并便于现场施工操作即"分区、分节、等量，均衡、缓慢"的原则来实现。根据本工程结构特点现将本工程钢结构卸载分三个区，每个区分 3～5 级进行卸载，分区卸载示意图如图 2-25 所示。

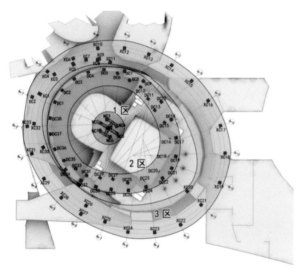

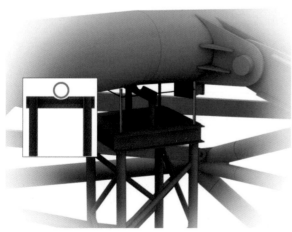

图 2-25　分区卸载示意图

本工程临时支撑拆除前结构施工需要达到如下条件：

①斜钢柱、顶环梁、内环梁、顶盖拉梁及嵌补散件等构件全部安装完成；

②所有连接点，包括钢结构构件（分段）之间、钢结构与混凝土结构埋件之间的连接（焊接）全部按施工图纸要求完成（排烟窗除外），并经验收合格；

③钢结构屋盖外形测量完成；

④卸载区域所有临时定位板已拆除；

⑤卸载时间段的气候条件较好，卸载当天风力不超过 4 级为宜，卸载时气温选择在 20℃ 左右。

卸载过程中参加操作的人员在作业人员中选取素质较高的人员，按每点设置两个操作人员安排，同时卸载点不超过 5 个。卸载操作主要采取对支撑顶部的小胎分条割除的办法进行，根据支撑位置的卸载位移量控制每次割除的高度 ΔH（每次割除量控制在 5～10 mm）直至完成某一步的割除后结构不再产生向下的位移后拆除支撑；在支撑卸载过程中注意监测变形控制点的位移量，如出现较大偏差时应立即停止，会同各相关单位查出原因并排除后继续进行。

2. 技术指标

（1）根据结构分段划分及构件截面尺寸，斜钢柱分段、顶盖拉梁、内环梁分段采用 3 点吊；顶环梁分段采用 4 点吊装，吊点布置方法及原则如下：

①通过电脑模拟查找每个分段的重心位置，根据重心位置对称布置吊点；

②吊点布置的位置要保证构件起吊后基本平衡或通过微调即可达到平衡；

③吊点布置位置须考虑起吊后的受力情况，尽量保证所有吊点均匀受力。

（2）吊耳安装要点如下：

①吊耳安装方向应与其受力方向一致，以免产生扭矩；

②吊耳与构件本体间应按一级全熔透焊接要求进行，耳板两端应包角避免产生应力集中区域；

③吊耳应尽量布置在有加劲板的位置，以免构件主体局部产生变形。

（3）本工程吊装分段重量最重的为 43.6t，采用 3 点吊装，考虑钢丝绳与构件的最不利夹角（钢丝绳与水平夹角 60°）则每根钢丝绳承重 43.6/（3×sin60°）=16.78t，即 167.8 kN 计，选用 1770MPa 的直径 48 的纤维芯钢丝绳。则 S_g=0.82×1350÷6=184.5kN>167.8kN，满足要求。

（4）根据斜钢柱分段划分，有水平对接口还有竖向对接口，为了保证操作安全及提高安装效率，在对接口位置须设置操作平台，结合斜钢柱结构特点，竖向对接口的操作平台采用 φ48×2.7 的脚手管搭设而成，脚手管与钢管柱间通过开孔耳板相连，先将开孔耳板与钢柱焊接，再将脚手管穿过开孔耳板，操作平台每侧的宽度为 800 mm，四周护栏高度为 1200 mm。

（5）水平对接口的操作平台采用∟50×5 的角钢焊接而成，操作平台板距焊缝下口须保证至少顶环梁对接口操作平台采用∟50×5 的角钢焊接而成，根据顶环梁的横截面尺寸定做，必须保证操作平台板距焊缝最下端至少 700 mm 以便于操作，将角钢做成"几"字形挂架，角钢挂架与顶环梁间点焊连接，在两侧悬挑的角钢上铺设木跳板作为操作平台。

2.5　超大超长椭圆形钢骨混凝土环梁施工技术

本工程音乐厅、戏剧厅、歌剧厅的三层以及综艺厅的二层，设有空间钢结构支座椭圆形大环梁，长轴最大为 126 m，最小为 86.4 m，短轴最大为 97.7 m，最小为 61.8 m，断面尺寸为 2000 mm×2000 mm，大环梁下方的框架柱均为 1.2 m×1.2 m 钢骨柱，环梁主筋采用 40 钢筋，共计 148 根，箍筋采用 14 钢筋，间距为 100。以综艺厅为例，环梁位置平面图及剖面如图 2-26 所示，环梁剖面及箍筋三维立体图如图 2-27 所示。

1. 施工工艺流程图见图 2-28

2. 施工方案优化设计

（1）BIM 建模

根据设计图纸建立 BIM 模型。钢筋混凝土模型采用 Autodesk Revit 软件建立，钢结构模型采用 Tekla Structures 软件建立，BIM 模型如图 2-29 所示。

（2）模拟分析

将 BIM 模型信息导入 Midas 结构力学分析软件进

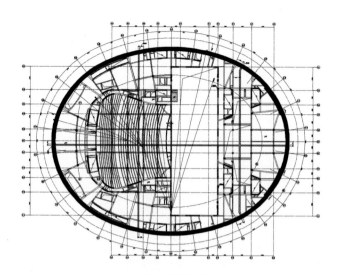

图 2-26　综艺厅环梁平面位置示意图

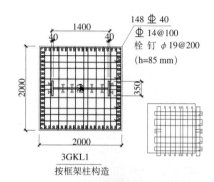

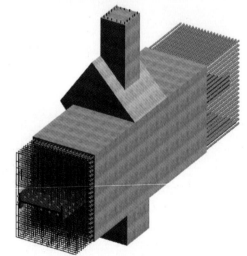

图 2-27　环梁剖面及箍筋图、局部三维立体图

行力学计算。考虑梁自重，线荷载 42.7kN/m（包含钢筋及混凝土），工字钢梁 Midas 计算模型如图 2-30 所示。

根据计算结果分析，工字钢在转置放置后，柱子、梁身未浇筑完毕前，其自重及施工荷载会导致跨中部位位移较大，导致柱头被拉弯，影响上部钢结构。故

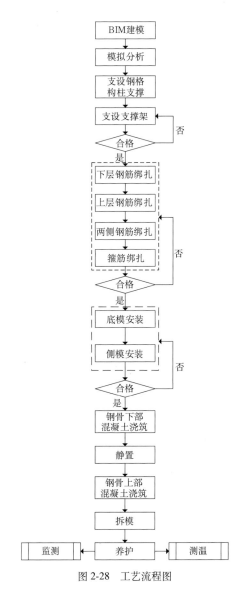

图 2-28　工艺流程图

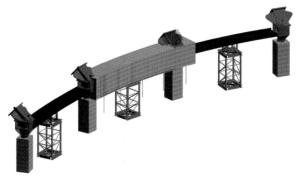

图 2-29　BIM 模型（未显示脚手架）

而考虑在跨中选择增设一道支撑。

通过将混凝土及钢结构模型导入碰撞分析软件 Autodesk Navisworks 对施工过程模拟，模拟出合理的施工方法，提前发现施工碰撞并相应的改变施工方法。

如为方便钢筋穿插在钢骨柱上提前开设孔洞；为无法穿插钢筋设置焊接板等。

（3）钢梁支撑方案设计

根据现场情况支撑采用 500×500 钢格构柱设置，分为上下两部分，上部采用 4 根 16 号工字钢，腹板与转置环梁长度方向水平以利于后期钢筋的施工，支撑与转置钢骨下方；下部采用 159×8 与 70×5 钢管组合焊接制作，端头采用 WH250×250 型钢焊接。具体高度根据现场情况。

钢格构柱支撑在转置钢骨安装前吊装到位，待环梁混凝土浇筑完成拆模后将上下两部分切割，上部留于混凝土内部，如图 2-31 所示。

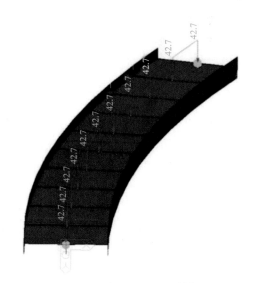

图 2-30　工字钢梁 Midas 计算模型

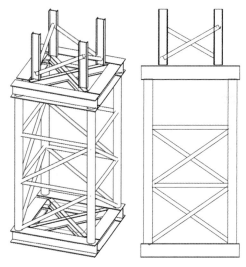

图 2-31　跨中钢格构柱支撑架示意图

（4）钢筋绑扎及支撑方案设计

由于此梁截面大（2 m×2 m）、中间具有转置钢骨且钢筋采用148根40钢筋，故而需要对每根钢筋进行编排，根据模拟出来的结果，钢筋绑扎的总体思路为先下部后上部，先中间后两边顺序进行绑扎，钢筋与箍筋穿插进行施工。下部钢筋施工时将碗扣架调高至钢筋标高作为钢筋支撑。钢筋上部下部每隔2 m设置马凳，马凳钢筋采用20钢筋，按照钢筋摆放位置设置，如图2-32所示。

钢筋与钢筋之间使用套筒进行连接，施工时先将钢筋平直放置，旋紧套筒后按照环梁曲线弧度拉弯摆放并固定。钢筋能够穿越钢骨柱时则穿越。部分不能穿越钢骨柱钢筋使用钢骨柱预留焊筋板焊接，其余使用带坡口的钢筋接驳器采用坡口焊焊接，如图2-33所示。

（5）混凝土浇筑方案设计

由于此混凝土属于大体积混凝土，根据计算确定混凝土分缝长度。根据混凝土绝热温升值计算

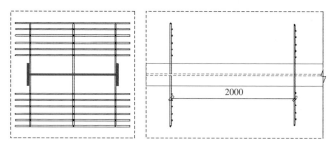

图 2-32　钢筋马凳剖面图及侧面图

$T_{(t)} = \dfrac{m_c \cdot Q}{C \cdot \rho}(1-e^{-mt})$，混凝土一次性最大浇筑长度计算平均裂缝间距，一次性浇筑长度公式：

$$[L] = 1.5\sqrt{\dfrac{HE}{Cx}}\,\text{arcosh}\,\dfrac{|\alpha T|}{|\alpha T| - \varepsilon\rho}$$及查相应表格，以及现场采取的浇注措施，综合考虑选取60 m划分。

为保证环梁内钢骨梁下部混凝土浇筑密实，现场用木质模板按照实际尺寸制作环梁工字钢下部分模型，进行模拟浇筑，经2次试验后确定配比，胶凝材料：砂：石 =1：1.7：2.35，胶凝材料为水泥（0.78）粉煤灰（0.12）矿粉（0.1）。

图 2-33　环梁钢筋绑扎成型效果

大环梁混凝土坍落度要求 18±2 cm，坍落度扩展度 45～55 cm，坍落度损失，每小时不大于 2 cm，采用聚羧酸高效减水剂，由于大环梁混凝土浇筑困难，现场一次性浇筑完成难度很大（人员和机械组织困难），需留设施工缝，采用分 2 段方式进行浇筑，由于大环梁与众多梁板相交，也需留设施工缝将大环梁单独进行混凝土浇筑，且柱头混凝土强度等级较高，与设计协商后确定将大环梁混凝土强度等级由 C35 改为 C40，柱头等级由 C50 改为 C40 进行浇筑，为防止 H 型钢腹板下空鼓，应采用以下措施。

H 型钢腹板上留振捣及出气孔，其中出气孔及振捣孔全部焊接 DN25 钢管伸出梁面 20 cm，可在现场加工完成，沿梁中及梁边，间距 2 m，作用为振捣及出气，观察，注浆（在真正发生空鼓时），如图 2-34 所示。

第一次浇筑下料浇至型钢梁腹板上，等腹板混凝土达到翼缘板高度时，混凝土向两侧流淌至环梁梁底，混凝土流淌过程中梁的两侧及振捣孔位置下 3 台振捣棒进行振捣，直至混凝土浇筑高度达到翼缘板上口标高位置，停止浇筑混凝土，待混凝土需静止 2h（静止 2h 让架体变形），用振动棒二次对混凝土进行振捣，以保证钢梁腹板下口密实；接着进行第二次浇筑，将

混凝土浇筑至梁顶标高，对架体和底模安排沉降观测人员进行实时观测，若腹板下仍有空鼓，利用注浆孔注浆，可采用有粘结预应力浆料压力注浆，大环梁成型效果如图 2-35 所示。

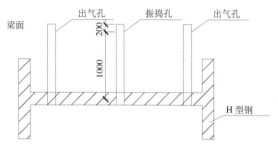

图 2-34 出气孔及振捣孔

图 2-35 大环梁成型效果

第3章 剧院工程装饰装修施工技术

3.1 直立锁边铝镁锰防水墙体与钛金板复合幕墙施工技术

（本节专项工程由江苏沪宁钢机股份有限公司、上海宝冶集团有限公司、中建二局实施）

1. 工程概况

江苏大剧院戏剧厅建筑最高点标高 40.300 m；12.000 m 标高各有一个疏散平台。根据屋面及幕墙系统的不同，将工程分为三个部分：钛复合板饰面直立锁边外幕墙系统→花瓣状复合铝板饰面直立锁边金属屋面系统→三维空间曲面玻璃幕墙。

2. 钛复合板饰面直立锁边外幕墙系统施工的难点

难点一：江苏大剧院工程的建筑造型是不规则球体，建筑形体由连续的自然曲面组成，平立面均为不规则形状，标高控制点复杂，受外部环境（如施工过程中的风荷载、温度变形、楼层间变形）影响较大，为达到安装精度要求，必须对每个构造层（檩条、铝合金支座、钛板）平面、每块幕墙曲面都要进行定位、放线。

难点二：江苏大剧院工程主钢结构呈灯笼（球形）设计，球体顶部进行剖切及下陷处理，钢结构制造、安装复杂，施工误差不易控制；销轴连接节点及球形设计，在温度的影响下，结构自身变形也较大，综合上述因素，为达到金属屋面施工的装饰及防水效果，势必对主钢结构误差进行调整。

难点三：江苏大剧院金属屋面构造层非常复杂，在铝镁锰直立锁边上还有金属饰面板，两层板之间的间距只有 600 mm，一旦出现渗漏情况将很难排查到漏点，即使查到漏点进行检修也将大面积拆除铝镁锰板、钛板，故出现漏点进行维修费用高昂，所以要求施工单位前期安装精度高。

难点四：屋面抗风性能要求高。A 系统安装完成示意图如图 3-1 所示。

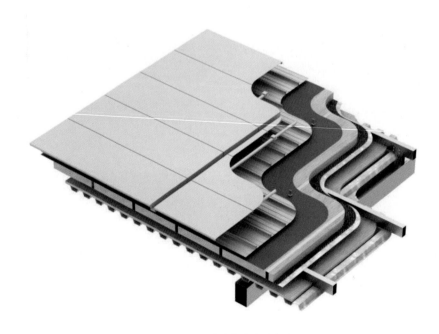

图 3-1 A 系统安装完成示意图

3. 施工工艺

（1）工艺流程

（2）施工对策与措施

1）针对难点一

①利用 3D 扫描与 BIM 模型匹配对比对主体钢结构进行分析：

a. 对现场主体钢结构进行 3D 扫描，如图 3-2 所示；

b. 点云结合前期建立的 BIM 模型进行对比分析，

如图 3-3 所示；

c. 分析出模型与现场数据差异，进行核算檩条是否需要弯弧或折线，以便工程加工。

②檩条的设计建模，复核、调整：江苏大剧院屋面工程的钢结构施工图，在电脑进行三维建模，并在模型上量出各主檩条安装点的坐标，统计出檩条的安装标高、位置的各种数据。利用施工测量控制网中的基准点，建立次檩条的平面控制网。选取部分檩条作为

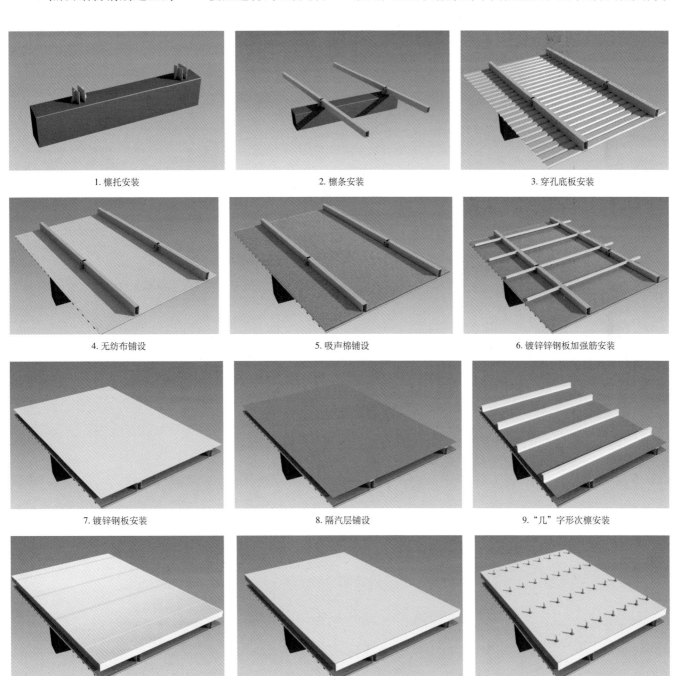

1. 檩托安装　　　　　　　　　　2. 檩条安装　　　　　　　　　　3. 穿孔底板安装

4. 无纺布铺设　　　　　　　　　5. 吸声棉铺设　　　　　　　　　6. 镀锌锌钢板加强筋安装

7. 镀锌钢板安装　　　　　　　　8. 隔汽层铺设　　　　　　　　　9. "几"字形次檩安装

10. 保温岩棉安装　　　　　　　　11. 防水层铺设　　　　　　　　　12. 固定座安装

图 3-2　施工工艺流程图（一）

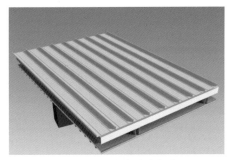

13. 直立锁边屋面板安装

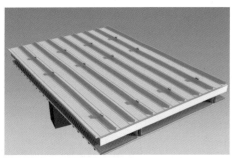

14. 铝合金框架转接件安装

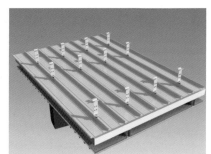

15. 铝合金框架支撑件安装

16. 铝合金框架支撑龙骨安装

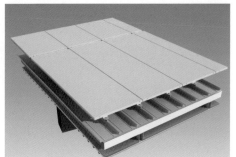

17. 钛复合装饰板安装

图 3-2　施工工艺流程图（二）

图 3-3　现场 3D 扫描、点云与 BIM 模型匹配对比分析

定位檩条进行复测，得出误差后再进行调整，最后进行安装，如图 3-4 所示。

综艺厅A系统檩条点位

点号	设计值			实测值			差值		
	X (mm)	Y (mm)	Z (mm)	X (mm)	Y (mm)	Z (mm)	X (mm)	Y (mm)	Z (mm)
1	63805	−39061	29266	63808	−39061	29270	3	0	4
2	62426	−40574	29246	62431	−40571	29252	5	3	6
3	61019	−42059	29233	61020	−42060	29233	1	−1	0
4	59568	−43469	29234	59564	−43466	29235	−4	3	1
5	58080	−44847	29223	58074	−44845	29220	−6	2	−3
6	56530	−46193	29244	56529	−46189	29246	−1	4	2
7	54959	−47479	29280	54962	−47477	29281	3	2	1
8	53350	−48745	29265	53354	−48740	29261	4	5	−4
9	51724	−49905	29243	51792	−49908	29246	5	−3	3
10	50079	−51043	29202	50075	−51045	29207	−4	−2	5
11	48373	−52123	29184	48368	−52126	29187	−5	−3	3
12	46648	−53136	29200	46654	−53139	29202	6	−3	2
13	44897	−54049	29203	44892	−54094	29197	−5	0	−6
14	43113	−55000	29245	43117	−54998	29245	4	0	0
15	41000	−55986	29327	41003	−55989	29322	3	−3	−5
16	39145	−56772	29284	39150	−56777	29290	5	−5	6
17	37239	−57413	29361	37236	−57408	29355	−3	5	−6

图 3-4　檩条设计和实测值对比分析、檩条分布图（一）

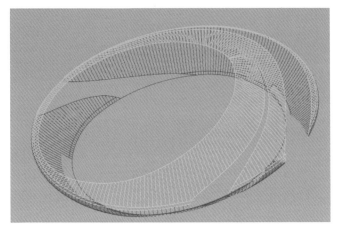

图 3-4 檩条设计和实测值对比分析、檩条分布图（二）

③铝合金支座的测量、定位：

a. 安装前的定位：屋面板支座的定位控制，采用全站仪，将轴线引测到檩条上表面，作为铝合金支座安装的纵向控制线。第一排铝合金支座安装最为关键，将直接影响到后续支座的安装精度。因此，第一排支座位置要多次复核，其支座间距应采用标尺确定。

b. 安装后的复测：在支座安装完成后进行全面检查，采用在固定座梅花头位置用拉线和其他方式进行复查，对错位及坡度不符、与屋面板不平行的及时调整。铝合金支座如出现较大偏差时，屋面板安装咬边后，会影响屋面板的自由伸缩，严重时板肋将在温度作用下被磨穿。因此，如发现有较大的偏差时，应对有偏差的支座进行纠正，直至满足安装要求，如图 3-5 所示。

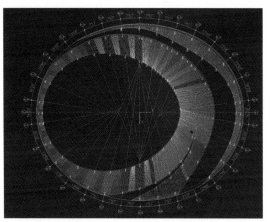

图 3-5 铝合金支座定位轴线、现场定位安装"T"码

④钛板板块的建模及点位测量：钛板是整个金属屋面的"太空衣"，钛板板块的建模、测量、安装关乎整个大剧院外观质量。

a. 对现场安装完成直立锁边进行点位测量；

b. 根据现场测量数据对前期模型进行局部调整、修改。

c. 现场安装钛板，对现场安装完成的钛板（尤其27 m 位置钛板）从不同角度用肉眼观察、与测量是否圆润、平滑，如图 3-6 所示。

2）针对难点二

①测量保证措施：

a. 钢结构施工单位提供钢结构完工后的测量报告；

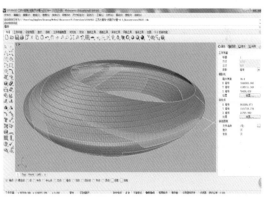

图 3-6 钛板、现场安装钛板

b. 全面测量屋面檩托据位置的标高与设计比较，确定误差调整范围；

c. 将调整误差反馈给深化设计人员及钢结构加工厂，深化设计考虑调整。

②深化设计保证措施：

a. 优化设计节点，保证托板具备现场可调性；

b. 根据测量报告，确定每个位置、编号檩托尺寸；

c. 将调整后的托板详图交给加工厂，按编号及详图加工；

d. 少量檩托按根据测量数据进行现场切割 Δh 部分，保证檩条标高；

e. 根据檩条位置及测量报告，确定檩条是否需进行弯弧、折线加工（适用中间无檩托区域）。

③加工厂控制措施：

a. 除按加工图加工标准檩托外，还应根据实际加工部分不同高度的檩托；

b. 根据深化设计，将部分檩条加工成弧形或折线形；

c. 严格控制檩条、檩托螺栓孔位置及尺寸，保证尺寸、间距正确。

④现场安装控制及成品保护措施：确保测量定位精确，测量完成后还应进行校核，尤其是单元控制线的校核，然后严格按檩托、檩条编号及位置安装，安装完成后还应对檩条上表面进行肉眼观察与测量，确保安装精度，完成后的成品保护措施，防止重压、碰撞等造成变形。

3）针对难点三

铝合金固定支座的安装精度和安装质量

面板固定座是屋面施工质量控制的关键工序，面板固定座施工的偏差直接影响屋面防水功能，本工程将从以下几个方面严格控制：

a. 水平面：如果支座水平位置偏差超过 5 mm（即该支座与其他支座纵向不在一条直线上），必然影响板在纵向的自由伸缩，当板受热膨胀时可能会在偏差支座处过大阻力作用下隆起，或板肋在长期的摩擦作用下破损造成漏水。

b. 竖直面：固定座在竖直面倾斜角度大于 2°时，

板肋在咬口时会咬破板肋，造成漏水，支座倾角大于 1°时，在支座范围（60 mm）内将产生大于 1.05 mm 的高差，板伸缩时产生摩擦作用，长期作用下也会磨坏板肋造成漏水，如图 3-7 所示。

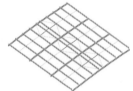

图 3-7 直立锁边固定、檩条间加设支撑

c. 屋面板固定点及板的伸缩：屋面板安装完成一段时间后，在板肋固定点处易被拉裂，造成漏水。由于铝合金屋面板的温度变形系数为 1/1000，在板很长时，其温度变形会较大，使得伸缩拉力很大，而固定点位置的板是固定不动的，长期伸缩就会不断拉伸固定点位置的板，经过一段时间就会将固定点处的板拉裂，形成漏水隐患。通常，根据工程的具体情况和板长合理设置屋面板的固定点，如下：板长在 60 m 以内，在板端设置固定点。

3.2 剧院工程屋面—幕墙整体式施工技术

（本节专项工程由江苏沪宁钢机股份有限公司、上海宝冶集团有限公司、中建二局实施）

1. 屋面—幕墙整体式施工的难点

（1）深化设计是本工程的重点并且在进行难点剖析时存在难度。江苏大剧院工程的屋面板屋面造型比较复杂，建筑造型是不规则球体，建筑形体由连续的自然曲面组成，平立面均为不规则形状，标高控制点复杂。因此在外包装饰板上如何能够保证直立锁边屋面的自由伸缩，也是本工程的重点。

（2）屋面面积大，幕墙分布零散且没有规则，本身屋面的形状就是不规则的形体，玻璃幕墙在屋面上形成扭带状的三维曲面，使得三维曲面玻璃的空间形态更为复杂多变，要理清楚幕墙的形态及布局，必须要有专业的设计人员和三维软件进行分析。

（3）江苏大剧院工程是由两个单体组成，外表面都为不规则三维曲面，准确的测量放线使整个建筑外形准确地表现出来是这个工程比较难处理的地方。

（4）江苏大剧院幕墙分布比较零散而且由于是环装在内部施工不方便，因此幕墙脚手架的搭设以及外玻璃的安装存在很大的难度。屋面檩条及钛合金板夹具 Rhino 模型如图 3-8 所示。

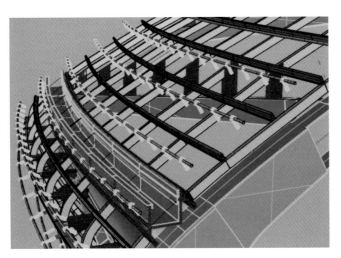

图 3-8　屋面檩条及钛合金板夹具 Rhino 模型

（5）本工程屋面系统中，屋面板大部分为扇形直立锁边板，无法采用索道的方式直接运至屋面，最长屋面板约 25 m。如何垂直、水平运输及安装也是本工程的施工难点。

2. 施工对策与措施

（1）在深化设计过程中，理清楚直立锁边板固定座与装饰板夹具的位置关系。为能够使两者的相对位置不重叠（保证直立锁边板正常伸缩），用来安装固定座的几字形檩条参照铝合金夹具的布置方式，从 27 m 标高处开始设置。

（2）考虑到本项目屋面面积大，本身屋面的形状就是不规则的形体，屋面均由双曲金属板和玻璃采光顶构成的壳体，要理清楚幕墙的形态及布局，必须要有专业的设计人员和三维软件进行分析。异型建筑施工定位的精确定位是实现建筑形体的关键因素。借助 Rhino 及其 GH 插件，使得定位的理论点获取迅速准确，大大提高了工作效率。

（3）对提供的定位轴线，会同建设单位、监理单位、及其他有关单位一起对定位轴线进行交接验线，做好记录，对定位轴线进行标记，并做好保护。对钢结构进行复测，复测完成后，测放支座节点的轴线位置与标高及杆件定位轴线和定位标高。从次结构开始到装饰板龙骨，做好测量放线工作，保证安装的准确性。支撑体系如图 3-9 所示。

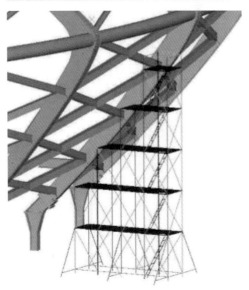

图 3-9　支撑体系

对于 27 m 以下部分，采用雷亚架与吊篮相结合的方法进行施工。在没有平台或者由于施工需要平台后浇筑的区域，可以采用吊篮的施工方式。采用雷亚架搭设操作平台，雷亚架可根据施工区域的变动，具体调整位置，便于施工。

27 m 以上部分，对于倒吊钢底板，需要采用滑篮安装；对于 27 m 以下部分的钢底板，使用挂梯挂设在 27 m 环梁上，安装钢底板。檩条采用吊机吊运及卷扬机吊运相结合的方法；其他材料主要采用吊车吊运，安装时，使用木跳板在檩条上搭设安装通道，人员全部在安装通道是进行安装作用。

对于单个场馆来讲，施工主要分为 A、B、D 三大部分，其中 A 系统根据其特性，从 27 m 天沟处将其分为天沟以上部分（大致为 27 m 处天沟）和天沟以下部分两部分。

A 系统天沟以下部分（戏剧厅），从样板区（4a-9 ~ 4a-10 轴之间）开始，根据 D 系统分割大致分为四个部分。其中一区、二区可以先施工，三区、四区（四区为室内部分）最后安装。综艺厅从 5a-11 ~ 5a-12 轴开始同时向两个方向开始安装，在 5a-27 ~ 5a-28 轴与玻璃交接处回合，安装顺序如图 3-10 所示。

A 系统天沟以上部分，从样板区开始（戏剧厅），先施工 9-12 轴；然后安装 6-9 轴及 3-21 轴；再安装 3-6 轴及 17-21 轴；最后安装 12-17 轴；综艺厅从 5a-11 ~ 5a-12 轴开始同时向两个方向开始安装。

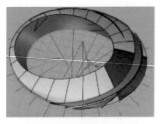

9-12轴

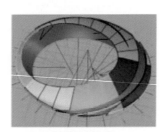

6-9轴及 3-21轴

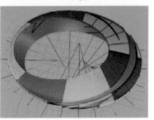

3-6轴及 17-21轴

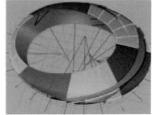

12-17轴

图 3-10　安装顺序图

（4）针对难点五：

屋面板采用在地面加工好后，直接将成型好的屋面板吊至屋面即可，此种方法地面准备一条较长的加工区域，另外为了避免吊装时将成型好的铝镁锰合金屋面板折弯，需使用屋面板辅助吊装工具。由于此板不是很长，屋面水平运输方法采用人力抬运，根据屋面板延米单重，施工人员从两侧抬运。为保护施工人员的手不受划伤，施工人员通过胶梛从板底抬运。

1）檩托及檩条的垂直运输方案

根据勘查现场时与钢结构施工单位的沟通及招标文件中总包钢结构阶段平面布置图等相关文件，可知戏剧厅、综合厅各场馆都有塔吊进行吊运。部分区域可利用塔吊进行吊装。

① 27 m 以上部分：

主檩条吊运时，现将檩条构件按照安装顺序联系好，起吊是如上图所示，按照构件排布顺序进行定位安装。也可单根檩条吊运安装。

② 27 m 以下部分：

在施工时，先采用将檩条搬运到混凝土结构平台上，再采取专门人员，把檩条进行分片堆放到各榀钢结构的下方，并整齐有序的放好。根据次结构的安装工况分析，在屋面施工部位上，挂设移动滑轮和电动卷扬机，滑轮的位置要高于屋平面 600 mm，再利用电动葫芦或电动卷扬机把构件拉到屋面施工点。

对于主檩托，27 m 以上部位，统一吊运至屋面材料平台上，然后水平搬运，也可以单个吊运至安装位置。

2）钢底板的垂直运输方案

70t 吊车沿场馆外圈利用其自制吊具将其成捆吊至屋面，将进行人工搬运。为了方便吊装，屋面底板长度控制在 6 m 左右，每捆重约 1 ~ 2t。未及时安装的钢底板需将其用铁丝绑定在屋面上，避免大风刮至地面。

3）保温棉的垂直运输方案

自制装运平板，将岩棉及保温棉成捆搁置其上绑扎好，利用塔吊和 70t 吊车将其吊至屋面，再进行人工搬运。

4）屋面小型配件的垂直运输方案

屋面系统的配件，如防水卷材、自攻螺钉、支座等较轻较小辅材可使用塔吊或吊机直接吊至屋面相应位置。

5）玻璃的垂直运输方案

27 m 以上部分玻璃，3 号塔吊覆盖区域，可以用塔吊直接进行玻璃安装就位。其他区域需要使用吊车吊运至屋面相应部位，然后人工就位安装。为便于运输及安装，使用专用的玻璃真空吊具，使用相应的吊机，随时吊运，随时安装，避免玻璃多次倒运造成损坏。如图 3-11 所示。

27 m 以下部分玻璃，人工无法搬运，首先使用吊车调运至 12 m 平台的平板车上，然后倒运到玻璃安装位置相对应的平台处。主要依靠卷扬机、安全吊带、玻璃专用吸盘进行就位安装。

6）屋面板的垂直运输方案

屋面板采用在地面加工好后，直接将成型好的屋面板吊至屋面即可，此种方法地面准备一条较长的加工区域，另外为了避免吊装时将成型好的铝镁锰合金屋面板折弯，需使用屋面板辅助吊装工具。吊运至屋面以后，有人工搬运至屋面板安装位置。搬运过程中，搬运人员间距约 5 m。综艺厅和戏剧厅都可以使用 3 号塔吊进行屋面板。从吊机覆盖区域内开始沿一侧安装。

7）天沟吊运

样板区中，天沟是水平折线模拟圆弧，直接在钢结构上安装的话，天沟跨度太大（约 17 m），没有安装定位点。所以需要提前在地面做加工平台，将整个天沟骨架在地面加工好，整体吊装。天沟为单独吊运，在屋面就位以后，进行焊接。

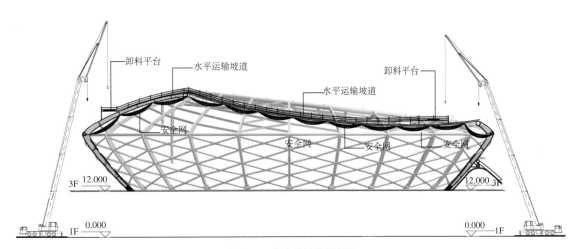

图 3-11　汽车吊站位示意图

3.3　超大面积 GRG 不规则外露面精装修施工技术

（本节专项工程由金螳螂建筑装饰股份有限公司实施）

本工程歌剧厅、戏剧厅、音乐厅、综艺厅、公共大厅都大量使用了 GRG 用于面层装饰，特别是歌剧厅，曲线流畅、凹凸艺术感强，整体优雅美观。特别是歌剧厅，整个前厅都是立面装饰都是 GRG 形成，效果震撼美观艺术感强。如图 3-12 所示。

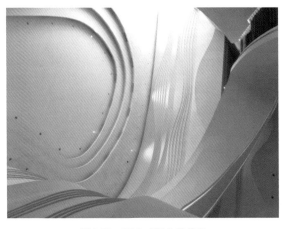

图 3-12　GRG 成型曲线效果

1. GRG 产品简述

GRG 是玻璃纤维加强石膏板，它是一种特殊改良纤维石膏装饰材料，它独特的材料构成方式足以抵御外部环境造成的破损、变形和开裂。通过喷射、立模浇注、挤出、流浆等生产工艺而制成的轻质、高强高韧、多功能的新型无机复合材料。

玻璃纤维：玻璃纤维是 GRG 内部的重要组成部分，必须是同类优质原料，断裂强度大于 0.25N。观众厅吊顶、外幕墙内侧墙面等重点区域都采用进口玻璃纤维，以确保超大面积的 GRG 成型无裂缝现象产生。

2. GRG 施工技术流程

对现场结构的测量复核→深化设计→GRG 制作模具生产→制作结构转换钢架→GRG 安装→GRG 表面处理面层施工。

3. 施工准备

（1）技术准备

1）首先利用全站仪、水平仪、钢卷尺等测量工具放出各空间的轴线以及标高线，然后用三维扫描仪采集现场所有的数据，主要包括土建原结构墙体、大梁、楼板；面广桥、声桥钢结构以及静压箱钢结构的数据。在将所有的点云数据进行筛选，并导入设计院提供的模型中，复核现场碰撞情况。

2）GRG 装修工程，由专业厂家进行施工图深化设计，且委托其生产安装，并组织现场施工技术人员认真研究图纸，解决图纸中存在的问题，了解设计意图及有关规范要求，便于在工作中遵照执行，使工程施工顺利进行。

3）组织操作工人上岗前的培训工作，详细技术交底，力求使操作手清楚、明白，将设计及规范要求贯彻执行到实际当中去。

4）根据模型 GRG 分块、安装图，及 GRG 嵌板构件预埋位置，弹出控制轴线及安装龙骨的位置线。

（2）现场准备

1）材料员应按本工程材料供应计划和主要施工机械设备计划，组织各种配套材料、机械设备进场，做好材料设备的储备工作。避免因现场材料供应不时而造成劳动力"窝工"从而影响工期。

2）根据加工订货单及供货时间计划，预先找好材料堆放地点，并平整场地及准备覆盖材料。

3）GRG 构件安装计划劳务应合理安排。

4. 辅助构件施工

（1）嵌入件：为了实现悬置、焊接及加固效果而嵌入构件中的材料；嵌入件必须进行防锈处理，一般采用热镀锌制件，嵌入件尺寸和形式按要求制作，埋入深度至少 15 mm，预埋点根据图纸要求确定，原则上预埋间距不大于 800 mm，可根据实际情况适当调整。厚度不低于 3 mm，锚固端长度不低于 200 mm。

（2）钢结构转换层：在对 GRG 模型进行分块，根据分块将主龙骨安装位置定位出来，为便于后续的安装，钢结构的主龙骨与 GRG 板的模数一一对应，所以主龙骨间距严格按照图纸的设计间距确定，施工时做到下料准确，焊接工艺符合标准，完成后的主龙骨误差要求主钢架水平标高（用水平管检查）±5 mm，主钢架水平位置（用水平管检查）±5 mm。

（3）观众厅天花吊顶连接构件：GRG 采用丝杆吊装，观众厅墙面、前厅墙面采用角钢与 GRG 埋件进行焊接式悬挑安装方式连接，天花 GRG 板安装前副龙骨上需预先钻孔，钻孔间距与 GRG 板的连接件间距相同，误差不超过 10 mm，每道副龙骨竖向间距与 GRG 板的连接件安装间距一一对应，这样将最大限度保证安装的基本精度，个别的尺寸可通过连接件再进行微调。

5. GRG 施工安装工艺

（1）主要施工顺序及工艺流程：

复核尺寸，放线测量→主连接角钢制安→GRG 嵌板安装→接缝处理及配合→设备开孔→验收面层施工。

（2）复核尺寸，放线测量：

1）根据 GRG 厂家的生产模型，及 GRG 分块的安装图进行对原有的钢结构进行复核尺寸及放线测量。

2）为保证吊顶大面积的平整度，安装人员必须根据设计图纸要求进行定位放线，确定标高及其准确性，注意 GRG 吊顶位置与管道之间关系，要上下相对应，防止吊顶位置与各种管道设备的标高相重叠的矛盾通过复测要事先解决这一矛盾。根据施工图进行现场安装，并在平面图内记录每一材料的编号和检验状态标识。

3）弹线确定 GRG 吊顶的位置使吊顶钢架吊点准

确即吊杆垂直,各吊杆受力均衡避免吊顶产生大面积不平整。

(3) 主连接角钢安装:根据钢结构转换层的主龙骨定位线开始焊接主龙骨(∟50×50×5)(由设计确定型号规格)角铁,根据 GRG 板分块的吊点位置进行钻孔。主龙骨规格型号必须根据实际 GRG 施工验算确定。

(4) GRG 板安装:

在安装大面积 GRG 吊顶饰面板前,必须将吊顶上面管道设备梳理清楚,如吊顶内的通风、水电管道及上人吊顶内的人行或安装通道的位置;协商有关部门确认后,可进行封吊顶饰面板。在其中确定吊顶灯饰封口喷淋烟感等,必须横平竖直,基本保证所有需要在 GRG 上开孔的东西位置不会影响到 GRG 板安装的吊点位置。以影响受理点的位置。

1) 先将轴线、标高线以及控制线引至要安装 GRG 板的区域;

2) 焊接横向 50×50×5 角钢副龙骨,并按板块预埋件点位进行钻孔;

3) 开始安装起步版,按照 GRG 厂家提供的安装图定位板块的平面位置及四个角的标高,要求安装精度≤5mm;

4)用 10mm 丝杆(经验算确定型号规格)进行吊装,要求丝杆上的螺母必须拧紧,每块 GRG 单元板四周边都有不小于 70mm 高的反边,厚度也不小于板厚的反边,增加每块 GRG 单元板的刚度,然后通过对拉螺栓将采用直径 8mm 螺杆(经验算确定型号规格)将反边用对拉螺栓将每块板相互锁紧成整体,对拉的螺栓中间要垫一块 9mm 夹板,每个对拉螺栓按 500mm 间距布置,螺帽处另加配套的垫片,以增加受力面及螺帽拧紧系数。确保整个天花及墙面完成后强度和刚度尽可能一致,避免了接缝处的薄弱,也确保了质量稳定;

5) 为防止 GRG 开裂,伸缩缝设置考虑装饰后的美观效果,设置的地方在天花与墙面转角处及灯槽处,伸缩缝的尺寸为 20mm×20mm 的凹槽。

6. GRG 构件安装注意要点

(1) 材料卸货

材料到达现场时,材料员要组织卸货人员要平衡成组,均匀用力,吊装拉起必须用软绳索。GRG 板在卸货时必须是两人一组或四人一组均衡用力以侧立方式抬举板材,不允许用力不均衡或平摆放的方式抬举板材;若用机械吊装卸货时必须是用软绳索以侧立摆放的方式吊装(板材下方与绳索接触面必须用与 GRG 板相同长度的大芯板做垫层,以防绳索损坏板材)或用 18cm 大芯板做底座时才能平放,否则不允许板材以平摆放的方式吊装;以防因装卸过程中的不当行为造成板材变形。

(2) 材料堆码

材料堆放的场地要平整干净,且要在雨水淋不到的地方,材料码放时不得依靠其他任何材料或建筑物,现场要准备人字型木制(或铁制)靠架,材料四角不得落地,不得和坚硬物接触,要用木方平衡垫起。材料要分类码放,同种材料、同一属性材料要归类整齐放置。板材四角离地高度应在 6cm 以上,不得与坚硬利器接触,货物架摆放必须平衡,不允许倾斜摆放。货物架制作须用 4~6cm 以上木方做成人字型靠架(或铁制 8 号以上槽钢),靠侧立面堆放的角度应≥75°,二角架应牢固。及荷载情况作隐蔽工程验收后,才能施工 GRG 单元板,单元板之间用螺杆连接,螺杆中在单元板之间用小木块做垫片。

(3) GRG 嵌板的外加工控制

具体流程:现场复核尺寸→技术交底→模具制作→ GRG 预制→质量检验→板材编号→材料打包运输。外加工必须严格控制,各项工序必须认真细致,否则直接影响 GRG 的成品质量和成型效果。

(4) 构件安装注意事项

1) 吊顶用的 GRG 单元板的规格是否与设计要求相符。板材是在无应力状态下进行固定,要防止出现弯棱、凸鼓现象。GRG 单元板的长边,应沿纵向龙骨铺设。

2) 确定坐标轴排尺放线。要放大线控位,不得按模顺板做型。连续对接每两块板必须拉线较尺. 水平高度板的四角都要较尺,面板对接,板距均匀相间 9~18mm 之间镶入木块,镶石膏粉调胶分三次把匀缝补齐,严禁一次补平。

3）吊栓的长度要计尺排量严禁浪费材料，转换角受力面孔位要平，尽量撺孔和冲孔，电气焊开孔受力面要磨平。

4）轻微破损的要在安装后即刻补好批平，不得以任何借口把此项工作滞后。板缝要接顺批平成为一个整体，螺栓对敲双侧加入木块并螺栓穿过后锁紧。

3.4　剧院声闸装饰施工技术

（本节专项工程由金螳螂建筑装饰股份有限公司实施）

声闸又称声锁，因有特殊声学要求的用房，如剧院、录音棚、影院等，单道隔声门通常不能满足隔声要求，并且因门经常被开启而不能保证所需隔声量。为提高隔声量，简单易行的方法是设置双道门，并在两道门之间设置吸声结构，构成声闸。四个主要厅堂声闸的隔声量设计值为65dB。

大剧院内的观众厅、乐队排练厅、琴房、戏曲排练厅、国际报告厅、空调机房等对隔声有特殊要求的区域。所以声闸作为观众厅的入口其设计与装饰也尤为的重要，既要满足隔声要求也需保证视觉效果的美观与统一。

1. 音乐厅声闸的装饰施工技术

音乐厅以大型声乐、器乐表演为主，厅内设池座一层和楼座二层，其形态有效缩短了听众和乐队之间的距离。奥地利Rieger管风琴坐落其中。其一层观众厅入口合计六处，每个入口均设计声闸；二层观众厅入口合计八处，每个入口均设计声闸；另外一层琴房合计十八间，每间入口均设计声闸。

观众厅的声闸根据声学计算和音乐厅装修风格效果设计采用地面雅士白大理石铺贴、墙面采用2mm厚穿孔铝板、顶面为石膏板造型顶、两道钢制防火门采用香槟金色不锈钢与西洋红钢板材质。在土建施工时期，因考虑到剧院的隔声要求，专门采用了隔声墙的施工技术，一般普通墙体的厚度为20cm厚，大剧院使用了"20+10+20"的隔声墙模式，两侧为20cm厚的墙体中间预留10cm厚空腔来填充

隔声材料；在楼地面施工时增加了20mm厚的地坪隔声减振垫。

在室内装饰设计时，考虑到音乐厅的整体装修风格与声学要求，采用了穿孔铝板作为声闸墙面的主要装饰材料。墙面穿孔铝板设计为2mm厚，表面白色油漆采用的静电喷涂技术使得油漆与铝板间附着均匀一致；铝板形状为凹凸板且凹凸截面宽度不一、无规则；凹凸铝板面的孔径为$\phi 5$mm，孔率按照声学要求大于等于20%；铝板背面贴吸声无纺布，基层为钢骨架基层预留100mm宽空腔，空腔内置纤维吸声棉。具体施工详图及现场照片详如图3-13所示。

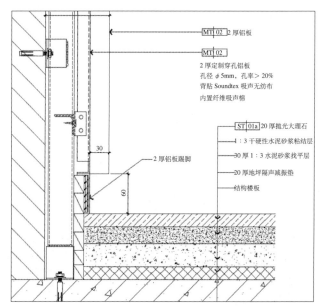

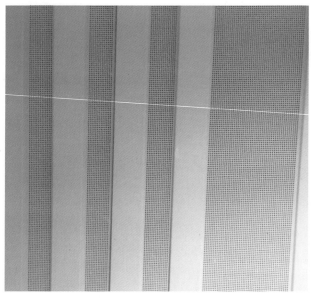

图3-13　音乐厅声闸构造、音乐厅声闸面层

声闸区的两道门一边连接着前厅外，一边连接着观众厅内，所以声闸处的两道门也不可忽视。音乐厅前厅为红色 GRG 弧形波浪曲线造型，声闸处的第一道门采用了西洋红的钢板制作的防火隔声门搭配着香槟色不锈钢门套，与前厅的红色 GRG 造型呼应。声闸处的第二道门采用了白色的钢板制作防火隔声门，与音乐厅内的白色 GRG 墙面相结合弱化门的效果如图 3-14 所示。两道防火隔声门边应采用高质量的密封，尤其是双开门的中间接缝以及底部与地面接缝处，保证能够达到声学要求的隔音量。

图 3-14　音乐厅声闸正面、音乐厅声闸背面

音乐厅其他几处声闸墙面采用了 25 mm 厚深色聚酯降噪吸声板，同样预留空腔内置纤维隔声棉，外封吸声板材。聚酯降噪吸声板和多孔吸声材料吸声特性类似，吸声系数随频率的提高而增加，高频的吸声系数很大，板后背留空腔以及用它构成的空间吸声体可大大提高材料的吸声性能。降噪系数大致在 0.8~1.10，成为宽频带的高效吸声体。聚酯降噪吸声板的颜色多样，可以组合各类图案，表面肌理丰富，板材可弯成曲面形状，适用于大剧院这种曲线弧面的空间。

2. 戏剧厅声闸的装饰施工技术

戏剧厅设有 1000 个座位，主要演出传统戏曲、话剧等。戏剧厅是最具民族特点的剧场，整体装修风格为中式风格，其舞台具备升、降、转的完善功能，可迅速切换布景，让各类戏剧演出得以最佳呈现。

戏剧厅的观众厅较小，其到达观众厅入口有两处均设计声闸，到达舞台区入口有四处均设计声闸；二

层观众厅入口有两处，沿着前厅两侧弧形楼梯进入，每个入口处均设计声闸；三层观众厅入口与二层一致，均在楼梯两侧并设有声闸。

戏剧厅的声闸装饰设计采用了木质材料，地面采用颜色亮丽质感柔软的橡胶地板，能够较好减少噪声的产生；顶面为白色穿孔吸声板其孔径与穿孔率按照声学顾问要求设计，并且无规则排列，达到吸声要求满足声闸的隔声量；墙面设计为浅色木质吸声板预留 100 mm 空腔并内置玻璃纤维棉。墙面木质穿孔吸声板表面有规则的小孔，声音通过板面的小孔进入，会再结构如海绵的内壁中反射，直至较多声波的能量消耗了，并转变成热能达到隔声的效果。此类木质吸声板适用于既要求有木材质感和温暖效果，又有声学要求的场所，与戏剧厅的民族性的装饰风格很符合，其施工详图及效果图如图 3-15 所示。

戏剧厅三层设有四处戏剧排练厅，供演员排练戏剧。排练厅对隔声的要求较高，所以在每个排练厅入口均设置声闸。排练厅内部装修采用地面专业的舞台使用的弹性木地板，顶面为造型石膏板吊顶，墙面为银镜、织物软包、吸声板搭配，保证了一定的隔声要求。其声闸处设计较为简洁，墙面预留 100 mm 空腔，并填充纤维玻璃棉，外封穿孔木板，其穿孔率不小于 20%，满足排练厅隔声量的要求。

3. 综艺厅声闸的装饰施工

综艺厅是面积最大的一个厅，由 2700 座主会议厅和 800 座国际报告厅及各类会议室组成，一方面可以为大型的歌咏大赛、联欢会提供场所，另一方面可以为重要的会议、演讲、报告提供绝佳的空间。

综艺厅的主会议厅可以通过一层及二层到达池座区，通过三层及四层到达楼座区，四层共计主入口 14处，每处均设有声闸。

主会议厅声闸较多，主要入口处声闸墙面设计为仿木质超微孔吸声蜂窝板，并且造型呈半六角形。其内部基层采用 50×50 的镀锌方管骨架，内置纤维吸声面，板后背附无纺布，整体隔声效果较好，装饰效果绝佳。超微孔吸声蜂窝板是由超微孔吸声铝板与铝蜂窝芯复合组成，超微孔是指小于 0.3 mm 孔径的穿孔，此

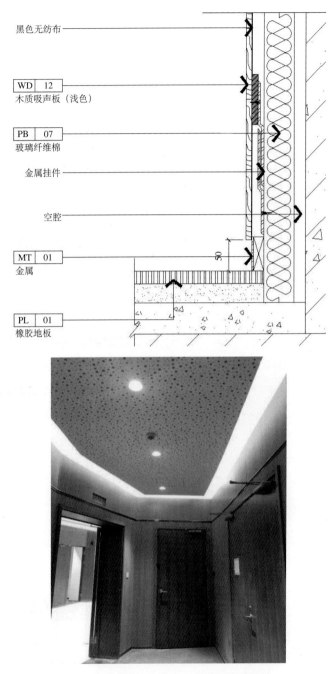

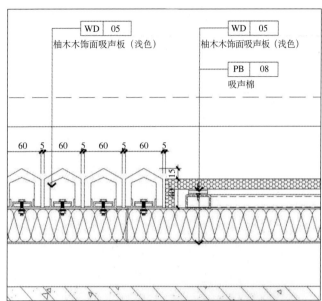

图 3-15　戏剧听声闸构造、戏剧听声闸实景图

图 3-16　主会议厅声闸构造、主会议厅声闸墙面

超微孔吸声蜂窝板具有全频吸声、环保、耐腐蚀、防火、抗冲击、美观等优良性能，能够满足综艺厅这个高要求的会议空间。其节点详图及效果如图 3-16 所示。

主会议厅的次入口声闸设计较为简洁，主要考虑其功能性要求。其声闸处主要采用了传统的吸声材料——木质吸声板，内置吸声棉预留 100 mm 空腔，颜色选择庄重、传统的深色木纹，与观众厅内的座椅及墙面的干挂木饰面相呼应。

国际报告厅可以通过三层进入报告厅内，其有两处主入口及两处次入口，四个入口处均设有声闸来达到隔声的作用。主入口处声闸设计比较庄重，地面采用了深色实木地板铺贴，顶面采用了石膏板造型顶与 LED 灯带组合，营造出较好的灯光效果，墙面设计为浅色柚木木饰面吸声板材料，由平板、凹凸板、实木雕花板相互组合而成。墙面基层均为钢骨架基层预留空腔，内置纤维吸声棉，外封一层 12 mm 厚阻燃夹板。

此处声闸设计与过道相连接，空间较大，起着重要的通道作用，所以装修设计较为复杂。具体施工节点及效果如图3-17所示。

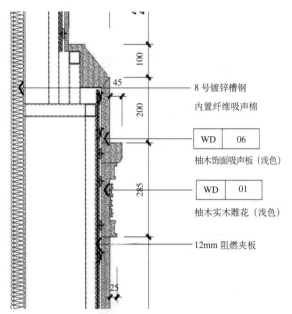

8号镀锌槽钢
内置纤维吸声棉

| WD | 06 |
柚木饰面吸声板（浅色）

| WD | 01 |
柚木实木雕花（浅色）

12mm 阻燃夹板

图3-17　国际报告厅墙体吸声构造、国际报告厅内走廊

4. 歌剧厅声闸的装饰施工技术

歌剧厅观众厅可以由一层、二层、三层、四层共十四处入口进入，分别到达池座和楼座区域，每处入口按要求设有声闸。歌剧厅声闸设计与音乐厅类似，墙面均采用了2 mm厚穿孔铝板背贴吸声无纺布内置纤维吸声棉，并预留空腔。与之不同的是其在视觉效果上更加的具有特色，按照孔径 φ5 mm，孔

率大于20%的要求设计出花纹图案的穿孔铝板，如图3-18所示，这样的设计保证了歌剧院的声学要求，又在其基础上丰富了视觉美感。

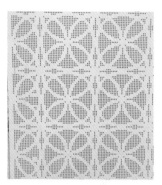

图3-18　歌剧厅墙体吸声设计、歌剧厅墙体吸声材料

歌剧厅四层设有乐队排练厅、合唱排练厅、综合大排练厅及琴房等练习区，此部分区域入口按照要求也设有声闸。综合大排练厅的声闸设计采用了穿孔石膏板无缝拼接，面层刷白色乳胶漆，采用骨架基层预留空腔填充吸声棉。此设计简洁明快，施工便捷又满足隔声量的要求。

5. 设备机房声闸的装饰施工技术

四个厅内除主要观众厅、前厅及一些辅助办公空间外还有较多设备用房，如：空调机房、排水机房、暖通机房、舞台机械控制室、强弱电间等，有了这些设备机房才能够使整个大剧院运行起来。其中空调机房、暖通机房、排风机房内的安装设备运行会产生较大的噪声，所以在四个厅内的机房也需同样设置声闸空间，有效地把声音隔断，阻止设备运行噪声的外传影响厅内。设备机房内的声闸墙面采用了穿孔石膏板，内置纤维吸声棉并预留空腔，外压白色烤漆压条。顶面采用了15 mm厚成品玻璃棉吸声板，也起到了一定的吸声作用。具体做法及效果如图3-19所示。

江苏大剧院的四个厅对声学要求极高，其四个厅内的声闸的装饰效果也各有特色，在满足基本的声学要求上根据各个厅内的装修风格设计形成各自独特的效果，能够与大剧院这个世界级艺术作品展示台相称。

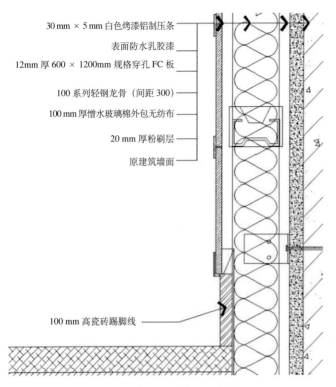

30 mm × 5 mm 白色烤漆铝制压条
表面防水乳胶漆
12mm 厚 600 × 1200mm 规格穿孔 FC 板
100 系列轻钢龙骨（间距 300）
100 mm 厚憎水玻璃棉外包无纺布
20 mm 厚粉刷层
原建筑墙面

100 mm 高瓷砖踢脚线

图 3-19　设备机房墙体吸声构造、设备机房墙体

3.5　戏剧厅民族装饰的施工技术

（本节专项工程由深圳市深装总工程工业有限公司实施）

戏剧厅位于建筑的东北角，其主要由观众厅、舞台、休息厅、演职员工作用房、演出技术用房、卸货区及配套设备用房组成。其观众厅、舞台位于戏剧厅中部，休息厅设在二层及以上区域，与共享大厅相连

通，休息厅三面包围观众厅，配套有交通、卫生间、休息场所、服务用房等设施。

戏剧厅室内装修采用具有民族特色的中式风格，它汲取了中国传统文化精髓中的一些元素如如意、祥云、红色、金色、木雕等，通过修饰与简化融合到整个厅内的设计，使戏剧厅能够更好渲染戏剧表演的艺术氛围。

1. 前厅

戏剧厅地下为一层，层高 6.5 m，局部舞台基坑为地下二层，二层标高为 6.0 m，前厅上部为通高空间，其他部分层高为 6.0 m。观众可通过二层共享大厅入口进入戏剧厅，经过前厅可以分别从一层、二层、三层等处入口进入到观众厅内，所以前厅为重要的主入口，给人先入为主的体验，其装饰设计显得尤为重要。

进入前厅需穿过戏剧厅入口铜门，铜门高 3.6 m，宽 1.6 m，共计十扇。铜门设计选取单个建筑外观球体作为构成元素，犹如一颗颗水滴在琴弦上跳跃，打开了戏剧的大门。图 3-20 为铜门设计样式。

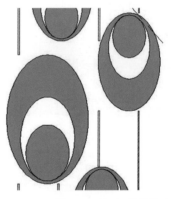

图 3-20　前厅民族装饰设计图、前厅民族装饰图

通过铜门首先映入眼帘是一幅巨型艺术画的弧形墙面，画高 15 m、长 11.4 m。整幅艺术画随墙面弧形弯曲，画框采用了香槟金色不锈钢与木雕组成，不锈钢的金属光面质感与木雕纹样的肌理感相碰撞及简洁硬朗的金属线条共同营造出古典、优雅的传统中式韵味，如图 3-21 所示。艺术画两侧为木雕柱体，表面喷涂经典红色氟碳漆，柱脚部位为白色雕花石材，柱腰线为香槟金色金属线条，整体显的大气庄重，又有独特的细节处理。

图 3-21　装饰设计图案、装饰图案

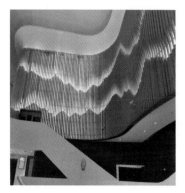

图 3-22　前厅浅木纹铝格栅

其柱脚白色雕花石材为独特定制石材，采用了骨架干挂工艺，设计师根据现场基层实际尺寸，设计出吻合石材样式的纹样，让花纹与石材形状完全的融合一起。石材加工厂根据现场实际尺寸及设计图案进行雕花加工，经过多道工序的打磨雕琢，才呈现出白色雕花的纹样。

从前厅的圆弧楼梯可以到达观众厅，弧形楼梯往下通往一层的观众厅入口，往上通往二层、三层处的观众厅入口，圆弧楼梯坐落于艺术装置画的两侧。楼梯的地面及栏板均设计为简洁、典雅的雅士白大理石，栏板上方为古铜色椭圆扶手，栏板下方暗藏 LED 灯带，形成了流水般的线条。

整个前厅为挑空区域，墙面为圆弧形，墙面主材为浅木纹铝格栅。铝格栅围绕着墙体分布，凹凸有致、高低错落，内置发光灯带，形成一座座高低不一的连绵起伏的山峰，与下方的弧形栏板构成了一组静谧的山水画。此处铝格栅不仅是装饰作用还具有较好的隔声效果，其底面基层为穿孔吸声板并内置纤维吸声棉，外刷黄色氟碳漆；在吸声板的基层上安装浅木纹色铝格栅，让整个墙面更具立体感。现场效果如图 3-22 所示。

戏剧厅的整体色调为红色、金色、白色，其前厅设计地面为白色大理石、顶面为白色 GRG 吊顶、墙面为金色格栅、白色大理石、红色陶瓷砖。墙面的设计中采用单一形式的元素通过不同的排序、安装来丰富整体的效果，统一中带有变化。

比如墙面中大面积使用的红色祥云纹样的陶瓷砖，采用 150 mm × 150 mm 的红色标准大小的陶瓷砖，

通过无规则的粘贴于墙面，前后凸出墙面厚度不一，安装高度不一，犹如一个个分散的印刷字错落有致的排布在弧形墙面上。再如前厅中的石材柱体，由方变圆，并安装带有祥云纹案的白色大理石，与墙面的红色陶瓷砖相互呼应，相互衬托，如图 3-23 所示。

图 3-23　墙面祥云纹陶瓷砖、祥云文案的大理石柱

2. 观众厅

观众厅是整体戏剧厅的核心空间，观众厅整体设计采用了钟形，由一层池座和一层楼座组成，空间布置比较经典、大方。舞台为镜框式舞台。站在表演的舞台上，可以一目了然地看到整个观众厅的样子，它采用了典型的中式元素——如意，顶面采用的 40 mm 厚 GRG 板。通过犀牛等软件制作出模型，加工厂通过模型定制加工完全符合现场尺寸的模数，并运至现场进行组装，形成了如意的造型。在如意造型的顶面进行红色氟碳漆喷涂，金色氟碳漆描边，并通过一颗颗一闪一闪的凸起的水晶灯，描绘出了一幅栩栩如生、诗情画意的场景。如图 3-24 所示。

图 3-24 戏剧厅室内装饰效果

观众厅的墙面同样为 40 mm 厚 GRG 板组成，形成了一组行云流水般的造型。墙面的 GRG 板为达到声学的要求特制 40 mm 厚板材，板面并设计了孔径大小不同、分布无规律、凹凸深度不同的小洞（如图 3-25 所示），来达到声音的扩散要求。GRG 板的表面喷淡黄色乳胶漆，搭配着柔和的灯带，使整个观众厅显得静谧、和谐，带给观众一种恬静的舒适感。

观众厅的地面采用暖色的实木复合地板，在观众厅这种高架阶梯式地面上铺设地板需要注意台阶的收口、地板板块的排版、阳角处的保护等细部处理。舞台区域采用的是外国进口专业舞台地板，具有较好的舒适度、抗滑度。

剧排练厅对隔声的要求较高所以在平面布局上均按照要求设置了声闸，用来对走道与排练厅内的声音进行隔断。

大排练厅：顶面采用了穿孔石膏板吊顶，且穿孔率不小于 20%，板上方安装 50 mm 厚容重 32kg/m^3 的吸声棉；地面采用了专业的舞台弹性木地板，颜色为浅木纹色，整体色调为冷灰色调；墙面采用了深色和浅色的木饰面凹凸板，板面间隔设置穿孔木饰面板，内置吸声棉，既达到装饰效果又保证吸声效果。其中一面墙为银镜，为功能性使用；两处大排练厅装修设计一致，设计简洁，材料质朴，注重功能性使用，让排练者能更加集中于节目的彩排，不被花哨的环境所分散注意力，也更能让排练者心静去思考。

小排练厅：顶面采用了成品 GRG 石膏线条进行组装，底板同样为穿孔石膏板内置吸声棉，并与 LED 灯带组合更加的明亮美观；地面采用了浅色的弹性木地板，适合演员们表演；墙面采用了红色的织物硬包结合深色饰面通过香槟金色的金属线条勾线形成一个整体，墙面的织物硬包本身具有吸声的作用能够满足声学的要求。小排练厅更具艺术色彩，颜色更加跳跃。与大排练厅一静一动，一冷一暖形成对比。图 3-26 分别为大排练厅与小排练厅效果。

图 3-25 戏剧厅室内 GRG 板

图 3-26 大排练厅与小排练厅效果图

3. 排练厅

戏剧厅除了前厅、观众厅外还设置了排练厅，供演员们进行表演前的配合演练及训练。戏剧厅三层共设置了四间戏剧排练厅，分别位于舞台的两侧。戏

戏剧厅的装饰整体表现出中式的风格，与当代的文化背景相融合，既能体现传统的文化底蕴，又能表现出现代的戏剧精神。

第4章 剧院工程舞台工艺技术

4.1 大剧院浮筑楼板施工技术

1. 浮筑楼板概述

随着时代的发展，人们对工作、生活的环境要求越来越高，噪声及振动问题也越来越被重视。为了有效地控制和隔离机房内设备振动和噪声对外界（特别是下层区域）的影响，浮筑楼板也得到了广泛的应用。过去浮筑楼板普遍采用如矿棉渣、泡沫乙烯等作为支承元件，这些材料弹性差、固有频率很高（一般 ≥ 20Hz），隔振效果差，而且永久变形大、不回弹，有效使用年限很短。

为了有效控制振动、噪声传递至下层噪声敏感区域，达到声学设计目标，设计采用由天然合成橡胶、氯丁胶、中间锦纶尼龙骨架加强层，通过高温硫化模压而成的 JF 型橡胶隔振隔声垫，该产品具有固有频率低、阻尼比大（阻尼比 ≥ 0.08），隔振、隔声效果好，可耐酸、碱、油、防腐、防霉、防湿、防老化等，耐温可达 -20 ~ 90℃，铺设安装也方便。

2. 浮筑楼板节点图：

江苏大剧院工程浮筑楼板分为 A、B 两种做法。A 做法为整个机房满做浮筑楼板；B 做法为只在设备基础下做浮筑楼板，如图 4-1 和图 4-2 所示。

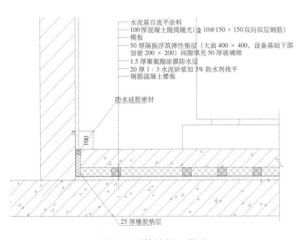

图 4-1 浮筑楼板 A 构造

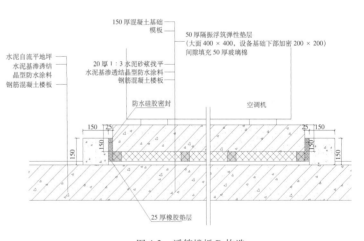

图 4-2 浮筑楼板 B 构造

3. 浮筑楼板布置如图 4-3 所示：

4. 浮筑楼板安装施工方法：

（1）铺设风机浮筑楼板区域楼板约需增加 375kg 的负荷，须结构工程师审核楼板承载能力，满足要求后方可施工。

（2）清扫结构楼面，必须保证楼面平整、无尖锐物、无突起。如地面平整度很差，须用水泥砂浆找平。在找平层上刷一层聚氨酯防水涂料。

图 4-3 浮筑楼板布置图

（3）所有铺设浮筑楼板的区域须靠墙或设有导墙，导墙高度不低于185 mm，宽度不小于150 mm。

（4）所有穿过楼板的管道需预埋套管，套管高度不低于185 mm。

（5）按浮筑楼板布置图先铺放50 mm玻璃棉，在玻璃棉上划线打格，然后按尺寸按50×50布置，上部铺设12 mm水泥压力板，水泥压力板接缝处需用≥30 mm宽透明粘贴纸粘贴。

（6）四周墙面采用侧向专业塑胶防振隔声板，侧向专业塑胶防振隔声板用专用胶水与墙面固定。管道套管采用橡胶隔振围边包裹。

（7）水泥板铺好后，浇筑厚度不低于100 mm厚度的C30混凝土，混凝土内配加固钢筋，钢筋网需保证在混凝土层的中部。若施工不是一次性浇筑混凝土，应考虑加设连接钢筋于连接位。

（8）浇筑混凝土需注意溅出部分应及时清理，如图4-4和图4-5所示。

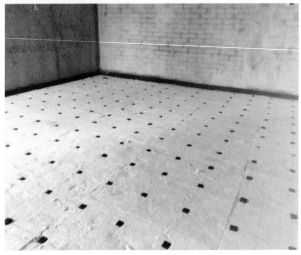

图4-4　设备层铺设玻璃棉（上）；划线铺设减振块（下）

图4-5　平铺硅酸钙板（上）；浮筑楼板面层浇筑施工（下）

4.2　戏剧厅舞台栅顶钢梁的分块组合式吊装技术

1. 工程概况

大剧院戏剧厅舞台上方栅顶是悬吊机械设备安装、调试、维修不可缺少的工作面。栅顶是舞台机械的载体，在栅顶上实现升降栏杆、升降乐池灯光吊笼、灯光吊片、电动吊杆升降机、卷扬机等舞台机械的使用。所以栅顶的精准安装保证了各种舞台机械的正常使用，保证舞台演出的顺利实现，以及会场人员的安全保障。戏剧厅主舞台区舞台机械钢梁分为三层纵横结构，安装复杂、构件数量多的为底层栅顶钢梁。以下是舞台栅顶的平面、立面布置图如图4-6和图4-7所示。

2. 工程特点及施工难点

（1）舞台栅顶钢梁为混凝土主体结构筒内构件，吊装区域小。舞台栅顶钢梁在主体结构封顶完成后进行施工作业，空间作业面少，汽车吊无法进去筒内进行吊装作业。

图 4-6　戏剧厅舞台上方栅顶

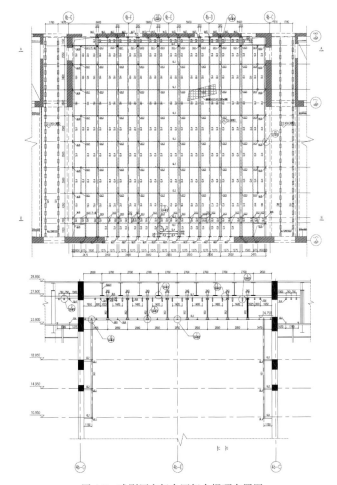

图 4-7　戏剧厅主舞台区舞台栅顶布置图

（2）构件数量多，单根梁吊装大大增加了吊装次数和时间，影响工期与进度。

（3）吊装整体结构校正困难。栅顶钢梁构件多而且长度短，组装完难以保证整体偏差。

（4）安全防护及通道设置难度高。舞台栅顶钢梁的安装属于高空作业，没有脚手架作为操作支撑平台。

（5）舞台栅顶安装节点多，材质特殊，焊接、安装的难点大。

（6）舞台栅顶的安装为高空作业，工序包括钢梁对接处焊接，高强螺栓节点处安装，防腐涂料的涂装，都存在高空掉落物品的危险存在。

3. 针对特点的措施与工艺

（1）施工前准备

钢结构安装必须严格遵守施工组织设计的规定执行。安装程序、操作方法必须保证结构的整体性、稳定性和永久性。

安装前，对制作的零部件，数量、尺寸、水平度等按施工图的要求，进行全面检查。

对于制作中遗留的缺陷及运输中产生的变形，均应矫正后才能安装。钢结构构件在吊装前应将表面的油污、冰雪、泥沙和灰尘等清除干净。

吊装机械及其吊索具的使用

栅顶顶标高为 27.800 m，采用两台 5t 卷扬机抬吊，将滑轮组悬挂至六层大梁，作为转向轮，卷扬机固定于戏剧厅一层东西两侧，为提升组装构件提供动力。

（2）组合预拼装作业

组合预拼装是根据施工图把相关的两个以上成品构件，在安装场地上，按其各构件空间位置组装起来。特点是直观地反映出各安装构件节点，保证构件安装整体质量，以及检查各构件尺寸的合格性以及组装的完整性，如图 4-8 所示。

图 4-8　组合预拼装

将戏剧厅中心筒位置搭设一个坚实、稳固的 ±0 m临时组装胎架平台。其支承点水平度允差 ≤ 2 mm；待安装的各杆件的重心线交汇于节点中心，并完全处于自由状态，预拼装构件其中心线应明确标示，并与胎架基线和地面基线相对一致。控制基准应按设计要求基准一致，预拼装后用试孔器检查孔的通过率，使用临时紧固件进行组装，预拼装检查合格后，对上下定位中心线、标高基准线、交线中心点等应标注清楚、准确并且焊接一定数量的卡具，以便按预拼装结果进行安装，如图4-9所示。

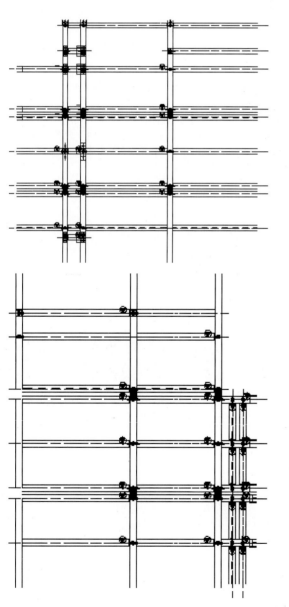

图4-9 组装栅顶块1（平面布置图）（上），组装栅顶块2（平面布置图）（下）

（3）组合吊装作业

将预拼装的栅顶构件用卷扬机抬吊，四点绑扎起吊，吊装应符合的要求。

首先对组合后钢结构件进行强度和稳定性的验算，明确起吊位置，防止受力不均而引起变形，选择 5t索具，吊钩和卡具，符合吊装施工的要求。两个卷扬机同时抬吊组合构件至相应位置并控制其位置、标高、水平度。测量其定位轴线满足安装需求。如图4-10所示。

图4-10 栅顶构件吊装

栅顶构件在安装就位后，应立即进行校正、固定，与上方吊柱形成空间刚度单元。在作业工作的当天必须使安装的结构构件及时形成稳定的空间体系。

图4-11为栅顶安装次序。

采用卷扬机配合的分块组合式吊装技术，不仅能够解决空间作业面少，钢梁多，安装复杂的问题，而且缩小了装次数和时间，增加整体组装结构的稳定性以及减少安装中矫正偏差的次数，±0m临时组装胎架平台大大增加了工人操作的安全性，提高了安装的精度和准确度，大大减少了高空作业、多节点、安装困难的问题。节省了机械的使用成本，节省资源，灵活方便快捷的施工方法大大促进了钢结构的安装效率，促进钢结构的发展。

分块组合吊装技术不仅满足于平面组合构件，在今后的发展方向中应向空间单元的组合拼装方向发展，增加吊装和安装的稳定性、整体性。空间单元的组装拼装技术将有更多的优势。

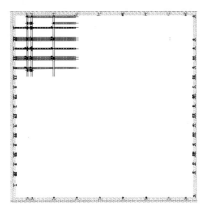

1. 安装左侧组合栅顶（平面布置图）

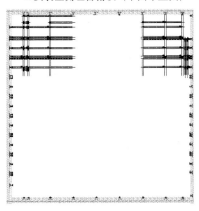

2. 安装右侧栅顶（平面布置图）

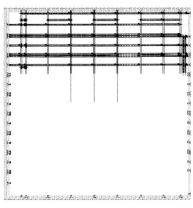

3. 安装中间栅顶（平面布置图）

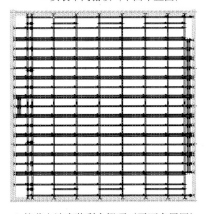

4. 按此方法安装剩余栅顶（平面布置图）

图 4-11　栅顶安装次序

4.3　舞台灯光设备选型

（本节专项工程由浙江大丰、杭州亿达时、北京北方安恒利、广州励丰实施）

灯光系统是整个剧院弱电系统中最重要的几个组成部分之一，舞台灯光系统由灯光控制系统、灯光信号网络系统、配电柜及硅柜、灯具、演出效果器材、安装材料及配件等组成。具体如表 4-1 所示。

主要设备表	表4-1
系统名称	主要设备
灯光控制系统	常规灯光控制台、电脑灯控制台、场灯/工作灯控制器
灯光信号网络系统	由交换机、以太网/DMX转换器、网络配置编辑软件、剧场信号分配柜等
配电柜及硅柜	次级配电柜、备用电源箱、调光/直通立柜、场灯调光柜等
灯具	常规灯具、追光灯、摇头光束电脑灯、摇头染色电脑灯等
演出效果器材	LED侧屏、LED背景屏控制系统、烟雾机、泡泡机、雪花机、投影机等

1. 剧院特殊灯光设计

本工程特殊灯光设计在确保系统科学完整、安全可靠的同时兼顾扩展性与设备的通用性，所有灯光控制系统均可以兼容的控制信号：DMX512、Ethernet 网络控制遵守 ART-NET 或者 ACN 协议。其中，大综艺厅的设计定位在满足国内一流水准的大型会议方面，同时兼顾一般规模的汇演要求；小综艺厅定位在学术交流、报告会议上；多功能厅满足未来小型演出、时尚沙龙、时装表演等小型特色化的文化交流活动。舞台灯光系统设计突出强调先进性、科学性、完整性、可靠性、灵活性、经济性，同时整体设计充分地应用网络化、智能化、模块化的最新研究成果和理念，如图 4-12 所示。

会议主席台区灯光设计照度为 800lx 以上，现场演出时舞台区设计照度为 1200lx 以上。光源的色温为 3050± 150K，显色指数大于 85。灯光用电计算容量为 700kW，其中重要的会议灯光用电计算负荷约为 150kW，采用 EPS 电源供电，电源由供电设计专业负责引来。550kW 为舞台演出灯光市电供电，电源由供电设计专业负责引来，采用两路电源分列运行，互为

图 4-12　综艺厅灯光布置

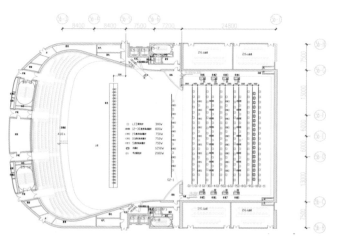

图 4-13　综艺厅灯具布置图

备用方式。

在观众厅后部灯光控制室内设置电脑调光台、电脑灯控制台，均采用主备控制台方式。调光器室内设置 4 台 3kWX84 路调光立柜、1 台 3kWX72 路调光立柜、4 台 5kWX72 路直通立柜、1 台 5kWX48 路直通立柜。在主席台区（舞台区）内、一层边天桥处设置集中式调光及直通插座箱 9 个，灯光舞美配电箱 4 个（100A）。

灯光网络系统是新一代高速网络与智能数字控制设备的集成，采用以太网和 DMX512 并存的设计。

网络系统控制调光是当今国际趋势，要求采用国际通用 TCP/IP 协议为基础、支持 USITTDMX512/1990 协议，舞台灯光以太网络控制协议采用目前国际上通用的 ART-NET 或 ACN 协议。灯光网络主干网采用环形架构。灯光主干网采用光纤回路，将设在灯光控制室、调光器室、灯栅层、主席台区地面的网络信号柜相互连接。网络信号柜至各处节点的信号传输可采用超 5 类线。灯光网络系统是新一代高速网络与智能数字控制设备的集成，采用以太网和 DMX512 并存的设计。为满足高水准会议灯光的需要，在会议灯具上选用了新型节能 LED 聚光灯，灯具的功率为 300W。综艺厅灯具布置如图 4-13 所示。

2. 灯光系统设备配置

在系统设备相互兼容的前提下，其中灯光集成了包括 ADB、VARI LITE、ROBEAT JULIAT、Compulite、FDL 等众多国际国内著名专业灯光品牌的最新技术，能够最大限度发挥网络系统的真正优势。采用了国际上最为流行的安全模式，技术成熟、可靠

的全数字双网络信号传输系统，实现网内资源共享、多点监控与遥控。舞台吊顶如图 4-14 所示。

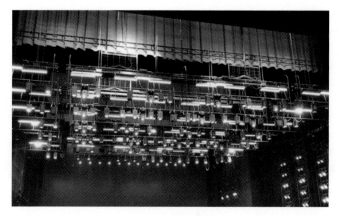

图 4-14　舞台吊灯

控制台既可以独立控制又可实时跟踪备份，具有优良的系统可靠性和实用性；选用了著名品牌 ADB 的灯光综合控制台以及 Compulite 专业电脑灯具控制台，增加了剧场控制设备的通用性和可操作性。

常规灯具设备采用高性能、高亮度、低噪声和低热量的著名优质品牌 ADB 系列灯具；电脑灯具则采用了 VARI LITE 最新系列电脑灯。调光柜部分采用代表国际先进调光柜技术的 ADB 网络调光柜，具有安全、可靠、方便的系统维护和技术保障体系，和高水平的电磁防干扰与抗干扰措施以及国际标准化、模块化的工艺设计。通过灯具的不同组合，使剧场的灯光效果更加纷繁奇异、特色鲜明，以获得最佳的使用效果。剧院的设备具体见表 4-2。

剧院的设备配置表 表4-2

序号	货物名称	规格型号及技术参数	单位	数量	品牌	产地
1	电脑灯控制台 配有8192 DMX 通道	EOS Ti 8192 Console, with 2*10UFW 电脑灯主控制盘配有8192 DMX 通道	只	2	ETC	美国
2	椭球卤素聚光灯750-800W5°	Source Four 5°　750W椭球成像卤素聚光灯	只	10	ETC	美国
3	椭球卤素聚光灯750-800W10°	Source Four 10°　750W椭球成像卤素聚光灯	只	10	ETC	美国
4	椭球卤素聚光灯750-800W19°	Source Four 19°　750W椭球成像卤素聚光灯	只	34	ETC	美国
5	椭球卤素聚光灯750-800W 26°	Source Four 26°　750W椭球成像卤素聚光灯	只	48	ETC	美国
6	椭球变焦聚光灯750-800W15/30°	Source Four 15/30°　750W椭球变焦成像卤素聚光灯	只	34	ETC	美国
7	椭球变焦聚 光灯750-800W25/50°	Source Four 25/50°　750W椭球变焦成像卤素聚光灯	只	10	ETC	美国
8	LED-RGBW 变焦PAR灯	ColorSource PARLED RGBL变焦PAR 灯	只	10	ETC	美国
9	LEDRGBW 线性泛光灯	ColorSource Strip（1m）LED RGBL 线性泛光灯 l=1000		40	ETC	美国
10	变焦成像聚光灯 s2, 0/2, 5kW~12/22°- 聚光透镜	710 SX2 变焦成像聚光灯，10/25°- 聚光透镜	只	44	Robert Juliat	法国
11	变焦成像聚光灯s2, 0/2, 5kW~18/36°- 聚光透镜	714 SX2 变焦成像聚光灯，15/40°- 聚光透镜	只	12	Robert Juliat	法国
12	菲涅耳透镜聚光灯2, 0/2, 5KW	329HF 菲涅耳透镜聚光灯	只	55	Robert Juliat	法国
13	菲涅耳透镜聚光灯5, 0KW	350L菲涅耳透镜聚光灯	只	8	Robert Juliat	法国
14	PC–透镜聚光灯 2/2, 5KW	329HPC 凸凹聚光灯	只	118	Robert Juliat	法国
15	LED-BGBW天幕泛光灯	DALIS 860 CYCLight LED-BGBW 天幕泛光灯	只	36	Robert Juliat	法国
16	追光灯2.5KW，HMI	ARAMIS+ 1013+ Followspot - 4.5/8 230V 2.5KW，HMI 镝灯追光灯	只	2	Robert Juliat	法国
17	追光灯1.2kW，HMI	LUCY 1449 Followspot - 13/24 230V 1.2KW，HMI 镝灯追光灯	只	2	Robert Juliat	法国
18	96路调光柜	ESR3AFN-48 Sensor3 CE 48 96路调光柜 欧标 双处理器	件	7	ETC	ETC/美国
19	造雾机	Antari W-515D舞台专业雾机	只	2	Antari	Antari/中国
20	制雪机	Antari S-200X静音雪花机	只	2	Antari	Antari/中国
21	干冰机	DIM-3000 干冰机	只	2	马兰宝	马兰宝/中国
22	闪光灯特效设备	Atomic 3000 DMX	只	4	Martin	Martin/丹麦

4.4　隔声墙体施工技术

剧院墙体的隔声量要求高，这也为墙体施工质量提出了更高的要求。在工程施工中，专门定制了"隔声墙"。

本施工技术主要用于隔声及有其他特殊要求的双层墙体砌筑，采用"200+100+200"的组合墙模式，墙体厚度达 500 mm。采用容重为 2000kg/m^3 的混凝土砌块及容重为 1000kg/m^3 混凝土砌块平行砌筑，内夹密度大于 24kg/m^3 的玻璃棉，低频隔声量可达到 62dB 以上，隔声复合墙体构造如图 4-15 所示。

与普通单层墙体砌筑相比双层墙体施工难度大，材料要求高，第二道墙体圈梁构造柱施工难度大。

本施工技术适用剧院、会议室、舞台、琴房、排练厅及录音室等隔声要求高、语言私密性要求高（且毗邻产生低频噪声的机房）的功能用房隔声墙体砌筑。

1. 墙体构造柱及腰梁施工

待墙体砌筑完毕并达到强度且钢筋验收合格后，

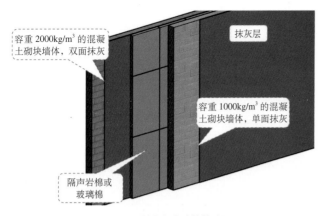

图 4-15　隔声复合墙体构造图

容重 2000kg/m³ 的混凝土砌块墙体，双面抹灰

抹灰层

容重 1000kg/m³ 的混凝土砌块墙体，单面抹灰

隔声岩棉或玻璃棉

对构造柱及圈梁进行支模浇筑混凝土。构造柱支模时，要在墙体两侧分别粘贴双面胶，以防混凝土浇筑时漏浆，如图 4-16 所示。在构造柱顶部留设喇叭口，以便混凝土浇筑，模板拆除后及时将多余混凝土凿除，并用抹灰砂浆粉刷平整。

由于两面墙体间隔只有 100 mm，若按照常规施工工序先施工砌体再浇筑圈梁构造柱，两墙体间的模板及玻璃棉势必难以施工，因此，当要施工第二面墙体时，先将圈梁构造柱浇筑完成。待强度达到要求后，拆除模板，在墙体与构造柱相连接位置根据构造要求植拉结筋。

2. 隔声玻璃棉施工

隔声玻璃棉施工前，需清除干净落地灰及其他建筑垃圾，不能形成声桥。玻璃棉与基层墙体的连接应全部采用粘、钉结合工艺。在施工前，对玻璃棉涂刷界面剂进行处理，以提高玻璃棉与基层墙体的粘结力，其拉拔强度可达到 0.1MPa 以上（垂直于玻璃棉纤维方向），图 4-17 为墙体构造示意图。

1）采用满粘法施工时，界面剂的涂抹面积与玻璃棉板面积之比不得小于 80%。

2）界面剂应均匀涂抹在玻璃棉上，而不是涂抹在基层上面，注意按面积均布，玻璃棉侧边应保持清洁，不得粘有砂浆。

3）玻璃棉涂抹界面剂后要及时粘贴，粘贴时应轻柔滑动就位，不得局部按压，玻璃棉对头缝应挤紧。贴好后应即刮除板缝和板侧面残留的胶粘剂。玻璃棉的间隙不应大于 2 mm。

图 4-16　墙体马牙槎留设、构造柱喇叭口凿除

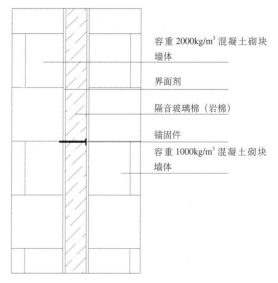

容重 2000kg/m³ 混凝土砌块墙体

界面剂

隔音玻璃棉（岩棉）

锚固件

容重 1000kg/m³ 混凝土砌块墙体

图 4-17　墙体构造示意图

4）待岩棉粘贴完成，且不再移动时安装锚固件。按设计要求位置用冲击钻钻孔，锚固深度为基层内50 mm，锚固件边距大于等于 2 倍的板厚（锚固件圆盘直径不得小于 80 mm）。自攻螺钉应挤紧并将塑料膨胀钉的钉帽与岩棉表面齐平或略拧入些，确保膨胀钉尾部回拧，使其与基层墙体充分锚固。

5）岩棉板与门窗框接触处应用收边条予以封闭，门窗洞口上檐应加设檐口收边条。禁止管道和电缆与声学隔断间有刚性连接。

3. 容重 1000kg/m³ 混凝土砌块砌筑

容重 1000Kg/m³ 混凝土砌块砌筑时采用 Mb5.0 专用砂浆，该墙体单面挂线，墙体砌筑过程中进行分段砌筑每 1200 mm 砌筑一层，到圈梁底时采用斜砖塞紧，砖与圈梁及构造柱之间的空隙要用砂浆填实，灰缝砂浆饱满度要达到 90%。水平缝和竖缝应随砌随刮平勾缝，砌筑时铺摊砂浆不宜过多，以防止砂浆、杂物落入两片墙的夹缝中形成声桥。其他施工方法同容重 2000kg/m³ 混凝土砌块砌筑方法基本相同。

4. 管道穿隔声墙节点做法

本项目中有较多管道（包括所有暖通管道、供排水管、电缆导管等）穿过墙体的现象。原本隔声性能良好的墙体会由于穿孔的存在导致隔声性能大大下降。管道的振动也会很容易地通过这一结合部位传递到建筑结构中。为了保持原建筑结构良好的隔声性能以及降低管道的振动传递到建筑结构中的振动幅值，必须谨慎处理穿孔处的隔振和密封。建筑内所有管道穿过隔声墙体的孔洞应按照图 4-18 所示密封方法的要求进行密封。

施工注意要点：

（1）柔性密封膏是聚氨酯或硅胶为基本材料的等级 A 的密封膏。

（2）中等密度的吸声棉是密度为 32kg/m³ 的矿棉，或密度为 16kg/m³ 的玻璃纤维，或密度为 20kg/m³ 的聚酯纤维。

（3）垫圈的最小面密度为 12kg/m²，可以用 16 mm 厚的加强石膏板，或 25 mm 厚的胶合板，或 1.6 mm 厚的钢垫圈。

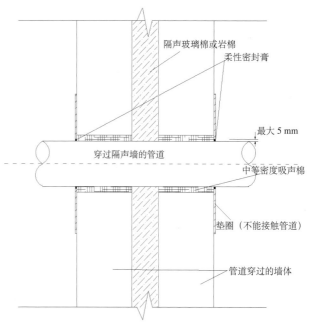

图 4-18　管道穿过隔声墙节点做法

4.5　大剧院建筑声学施工总承包管理

大剧院项目对建筑声学技术要求高，施工总承包企业必须高效地协调项目管理、设计院、监理、声学顾问、各专业分包、材料供应商等单位开展工程建设，施工总承包的管理水平是大型剧院工程声学质量的关键影响因素。在此介绍大型剧院工程建筑声学方面的施工总承包管理。

1. 厅堂音质设计指标

江苏大剧院需要进行厅堂音质设计的功能房有歌剧厅、戏剧厅、音乐厅和综合厅，以及琴房、会议室、报告厅、排练厅等。根据大剧院建筑声学设计文件，音质指标以歌剧厅为例，混响时间 1.4～1.6s，音乐明晰度 C80>0dB，强度指数 G>1dB，背景噪声 NR20。

2. 厅堂音质模拟

使用专业的厅堂音质模拟软件 Odeon 模拟大厅的声学效果。该软件可模拟计算出声场分布和混响时间、声压级分布、明晰度等音质参数，协同各参建单位发现问题并及时采取措施避免出现音质缺陷。厅堂音质模拟结果见图 4-19 和图 4-20。

以音乐厅音质模拟为例。模拟结果显示，室内观众席的声压级分布均匀。对于语言清晰度和音乐清晰

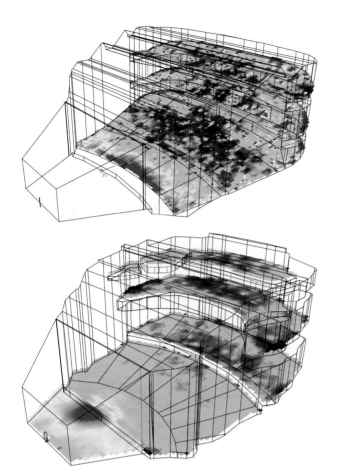

图 4-19　江苏大剧院综合厅（上）歌剧厅（下）厅堂音质模拟示例

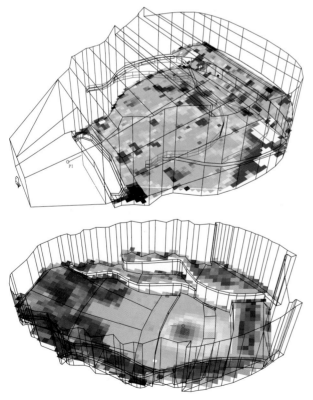

图 4-20　江苏大剧院戏剧厅（上）音乐厅（下）厅堂音质模拟示例

度，座席区的中前排清晰度较好，后排两侧区域和池座靠墙区域有少量座席的低频段清晰度偏低，但不影响整体音质效果。演奏区域的弧形分隔墙、楼座下的弧形矮墙为主要的座席区域提供了宝贵的 20ms 以内的侧向早期反射声，池座区的音质参量较好。

3. 建筑声学施工总承包管理要点

（1）特种专业穿插施工总承包管理

舞台设备、声学、灯光、音响等专业为实现大剧院建筑功能的核心内容，包括招标、设计、采购、安装、调试、验收等多个阶段，周期长、要求高，与房建各专业穿插进行，施工交叉工序多、工作面移交频繁、工序协调工作任务重。项目部设置专职工程师加大对各专业工程的配合和协调力度，专职负责剧院内部安装工程的质量、进度、安全及文明施工等全面管理。每周组织各分包单位到现场巡查并每周召开总承包协调会。业主和总承包商将各分包商在现场施工的情况与施工计划进行对比，对各分包商的工作进行点评，并布置下阶段工作。

（2）声学深化设计施工总承包管理

对墙、天花板、看台边缘、观众席、地面等涉及有声学要求部位的深化设计必须严格符合声学装修要求，在图纸上按要求明确标注清楚相关厚度等数据。对节点构造的深化时，确保该构造的稳固性。舞台机械、乐池等专业部位按照设计图纸的要求，总承包做好预留预埋工作，保证预埋的精度，专业分包单位进场后，做好交接工作。

（3）对厅堂装饰分包的施工总承包管理

对供应商明确相关要求，并要求供应商严格按图加工，节点需用的零配件必须符合设计要求的各项标准，包括形状、材质、规格等。加工误差不得超过声学装修规定的误差；材料进场前严格进行验收，验收未合格的材料不得进场施工；如图 4-21 和图 4-22 所示，大剧院音乐厅的浮云反射板和综合厅 GRG 吊顶为不规则构件，施工时搭设满堂架，严格按 BIM 三维模型精确制作圆弧形和曲面构件，吊挂施工时采用激光测量系统精准定位。大剧院的墙体在施工时，不留孔隙，不隐藏孔隙。但穿过墙体的管线需

图 4-21　GRG 吊顶施工搭设满堂架（左）；综合厅吊顶安装（右）

图 4-22　音乐厅浮云反射板吊装施工（左）；音乐厅吊顶完成面（右）

要做好隔声减振处理，避免出现固体传声。舞台机械、乐池等专业部位按照设计图纸的要求，总承包做好预留预埋工作，保证预埋的精度，专业分包单位进场后，做好交接工作。

第 5 章　剧院工程施工仿真与信息化技术

5.1　剧院主体钢网罩结构分施工阶段仿真分析
（本节计算内容由同济大学实施）

江苏大剧院上部大跨度空间钢结构体系支撑在斜柱上，斜柱由环梁相连接。外形总体呈曲面形态复杂的巨蛋形，屋盖顶盖部分为大跨度的内凹形式。结构设计独特，受力状况复杂，在施工过程中需要考虑各阶段的受力及变形情况。如图 5-1 和图 5-2 所示。

结构内核结合建筑垂直交通以及机电设备用房的布置在剧场和舞台周边设置剪力墙、核芯筒或框架柱，兼做竖向承重结构及抗侧力构件，形成框架 - 剪力墙结构体系，在三层 12 m 处介入矩形斜柱为

屋盖四周竖向支撑构件，屋盖及外围护体系采用大跨空间钢结构，两者组合成一种混合结构体系，其中内核承担主要的水平力和竖向力。结构在四层观众厅、主舞台厅等大跨度空间位置介入钢梁及预应力梁，钢梁部分板采用 20 cm 厚桁架楼承板。在六层位置观众席上空采用整体钢桁架体系。

屋盖及外围护结构为由斜柱、斜撑及顶盖张拉系统构成的单层网壳，部分斜柱下设摇摆柱以减小斜柱跨度；屋盖顶盖呈内凹形态，采用双向受拉的张拉网壳体系；外围护与顶盖间设加强桁架，以平衡各向受力。主要构件为箱型，管状环梁及 H 型钢梁，如图 5-3 所示。

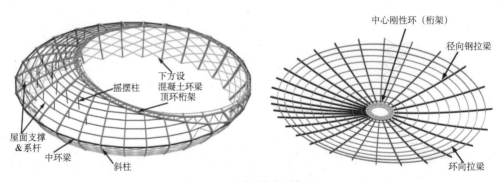

图 5-1　大跨度空间钢结构图

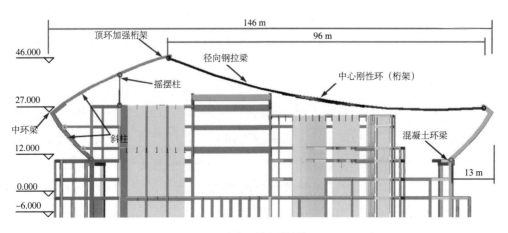

图 5-2　框架 - 剪力墙结构图

歌剧厅、音乐厅、戏剧厅、综艺厅外罩钢结构自成体系，安装完成支撑胎架拆除时产生第一次变形，进行验算（以下简称"工况 1"）。

歌剧厅、音乐厅、戏剧厅、综艺厅内核心筒与外罩钢斜柱连接部位钢梁江苏大剧院空间钢结构施工过程变形分析安装、钢筋桁架板混凝土浇筑时产生第二次变形进行验算。（以下简称"工况 2"）。

这里主要以音乐厅施工过程中变形验算分析为主。

1. 音乐厅施工过程变形验算分析（工况 1）

（1）分析模型采用设计院提供的 SAP2000 三维空间模型为基础，并结合实际施工进程进行施工过程变形验算分析，荷载只考虑结构构件自重，如图 5-4 所示。

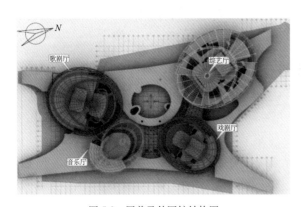

图 5-3　屋盖及外围护结构图

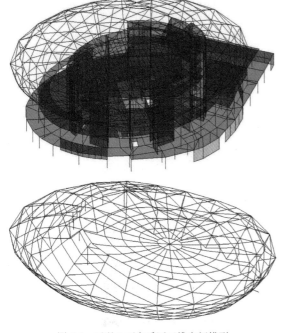

图 5-4　工况 1 下音乐厅三维空间模型

（2）变形图

工况 1 下，音乐厅钢结构变形如图 5-5 和图 5-6 所示。

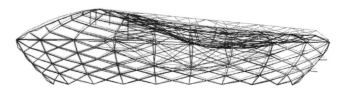

图 5-5　工况 1 下音乐厅钢结构屋盖整体变形图

图 5-6　工况 1 音乐厅斜柱变形图、工况 1 音乐厅 M 柱变形图

（3）验算结果：

音乐厅钢结构关键的部位有：

1）斜柱与中环梁节点（No.1）；

2）斜柱与江苏大剧院空间钢结构施工过程变形分析顶环梁节点（No.2）；

3）拉梁交汇部位（No.3）。

通过三维空间计算，获如图 5-7 中所示钢结构关键部位的变形。

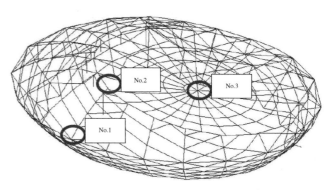

图 5-7　音乐厅钢结构关键部位

斜柱与中环梁节点竖向位移：

工况 1 下斜柱与中环梁节点竖向位移验算结果见表 5-1。

斜柱与中环梁节点竖向位移验算结果　表5-1

序号	斜柱编号	竖向位移（mm）	备注
1	XZ-3a02	-2.1	设摇摆柱
2	XZ-3a03	-1.6	设摇摆柱
3	XZ-3a04	-1.9	设摇摆柱
4	XZ-3a05	-3	设摇摆柱
5	XZ-3a06	-6.3	—
6	XZ-3a08	-13.8	—
7	XZ-3a09	-14	—
8	XZ-3a10	-12.3	—
9	XZ-3a11	-9.2	—
10	XZ-3a12	-8.6	—
11	XZ-3a14	-9.1	—
12	XZ-3a15	-9.9	—
13	XZ-3a16	-11.4	—
14	XZ-3a17	-15.7	M柱
15	XZ-3a18	-16.2	M柱
16	XZ-3a20	-14.2	M柱
17	XZ-3a21	-9.1	M柱，设摇摆柱
18	XZ-3a22	-5.7	设摇摆柱
19	XZ-3a23	-4.3	设摇摆柱
20	XZ-3a24	-3.1	设摇摆柱

根据表5-1可见，工况1下斜柱与中环梁节点竖向位移最大值为-16.2mm，位于斜柱（编号：XZ-3a18）与中环梁节点处。此外，由上表可见，设有摇摆柱的斜柱与中环梁节点的竖向位移多数都略小于未设有摇摆柱的斜柱。

拉梁交汇部位节点竖向位移：根据验算结果，工况1下拉梁交汇部位节点的竖向位移为-53.3mm。

2. 音乐厅施工过程变形验算分析（工况2）

在完成音乐厅外罩钢结构安装及支撑胎架拆除（工况1）、核心筒与外罩钢斜柱连接部位钢梁安装基础上，对可能的两种钢筋桁架板混凝土浇筑顺序进行模拟分析，每一层板浇筑均对应于模拟分析中的一个施工阶段。因此，工况2下共分为四个施工阶段（工况2-1～工况2-4）。所考虑的钢筋桁架板混凝土浇筑

方案如下：

方案一：核心筒与外罩钢斜柱连接部位钢梁安装（工况2-1）完成后，从下往上浇筑混凝土（工况2-2～工况2-4），如图5-8所示；

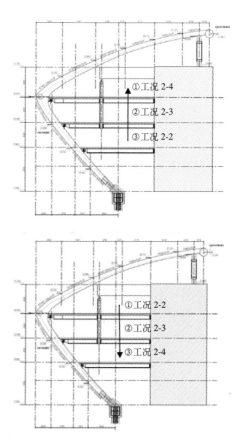

图5-8　方案一楼板混凝土浇筑顺序示意图（上）、方案二楼板混凝土浇筑顺序示意图（下）

方案二：核心筒与外罩钢斜柱连接部位钢梁安装（工况2-1）完成后，从上往下浇筑混凝土（工况2-2～工况2-4），如图5-9和图5-10所示。

（1）分析模型

另外，工况2情况下的荷载仅考虑结构构件自重。

（2）变形图

工况2下，音乐厅钢结构变形如图5-11和图5-12所示。

（3）关键部位变形验算结果

斜柱与中环梁节点竖向位移：

工况2下方案一与方案二斜柱与中环梁节点竖向位移验算结果分别见表5-2、表5-3。此外，方案一和

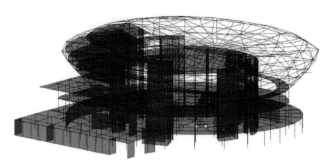

图 5-9　工况 2 下音乐厅三维空间模型

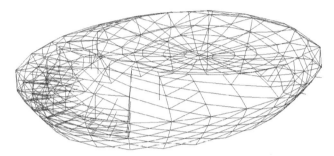

图 5-10　工况 2 下音乐厅钢结构部分三维空间模型

图 5-11　工况 2 下音乐厅钢结构屋盖整体变形图（方案一）

工况 1 下音乐厅斜柱变形图（方案一）

工况 2 下音乐厅
M 柱变形图（方案一）

图 5-12　音乐厅钢结构变形图

方案二各施工阶段的斜柱与中环梁节点竖向位移变化情况见图 5-13。

续表

序号	斜柱编号	竖向位移				备注
		工况2-1	工况2-2	工况2-3	工况2-4	
3	XZ-3a04	−3.2	−4.1	−4.9	−5.5	设摇摆柱
4	XZ-3a05	−3.1	−3.2	−3.2	−3.1	设摇摆柱
5	XZ-3a06	−5.9	−5.7	−5.5	−5.2	—
6	XZ-3a08	−13.3	−13	−12.6	−12.2	—
7	XZ-3a09	−13.4	−13	−12.7	−12.2	—
8	XZ-3a10	−11.6	−11.1	−10.7	−10.2	—
9	XZ-3a11	−8.5	−8.1	−7.7	−7.2	—
10	XZ-3a12	−8	−7.6	−7.3	−6.9	—
11	XZ-3a14	−8.6	−8.2	−7.9	−7.5	—
12	XZ-3a15	−9.3	−9	−8.6	−8.2	—
13	XZ-3a16	−10.7	−10.4	−10	−9.5	—
14	XZ-3a17	−15.3	−15	−14.8	−14.4	M柱
15	XZ-3a18	−15.9	−15.8	−15.6	−15.4	M柱
16	XZ-3a20	−14.2	−14.2	−14.2	−14.1	M柱
17	XZ-3a21	−9.3	−9.5	−9.5	−9.5	M柱，设摇摆柱
18	XZ-3a22	−7.2	−8.1	−8.9	−9.5	设摇摆柱
19	XZ-3a23	−6.5	−8.2	−9.6	−10.9	设摇摆柱
20	XZ-3a24	−5.7	−7.3	−8.9	−10.7	设摇摆柱

工况2 下斜柱与中环梁节点竖向位移验算结果（方案二）　表5-3

序号	斜柱编号	竖向位移				备注
		工况2-1	工况2-2	工况2-3	工况2-4	
1	XZ-3a02	−4.5	−6.3	−7.8	−9.4	设摇摆柱
2	XZ-3a03	−3.8	−5.1	−6.4	−8	设摇摆柱
3	XZ-3a04	−3.2	−3.8	−4.5	−5.5	设摇摆柱
4	XZ-3a05	−3.1	−3	−3	−3.1	设摇摆柱
5	XZ-3a06	−5.9	−5.6	−5.3	−5.2	—
6	XZ-3a08	−13.3	−12.9	−12.5	−12.2	—
7	XZ-3a09	−13.4	−13	−12.6	−12.2	—
8	XZ-3a10	−11.6	−11	−10.6	−10.2	—
9	XZ-3a11	−8.5	−8	−7.6	−7.2	—
10	XZ-3a12	−8	−7.6	−7.3	−6.9	—
11	XZ-3a14	−8.6	−8.2	−7.9	−7.5	—
12	XZ-3a15	−9.3	−8.9	−8.5	−8.2	—

工况 2 下斜柱与中环梁节点竖向位移验算结果（方案一）　表5-2

序号	斜柱编号	竖向位移				备注
		工况2-1	工况2-2	工况2-3	工况2-4	
1	XZ-3a02	−4.5	−6.1	−7.7	−9.4	设摇摆柱
2	XZ-3a03	−3.8	−5.3	−6.7	−8	设摇摆柱

续表

序号	斜柱编号	竖向位移				备注
		工况2-1	工况2-2	工况2-3	工况2-4	
13	XZ-3a16	-10.7	-10.3	-9.9	-9.5	—
14	XZ-3a17	-15.3	-14.9	-14.7	-14.4	M柱
15	XZ-3a18	-15.9	-15.7	-15.5	-15.4	M柱
16	XZ-3a20	-14.2	-14.1	-14.1	-14.1	M柱
17	XZ-3a21	-9.3	-9.3	-9.4	-9.5	M柱，设摇摆柱
18	XZ-3a22	-7.2	-7.8	-8.6	-9.5	设摇摆柱
19	XZ-3a23	-6.5	-7.9	-9.3	-10.9	设摇摆柱
20	XZ-3a24	-5.7	-7.5	-9	-10.7	设摇摆柱

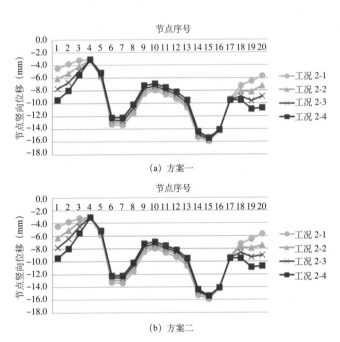

(a) 方案一

(b) 方案二

图 5-13　各施工阶段斜柱与中环梁节点竖向位移变化

根据上表和上图可见，钢筋桁架板混凝土浇筑方案一和方案二最终的斜柱与中环梁各节点竖向位移均相同，最大值为 -15.4 mm，位于斜柱（编号：XZ-3a18）与中环梁节点处。

根据图 5-14 可见，设有夹层区域的斜柱与中环梁节点竖向位移增加较大，最大变化量为 -7.6 mm，位于斜柱（编号：XZ-3a24）与中环梁节点处；未设夹层区域的斜柱与中环梁节点竖向位移略有减小，最大变化量为 2.1 mm，位于斜柱（编号：XZ-3a10）与中环梁节点处。其余斜柱与中环梁节点的竖向位移变化量在 -7.6 ~ 2.1 mm 范围内。

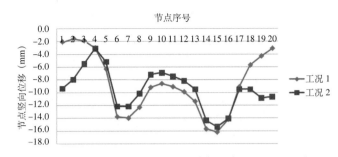

图 5-14　斜柱与中环梁节点竖向位移变化（工况 1 和工况 2）

5.2　剧院主体结构施工阶段现场监测
（本节计算内容由东南大学实施）

1. 前言

对剧院工程的施工监测可以有效提高施工安全管理水平、及时预警、验证设计等方面的作用。

2. 检测技术与设备

采用长标距光纤传感器（结构表面布设类型），光纤自传感 FRP 筋（结构内部埋设类型）以及光纤解调技术与设备。

（1）长标距光纤传感器（结构表面布设类型）

该类型传感器将传统点分布 FBG 光纤传感技术发展成标距长度数十厘米到数米级长标距分布传感，且标距长度可以根据工程需求进行设定；通过传感器在结构表面易安装与实现光纤封装端部滑移控制，从而保证了长标距 FBG 传感元件的具有 20 年以上的超长寿命，对于特殊封装其寿命可达 60 年以上，在各种复合环境下的长期监测稳定性（误差 < 0.8%）。其外观如图 5-15 所示，基本结构如图 5-16 所示。

（2）结构内部埋设类型的光纤自传感 FRP 筋

将长标距 FBG 传感器埋设进 FRP 复合材料，一方面可以保护光纤，另一方面使得 FRP 具有自传感的智能特性。智能 FRP 筋可以和普通钢筋一样绑扎、浇筑进混凝土，利用这些智能 FRP 筋可以监测结构的骨

图 5-15　长标距光纤传感器外观

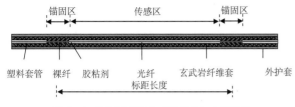

图 5-16　长标距光纤传感器外观与内部结构

架信息，更加准确、有效地掌握结构的性能。

目前常用的带螺纹 FRP 筋的具体生产流程如图 5-17 所示。自传感 FRP 筋制品如图 5-18 所示。

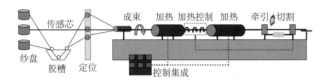

图 5-17　自传感 FRP 筋的生产工艺

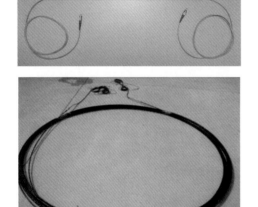

图 5-18　自传感 FRP 筋制品

以上两种传感器均具有以下特征：

1）感知元件和传导元件合一，省略了传统电子监测设备的导线，布线方便；

2）分布性好，能够感知布设范围内任意点的异常情况，避免传统点式测量对可能关键部位的遗漏；

3）传感器主体复合玄武岩纤维，保证其具有一定的强度和刚度，并具有很高的耐久性；

4）精度与传统监测手段大体相当。

（3）光纤光栅解调设备

测量设备采用高性能化光纤光栅波长解调仪技

术。该设备通过特有的系统温度自补偿与误差自校准技术，极大提高了系统在各种野外恶劣环境下的生存能力以及长期稳定性与可靠性，实现了高速测量频率下对波长变化的高分辨率与高精度解析。该光纤光栅传感解调系统，经相关检测机构鉴定，其波长分辨率高于 0.2pm，可重复性高于 0.5pm，采样频率 500 ~ 1kHz 及多个通道同步测量，可在野外 –10 ~ 60℃ 恶劣环境下（潮湿、强电磁干扰）长期使用，系统各项参数明显优于国内外同类仪器。

3. 检测方案

本次以江苏大剧院音乐厅混凝土结构部分监测为例，音乐厅柱脚如图 5-19 所示。

图 5-19　音乐厅立面图

（1）斜柱与底环梁节点（轴线 3a-18，3a-20，3a-21 处）

监测内容：监测 3 处的斜柱柱脚受力情况，每个斜柱柱脚处布置 4 个应变片（长度有限），斜柱根部 2 个应变片，1 个 FBG 传感器，共 18 个应变片，3 个 FBG 传感器。具体的监测内容如下：

1）凝土表面应变；

2）施工整个过程中上部屋盖传给斜柱的轴力，以便和设计轴力进行校核；

传感器布置如图 5-20 所示。

轴力计算方法：$N = \varepsilon \times (E_c A_c + E_s A_s + E_a A_a)$

其中，E_c，E_s 和 E_a 分别为混凝土、纵向受力钢筋、型钢弹性模量，A_c，A_s 和 A_a 分别为混凝土、纵向受力钢筋、型钢弹性面积，假定混凝土、纵向钢筋、型钢协调变形（即应变 ε 相同）。

传感器选择：

用于测试混凝土表面应变，采用标距为 30 cm 的 FBG 传感器，粘贴到混凝土结构表面；

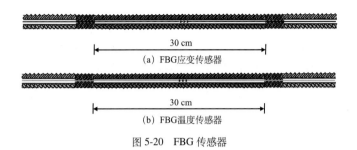

(a) FBG应变传感器

(b) FBG温度传感器

图 5-20　FBG 传感器

（2）底环梁处

1）典型截面应变监测

FBG 传感器粘贴位置及数量：

① 3a-19 截面，布置上下内外 4 个 FBG；

② 3a-1/2/6/7/8/24 截面，及 3a-15 和 3a-16 跨中截面，布置内外侧各 2 个 FBG，共 14 个；

共计 FBG 传感器 18 个。

应变片粘贴位置：

3a-2/15/16/18/20/21/24，7 个截面处，每处截面布置 4 个应变片，3a-6/8，2 个截面每处布置 2 个应变片，共计 32 个；

主要监测内容：

① 钢应变；

② 混凝土梁表面应变；

③ 施工整个过程中环梁弯矩与轴力，以便和设计弯矩与轴力进行校核；

④ 环梁位移监测；

2）典型区域应变监测

监测 3a-18/3a-20/3a-21，和 3a-15/3a-16 段环梁的变形和内力变化。

FBG 传感器布置：跨内均布 5 个截面，3a-20-21 跨内，每个截面布置上下内外 4 个 FBG 传感器，3a-15-16 跨，均布 5 个截面，每个截面内外侧 2 个 FBG 传感器，共计 34 个传感器。如图 5-21 所示。

3）变形监测：监测每个梁柱节点处的变形以及典型区域的变形。

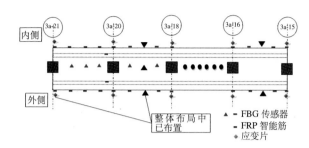

图 5-21　a 底环梁平面图 - 光纤传感器

轴力与弯矩计算方法，由平衡条件及对称性：

$$\varepsilon_1 = \frac{My_1}{E} + \frac{N}{EA}$$

$$\varepsilon_2 = \frac{My_2}{E} - \frac{N}{EA}$$

$$y = y_1 + y_2$$

$$y_1 = y_2 = 0.5y$$

其中 ε_1 为环梁受压一侧混凝土表面应变，ε_2 为环梁受拉一侧混凝土表面应变，M 为环梁所受弯矩，N 为环梁所受轴力，y 为环梁截面宽度，y_1 为环梁受压侧中和轴高度，y_2 为环梁受拉侧中和轴高度，E 为截面刚度。

则轴力、弯矩分别表示为：

$$M = \frac{EI(\varepsilon_1 + \varepsilon_2)}{y}$$

$$N = \frac{EA(\varepsilon_1 - \varepsilon_2)}{2}$$

型钢应变监测采用 FRP 智能筋，混凝土表面应变监测采用 FBG 传感器如图 5-22 和图 5-23 所示。

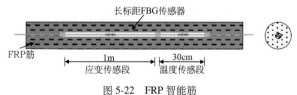

图 5-22　FRP 智能筋

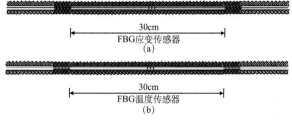

图 5-23　FBG 传感器

5.3　三维数字化施工技术

大剧院内装墙面、吊顶大多采用 GRG 板材，部分采用石膏板，地面采用彩色水磨石、大理石、瓷砖等。设计师采用了大量的流线型自由曲面结构模式，各转角、交叉点无规律可循，运用传统的施工方法已无法完成如此巨大的不规则、多曲面、自由曲面交织在一起的施工项目。

1. 技术难点

剧场主体结构、墙面吊顶均为异形曲面，同时要考虑机电安装的管线走向与末端布置，其墙面、吊顶深化设计难度大。

高大空间 GRG 墙面均为异形曲面，高度高、面积大，其支撑二次结构设计、安装难度大。

因异形曲面无规律可循，整个墙面、吊顶的模型划块与模块制作难度大，成型质量要求高。

2. 主要施工技术

针对以上难点，在大空间自由曲面施工中，充分整合最新材料下单、加工、定位及检验技术，采用三维数值化施工技术、建立多曲面空间平面控制网、确立装饰系统各面层板块的三维坐标、多曲面的坐标定位等技术，以三维数字化、参数化、信息化虚拟模型为基础，使用三维数字化测控设备，三维数字化加工设备进行生产与安装的全过程，三维数字化模型对施工起着模拟及指导作用。

（1）工艺原理

运用三维扫描仪和相关三维软件将平面图纸转化为三维模型并和现场数据进行拟合，对图纸进行调整深化，并数字化下单，数字化加工 GRG 装饰配件，完成大型异型曲面结构的装饰施工，提高了大型异型曲面结构的安装精度，减少施工中的材料、人工损耗。

三维数字化设计：首先通过 revit、Rhino+GH 等软件将平面图纸转化为三维模型，形成设计模型。其次通过扫描仪对现场主体结构数据的采集，优化设计模型，最大化利用空间，调整模型中出现的施工碰撞问题，最大程度优化设计方案。

三维数字化加工及安装：根据三维设计的模型进行面层材料分割下单，利用轴线雕刻机完成制模、加工。在安装时采用电子全站仪等定位仪器进行控制，将安装的空间坐标点精确到 1 mm。

三维数字化检测：利用扫描仪等数据采集仪器进行成品、半成品的扫描，收集数据，通过与数据模型的比对生成相关质量报告，做相应的修正。

（2）施工工艺

1）主要施工流程见图 5-24。

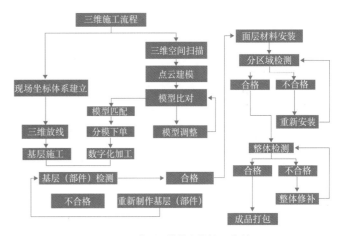

图 5-24　曲面三维数字化施工流程

2）深化设计

通过相关的三维软件：Rhino+GH、Revit、Catia、tekla、Grasshoper 等将二维的施工图转化为直观可视的三维模型。

3）现场数据采集

采用三维扫描仪对实体主体结构进行扫描，采集数据，利用三维软件建立现场实体模型，为设计优化提供参考，其具体操作步骤如下：

①在平面图上对需要获取点云的区域进行站点规划，为三维扫描设备的扫描参数设置提供必要的支持。

②根据划分区域的跨度进行扫描仪参数设置，摆放定位靶球（靶球位置不可有遮挡物）。

③准备工作完成后，随即开始扫描，直至点云获取完成。

4）点云实体模型建立

点云是由三维扫描仪针对扫描对象所采集的数量

庞大的坐标点组合而成,可按原扫描对象 1:1 生成点云外形,如图 5-25 所示。

图 5-25 扫描仪输出实体点云模型

点云建模,也可称作逆向工程或者反求工程。依据扫描仪自带软件生成的点云,采用专业的逆向软件 Grasshopper 或 Catla 来反求出与扫描对象吻合的三维模型。现场扫描后云点建模如图 5-26 所示。对复杂的点云模型重建工作,将会产生较多的曲面模型,为了保证后期的再次编辑和图纸交接工作顺利进行,在建模过程中,可对模型进行分组、分色管理。

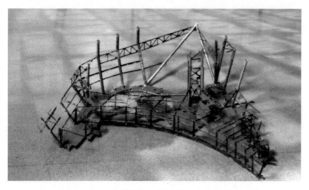

图 5-26 重建优化后的模型及分色管理

5)模型对比

将现场模型与设计模型做数据比对,进行施工前的模型碰撞实验,找出存在冲突的区域,其碰撞结果如图 5-27 所示。

根据模型对比情况,应对主体结构、机电安装、装饰等三个专业进行综合考虑,在确保设计安全的情况下,在不改变整体装饰效果的前提下,做到空间利用最大化,并制定深化设计方案。

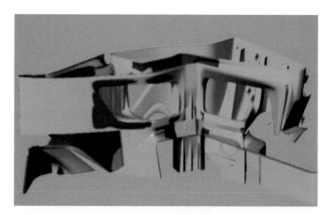

图 5-27 模型对比分析

6)三维空间放线

通过采用电子全站仪,将多曲面异型结构的基准控制点及基准线进行传导,提高装饰基准控制点、基准线与原建筑的匹配度,再通过全站仪将基准控制点、基准线引入到装饰楼层;将电子全站仪的监测数据传输到专业的计算机进行比对、分析,并对原始控制点进行误差分析,形成具有专一坐标的坐标点,输入计算机,对坐标点之间的距离进行闭合导线平差,建立坐标控制网即平面轴线网,使整个建筑参数化,便于全站仪在后续过程中的放线定位。

通过 BIM 系统,在已建立的装饰三维模型中生成三维轴线网,并通过三维轴线网,结合面层材料的板块分割位置,生成各板块自有的三维坐标控制点,来指导面层材料的安装定位。

7)GRG 支撑结构

装饰模型优化调整完成后,运用 BIM 技术,生成二次钢结构三维线模,进行二次钢结构荷载计算,计算完成后,根据三维线模生成二次钢结构 Tekla 模型。会议厅前厅部位采用空间管桁架结构实现空间曲面,其部分局部曲面线模图片如图 5-28 所示。

根据二次钢结构 Tekla 模型划分安装单元,在各安装单元模型中标注三维坐标控制点,现场用全站仪进行测量定位,指导自由曲面桁架安装。二次钢结构、次龙骨安装完成后,分阶段运用三维扫描仪进行三维扫描,生成点云,创建三维模型,与二次钢结构 Tekla 模型比对,对误差较大位置的构件进行调整。

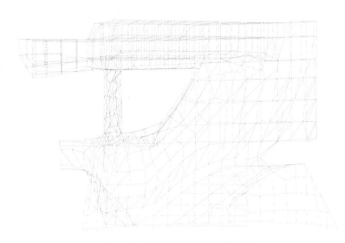

图 5-28　曲面 GRG 二次钢构线模

8）数字化加工

数字化加工是通过 BIM 系统的三维数字模型完成大空间自由曲面面层材料的深化，利用三维软件实现面层材料的分模下单；将完成下单的材料在数字加工中心进行材料模具的雕刻、制作，并运用手持三维扫描仪进行材料模具的检测、比对，确保材料的加工质量。

①分模下单，分模加工质量的好坏对于异形的曲面墙面安装成型质量至关重要，其模型分割要求：a. 先转角后大面，拼缝留在平缓处；b. 自由曲面交汇处，部件制作成一体；c. 部件阴角接缝处预留缝；d. 不同基层结构体系的面层材料交接处预留缝；e. 不同材料交接处预留缝；

②大空间自由曲面施工，控制重点是材料的加工尺寸，如控制不好经常会出现加工后到现场无法组装施工的情况，影响整个工程的进展。控制步骤如下：

a. 根据数据三维模型进行利用轴线雕刻机进行模具加工。

b. 对已完成的模具进行扫描比对，是否与提供的三维数据模型相符，如不符合则进行修正。

c. GRG 产品的加工，严格按照规范加工要求进行加工作业。

d. 对成品进行扫描比对检测，出具比对合格报告，对合格产品进行打包，不合格产品进行重新加工生产。

9）面层材料安装

①根据排版图，给出每个部件的安装定位点，每块部位取四个角点为定位点，在统一坐标系内取值。

②采用全站仪安装定位成品部件。

③及时对安装部件进行三维扫描比对，及时调整安装误差。

④对安装完成区域进行扫描比对，生成相应数据报告，根据报告做整改工作，其分析对比报告如图 5-29 所示。

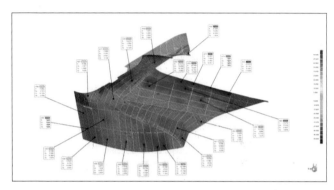

图 5-29　相关区域比对数据做相应修改示意图

10）整体检测

在分区域检测全部合格后进行整体的三维扫描比对，生成相应报告，进行对应整改，确保最终质量。

5.4　屋盖及外围护结构 BIM 建模与钢屋盖力学分析
（本节计算内容由同济大学实施）

为充分利用室内空间并营造独特的室内环境，建筑师要求整个外围护钢结构及屋盖系统既要适应建筑表面的空间形态，还要尽量减小结构厚度。在建筑外表皮下的室内空间中不能出现非楼盖构件。因此，钢屋盖及外围护体系的空间形态被完全约束在建筑表皮之下。

四个巨蛋形单体建筑均采用各自的外围护屋盖系统，为由斜柱、斜撑及顶盖张拉系统构成的单层网壳，部分斜柱下设摇摆柱以减小斜柱跨度。屋盖顶盖呈内凹形态，采用双向受拉的张拉网壳体系。外围护与顶盖间设加强桁架，以平衡各向受力。为验证该体系的结构效率，采用 HyperWorks 软件以曲面单元进行拓扑优化分析。结果表明：最佳传力效率下的结构分布，总体上表现为顶环梁、中环梁和斜柱的网格布置，如图 5-30 所示。

综艺厅分析模型如图 5-31 所示，其他单体与此类似。

公共大厅钢屋盖曲面形态复杂，最低标高 12 m，平面上呈圆弧形边界，并与该楼面边界设铰接支座。屋面向各巨蛋型单体往上延伸，向某一单体延伸时，屋面设滑动支座并支承于相邻单体的斜柱牛腿上；当屋面介于两单体间并延伸较大跨度时，延伸端设异形斜柱支承。公共大厅钢屋盖采用斜柱和钢梁布置的类框架体系，并沿圆弧形边界区域设斜撑提供较大的抗侧力。如图 5-32 所示。

1. 外围护结构的重力体系

外罩钢结构其斜柱柱底为铸钢件节点，支承于下方钢骨混凝土框架柱柱顶上，混凝土柱顶设大截面混凝土环梁拉结形成框架体系。斜柱采用底部铰接的变截面的箱型构件，中部弯矩大，截面呈现中间宽两端窄的形态，有利于提高弱轴受压稳定性并抵抗弱轴弯矩。柱底标高 12 m（综艺厅为 6 m），部分区域设圆管截面摇摆柱以支撑斜柱，摇摆柱柱底搁置于下方混凝土框架柱或剪力墙上。标高 27 m 处和顶部弧面边缘分别设大截面圆管的中环梁和顶环梁，并在外罩表皮内布置斜撑和屋面系杆，形成空间受力的单层网壳体系。内凹顶盖采用径向布置的 H 型截面钢拉梁和若干道圆管截面环梁组成，钢拉梁与顶环梁采用铰接连接。

因与斜柱数量和方位的差异，拉梁无法与斜柱对齐。拉梁数量 24～30 根，H 型截面高度 800 mm 或 1000 mm，跨高比 1/105～1/115，与顶环梁采用关节轴承铰连接。四道顶盖环梁与拉梁为刚接，协调各拉梁的平面外刚度。另按建筑窗格布置主檩和水平撑提供平面内刚度。如图 5-33～图 5-35 所示。

底部铰接的变截面柱不仅使得其受力合理，同时也将丰富建筑的视觉元素，实现建筑与结构的和谐统一；顶环梁有效地抵抗由于重力荷载产生的水平位移，承担由于柱的高度倾斜产生的水平力，使得结构传力清晰高效；顶盖受拉网壳呈双向布置，利用斜柱及顶

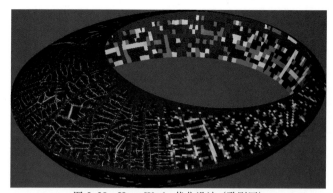

图 5-30　HyperWorks 优化设计（歌剧厅）

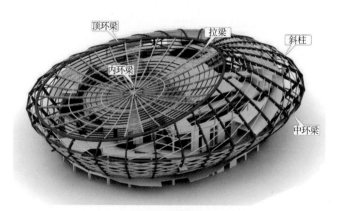

（a）三维模型

（b）立面图

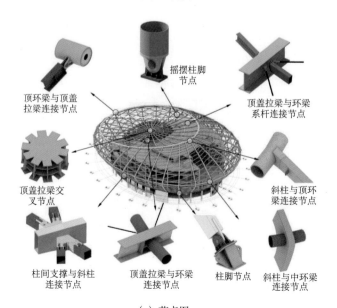

（c）节点图

图 5-31　综艺厅模型

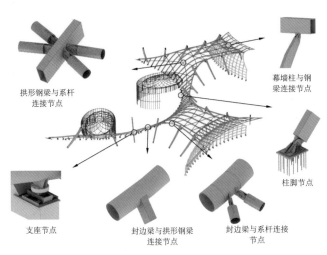

图 5-32　公共大厅模型

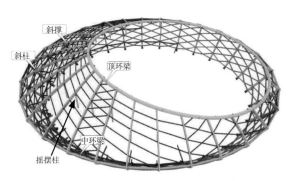

图 5-33　外围护结构的承重体系

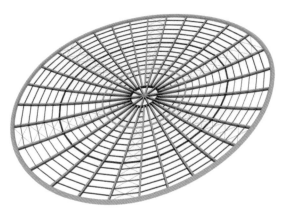

图 5-34　顶盖张拉网壳体系

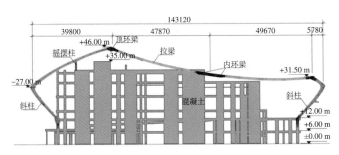

图 5-35　竖向承重体系的剖面示意（歌剧厅）

环梁作为其支承条件和传力边界。

2. 结构的抗侧力体系

结构抗侧力体系主要由支撑系统提供，斜柱也构成抗侧力体系的重要组成部分。为表现建筑的开洞规律，同时便于与外幕墙的连接，27 m 标高以下的支撑体系采用呈类似十字交叉型的斜撑，且斜撑贴合建筑外立面，斜撑交点突出于斜撑主平面。如图 5-36 所示。外围护结构上部支撑的布置总体类似。

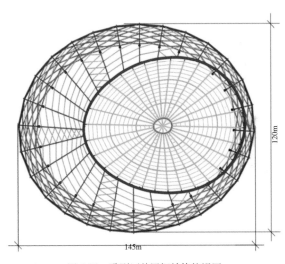

图 5-36　歌剧厅外罩钢结构俯视图

钢屋盖结构自身的地震效应是与下部结构协同工作的结果。由于下部主体结构竖向刚度较大，以往在屋盖结构的竖向地震作用计算时通常习惯于仅单独以屋盖结构作为分析模型。但不考虑屋盖结构与下部结构的协同作用，会对屋盖结构的地震作用，特别是水平地震作用计算产生显著影响，甚至得出错误结果。即便在竖向地震作用计算时，当下部结构给屋盖提供的竖向刚度较弱或者分布不均匀时，仅按屋盖结构模型所计算的结果也会产生较大的误差。因此，考虑上下部结构的协同作用是屋盖结构地震作用计算的基本原则。

考虑上下部结构协同工作的最合理方法是按整体结构模型进行地震作用计算。尤其对于不规则的结构，抗震计算更应采用整体结构模型。

钢屋盖结构和下部混凝土支承结构的阻尼比不同，协同分析时阻尼比取值方面的研究较少，本设计根据抗震规范采用振型阻尼比法。组合结构中，不同材料的能量耗散机理不同，相应构件的阻尼比也不相同，本项目钢构件阻尼比取 0.02，混凝土构件取 0.05。

本项目在各主要单体结构计算时均考虑混凝土主体与钢屋盖协同分析，整体计算参数及结果满足规范要求，图 5-37、图 5-38、图 5-39 为综艺厅的前三阶整体模态。

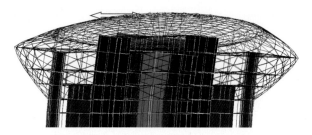

图 5-37　综艺厅振型（T_1=0.55s，Y 向平动）

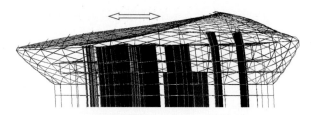

图 5-38　综艺厅振型（T_2=0.53s，X 向平动）

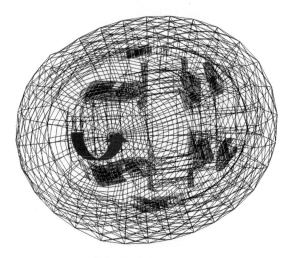

图 5-39　综艺厅振型（T_3=0.46s，Z 向扭转）

大跨屋盖结构由于其自重轻、刚度好，所受震害一般小于其他类型的结构，但震害情况也表明，支座及其邻近构件发生破坏的情况较多，因此通过放大地震作用效应来提高该区域杆件和节点的承载力是重要

的抗震措施，本项目设计时也采用相似方法加载分析。

在综艺厅的设计中采用 SAP2000 进行整体线弹性屈曲分析，并按"恒载 + 活载"加载。结果表明：首阶失稳模态为外最外侧的摇摆柱先后失稳，特征值为 7.7 倍的"恒载 + 活载"；结构的首阶整体失稳模态为顶环加强桁架的面外失稳，特征值为 9.2 倍的"恒载 + 活载"；以上失稳模态特征值均高于 5.0，满足《网壳结构技术规程》的相关规定。其他单体的失稳形态和结果基本类似，如图 5-40 和图 5-41 所示。

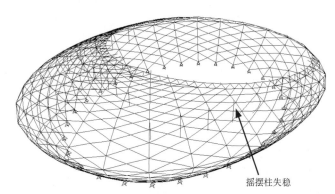

摇摆柱失稳

图 5-40　综艺厅首阶局部失稳模态（λ=7.7，最外侧摇摆柱失稳）

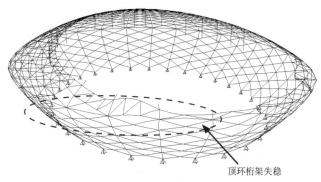

顶环桁架失稳

图 5-41　综艺厅整体失稳模态（λ=9.2，顶环加强桁架的面外失稳）

5.5　钢结构空间定位、安装技术

（本节专项工程由江苏沪宁钢机股份有限公司实施）

江苏大剧院外罩钢结构工程采用"三维高空坐标法"测量，架设全站仪在测量控制基准点上设置测站点坐标，后视 2 个已知点进入测量坐标系统。通过观测构件测量控制标记点，与三维深化图纸中的理论坐标进行对比得出偏差，反复微调矫正构件直至位置正确。

由于钢结构造型复杂，现场通视条件差，采用的方法是：将杆件、节点三维空间坐标分解为二维平面坐标和高程，使用高精度的 Leica 全站仪和水准仪进行三维空间定位测量。并在节点上标出杆件连接位置，弹出连接节点的十字中心，确保杆件中心线穿过连接节点的中心。

1. 节点三维空间定位测量

（1）在进行节点空间三维定位时，首先将节点和构件垂直投影到水平面上，将节点中心三维坐标 (x, y, z) 分解为平面二维坐标 (x, y) 和高程坐标 (z)。

（2）采用全站仪和水准仪进行三维空间定位测量。在控制点架设全站仪，后视另一控制点，锁定全站仪制动螺旋。

（3）将控制点坐标、放样点坐标等计算数据输入全站仪内存，调用全站仪内置程序自动计算控制点至各放样点的方位角、距离等测量数据。

（4）启用全站仪自动跟踪测量程序，松开全站仪制动螺旋，利用全站仪自动测量放样点并指挥安装人员安装节点。

（5）采用水准仪测量节点高程，将节点调整到设计高度。斜柱分段测量定位示意如图 5-42 所示。

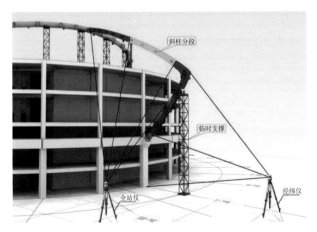

图 5-42　斜柱分段测量定位示意图

2. 构件就位测量

（1）在节点和构件安装前，须按照设计图纸对各节点和构件进行编号，保证节点和构件一一对应安装。

（2）根据互相连接的节点半径 R 和构件投影，计算构件与节点连接角度、弧长等数据。

（3）使用特制的全圆仪等工具在球面上放样构件与节点连接，并做好标记。

（4）节点安装就位后，依照编号对应安装连接构件。

3. 钢结构安装

（1）江苏大剧院外罩钢结构斜柱呈倾斜状"L"形，向外倾斜角度不等，同时由于斜柱重量重、安装高度高，安装难度较大。根据吊装方案斜柱分为立面和顶面两部分进行安装，立面倾斜部分需要保证定位轴线的正确、倾斜角度的正确以及标高的正确。因此斜柱安装精度控制是安装过程中的重点和难点。

应对措施：

1）采用临时支撑顶部调节装置调整斜柱倾斜角度

斜柱定位倾斜角度采用临时支撑进行初步定位，通过在临时支撑的顶部设置调整千斤顶，用千斤顶微调将斜柱的倾斜角度调整到位，临时支撑应采用揽风绳稳定加固。

为确保斜柱支撑安全，安装完成斜柱后，依次安装斜柱上部顶环梁、拉梁、斜柱间 X 支撑等构件，以形成整体，加强结构稳定性。

2）采用经纬仪和全站仪对斜柱定位轴线和标高进行监控

斜柱倾斜角度调整后，用临时马板卡死，然后采用经纬仪对斜柱轴线进行监测，用全站仪对斜柱顶部标高进行测量，确保轴线和标高的安装正确。斜柱分段定位调节示意图如图 5-43 所示。

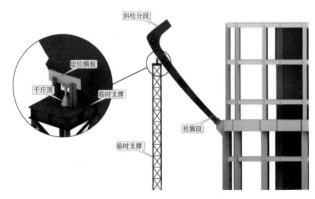

图 5-43　斜柱分段定位调节示意图

（2）顶环梁周长较长，顶环梁分为 30 个吊装段进行安装。顶环梁安装呈倾斜状，顶环梁分段长度最长约 16 m，重量达 30 余吨，钢管截面大，壁厚。每个环梁分段的定位标高均不相同；分段间的焊接收缩和焊接变形均比较大，极易引起顶环梁定位安装后的精度误差，从而造成顶环梁与斜柱和拉梁的连接节点产生移位或者角度发生错位，导致整个结构安装产生较大的偏差，因此顶环梁的分段定位和安装是难点。

应对措施：

1）保证胎架刚度及定位模板高度可调

由于顶环梁分段重量重，所以定位用的支撑胎架必须保证具有足够的刚度，同时定位模板采用可调装置，确保模板高度具有可调作用，以随时调整定位高度。

2）预放焊接收缩余量和变形值

顶环梁分段安装时，通过分析和计算，将顶环梁节段的定位位置统一向外侧移出约 5 mm，同时在每个分段接口处预放 2 mm 焊接收缩余量，使顶环梁焊接后实际定位精度通过抵消焊接收缩和变形后更接近理想的安装精度。

3）预留合拢口，分区对称安装

为避免顶环梁分段安装出现累计误差，顶环梁安装时分为左右两个区，并在两个区之间设置两个合拢段，作为调整段使累计误差影响减小。顶环梁安装预放焊接收缩余量和变形值示意图如图 5-44 所示。

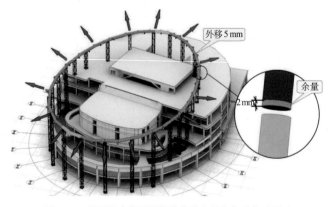

图 5-44　顶环梁安装预放焊接收缩余量和变形值示意图

（3）斜柱之间的交叉斜梁，中环梁、顶环梁均在伸出的牛腿上坡口焊接，保证连接精度及焊接质量

是难点。斜柱上部与钢筋混凝土框架结构屋面之间有摇摆柱，其安装精度及焊接质量亦是施工难点。高空焊接防风棚搭设示意图如图 5-45 所示。

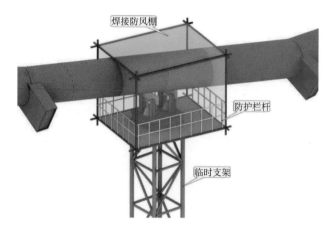

图 5-45　高空焊接防风棚搭设示意图

应对措施：

1）焊工培训和附加测试

参加本项目焊接人员必须持证上岗，同时为提高本工程焊接技术水平，对参加本项目焊接人员进行统一的技术培训并进行理论考试和附加考试，其中附加考试在施工现场执行，附加测试的环境需与现场实际施工环境相同，包括焊接防护措施、焊接方法、焊接坡口、预留间隙、板材厚度、材质等。

2）焊接作业环境及预热、后热温度控制

焊接作业区搭设防风防雨棚，做好防风防雨措施，五级及以上大风停止焊接作业。

3）采用合理的焊接顺序，控制焊接变形，减小焊接应力

为了减少焊接收缩应力，让焊接的收缩变形始终可以自由释放，对斜柱、顶环梁和拉梁对接焊缝采用 2～3 名焊工对称等速焊接。

（4）钢结构深化设计过程中对所有构件和节点进行"个性化设计"，节点和构件构造复杂多样、非标准化。外罩钢结构造型复杂，单根杆件重量大，杆件截面形式较多，截面规格变化多，斜柱截面从 1800 mm × 600 mm 渐变为 600 mm × 600 mm，截面变化大，变截面处节点处理是难点。

4. 吊装机械及通道的选择

本工程音乐厅和戏剧厅两大部分安装时采用 2 台 1400t·m 行走式塔吊及 2 台 350 吨履带吊作为主要吊装机械。

本工程安装时塔吊行走轨道主要充分利用土建结构混凝土柱作为传力构件，最终将荷载传到大底板上。首先在混凝土柱头做预埋件，在预埋件上设置箱形轨道梁，规格为 878×520×22×40，在箱形轨道梁上表面铺设轨道。箱形轨道梁与预埋件之间通过垫板和钢支墩进行找平，钢支墩规格为 H400×400×13×21；为了保证轨道梁的侧向稳定性，沿轨道梁长度方向在所有混凝土梁上表面设置预埋件，采用 $\phi 180×6$ 的钢管设置斜撑。如图 5-46 和图 5-47 所示。

根据受力计算分析，本工程格构式临时支撑及单片式临时支撑立杆采用 $\phi 180×8$ 的钢管，腹杆采用 $\phi 89×6$ 的钢管，临时支撑宽度为 1.5 m，水平腹杆之间的间距为 2.0 m，格构支撑上端口设置一田字形钢平台，钢平台采用 H200×200×8×12 的 H 型钢焊接而成，安装时利用钢平台设置胎架及操作平台。

根据结构分段位置设置临时支撑，对于直接落在混凝土楼面的临时支撑需进行转换以保证混凝土结构的不被破坏。本工程临时支撑布置情况复杂，有的支撑只需进行一次转换，有的支撑需进行二次转换，根据临时支撑布置图，典型支撑下端转换梁设置示意图如图 5-49 所示。

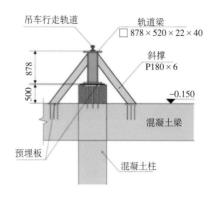

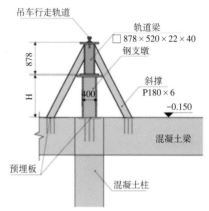

图 5-47　钢管设置斜撑

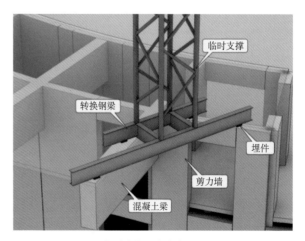

图 5-48　典型支撑下端转换梁设置示意图

5. 施工吊装流程

按照 Tekla Structures 模型中的构件中心及测量控制线空间定位坐标，作为结构安装构件定位的依据。在构件安装过程中，利用全站仪进行测量控制及调整，使构件安装符合设计、规范和定位要求。采用格构式临时支撑体系和"行走式塔吊＋履带吊"组合吊装机械基础上的"单件高空吊装定位"工艺，并结合分区域、

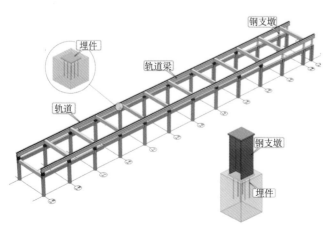

图 5-46　箱形轨道梁

对称定位安装的方法施工。

安装时考虑从两侧对称安装，安装顺序依次是：先内环梁，再斜柱和顶环梁分段。将顶环梁分段对应的顶盖拉梁安装完成使结构形成局部的稳定体系，然后依次沿着环向对称安装，直至整体结构安装完成。具体施工吊装安装流程如图5-49所示。

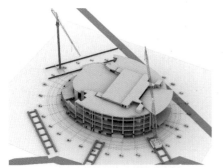

安装流程1：斜柱埋件及柱脚支座安装

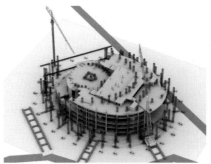

安装流程2：临时支撑布置

安装流程3：内环梁分段安装1

安装流程4：内环梁分段安装2

安装流程5：内环梁分段安装完成

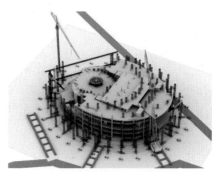

安装流程6：斜钢柱分段对称安装1

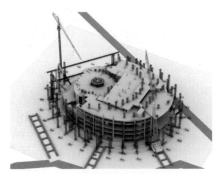

安装流程7：斜钢柱分段对称安装2

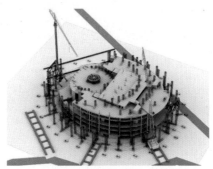

安装流程8：斜钢柱柱间X支撑对称安装

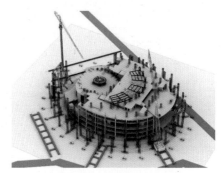

安装流程9：顶盖下部送风平台安装

安装流程10：顶环梁分段对称安装

安装流程11：顶盖拉梁对称安装

安装流程12：顶盖拉梁间次梁对称安装

图5-49 施工吊装安装流程（一）

安装流程 13：中环梁以上斜钢柱分段安装　　　安装流程 14：中环梁及斜钢柱间屋面系杆安装　　　安装流程 15：构件环向对称安装 1

安装流程 16：构件环向对称安装 2　　　安装流程 17：构件环向对称安装 3　　　安装流程 18：构件环向对称安装 4

安装流程 19：构件环向对称安装 5　　　安装流程 20：构件环向对称安装至顶环梁合拢段　　　安装流程 21：合拢部分嵌补杆安装

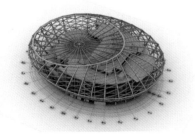

安装流程 22：卸载并拆除临时支撑

图 5-49　施工吊装安装流程（二）

第 2 篇

大型剧院工程施工特色技术

本篇介绍中建八局施工总承包承建的各类大型剧院工程，由于剧场是地区文化的载体，每个剧场的地理位置、设计理念、体量大小有区别，在此每个工程提取五项特色技术进行介绍。

在此介绍的十六个大型剧院工程按类型分类：典型传统欧式剧场6座、佛教剧场2座、会展类演艺剧场2座，综合类剧场6座。按地区分类：华东地区4座，华南4座，华北5座，西北2座，非洲1座。每个剧场提取的特色技术涵盖剧场工程各阶段，体现了各地剧场的重点、难点技术，可为全国同类各大剧场提供相应技术参考。

第 6 章 南京青奥中心剧院工程

项目地址：江苏省南京市建邺区扬子江大街与江山大街交汇处

建设起止时间：2011 年 11 月至 2015 年 6 月

建设单位：南京河西新城区开发建设指挥部

设计单位：英国扎哈设计事务所、深圳华森工程设计顾问有限公司

施工单位：中国建筑第八工程局有限公司三公司

项目经理：戚肇刚；项目总工：唐潮

工程奖项：2016 ～ 2017 年度中国建设工程鲁班奖

工程概况：

南京青奥会议中心工程位于扬子江大街与江山大街交汇处，占地面积 4 万 m²，总建筑面积 19.4 万 m²，建筑高度为 46.9 m。建筑物地上六层，地下二层，地上面积 11.4 万 m²，功能为会议厅、音乐厅、多功能厅、餐厅等；地下面积 8 万 m²，为停车库、人防、配套机房等。

南京青奥会议中心基础采用钻孔灌注桩承台筏板基础；基坑采用三轴深搅桩止水帷幕 + 支护桩 + 两层支撑体系，基坑开挖深度 13 m 左右；地下室为钢筋混凝土框架剪力墙结构，地上为全钢结构，本工程 15 m 以下由四个独立的单体组成，每个独立单元有若干钢结构中心支撑楼梯筒作为主要竖向受力构件，和周边钢柱共同抵抗水平和竖向荷载作用，15 m 以上连成整体；外立面及屋面为 GRC 板材幕墙，局部为钢筋混凝土平屋面平顶种植屋面；内装墙面、吊顶大部分采用 GRG，内外装均采用流线型设计，自由曲面多，同时采用大量的新材料、新工艺，涉及到舞台、扩音、会议讨论、新闻发布系统等专业，专业多，要求高。青奥会议中心效果图如图 6-1 ～图 6-3 所示。

图 6-1 南京青奥中心全景照片

图 6-2　剧院内景

图 6-3　室内公共空间

技术难点：

(1) 工程处于长江边,地下水丰富,地质条件复杂,桩基及基坑施工难度大。

地质主要为淤泥质黏土、粉砂、细砂、砾石层等,桩基施工时易缩径、坍孔、钻进困难,成桩难度加大。基坑 4 万 m^3,开挖深度 13.55 m,局部挖深 15.55 m,且距离长江边仅 200 m,地下水丰富,地下水位、周边地面沉降控制难度大。

(2) 长江边超长超宽地下室结构施工难度大。

地下室结构尺寸约 197 m×216 m,地下室外墙单边长度 216 m,周长约 830 m,属于超长超宽混凝土结构,其地下室混凝土裂缝控制难度大。且地下水位在 –2.0 m 左右,地下室室底板承受 10 m 的水压差,地下室混凝土裂缝控制直接影响到建筑物的使用安全。

(3) 造型奇特的钢结构施工

会议中心上部主体结构为全钢结构,整体造型复杂,安装难度大。主结构内的桁架最大跨度约 78 m,最大重量 170t,外框架为倾斜柱,倾斜角度达 35°,钢斜柱节点最重 43t,相贯节点最多为 93 个,总用钢量 4 万 t,其构件多达 24000 多个,16000 件为独立尺寸,钢构的深化设计非常复杂,加工、安装困难。

(4) 异型高大空间的机电安装

会议厅前厅、大会议厅等部分空间高度达 27 m,该区域的造型复杂、弧线曲面多、管线工艺设备多,机电安装受建筑造型、吊顶空间及施工工艺的限制,施工难度大。

(5) 流动曲面幕墙 GRC 板施工难度大。

本工程 GRC 幕墙主要以流线型曲面为主,外形复杂,有曲面、内凹、外凸等多种形式,GRC 板制作安装均需三维模型辅助施工,板面安装相邻板块无高差,转角、曲面过渡平滑,板块横竖对缝,板块加工及安装难度大。

(6) 曲面异型空间装修施工与管理

会议中心整体装修档次高,工艺复杂,室内墙面、顶棚大量采用 GRG,公共空间造型为流线型曲面,天花板及墙面大量使用纹膜、氟碳漆喷绘、色调丰富多彩,造型多变,地面采用环氧水磨石,大理石,地面菱形套花,其地面、墙面、天花相互呼应。空间设计、施工均需三维模型辅助,深化设计工作量大、难度高,施工难度大。

(7) 总承包管理现场协调难度大

分包单位多达二十八家,包括土建、钢构、机电、幕墙、内装、机械舞台、灯光音响、会议 AV 系统、电梯、标示标牌、三大运营商、室外景观等在内的各分包专业。本工程工期非常紧张,各分包单位都制定了抢工措施,多区域都存在不同程度的立体交叉作业,易导致现场运输紧张,施工面混乱,总承包单位如何统筹规划现场平面布置、组织协调管理,将影响到工程完工时间。内外装设计相对滞后,一直处于边设计边施工阶段,不确定因素多,需要总承包单位具备很强的专业能力。

6.1 长江漫滩地质超长超宽深基坑地下水位控制技术

南京青奥会议中心工程位于南京市建邺区金沙江西街与乐山路交汇处,总建筑面积 19.4 万 m^2,建筑高度 46.9 m,其中建筑物地上六层,地下二层。本工程基坑面积 4 万 m^2,基坑开挖深度 13.55 m,局部挖深 16.55 m,基坑支护体系为钻孔灌注排桩 + 两道混凝土支撑,外侧采用 ϕ850@1200 三轴搅拌桩作为止水帷幕(桩底相对标高 –31.7 m),基坑形式如图 6-4 所示。

工程位于长江漫滩地貌单元,且距离长江边约 200 m,岩土层分布较复杂,根据勘探资料分析,岩土层分布如下:①层杂填土、②-1 层粉质黏土、②-2 层淤泥质粉质黏土、②-3 层粉质黏土夹砂、③-1 层粉砂、③-2 层粉砂~中砂、③-2A 层粉质黏土夹砂、④中粗砂混砾石、⑤-1 层强风化泥岩、⑤-2 层中风化泥岩。

本基坑开挖深度范围内主要为填土及②-1 层粉质黏土、②-2 层淤泥质粉质黏土层。②-1 粉质黏土及②-2 层淤泥质粉质黏土层含水量大,但透水性弱,基坑底板已接近③-1 层粉砂,③-1 层粉砂层在承压

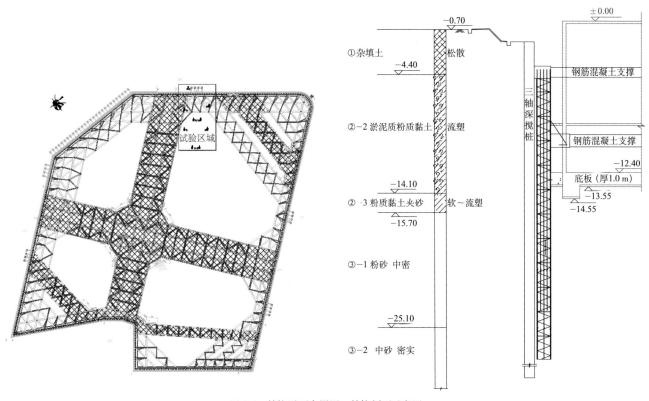

图 6-4　基坑平面布置图、基坑剖面示意图

水头的作用下易产生管涌和流砂。其地质剖面图如图 6-5 所示。

1. 技术难点

（1）基坑紧邻长江，约 200 m 距离，基坑开挖面积 4 万 m²，最大开挖深度深 17.5 m。

（2）地下水位高，地下水位约 6.40 ～ 6.50 m（标高），其水头高度在地表面以下 5 m 左右。

（3）③-1 层粉砂位于地表下 7 m 左右，其富含地下水，③-1 层与③-2 层中砂层、④层粗砂砾石层垂直连通，复合含水层厚度可达 55 m，且与长江有水力联系。

2. 关键施工技术

基坑止水帷幕为三轴深搅桩，桩长 31 m，未能将弱承压水完全隔断，而本基坑工程开挖基地接近或已进入弱承压含水层，抗承压水稳定性安全系数不满足相关规范要求，基坑工程将面临极为严峻的弱承压水影响，需对弱承压含水层进行长时间、大幅度以及大面积抽降。

在降水井施工之前，先进行抽水试验，目的是了解弱承压水水头埋深分布，取得弱承压含水层的详细水文地质参数、掌握弱承压水与浅层潜水之间的水力联系情况，从而优化及调整基坑降水设计方案。

通过抽水试验数据再进行降水井结构、平面布置等进行优化调整。

3. 主要措施

（1）抽水试验

根据青奥会议中心基坑支护形式，以及南京河西地区周边降水经验，其抽水试验井布置及抽水井设计参数如图 6-6 所示。

1）潜水井单井试验采用 QDH1.5-25-0.55 潜水泵，弱承压水试验水泵采用 200QJ30，200QJ50 型号，采用流量表进行计量，通过 12 天的抽水试验，得出潜水层单井可持续抽水时间约 6 ～ 8min，4h 后潜水位恢复，说明下部承压水对其补给基本上没有，上下层水力联系不明显。

2）弱承压含水层单井抽水时，J2 单井出水量约 33.34 m³/h，持续抽水 5h 后，观测井水位基本趋于稳定，观测井距离抽水井 10 ～ 35 m 不等，降深幅度 0.11 ～

0.73 m；J3 单井出水量约 38.28 m³/h，持续抽水 15h 后，观测井水位基本趋于稳定，观测井距离抽水井 10 ~ 33 m 不等，降深幅度 0.03 ~ 0.94 m；距离抽水井越远，降幅愈小。

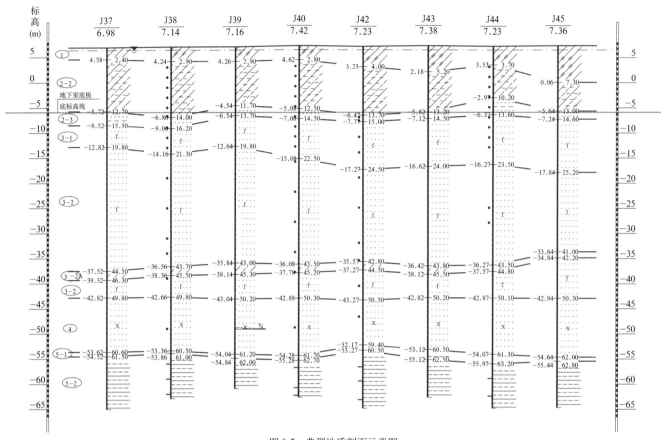

图 6-5　典型地质剖面示意图

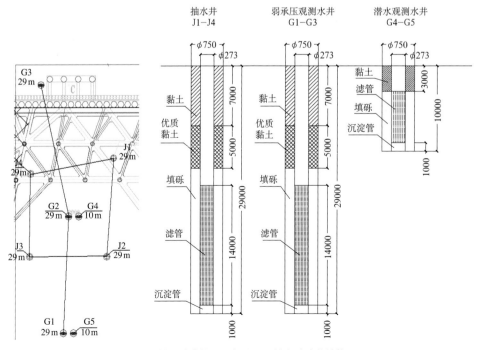

图 6-6　抽水试验井平面布置图、抽水试验井结构图

3）通过弱承压含水层的单井及群井抽水试验，查明了本场地下伏弱承压含水层的水文地质参数，如表6-1、表6-2所示。

4）群井抽水时，J1井平均出水量约为30.77 m^3/h；J2平均出水量约38.37 m^3/h；J3井平均出水量约33.17 m^3/h，J4平均出水量约31.82 m^3/h。在降水井设计中，应适当考虑群井效应及止水帷幕隔水效果，建议29 m深的井结构平均单井出水量宜取20 ~ 30 m^3/h。群井抽水流量如图6-7所示。

5）群井抽水时，弱承压含水层最大水位降深1.8 ~ 2.63 m，其中与抽水中心对称的G1、G3井，降幅分别为2.63 m、1.8 m，说明在试验区范围内，基坑止水帷幕对弱承压含水层有一定的隔水效果。群井抽水期间，相对弱承压含水层水位的较大变幅，潜水水位最大变化幅度约0 ~ 0.09 m，变化很小。说明在该区域内，潜水与弱承压含水层水力联系不明显。

6）通过单井及群井的水位恢复试验，停止抽水后，短期内水位恢复很快，群井抽水试验完成后，最快3分钟即可恢复20%，20min以内恢复可达50%。如图6-8所示。工程现场一定要确保连续供电，应当预备备用电源(发电机)，切换时间可以控制在5min以内，否则会影响基坑开挖安全。

单井抽水试验所得参数 表6-1

试验	井号	水平渗透系数K_h（m/d）	贮水系数 (-)
J2井单井试验	G1	19.9	7.24E-04
	G2	13.3	2.59E-03
J3井单井试验	G1	10.3	8.05E-03
平均		14.5	3.79 E-03

单井抽水试验所得参数 表6-2

土层号	渗透系数平均值（m/d）		贮水率 (1/m)	贮水系数	备注
	水平	垂直			
弱承压含水层 ②-3、③-1及③-2	11.99	3.48	3.19E-04	4.47E-03	反演参数

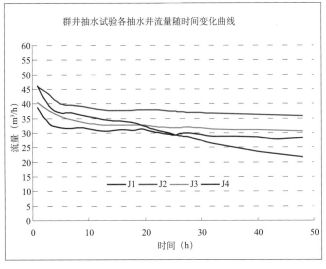

图6-7 群井抽水试验水井流量变化曲线

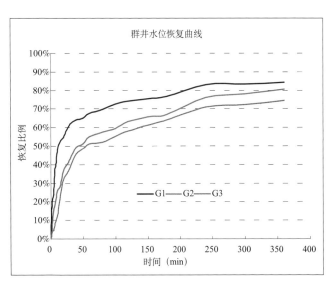

图6-8 群井水位恢复曲线

（2）基坑突涌稳定性分析

据已完成的抽水试验期间对弱承压水的静止水位观测，取本工程基坑下伏弱承压水初始水头埋深为 5.0 m，根据 $F=$ 计算，开挖深度 h_s 对应的弱承压水安全水位埋深 D，详见表 6-3。

综上，基坑开挖过程中弱承压含水层不满足承压水抗突涌验算，基坑开挖超过 6.75 m 时，需对弱承压水进行处理，基坑开挖超过 9 m 时，需要将水位控制在开挖面以下 1 m 以内，局部深坑挖深 16.55 m 时，水位需控制在 17.6 m 左右，最大降深幅度约 12.6 m，巨厚的弱承压含水层给基坑的施工带来极大的安全隐患。

基坑开挖深度 h_s 与安全水头埋深 D 对应关系表　　　　表6-3

序号	开挖区域	基坑开挖深度（m）	安全水位埋深（m）	水位降幅（m）
1	临界	6.75	5.0	临界状态
2	基底	13.55	14.6	9.6
3	局部深坑（落深3.0m）	16.55	17.6	12.6

（3）基坑涌水量计算

基坑超过 6.75 m 时需要减压降水，而本基坑普挖深度约 13.5 m，局部挖深 16.55 m，最深水位需要控制在 17.6 m 左右，其主要集中在无支撑区域。本基坑涌水量计算采用均质含水层承压非完正井进行估算，

$$Q = 2.73K \frac{MS}{\lg\left(1+\frac{R}{r_0}\right) + \frac{M-l}{l}\lg\left(1+0.2\frac{M}{r_0}\right)}$$

其中，根据抽水试验单井出水量与井内水位下降值之比 Q/S_w 为 2.5 左右，降水井处于细砂层中，因此影响半径 R 取 80 m，K 取 14.5，$l=14$ m，估算基坑出水量约 82000 m³。

（4）地下水控制方案

针对本工程特点，以及对基坑涌水水量估算，采用以下措施解决降水工程中的难点：

1）对于浅部潜水，采取疏干、减压合二为一的混合井对上部潜水进行疏干降水。

2）对弱承压水采用深井进行"按需减压"降水，保证基坑安全及施工顺利进行，则坑内井主要有两种结构，一种为单一的减压井，另一种混合井兼具弱承压水减压及上部潜水疏干的作用，两种井结构穿插布置。

3）拟采用疏干、减压相结合的混合井，其过滤器布置分为两段，上段从地面到大底板面，下段过滤器顶与大底板底距离需在 2 m 以上（为便于封井），混合井、减压井结构如图 6-9 所示。

4）根据本工程特点，拟采用"深浅结合"原则，即在近基坑周边的角撑区域布置浅井（27 m），近无撑区域布置深井（29 m），在无撑区域内布置适量应急备用井及水位观测井。

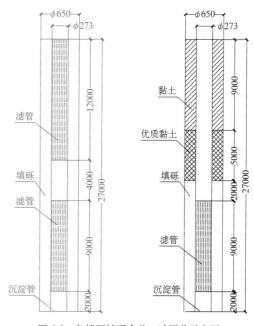

图 6-9　角撑区域混合井、减压井示意图

5）在坑内拟布置减压井 106 口，疏干、减压的混合井 54 口，坑中应急备用井 32 口，共布置降水井 192 口，其混合井与减压井交替均匀布置。

6）其中角撑及基坑周边布置 27 m 降水井 74 口，无支撑区域及深坑区域布置 29 m 降水井 118 口。同时在坑外布置适量的应急备用兼水位观测井 32 口，其降水井基坑布置如图 6-10 所示，并采用 Visual Modflow 降水井软件进行建模验算，其降水满足基坑开挖要求。

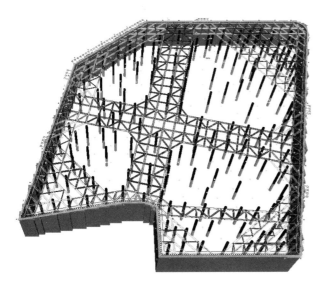

图 6-10　降水井基坑布置示意图

7）基坑外侧布置应急备用井，兼水位观测井，在止水帷幕出现漏点而致坑外水大量补给坑内，坑内水位持续上升无法保证基坑开挖安全时，通过坑外应急备用井抽吸坑外水体，减少补给量；同时监测内部抽水后坑外水位变化情况。

（5）基坑排水系统设计

青奥会议中心基坑东西宽 197 m，南北长 220 m，降水井 192 口，基坑施工时在雨期，基坑最高峰排水量将尽 13 万 m³，施工排水渠道是否畅通，直接影响到基坑安全。

根据本工程地理条件，在基坑四周设置排水沟，通过南面、东面两个出水口排入市政管网，排水沟每隔 50 m 设置沉沙池，并在出水口处设置二级沉淀池。排水沟截面尺寸根据明沟排水流量 $Q = A \times V$ 确定，A 为排水沟截面面积，V 为排水速度，其中 $V = C *$，C 流速系数，i 为排水坡度，R 为水力半径。根据以上公式，本工程排水沟流量 $Q \geqslant 0.75 \text{m}^3/\text{s}$ 才能满足要求，本工程主排水沟尺寸采用 800 mm × 600 mm，采用砖砌、粉刷，其排水沟流量：$Q_1 = 0.48 \times 62.1 \times = 0.8 \text{ m}^3/\text{S}$（其中 $R = 0.24$，查表得 $C = 62.1$），满足排水要求。排水沟在距基坑临时道路内侧 1 m，其做法如图 6-11 所示。

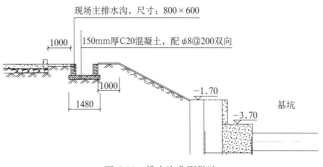

图 6-11　排水沟典型做法

本基坑四周 50 m 范围内井水通过井内潜水泵直接排入基坑四周主排水沟内，坑内不设置汇水主管，提高排水效率。对于基坑中间距排水沟较远的降水井，通过基坑边缘 50 m 范围内的降水井作为汇水井，将中间部位的井水抽至汇水井中，再借助于大功率潜水泵（功率为普通井的两倍以上）排至排水沟。

（6）降水井运行管理

1）在开始降水运行之前，测定静止水位，安排好抽水设备、电缆及排水管道等，作生产性抽水试验运行，验证降水效果，检验排水系统是否通畅，验证电路系统是否正常，确保降水持续进行。

2）现场降水井配电系统配备双电源，采用 3 台 500kW 的发电机作为备用电源，保证电源切换时间在 5min 之内，另外施工现场备有数量多于降水井数的 10 ~ 15 台潜水泵。

3）降水工作应与土方开挖密切配合，根据开挖的顺序、进度等情况及时调整降水井的运行数量。同时做好降水井保护工作，在一道支撑、二道支撑上设计井管操作平台与固定件，方便水位监测与保养工作。

4）降水井运行时做好水位监测工作，坑内外观测井应采用人工监测和自动监测同时进行，在水位异常情况下，人工监测频率应按实际需要进行，自动监测系统必须确保观测井的水位在任意时刻都能实时显示。

5）做好应急保障工作，建立应急保障小组工作小组，做好应急抢险物质储备。

6.2 框架—中心支撑全钢结构体系安装技术
（本节专项工程由中建安装工程有限公司实施）

南京青奥会议中心钢结构占地面积 2.8 万 m²，用钢量约 4 万 t，钢构件数量 2.4 万件，且以栓焊混合节点为主，高强度螺栓用量 75 万套，钢筋桁架楼层板 10.6 万 m²，栓钉 53 万套。本工程地下为钢骨混凝土劲性结构，地上为钢框架 - 中心支撑束筒结构体系的全钢结构。首层至 15 m 为四个独立的单体：会议厅、展览中心、商业中心、音乐厅，每个单体由钢结构中心支撑束筒作为主要抗剪受力构件；15 m 以上通过楼板连成整体，并在较大空间区域的顶部设置矢高

为 4.5～6 m 的交叉桁架层；27 m 以上为以桁架层作为支承的钢框架结构。主体结构模型如图 6-12 所示。

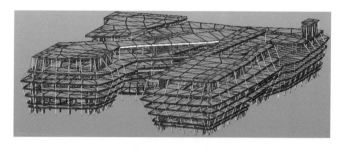

图 6-12 结构模型

南京青奥会议中心钢结构主要构件为钢柱、钢梁、钢支撑和大跨度转换钢桁架，钢柱最重 42t，有圆管形、箱形、H 形等多种截面形式，钢梁、支撑和桁架主要为箱形和 H 形截面。钢柱的主要节点形式如图 6-13 所示。

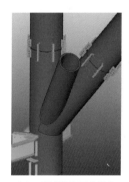   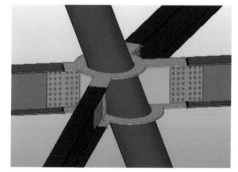

（a）两根斜柱相贯线节点　　（b）斜柱与箱型柱相贯线节点　　　（c）圆管柱与梁、斜撑节点　　　　　（d）斜柱与梁节点

图 6-13 钢柱节点形式

1. 技术难点

（1）结构体系复杂、造型不规则

青奥会议中心结构体系复杂，地下以束筒为结构筒体，束筒外分布不规则的散柱；地上束筒向上延伸至屋面，建筑外围束筒柱、散柱出地面后分散成两个或三个钢柱延伸，部分形成结构外立面斜柱。±0.00～27 m 各平面随斜柱构造进行外扩，27 m 以上各层平面随斜柱构造向内收。会议厅区域成扇形布置的独立轴线体系，其他区域为互相平行轴线体系。为了满足整个建筑的外形和功能需要，外立面钢柱为钢管斜柱，屋顶为异形曲面，柱网及杆件布置无规律

性、错综复杂。

（2）桁架分布随意、单榀重量大

为了实现大跨度空间功能的需要，在 15 m 标高布置 39 榀、27 m 标高布置 75 榀、屋面布置 7 榀钢桁架。钢桁架上、下弦及腹杆截面规格较大，桁架跨度大（最大跨度 78 m），单件重量重（最大重量 156t）。整个 21～27 m 区域为交叉桁架层，结构体系复杂及各项不同功能的需要，导致桁架构件截面形式多样、跨度不一、分布随意，如图 6-14 所示。

（3）精度要求高、测量控制难度大

由于 15 m 以下为四个独立单体，在既要保证各

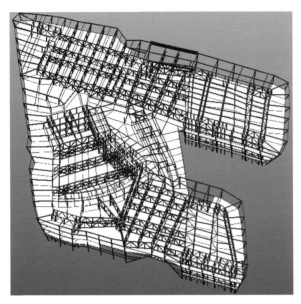

图 6-14　会议中心 21 ～ 27 m 交叉桁架示意

单体内测量精度下，又要确保各单体之间的相对测量精度，以便于 15 m 以上的钢构件的安装。为了实现外立面建筑造型的需要设置了 100 根钢管斜柱，各柱的倾斜角度、折角位置、方位均不同，随意分布、无规律性，斜柱的测量控制难度大。

（4）交叉作业多、施工作业难度大

地下为劲性结构，钢结构与土建施工工序交叉作业多。地上为全钢结构，与土建交叉作业较少，但由于本钢结构工程规模较大、构件数量多、节点复杂、造型怪异，对深化设计、构件加工制作、构件吊装、测量校正、焊接质量控制以及施工组织协调管理的要求高，必须配置相应的大型吊装机械，选择安全、合理、先进的吊装工艺，优良高效的施工技术措施，精干的项目管理团队，才能确保钢结构安装有条不紊的顺利进行。

（5）高强度钢厚板焊接量大、质量要求高

钢材材质主要分为 Q345B、Q390B、Q390GJC，钢板厚度最大达 70 mm，且高强厚板现场高空焊接超过总量的 60%。钢材的焊接性能是随着其厚度的增加而变差，在焊接过程中稍有不当（如预热温度不符合要求、焊接线能量掌握不当、焊接顺序不当等），就可能出现焊接收缩变形大、焊缝裂纹、母材层状撕裂等质量问题。必须针对不同的焊接接头，制定出有

针对性的、经评定合格的焊接工艺，并加强焊接过程控制。

2. 施工技术

南京青奥会议中心施工平面划分为 4 个区域，即：一区会议厅、二区展览中心、三区商业中心、四区音乐厅，同时平行组织施工。竖向上根据主体结构形式，分为地下和地上两个阶段组织施工。地下为劲性结构体系，以土建施工为主，采用汽车吊穿插进行钢构件吊装。地上为全钢结构体系，钢构件竖向分三个柱节，局部四个柱节，每个柱节以束筒结构为核心向四周扩散施工。钢结构吊装主要投入四台 1000t·m 塔吊和两台 750t 履带吊，以及 8 台提升能力 100t 穿心千斤顶，汽车吊辅助配合。一个柱节钢结构安装完成后，进行该区域钢筋桁架组合楼层板的施工，紧跟着实施防火涂料作业。待主体结构施工完成后，进行幕墙、机电安装、内装等专业施工。

（1）施工技术准备

1）工况计算及合拢缝设置

随着钢结构建筑规模的不断扩大，以及由传统形向多变曲面形的建筑设计理念的转变，导致承载造型和功能的钢结构体系越来越复杂，结构连体越来越长。对在施工的某一阶段体系自身不稳定的建筑，需进行过程工况计算，对超出规范要求的采取措施临时加固。通过工况模拟计算分析，得出会议厅 6 榀桁架的 12 个提升点和 ϕ 1050 mm × 50 mm 的钢管斜柱需设置临时支撑加固。对于超长结构，通常在中间位置预留合拢缝，减少结构内部应力。本工程共设置了 3 条合拢缝，分别位于一、三区的连接区与三区交界处，一、二区的连接区与二区交界处，二、四区的连接区与四区交界处，且从上到下均贯通设置，待主体结构安装完成后再进行合拢缝的焊接。

2）吊装设备的选择与布置

钢构件的吊装是现场钢结构安装的核心，其吊装方案的优良，将影响到钢构件的分节、施工平面布置以及整个项目的总体安排等诸多方面，然而吊装方案确定的关键是吊装设备的选择。经多方案比较分析论证，选择在一、二、三区的外侧各布置 1 台 ZSC1000

型固定式塔吊，作为会议厅、展览中心、商业中心区域钢结构施工材料垂直运输、桁架拼装、构件吊运就位安装设备；在施工现场的中心区域靠近四区外侧布置 1 台 M125/75 型固定式塔吊，作为音乐厅和中心连接区域吊装设备；在一、三区的南侧和二、四区的北侧各布置 1 台 LT1750 型履带吊（SW 工况：主臂 42 m，辅臂 77 m，配超起装置），作为各区大型桁架的吊装设备；在一区内分 3 次布置 8 台 TX-100-J 型穿心千斤顶，作为会议厅 6 榀桁架的提升设备；配备中、小型汽车吊机作为辅助吊装设备。

3）构件分段与吊点设计

根据钢结构工程的结构特性、施工作业环境、吊装设备性能及布置，以便于组织施工流水作业、减少吊装次数为原则，进行钢构件的分段。地下 H 形柱分成 1 节，钢管柱、箱形柱分成两节。地上钢柱在 16 m、28 m 标高处分段，对于个别超出塔吊起重能力的第 1 节钢柱分成两段。本工程有大量的钢管斜柱以及大型钢管相贯节点，根据斜柱的倾斜角度、构件的重心位置和吊装工艺，通过工况模拟计算分析设计吊点，并在深化设计时直接标注在图纸上，构件加工时一并制作，有利于现场安装，加快施工速度。钢桁架杆件分段方法：对于矢高小于 3 m，根据运输能力采取分段加工；对于矢高大于 3 m，采取上、下弦和腹杆散件加工，再根据吊装机械性能和运输能力进行上、下弦杆件分段。在深化设计时，根据起吊桁架的重心位置、桁架本体的刚度和吊装工艺，通过工况模拟计算设计吊点。

（2）关键施工技术

1）大型施工栈桥设置

基坑长 226 m、宽 195 m、深 14 m，而地下室钢结构的边线到坑边距离均超过 30 m，且三个边为宽 15 m 的现场临时施工道路，另一边为其他工程施工区域。由于吊装半径较大，坑边不具备布置构件堆放场地和大型吊机站位的作业条件，因此结合地下室施工的基坑支撑体系，在中间区域设置 25m 宽、板厚 350 mm 的钢筋混凝土"十"字栈桥（见图 6-15），并与现场施工临时道路相连。栈桥主要用于土建钢筋加工场地和模板、脚手架等材料堆放倒运场地，地下室钢构件

吊装机械站位、钢构件堆放场地，以及 M125/75 型塔吊安装的吊机站位和塔机堆放等。

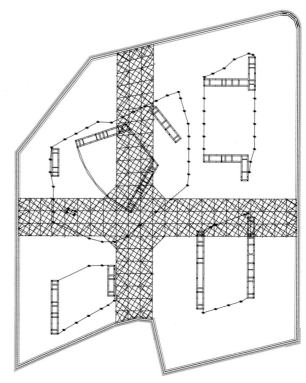

图 6-15　栈桥布置示意

2）地脚螺栓预埋技术

首节柱通常通过地脚螺栓与混凝土基础连接，本工程螺栓规格主要分为 M30×1100 mm、M42×1400 mm 两种，单套重量分别为 6.1kg 和 15.2kg，材质均为 Q345B，螺栓总量 3938 套。地脚螺栓预埋质量的高低将会直接影响到钢梁、支撑和桁架的安装。由于本工程地脚螺栓数量较多，精度要求高，且地下室结构体系复杂，交叉作业多，经多方案比较分析选择采用独立架空法埋设，其施工工艺：根据钢柱脚底板螺栓孔位图制作定位模板，每组螺栓两块并做好中心线标志；承台底层钢筋绑扎完成后，运用全站仪极坐标法放样出地脚螺栓"十"字定位控制线；支撑架安装固定牢靠后安装下定位模板，并根据"十"字定位控制线精确定位，其偏差控制在 0.5 mm 以内；地脚螺栓和上定位模板的安装，并调整好螺杆顶标高和垂直度；复测上定位模板中心线并进行微调，满足规范要求后用 ∟50 mm×5 mm 的角钢支

撑固定；钢筋绑扎后再次复测，确认无误后将定位模板与钢筋焊接固定，并在混凝土浇筑过程中进行监控。混凝土浇筑后，对螺栓位置进行复测，并将螺栓外露部分加以保护，严禁在其他工序施工中碰撞。钢柱安装前对埋设的地脚螺栓再次进行复测，其中心位移最大偏差仅为 2 mm。

3）钢构件吊装技术

科学、先进、合理的吊装方案是保证整个项目顺利实施的先决条件，必须针对钢结构自身特征、相关混凝土结构设计及施工特点、周边场地道路情况、整个项目工期要求等诸多方面进行综合分析、论证，并在技术可行性的基础上进行详细的经济分析，从而确定先进适用、安全可靠、经济合理的吊装技术方案。

4）斜柱吊装

斜柱的设置是为了实现建筑物外立面复杂造型的要求，主要分布在各施工区域的外侧。由于斜柱外形不规则且多弯折角，构件截面较大（$\phi 1050$ mm × 50 mm、$\phi 700$ mm × 35 mm）造成自身较重，无法如直钢柱一样采用常规施工方法吊装，需采取导链调节辅助平衡吊装。由于斜柱吊装就位后不易自行稳定，需采取专门的技术措施进行固定，对于 $\phi 700$ mm × 35 mm 的钢管斜柱采取在斜柱上水平牛腿上拉结钢梁与束筒结构连接，对于 $\phi 1050$ mm × 50 mm 的钢管斜柱采取在吊装前设置临时支撑胎架。

5）复杂节点吊装

斜柱 - 桁架连接复杂节点主要位于标高 15 m 处的一、三区和二、四区连接区，施工难度非常大，特别是斜柱和桁架的安装先后顺序及吊装工艺。其吊装顺序为：首先两根斜柱支撑胎架安装和斜柱的吊装、校正、固定及斜柱根部焊接；其次斜柱顶端大型组合节点的吊装、校正、固定；再次与直柱相连桁架的吊装（见图 6-16），用同样的方法完成另一组节点的吊装；最后完成两组节点之间的桁架吊装。在施工过程必须保证结构体的稳定性，确保安装过程的安全。

6）桁架吊装

桁架主要分布在标高 15 m 和 27 m 楼层，除了会议厅内 6 榀桁架采取提升工艺外，其余桁架均利用履

图 6-16　斜柱 - 桁架连接复杂节点

带吊或塔吊进行吊装施工。由于桁架交错布置，交叉处截面规格相同，且大部分为复杂节点，确定好桁架的主次及吊装顺序是桁架施工的关键。大跨度桁架采取工厂分段、分件加工，并在车间进行整体预拼装。桁架杆件运至现场后首先在胎架上进行拼装；其次进行拼装质量检查，合格后进行焊接；最后进行焊接质量和桁架变形检测，合格后实施桁架吊装。拼装时要控制好桁架的起拱度、直线度、上下弦间距和跨距。起吊前在桁架下弦两端设置溜尾绳，在桁架脱离拼装前一定要平稳、缓慢起吊，以防桁架立起时侧翻和脱架时甩尾摆动。桁架就位时先就位带螺栓连接的一端，再就位另一端，且要控制好对接错边。

7）桁架提升

一区 6 榀桁架位于会议厅顶部，且 ±0.00 ~ 27 m 为通高，中间除 9 m 标高悬挑看台外无其他结构。由于该 6 榀桁架跨度较大（最大 56 m）且较重（最重 156t），若高空散装或分段吊装均不易搭设临时支撑胎架和高空操作平台，且塔吊、履带吊在此位置起重能力较低，因此该区域桁架吊装采用整榀提升工艺（见图 6-17）。由于单榀桁架提升时不能保证平面外稳定，需在上弦新制临时平面桁架进行加固，另外由于每两榀桁架之间的距离仅为 2 m，因此采用双榀桁架组合整体提升，且经过验算两榀桁架之间的支撑体系能保证其平面外稳定，不需要另外采取措施进行加固。提升梁设置在桁架端部上弦上，下吊点托梁设置在下弦底部。每组提升桁架布设 8 台穿心千斤顶，两组液压泵站。桁架提升过程中必须进行同步和变形监控，以确保提升过程的同步和组合结构的整体稳定性。

8）其余钢构件吊装

除了斜钢柱、钢桁架外的其余钢构件类似于普通全钢结构的构件，按照全钢结构的安装顺序，先

柱、后梁、再支撑依次进行；先束筒结构、后束筒与束筒之间、再向外围扩展，由内而外依次进行。一区会议厅顶部内装转换层钢结构、升降舞台顶部次钢结构是通过钢柱与上部桁架相连，形成悬挂结构，施工采用逆作法，该区域桁架全部施工完成后，利用卷扬机和滑轮组土法吊装。

6.3　异形钢结构测量技术

（本节专项工程由中建安装工程有限公司实施）

南京青奥会议中心地下两层为钢骨混凝土劲性结构，地上六层为钢框架 - 中心支撑束筒全钢结构建筑，建筑高度 46.9 m，钢结构总用钢量约 4 万 t。首层至 15 m 为四个单体：会议厅、音乐厅、展览中心、商业中心，15 m 至 21 m 以上四个单体由楼板连接为整体。

1. 技术难点

为了建筑的造型和功能的需要，内部柱网布置随意，外立面钢柱均为钢管斜柱，屋面为异形曲面，屋顶钢梁平面布置错乱复杂，梁顶标高变化多样。主体钢结构如图 6-18 所示。由于整个建筑外立面和顶面的无规律性导致结构错综复杂，无形中增大了钢结构施工测量控制的难度。

图 6-17　双榀桁架组合提升就位

图 6-18　主体钢结构

2. 施工技术

（1）控制网的布设

1）地下室平面控制网的布设

根据工程总平面布置图，结合现场实际施工环境，在基坑周围稳定位置处，选取四个能够覆盖整个施工场地的平面控制点，与业主提供的平面控制点组成一条闭合导线，采用高精度全站仪，按照《工程测量规范》GB 50026—2007 所规定的四等导线测量的技术要求进行平面控制测量。经过平差计算，求得各导线点的坐标，以此作为地下室钢结构安装测量的平面控制网。

2）地上首层平面控制网的布设

以布设在基坑边的平面控制网作为测量依据，运用全站仪按极坐标法放样出地上首层 4 个平面控制点 K。以 4 个点组成的闭合导线按照四等导线测量的技术要求进行测量，并与基坑边的平面控制网进行联测。经平差计算、归化改正后，做上标记，作为地上钢结构平面测量的依据。在施工的过程中，做好平面控制点的保护，并定期进行复核。以新布设的平面控制网为测量依据，采用同样的方法按照同等精度要求，在束筒柱外侧布设束筒区域平面控制网，如图 6-19 所示。

3）平面控制网的竖向传递

束筒区域平面控制网的竖向传递采用内控法，外侧斜柱的平面控制网的竖向传递采用外控法。同一层楼面施工时，内控法和外控法互相校核，正常情况下其偏差在 1 mm 以内，满足规范要求。

4）高程控制网的布设

根据业主提供的高程控制网，运用精密水准仪按照《工程测量规范》所规定的二等水准测量要求，将其高程引测至基坑边高程控制点上；再对布设在基坑周围的高程点形成的闭合水准路线进行二等精密水准测量；经过平差计算，求得各点的高程；以此作为钢结构安装测量的高程控制依据，并定期与控制基准网联测进行复核。高程控制网的竖向传递采用吊挂钢卷尺法，测量时必须对钢尺读数进行温度、尺长改正，并采用全站仪测三角高程法校核。

（2）地脚螺栓定位测量

1）内业计算

以钢柱平面布置图和柱脚大样图为依据进行计算；对于地脚螺栓组"十"字中心线平行与建筑主轴线的，只需计算出螺栓组的中心坐标；对于中心线交叉与建筑主轴线的，需计算出螺栓组的中心坐标和夹角 α。根据柱脚大样图和底板下表面标高，计算出各组地脚螺栓顶标高。

2）定位控制线放样

平面控制线的放样是以基坑边布设的平面控制网作为测量依据，对于地脚螺栓组"十"字中心线平行与建筑主轴线的，采用全站仪极坐标法放样出地脚螺栓组中心点和"十"字中心线上 4 个控制点，并采用拉线法校核；对于中心线交叉与建筑主轴线的，需以据螺栓组的中心坐标和夹角 α 重新建立平行与地脚螺栓组"十"字中心线的建筑坐标系，并对平面控制点、螺栓组的中心坐标进行坐标转换，然后采用同样的方法进行测量放样。高程控制线的放样是以基坑边布设的高程控制网作为测量依据，按照《工程测量规范》所规定的四等水准测量的要求，采用水准仪吊挂钢卷尺法，在地脚螺栓预埋托架上放样出高程控制线。一个单体的地脚螺栓组的控制线（平面、高程）放

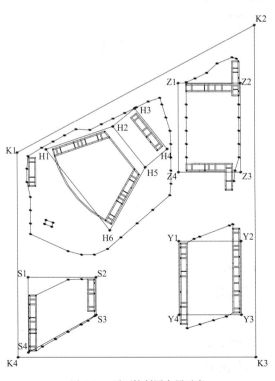

图 6-19　平面控制网布置示意

样尽可能一次建站完成，以减少测量过程中的系统误差；若一次做不完，下次再放样时需对前次的放样进行校核。

3）安装测量监控

依据平面控制线进行下层定位环板的安装，利用吊线坠法使定位环板中心线与控制线对齐；下层定位环板调整到位后将支撑角钢与环板、底筋焊接牢靠固定；安装地脚螺栓，并依据高程控制线调整螺栓顶面标高；安装上层定位环板，并进行调整使其中心线与平面控制线对齐；拧紧螺母，复测螺栓组中心线、螺栓顶标高、垂直度。在钢筋绑扎和混凝土浇筑过程中，需对地脚螺栓进行全程监控，对于偏差较大的需立即进行调整。混凝土强度达到设计值的 75% 后，对螺栓平面位置和标高进行复测，其偏差均满足规范要求，如图 6-20 所示。

(3）钢柱安装测量控制

1）直钢柱安装测量

①首节钢柱安装测量

钢柱吊装前，在柱脚、柱顶做好垂直度测量标志，在柱脚向上 500 mm 处做好标高测量标志。根据基坑边布设的平面控制网，全站仪极坐标法在混凝土基础面上放样出钢柱就位平面控制点，用墨斗弹出"十"字控制线。根据基坑边布设的高程控制网，水准仪吊挂钢卷尺法将每根螺杆上的调平螺母的顶面调整到设计标高，偏差控制在 0 ～ 2 mm 范围内。钢柱就位时柱脚中线与平面控制线必须对齐，且尽可能一步到位，少量的偏差可用千斤顶和撬棍进行校正，

偏差控制在 3 mm 以内。经纬仪正倒镜法测量钢柱垂直度，并采用调节柱脚螺母的方法校正钢柱垂直度使其为 0。在钢筋绑扎和混凝土浇筑过程中，通过控制柱顶位移来监控钢柱垂直度。

②其余节钢柱安装测量

以首层楼面布设的控制网（平面、高程）作为测量依据，运用全站仪、水准仪在前一节柱顶放样出平面控制线以及标高控制线。钢柱吊装就位后立即进行上、下钢柱的接口错边和标高校正，然后采用无缆风绳法校正钢柱垂直度。在保证钢柱单节柱垂直度不超标的情况下，柱顶中心线尽可能向轴线上靠，并在钢梁安装过程中，用 4 台经纬仪对相关区域钢柱垂直度进行监控。该区域本节点内所有钢梁安装完成、高强螺栓终拧后，全面测量一次钢柱垂直度，对于偏差较大的，采用调整焊接顺序的方法来控制，确保焊接完成后钢柱垂直度符合规范要求。

2）斜钢柱安装测量

为了实现建筑外立面复杂造型的需要，从地下室顶板向上在整个建筑的外围设置了 100 根斜柱，如图 6-21 所示，斜柱的安装测量控制主要通过控制柱顶三维坐标的方法来实施。

①内业计算

根据深化设计的斜柱分段图，利用三维软件对每个斜柱进行模拟，计算出各分段截面外壁与轴线相交 4 点及截面中心的三维坐标。斜柱倾斜角度各不相同、折角位置不同、分段长短不一，各点三维坐标计算是一个复杂、烦琐、细致的过程。

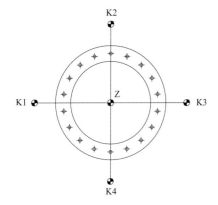

图 6-20　地脚螺栓定位示意

图 6-21　斜柱三维模拟示意

②测量校正

由于斜柱吊装就位后不能自行稳定，必须采取专门的技术措施固，对于钢柱截面较小且倾斜角度大于60°的斜柱采取拉结钢梁与束筒结构连接；对于钢柱截面较大且倾斜角度小于60°的斜柱采取胎架临时支撑稳固，如图6-22所示。斜柱测量校正工艺流程：斜柱安装到位后，利用全站仪测出之前计算结果并在钢柱吊装前标识的4个点的三维坐标，并与计算的理论坐标进行比较；根据偏差值，利用千斤顶、导链等工具进行斜柱校正；斜柱校正到位后，进行临时固定；在安装钢梁、柱-柱、梁-柱牛腿对接焊接过程中，必须对斜柱顶进行测量监控。

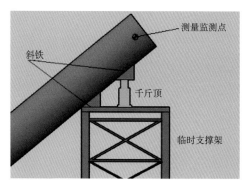

图 6-22 支撑胎架布置示意

③卸载监测

斜柱卸载之前，在每根斜柱侧面设置反射贴片作为测量监测点，用于卸载过程中钢柱的变形监测。运用全站仪测量出每个监测点的三维坐标并做好数据记录，卸载过程中全站仪全程监测。本工程结构受力体系较复杂，经计算分析选择在顶层楼板混凝土强度达到75%以上进行斜柱支撑卸载。通过卸载监测得出最大变形量为3 mm，满足规范和设计要求。

（4）钢梁安装测量控制

以各楼层布设的高程控制点作为测量依据，运用水准仪测量钢柱牛腿的标高，如果钢柱牛腿标高存在偏差，则需调整钢柱的柱底标高，以此来控制钢梁的安装高度，确保钢梁顶面处于同一设计平面。另外，由于本工程有相当多的悬挑钢梁，为了消除各种变形误差的影响，须对悬挑端部标高预留，预留值取

+5 mm。部分钢梁因较长无法整体运输，需进行分段制作，运至现场后拼装成整体再吊装。拼装时应按规范要求控制好直线度、垂直度，并按照设计要求进行起拱，防止焊接和安装就位后钢梁下挠。

（5）钢桁架安装测量监控

1）钢桁架拼装测量

钢桁架的拼装采用卧式拼法。钢桁架拼装测量工艺流程：拼装胎架抄平→在拼装胎架上放样出桁架上、下弦拼装控制线→桁架上、下弦安装，并调整好起拱度、直线度→立杆、斜杆安装，并调整好对口错边→桁架起拱度、直线度校正、复测→桁架焊接过程监控。桁架起拱度、直线度的测量主要采用钢卷尺配合拉钢丝法。

2）钢桁架分段吊装就位测量

桁架吊装前先安装临时支撑胎架，在胎架顶面全站仪极坐标法放样出桁架下弦的外边线，运用水准仪在胎架顶面放样出标高控制点。对接校正时调整桁架下弦的外边到外边线上，然后依据标高控制点和桁架下弦底面标高值设置垫块调整桁架的底标高。考虑到桁架自重较大，支撑架下主承重梁会有一定的变形，因此垫块顶标高为：桁架下弦底面设计标高＋支撑架下主承重梁变形值＋桁架设计要求起拱值。

3）钢桁架卸载变形监测

桁架吊装前在两端及中心位置距离下弦底面50 mm处贴上激光反射片；钢桁架安装完成后，运用全站仪三角高程法测出3个反射片中心的标高并做好记录；通过计算得出 H 中计 = (H_1+H_2) / 2 与实际测出的跨中标高 H 中测比较可以得出桁架起拱度是否满足设计及规范要求；若桁架起拱度不符合要求，可架设临时支撑或增加垫块顶起，焊接完成后卸载复测。

当桁架焊接完成后，可进行卸载和临时支撑胎架的拆除。支撑胎架的卸载采用千斤顶逐级卸载的方法，卸载过程应缓慢。千斤顶先顶起桁架，垫块脱离桁架下弦后将其取出，然后千斤顶按照每步5 mm逐步卸载，直至千斤顶顶面完全脱离桁架下弦，整个卸载结束。卸载过程采用全站仪对桁架起拱度进行跟踪监测。

（6）关键测量技术分析

1）平面控制网的优化设计

由于首层为 4 个独立单体，且会议厅为扇形平面布置，其余三单体轴线相互平行；通过大跨度钢桁架和楼板从 15 m 标高向上连接为一个整体，且所有外立面斜柱均为钢管柱；另外各区域以束筒结构为中心向四周扩散施工，即每个柱节先完成束筒内钢结构的安装，焊接完成后再进行束筒外柱、梁、桁架的安装；因此，在进行平面控制网设计时，既要考虑 4 个单体测量的相对误差，又要考虑束筒结构先行测量与外围结构后测量的系统误差，且还要考虑便于斜柱的测量控制。通过多种方案进行比较，最终选择采用分级布网、逐步控制的原则实施，即地下室施工时在基坑边布设首级控制网，且钢结构与土建共用以减少系统误差；以首级控制网为测量依据，在地下室顶板布设地上钢结构平面控制网（外控网）；以地上钢结构平面控制网为测量依据，在束筒柱外侧布设束筒区域平面控制网。分级布网时必须按照同等精度要求进行，以保证控制网的布设精度。

2）束筒内钢结构安装高精度测量控制

束筒内钢结构柱网主要为 4.3 m×2.6 m，柱截面为箱形和 H 形，梁、斜撑、"米"字撑截面为 H 形。《钢结构工程施工质量验收规范》GB 50205—2001 规定单节柱垂直度 h / 1000 且不大于 10 mm，由于束筒内钢柱长度均大于 10 m，即单节柱垂直度不大于 10 mm，但由于柱网较密且柱间大部分带有竖向支撑，单节柱垂直度控制在 3 mm 以内为宜。《钢结构工程施工质量验

收规范》规定同一节柱的各柱顶高差不超过 5 mm，对于柱网在 8 m×8 m 及以上的一般钢结构来讲，满足这一精度要求即可，但对于柱网较小且还带有竖向支撑的钢柱而言，柱顶高差不宜超过 2 mm。通过对束筒内钢柱单节柱垂直度和柱顶高差的高精度测量控制，有利于梁和支撑的安装，加快施工速度。

3）桁架拼装测量与变形控制

桁架高空安装速度的快慢关键取决于桁架的拼装精度以及与桁架两端相连的束筒结构的安装精度。桁架拼装前先复测与其相连的柱牛腿顶面标高、上、下弦跨距，在拼装胎架上放样时对偏差较大进行改正。桁架拼装时，严格按照规范和设计要求起拱，并在桁架两端上、下弦之间加设临时立杆固定，以防焊接完成后起拱度和端部上下弦间距超出规范要求。桁架直线度的控制主要依靠拼装胎架垫块顶面的标高控制和焊接顺序、焊接工艺的控制。对于上、下弦分为三段及以上拼接的桁架，在每条焊缝处预留 1 ~ 2 mm 的焊接收缩量，或在焊缝两侧采用夹具固定牢靠后再进行焊接。

6.4　复杂节点重型相贯线桁架柱制作工艺

会议中心上部为全钢结构，15 m 以下为四个独立的单体，15 m 以上通过桁架连成整体，外框柱随外幕墙造型而变化，其桁架与柱呈多角度相交，节点复杂，制作难度大，桁架柱节点如图 6-23、图 6-24 所示。

图 6-23　桁架柱与桁架连接构造方式

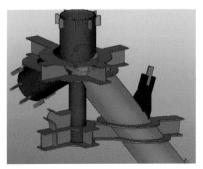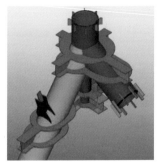

图 6-24　桁架柱构造

1. 技术难点

本工程桁架柱为规格 $\phi 1050 \times 50$ 的 3 根圆管相贯节点组成，桁架柱与多榀桁架相连。由于管壁较厚，圆管直径较大，单根支管重达 8t 左右，空间定位组装焊接非常困难；椭圆形环板倾斜地装焊在圆管上，环板外形复杂，空间定位装焊也非常困难。保证制作精度准确，满足质量要求，是重点需要解决的问题。

2. 主要施工技术

（1）加工放样

1）规格 $\phi 1050 \times 50$ 桁架柱的 3 根主材支管零件如图 6-25 所示。

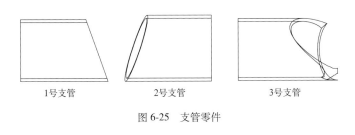

图 6-25　支管零件

2）由于普通数控相贯线切割机，无法切割规格 $\phi 1050 \times 50$ 相贯口，故只能首先卷制圆管，之后在圆管上放样切割贯口。

（2）支管装焊过程

1）地样与胎架搭设

由于支管规格及重量较大，必须在合适的胎架上组装，方能满足组装及精度控制要求。以 O 点为中心，根据图纸提供的 1 号与 2 号支管之间夹角关系，沿支管中心线方向在地面上，放出 1 号与 2 号支管中心线地样，并在地样上标出控制点 A、B 点。根据图纸提供的 3 号支管与 1 号、2 号支管之间夹角关系，作出 3 号支管的地面投影线，并在地样上标出控制点 C、D、E 点，并计算出其投影高度 h_1、h_2、h_3。根据地样位置尺寸，进行支管组装胎架搭设，如图 6-26 所示：

其中 A、B 点为 1 号与 2 号支管端部地样控制点，C 点为 3 号支管端部水平投影控制点，D、E 控制点为搭设胎架，沿 3 号支管端部水平投影线方向增设控制点。h_1、h_2、h_3 为 3 号支管在投影线方向，投影线位置为 C、D、E 时，所对应的管外壁最低点的投影高度。

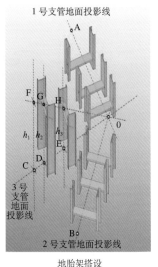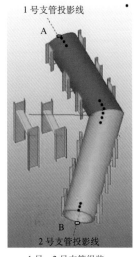

地胎架搭设　　　　　1号、2号支管组装

图 6-26　组装胎架搭设

G、H 点位置胎架横梁倾斜放置，倾角与 3 号相对于地面的倾角一致。

根据以往经验，1 号、2 号、3 号支管长度需分别放 3 mm、6 mm 和 4 mm 焊接收缩余量。

2）组焊 1 号与 2 号支管

在支管上打上十字样冲眼，然后将 1 号与 2 号支管放置在经水准仪找平后的胎架水平横梁上，按地样线定位组装 1 号与 2 号支管，并检验梁支管的管口距离，如图 6-27 所示。

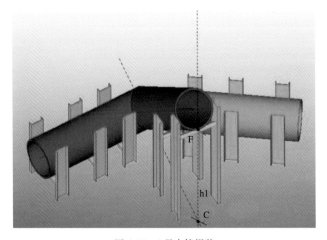

图 6-27　3 号支管组装

装焊 3 号支管：待 1 号与 2 号支管装配焊接检验完成之后，根据已搭设胎架及地面控制点，装焊 3 号支管，检验 1 号与 3 号支管、2 号与 3 号支管管口距

离一级投影高度 h_1，如图 6-26 所示：

（3）环板牛腿装焊

1）3 号支管十字样冲眼定

待 3 根支管装焊检验完毕之后，装焊环板牛腿等附件，装焊各环板牛腿之前，支管样冲眼必须标出。1 号与 2 号支管十字样冲眼，前道工序已经标出，剩下需标出 3 号支管的十字样冲眼。

从图 6-28 中看出，3 号支管相对于 1 号支管的十字中心线偏移 3.98°，需重新标出 3 号支管与 1 号支管的十字中心线，为此，先在 1 号支管相对于原十字中心线 3.98°的位置处，标出新的十字样冲眼，然后将其十字样冲眼反映到 3 号支管上，具体做法：待 1 号支管新的十字样冲眼标出之后，在 1 号支管的十字样冲线上放上激光发射仪，发出激光线，然后在 3 号支管激光束照射位置，打上样冲眼，从管端到管尾连成一条线，然后然此条先旋转 90°、180°、270°分别画出其余三条线，从而构成 3 号支管的十字线。

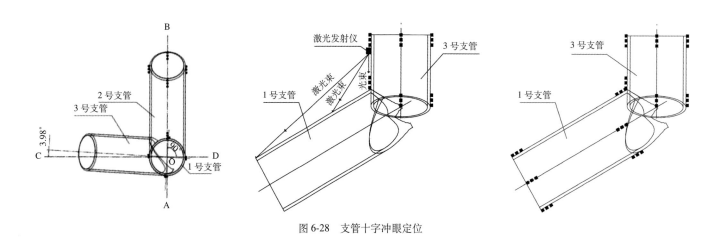

图 6-28　支管十字冲眼定位

2）装焊环板牛腿

环板相对于支管具有一定倾斜角度，环板为椭圆形状，如图 6-29 所示。装焊环板前需在支管上标注好其定位点，如图 6-28 所示，A、B 和 C、D 点分别为椭圆形环板短轴和长轴控制点，L_1、L_2、L_3 尺寸可以在图纸得到。注意每道环板会产生 0.3～0.5 mm 的焊接收缩余量，余量值要反映在定位控制点上。

同样方法画出 E、F、G（H）点，则 DF 线即为环板牛腿腹板位。以上各点标注好之后，可以装焊环板牛腿。用同样方法装焊其余环板牛腿。

3）装焊吊柱牛腿

吊柱牛腿如图 6-30 所示，整体装焊校正完毕后，与上面已经装焊的两个方向的环板牛腿，通过吊线控制其位置，然后将其装焊在主管上。

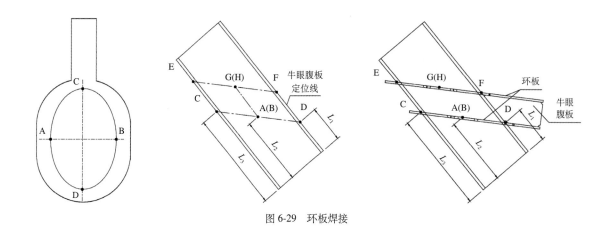

图 6-29　环板焊接

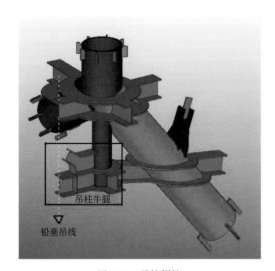

图 6-30　吊柱焊接

至此，桁架柱的主要零部件装焊完毕。桁架柱节点复杂，各支管规格壁厚较大，单根支管重量较大，对此复杂重型相贯线支管的桁架柱，制作非常困难，需经过严格工序，如重型支管的展开，装焊胎架的搭设，以及环牛腿的定位需经过周密的计算方能制作完成，才能保证构件质量，以便施工现场顺利安装。

6.5　GRC 开缝式保温防水幕墙体系

（本节专项工程由中建二局安装工程有限公司实施）

GRC 是以耐碱玻璃纤维作增强材，水泥为胶结材并掺入适宜集料构成基材，通过喷射、立模浇注、挤出、流浆等生产工艺而制成的轻质、高强高韧、多功能的新型无机复合材料，能过模具的制作出不同曲面、曲线板块的异形板材，完美的表达出设计意图。

南京青奥会议中心工程建筑方案由英国扎哈设计，其表现手法天马行空，外形造型复杂，自由曲面多，采用大量的曲线、曲面、折角等，无规律可循。为实现设计意图，达到预想的艺术效果。本工程外幕墙面材采用 GRC 板材，同时为满足防水和保温功能，外幕墙采用 GRC 开缝式保温防水幕墙体系，构造做法如图 6-31 所示。

GRC 外幕墙的支撑钢结构，简称二次钢结构，为 GRC 外幕墙体系的龙骨支撑，将幕墙载荷由钢支座传至主体钢结构。根据结构分析结果，结合建筑外立面板

块分布，分为东、南、西、北四个区，在各区内设置温度伸缩缝，伸缩缝分设置于各区温度变形较大、自身抵抗弯矩较小部位，各分区内温度伸缩缝完全断开。

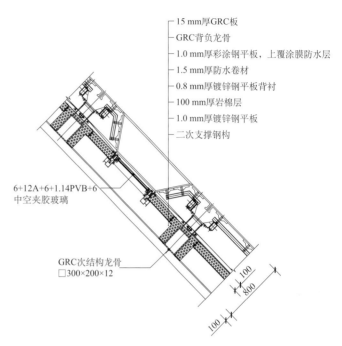

图 6-31　GRC 外幕墙构造做法

1. 技术难点

（1）本工程目前为 GRC 板运用量最大的单体建筑，其外形造型复杂，自由曲面多，窗排列错落镶嵌。

（2）本工程大量的采用的曲线、曲面、折角等，无规律可循。运用传统的二维设计无法表达幕墙各个点、线、面的关系，无法进行构件制造与安装。

（3）外形的无规律性，二次结构（幕墙支撑结构）需随外表皮变化，其弯扭构件多，深化设计难度大，牛腿连接点定位精度高、难度大。

（4）GRC 为开缝式幕墙体系，GRC 板块之间缝宽 25 mm，外形倾斜角度变化大，防水层在下倾部位为仰粘施工，施工难度大，其还有两万多个牛腿突出防水层，GRC 板与防水层净间距 300 mm，GRC 安装完成后将无法对其进行维修，防水难度大。

（5）GRC 幕墙 27 m 以下向外倾斜，27 m 上向内倾斜，倾斜角度较大，GRC 安装工人操作难度大，GRC 与防水层间距 300 mm，工人无法在缝隙间操作，GRC 安装只能从一个起点向外发散安装，安装完成后

及无法对 GRC 板块进行调整，GRC 板的安装质量与加工质量精度要求高。

2. 主要施工技术

（1）二次钢结构加工制作

本工程曲面、转角处二次钢结构为弯扭构件，普通方管很难直接成型所需造型，需通过构件放样，由钢板裁剪、弯曲、焊接成型。其制作难度大，精度要求高，制作时需注意以下几点：

1）对钢板进行整平，构件零件图放样时要注意安装余量的加放；

2）根据模型建立坐标系，设置基准点，找出构件的相对空间关系；

3）根据模型，在加工平面投影轮廓线，制作定位胎架，胎架必须牢固，防止变形；

4）根据弯扭构件，确定焊接工艺与焊接顺序，控制和减少焊接变形；

5）焊接完成后对构件进行校核，校核完成后在进行涂装。

二次钢结构制作质量应满足《钢结构工程施工质量验收规范》要求。

（2）二次钢结构与主体连接见图 6-32。

本工程幕墙体系受力的二次钢结构以标准单元网格面结构形式展开，标准单元为 2 m×3 m 的方形网格，连接牛腿根据主体结构钢梁、钢柱位置和二次钢结构构件位置灵活布置，牛腿的规格、材质、强度、刚度、连接螺栓规格根据受力计算确定。二次钢结构下部与地下室顶板采用长圆螺栓孔连接，允许外幕墙竖向自由变形。

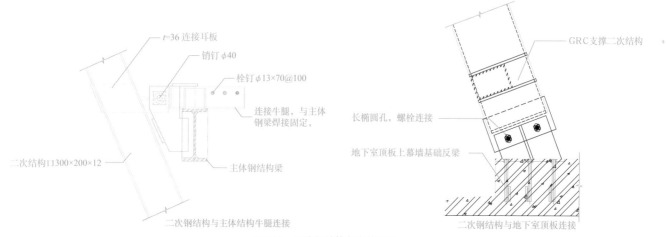

图 6-32　二次钢结构与主体连接

（3）二次钢结构安装

外幕墙二次钢结构施工根据主体结构的施工进度进行，先下倾、后上倾、再屋面。二次钢结构按照 GRC 板缝分片安装，片与片之间再采用横杆连接形成网格，安装见图 6-33。

二次钢结构弯扭构件多，首先应控制二次钢构件加工制作精度；其次在安装过程中要控制安装偏差，同时也要考虑到主体结构的偏差，保证安装完成面在控制范围之内，确保下道工序 GRC 板通过连接件精调即可满足设计要求。

图 6-33　二次钢结构现场安装图

一个分区二次钢结构分片吊装完成后，对本区域的框架的轴线和标高进行复测，纠偏后采用点焊或缆风绳进行固定，再安装横杆，待钢柱及梁全部就位后，用 2 台经纬仪从不同方向进行跟踪测控，全方位校核横梁、竖柱的标高和垂直度，直至达到规定的范围后，方可进行螺栓的终拧及焊接工作。

（4）保温防水

本工程 GRC 外幕墙为开缝式，自身不带防水功能，主体结构无结构墙、板自防水，且由于外幕墙材料和构造的特殊性，防水层更换和维修难度极大，因此防水材料的耐久性和施工质量要求高。

本工程 GRC 外幕墙保温材料采用岩棉，岩棉厚度 100 mm，防水材料外墙采用聚乙烯膜自粘性防水卷材，屋面采用聚氯乙烯（PVC）防水卷材，构造做法。

中除卷材防水外，还有了一道涂膜防水层，作为卷材防水的安全储备。最内侧的 1 mm 镀锌钢底板主要作用是将 GRC 幕墙系统内的保温层与室内有效地隔离和固定保温棉。

在一个区域防水施工完成后，进行 24h 淋水试验，确保无任何渗水点后再进行下道工序施工。

（5）GRC 板材制作

1）板块深化设计

南京青奥会议中心 GRC 约 89000 m^2，曲面转角较多，板块分缝划分难度较大，通过犀牛软件对模型进行划分、展开投影线，板块分缝纵横对齐，被分为标准板、折板、单曲面板、双曲面板等，平面尺寸基本为 3 m×2 m，在转角处局部板块被分为 3 m×6 m、4 m×2 m、6 m×4 m 等，其块划分模型如图 6-34 所示。

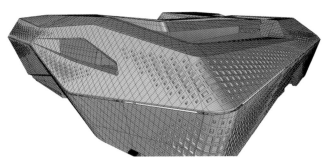

图 6-34 板块划分模型

根据 GRC 板的力学性能及耐久性要求，GRC 板厚

15 mm，背负钢架采用镀锌方钢，主方通采用 100 m×60 m×4 mm，次方通采用 60 m×40 m×4 mm 方通，背负钢架采用整体焊接完成后整体热镀锌，镀锌层厚度 70μm 以上，确保耐久性。GRC 背负钢架与 GRC 面板采用"L"柔性连接，与二次钢结构采用螺栓连接。成型后的 GRC 板如图 6-35 所示。

图 6-35 成型后 GRC 板

2）模具加工

为确保曲面板加工制作精度，在加工图深化设计时，对曲面区域进行加工划分，一个分区的 GRC 板根据曲率统一连续地建造地胎膜，统一进行喷浆生产，最大限度的保证相衔接曲面板块拼接的准确度，并将模具制作误差控制可控范围内。对于复杂造型的双曲面部位，采用 CNC 数码雕刻工艺，解决了模具制作、产品尺寸控制，接缝控制的难题，将复杂面的三维定点误差控制在了 3 mm 以内，背负钢架安装点误差也能较好地控制在连接角码的误差调节范围。

3）喷射成型

材料配比上经过反复试验，灰砂比控制在 1:1，水灰比控制在 0.38，纤维含量控制在 5%。

GRC 板一般的生产工艺流程是先制作好模具，再进行配料搅拌，通过专用的喷射机械将混合好的水泥砂浆连同切断的耐碱玻璃纤维（长度一般为 30 mm）一起均匀地喷到模具表面，一层一层均匀喷射并在整个过程中不断辊压密实，直至达到设计的厚度，最后经养护硬化后脱模。

（6）GRC 板安装与精调

二次钢结构及安装点数量繁多，虽然在施工时精确控制，但是难免存在安装误差，钢结构安装精度要求很难保证 GRC 板安装精度要求，因此在 GRC 板安装时必须还要进行调节，以确保 GRC 板安装精度。

GRC 板连接件长向孔（B 孔）与二次钢构连接牛腿上长孔（C 孔）相互垂直，其调节方式如图 6-36 所示，通过调整 B、C 两个数值，保证 GRC 板纵横板缝宽窄一致。通过图 6-36 中的长孔可对 A 距进行

调整，确保板面平整。

由上述两图可知，板安装点具备三个方向的调节能力，调整范围为 ±10mm，通过该连接方式对 GRC 板进行精调，可满足 GRC 板安装精度要求。

为确保 GRC 板安装后板缝顺直、平滑，安装时按照约 20 块 GRC 板设置相对控制区域，四个方向的角点采用全站仪定位，并拉控制线，区域内的板块带线调直，偏差必须在区域内解决，然后区域与区域进行带线检查，从而达到整个面的 GRC 板顺直对缝。

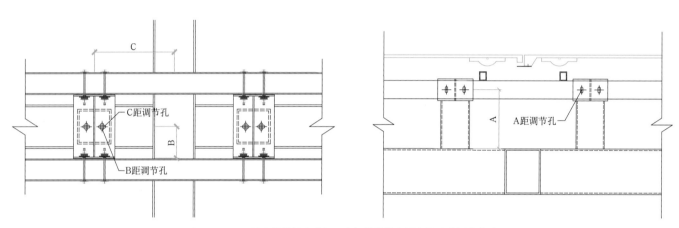

图 6-36　GRC 板连接件长向孔与二次钢构连接牛腿上长孔的调节方式

第 7 章　敦煌大剧院

项目地址：甘肃省敦煌市月牙泉镇上中渠敦煌大剧院

建设起止时间：2015 年 11 月至 2016 年 8 月

建设单位：敦煌文化产业示范园区管理委员会

设计单位：中国建筑上海设计研究院有限公司

施工单位：中国建筑第八工程局有限公司西北分公司

项目经理：赵春鹏；项目总工：梁凯

工程奖项：2016 ~ 2017 年度中国建设工程鲁班奖

工程概况：

敦煌大剧院位于甘肃省敦煌市主城区东南方向，是 2016 年首届丝绸之路（敦煌）国际文化博览会的主要场馆之一，是以出演大型歌舞剧、兼顾戏曲、话剧、会议等综合性乙等剧院，总座位数 1206 座，建成后将作为文博会的永久性会址，是敦煌城市的又一个标志性建筑。

敦煌大剧院总建筑面积 38217.88 m²，层高 5.2 m，总建筑高度 23.90 m，屋脊高度 35.0 m。其中地下二层（局部三层），总建筑面积 12626.33 m²，主要以舞台台仓、消防水泵房、配电室、制冷机房、排风机房、布景间等设备房间为主；地上四层，建筑面积 25591.55 m²，主要以接待大厅、观众厅、舞台区、贵宾休息厅、演员化妆室、排练厅、剧院办公室等功能房间为主。整体建筑风格采用仿汉唐建筑风格，如图 7-1 ~图 7-3 所示。

技术难点：

（1）EPC 总承包管理、工期紧、任务重

敦煌大剧院属于 EPC 总承包管理项目，是作为 2016 年首届丝绸之路（敦煌）国际文化博览会的演出场馆，要在 8 个月时间内完成设计、采购、施工并交付使用，因此其对设计水准、建筑品质、施工质量、施工工期方面的要求异常严格。

图 7-1　敦煌大剧院

图 7-2　敦煌大剧院接待大厅

图 7-3　敦煌大剧院观众厅

（2）装配式设计、冬施时间长、施工技术及保障措施要求高

本工程结构形式最终选择地下采用钢混凝土框架—剪力墙结构，地上采用钢框架 - 支撑体系结构，而整个地基与基础以及主体结构全部属于冬期施工，那么如何做好混凝土工程、钢结构工程施工过程中的防冻保暖措施，确保冬施期间施工质量达到相关质量验收标准至为关键，也是冬施期间的重难点。

（3）钢结构大跨度桁架分段吊装技术要求高

本工程在观众厅以及舞台区上方存在 3 处大跨度钢桁架施工作业，由于现场垂直运输机械的吊装能力以及现场施工作业的限制，需要采用胎架支撑分段吊装，因此其对胎架的制作以及钢桁架的分段吊装技术提出了很高的要求。

（4）地下结构防渗、抗渗技术要求高

本工程基础筏板底标高不一、筏板厚度不一，由于局部筏板高差过大，需要留置施工缝，如何有效确保混凝土接缝处的防渗技术措施是重点、难点。

（5）基坑支护难度大、基坑支护措施标准高

本工程筏板基础标高较多，存在 -5.60 m、-11.3 m/-11.90 m、-15.90 m 四种筏板底标高，特别是深基坑中的深基坑土方开挖，更是难上加难，如何有效保证基坑作业时，基坑侧壁土方处于安全稳定状态，并随时做好基坑变形检测是本工程的重点、难点。

（6）钢骨柱定位困难、安装精度要求高

钢骨混凝土柱第一节型钢生根须牢固、定位准确，质量要求高；柱内箍筋及梁筋穿过型钢腹板，钢筋安装处理难度大；柱内钢筋密集，混凝土浇筑难度大，如何做好钢结构节点深化设计是本工程的重点、难点。

7.1　严寒地区钢结构室外负温焊接施工技术

（本节专项工程由中建钢构有限公司实施）

1. 技术难点

本工程主体结构属钢结构，钢材主要以现场焊接为主，现场焊接分为地面拼接焊接和高空安装焊接，主要有箱型构件与箱型构件对接焊、H 型构件与 H 型构件对接焊。钢结构主要材质为 Q345B，最小板厚为 6 mm，最大板厚为 40 mm。主要焊接形式为横焊、平焊、立焊。

由于本工程钢结构安装施工作业全部属于冬期施工，而且由于钢结构形态复杂，因此存在诸多施工重难点。

（1）本工程施工高峰期处于冬季，施工现场实测最低温度 -23℃，气候寒冷，施焊环境恶劣。

（2）本工程结构形式分布不规则，结构形态体系复杂多变，焊接要求高。

（3）单个构件焊接量大，施焊过程中容易产生焊接应力，容易造成焊接变形等一系列焊接质量问题。

（4）本工程焊接作业环境复杂；焊接防风、防潮等施工环境要求较高。

（5）本工程部分结构不规则，焊接作业空间受现场影响较大，无法使用标准化操作平台。

2. 采取措施

（1）焊前防护

由于敦煌地区冬期气候条件十分恶劣，在超低温环境下进行施工，常温焊接的预热、层温、后热已很难达到焊缝质量要求，因此冬期焊接施工需在原有要求上适当提高预热、后热及层温温度，延长焊后缓冷时间。敦煌地区大风较多，当二氧化碳气体保护焊环境风力大于 2 m/s 及手工焊环境风力大于 3 m/s 在未设防风棚或没有防风措施的施焊部位，严禁进行二氧化碳气体保护焊和手工电弧焊。并且，焊接作业区的相对湿度大于 90% 时不得进行施焊作业。施焊过程中，若遇到短时大风雨雪时，施焊人员应立即采用 3 ~ 4 层石棉布将焊缝紧裹，绑扎牢固后方能离开工作岗位，并在重新开焊之前将焊缝两侧不小于 150 mm 处进行预热措施，然后方可进行焊接。配备红外线测温仪，来测试控制焊接温度和缓冷温度。

桁架的焊接是钢结构安装过程中的一道特殊工序，必须在施工前严格制定焊接作业计划，组织专门的人力、物力，比预定正式施焊时间提前 4 ~ 8h 进行专题防护并达到以下要求：

1）利用专用操作平台焊接防风围护棚，上部允

许稍透风、但不渗漏雨水，兼具防护一般小物体的打击功能。

2）中部宽松，能抵抗强风的侵扰，不致使大股冷空气透入。

3）下部作平台，足够承载 4 名以上作业人员，需牢固稳定、无晃动，可囤放必需的作业器具和预备材料且不给作业造成障碍，无可造成器具材料脱控坠落的缝隙，平台面防护采用阻燃材料遮蔽严实，防止劲风从底部侵入，如图 7-4 所示。

4）由于整个预热、焊接、焊后加热过程均为高温强热操作，在内置加热小太阳后，整个焊接围护棚内可形成封闭高温环境，即可满足焊接要求。

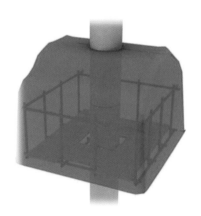

图 7-4　钢柱焊接防护棚

（2）焊前预热

严寒的冬期焊接施工，仅有严密的焊接防护还不够，钢材由骤冷至焊接产生骤热，容易发生钢结构焊缝接头区冷裂纹现象。因此，在 5℃以下的气候条件下，焊前还必须根据板厚用电加热或电烤枪在 100 mm 的范围进行加热至 75 ~ 85℃。如果环境温度在 5℃以上，一般仅作加热除湿处理即可。

焊前加热消除焊缝两侧母材与焊缝区的强烈温差，最大限度地减缓钢材在板厚方向由热胀时压应力到冷缩时拉应力的转换过程，最大可能地促使焊缝接头均匀胀缩，这是保证较厚钢板焊接质量尤其是在寒冷地区焊接时的一个非常重要的环节。这一环节包括了焊前严格加热，施焊过程中，保证持续、稳定在 100 ~ 150℃ 层间温度，全过程地执行窄道焊、有规律地采用左、右向交替焊道。

由于在本工程冬期施工中的焊接全部采用二氧化碳气体保护焊这种热输入较大的焊接方法。在预热后的整个焊接过程中，在每道焊接熔敷至焊缝末端的时刻，另一端起焊位置的层间温度仍在 100 ~ 150℃，如图 7-5 所示。

图 7-5　焊前预热措施

（3）层温控制

当低温焊接因焊接区域温度冷却散失较常温快，易产生脆硬组织不利于焊缝质量。焊接时，焊缝间的层间温度应始终控制在 100 ~ 150℃ 之间，每个焊接接头应一次性焊完。施焊前，注意收集气象预报资料，预计恶劣气候即将到来，应放弃施焊。若焊缝已开焊，要抢在恶劣气候来临前，至少焊完板厚的 1/3 方能停焊；且严格做好后热处理和防护措施，当重新焊接时应先预热后在进行焊接，重新焊接预热温度、时间相对提高和延长。

值得注意的是：施焊过程中，不可避免地会由于剔除焊瘤、清除焊接渣膜飞溅、更换焊材与焊接辅材、施工器具调整、焊接防护物品更迭、作业者生理需求、使用高风速碳弧气刨等因素使得层间温度不能保持稳定，由此产生的裂纹质量事故有例可循，质量事故的主要原因是多次发生从高温到低温这一变化过程。在寒冷地区这一现象必须予以高度重视，要求细致地预备施工机具、材料，考虑作业环境及焊接人员的身体状况，减少一切不必要的焊接时间内的非焊接作业时间，随时利用红外测温仪观察层间温度，如发现低于规定的温度，立即采用加热烤枪对构件进行再加热，始终保持焊缝 100 ~ 150℃ 的层间温度。

在低温环境焊接时，热量散开速度快，为了保证在焊接小范围内温度，特意购买小太阳，置于焊缝附近，对焊缝区域进行加热。

（4）焊后热处理

对于较厚钢板、大长焊缝，尽管作业者严格遵循工艺流程，实施中间再加热，也不可避免由于板厚过大、始端终端焊缝过长、面缝过宽等原因造成的根部与面层的温差、始端与终端的温差、近缝区与远缝区的温差、（水平横向焊缝）下部与上部的温差。对称作业的两名作业者由于焊接习惯、视力、运速、参数选择等不能绝对相同也可能导致温度差。要最大限度地消除这些差别，只有通过认真的焊后后热来完成。

焊后后热是焊接工艺中相当重要的环节，采用电加热、火焰加热对焊缝处进行加热保温，加热范围为焊缝两侧板厚的 3 倍，加热温度为 150 ~ 250℃，并保温 1 ~ 2h。冷却速度不应大于 10℃/min。这一过程可通过红外测温仪来测量控制，如图 7-6 所示。

图 7-6　焊缝处电加热

（6）焊接过程控制

厚板焊接时，焊缝层间温度应始终控制在 100 ~ 150℃之间，每个焊接接头应一次性焊完。施焊前，注意收集气象预报资料，当恶劣气候即将到来，如无确切把握抵挡时，则放弃施焊。若焊缝已开焊，要抢在恶劣气候来临前，至少焊完板厚的 1/3 方能停焊，且严格做好后热处理，并且进行保温处理。

（5）焊后保温

在寒冷劲风多发地区，一切焊前加热、中间再加热、后热等都围绕着消除骤冷骤热、消除胀缩不均、延缓冷却收缩这个质保目的，但是仅上述措施还不能阻止温度热量的快速散失、特别是防止边沿区域冷却较缝中部冷却过快的现象。

最有效最直接的方法是采用电加热设备对焊缝接头处进行焊后保温，并加盖保温性能好、耐高温的石棉布，加保温棉双重多层保温。在寒冷地区，须加盖至少 2 ~ 4 mm 厚的石棉布，在钢柱接头焊接部位密封围护棚阻止空气流通，使其缓慢冷却，达到常温后，方可除去保温措施。

由于厚石棉布可基本阻止外界空气对构件焊接区的直接冷却，构件的绝大部分焊接热通过构件两端的延伸部分传递，这个过程温度的渐变较缓慢，只要石棉布围护严密，焊接质量即可保证，围护后不可随意对围护区遮蔽措施进行拆解，如图 7-7 所示。

图 7-7　焊后保温

在低温环境焊接时，热量散开速度快，特意购买小煤炉，增加环境温度，供工人取暖。

3. 实施效果

通过应用严寒地区钢结构室外负温焊接施工技术，有效完成了敦煌大剧院主体钢结构的焊接安装施工作业，其过程质量控制措施到位，经检测，焊接的质量均符合《钢结构焊接规范》、《钢结构工程施工质量验收规范》等施工质量验收规范的相关规定，如图7-8所示。

图 7-8 钢结构焊接作业平台

7.2 严寒地区铝镁锰金属屋面施工技术

（本节专项工程由中建钢构有限公司实施）

1. 技术难点

本工程整体建筑风格为仿汉唐建筑风格，因此在混凝土结构屋面上设置了双层金属屋面，屋面面积约 1.3 万 m^2，由于金属屋面造型复杂，施工时间紧等客观原因，因此金属屋面在施工过程中主要存在以下几个难点。

（1）本工程屋面为坡屋面，其造型新颖、工期紧、体量大，为保证屋面整体造型的美观、顺畅，并保证屋面的防水抗风性，同时又便于现场施工，因此屋面深化设计工作将是本屋面工程的一大重点。

（2）屋面檐口周边为风荷载较为集中区域，极易受到强风的破坏；天沟处屋面板收口及天沟部位屋面板断面处，为抗风薄弱环节，因此屋面抗风揭性能将是本屋面工程的一大重点。

（3）由于屋面板在加工、运输时或安装时被破坏，板面有裂纹、折痕或穿孔，用于屋面工程后，容易在破损处渗水；屋面需焊接的部位焊缝开裂，造成漏水；屋面板连接部位要进行锁边，此处易出现因锁边不到位而出现雨水沿缩缝渗透进入屋面内部，使屋面丧失防水功能。

（4）金属屋面施工属于高空作业，其作业面仅为下侧钢结构，材料运输至高空后需二次倒运，因此做好相关安全保护措施，确保工人施工安全成为本工程一大重点。

（5）敦煌地区常年多风，并时有沙尘暴天气，金属屋面构造层材料比较轻，大风时容易被风刮起，因此金属屋面施工期间做好防风措施是本工程重点。

2. 采取措施

（1）确保实现屋面设计造型

1）组建有类似工程深化设计经验的队伍，从人员素质上保证本工程屋面深化设计顺利进行；

2）深化设计时，采用软件进行屋面三维表皮建模，确保建筑外轮廓的造型，提高深化工作效率；

3）深化设计控制：以三维尺寸控制原点坐标（0，0，0）为基准，根据设计施工图要求的形状及标高控制尺寸要求进行外表皮的三维建模及板面的曲线分隔。确定表皮装饰面的三维控制点及面，作为屋面工程施工测量、材料下料、施工控制的坐标依据。

4）与钢结构模型的校对复核：由于屋面工程的工作面为钢结构，所以屋面表皮模型必须与钢结构模型吻合，防止由于钢结模型误差改变外装饰面造型尺寸。及时调整钢结构尺寸和外皮模型。

（2）提高屋面抗风揭性能

1）保证屋面板咬合方式准确及咬合紧密，保证整体屋面的抗风性能

①屋面板安装要做到安装防止随锁边，防止遇瞬时大风将未咬合的屋面板掀翻；

②屋面板的锁边工序有严格规定，在正式电动锁边前，应将安装完的屋面板进行手动预锁边，以保证铝合金固定座的梅花支座完全扣合进屋面板内中，对不能扣合或扣合时有偏差的固定座要及时调整，改进；

③手动咬合完毕后，进行电动锁边，电动锁边应缓慢、连续；

④电动咬合完毕后，应对已锁边的屋面板进行检查，防止漏锁或部分未锁现象，保证每个单块屋面板最后连接成一完整的屋面整体，实现设计的结构抗风性能。

2）屋面支撑二次结构檩条边缘区加密安全

①深化设计时要参照设计院提供风洞实验报告对檐口等边缘区域承受风荷载较大的部位在进行二次支撑钢结构檩条深化时进行加密处理。

②在二次檩条正式安装前对安装技术要求及安装精度等对施工人员进行详细交底，尤其对加密区域范围的理解要有一个准确的认识，防止施工人员因对其加密区域理解不到位，在施工时漏排檩条，造成加密区域设计时考虑了檐口支撑加密区域，但由于施工人员的施工素质及技术水平差异，在安装时对加密区域的理解会造成偏差，在进行二次檩条的正式施工前，要进行详细的技术及设计交底，防止出现檩条加密区域不到位的情况，如图 7-9 所示。

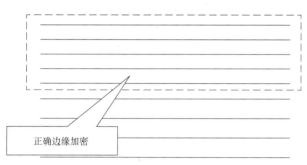

正确边缘加密

图 7-9　二次结构檩条边缘区加密示意

3）保证铝合金固定座安装质量、材料质量

①铝合金固定座的固定螺钉禁止使用碳钢钉，应使用符合要求的不锈钢自攻螺钉；

②正确选用自攻钉的螺芽间距：粗纹用于小于 3.0 mm 厚构件，细纹用于大于 3.0 mm 厚构件。

③自攻钉正确施工方法是在拧紧前放缓打钉速度，使其缓慢拧紧，以免自攻钉内部产生过大拉应力和破坏螺芽，正确的拧紧程度为自攻钉胶垫压不与钉冒平齐，但不大量挤出。

（3）提高屋面防水性能

1）屋面板的加工、运输（水平运输、垂直运输）过程中，应保证足够的人力及机械，保证板在此过程中不被损坏；安装好的屋面板不允许踩踏、不允许金属物品敲击；安装好的屋面不允许放置重物，尤其是金属材料；对于破损的屋面板，不能使用到工程上；对于安装到工程上后置力破坏的板，应及时予以更换。

2）铝焊接工作专业性很强，要选用专业氩弧焊工，普通焊工不能从事此项工作；在正式操作前，要对铝焊工进行培训，并进行样板实现，焊接质量达到要求才能正式操作上岗；焊接件尽量要短，并尽可能的选择一端焊接，一端物理连接的方式，以保证其自由伸缩，焊缝处不致拉裂。

3）每一块屋面板安装后及时采用手动锁边机进行预锁边，在每个支座处都要进行预锁边，不可跳跃。同一区域的屋面板安装完成后立即进行锁边，锁边机设置好以后，从屋面板一端开始，不间断的锁边到另一端，中间若出现间断或锁边机故障，需从锁边间断处后方重新开始锁边。锁边时按照一个方向进行，锁边机匀速前进，防止出现漏锁，忽快忽慢的情况。

（4）提高屋面天沟的细部质量处理

1）在天沟长度内隔一段距离设置一道溢流口，在出现天沟内水接近满水时，水会通过特设的溢流口流到排水系统中，而不致流入室内。此外在天沟虹吸排水雨水口部位加上钢丝网，过滤塑料袋等外吹的杂物，防止雨水斗堵塞。

2）在单向较长的天沟内设置刚性伸缩缝，在此距离内的天沟的温度变形由伸缩缝处消化，使中间焊缝处不会聚集伸缩应力，不致将焊缝拉缝拉裂，保证天沟的不渗水性。

3）选用专业氩弧焊工，持证上岗，普通焊工不能从事此项工作；在正式操作前，要对焊工进行培训，并进行样板实现，焊接质量达到要求才能正式操作上岗。

4）屋面板与天沟斜交，交口处板的自由边（没有板肋固定座）很长，自由边的固定是本工程施工时必须要考虑的技术问题，固定方法要保证板既能自由伸缩，又能起到固定作用，也就说固定方法是限制板上下运动，不限制板的前后伸缩。

（5）提高高空施工安全保障

1）安全网铺设—为了防止高空坠落，檩条、底板等安装过程中需在施工区域满铺安全网，并拉设生命线，配备安全带，避免人员高空坠落，如图 7-10 所示。

2）高空走道及生命线设置—屋面施工时，在作业区域利用脚手片及木板等材料铺设高空走道，高空走道外围边线，以脚手管及安全绳布设一圈安全生命线，确保施工及行走安全。

3）配备安全带安全帽—施工人员在施工现场必须佩戴安全帽，并利用专用活动锁扣扣件，直接锁定于屋面板板肋处，并有防震器作防震保护，确保施工人员施工安全。

4）设置屋面专用上下通道—设置专门的屋面上下通道及爬梯，并做好防护措施，保证工人的通道安全，如图 7-11 所示。

图 7-10 安全平网

图 7-11 屋面专用上下通道

5）檐口周边设置临边防护—屋面施工时，在檐口作业区域高空走道外围边线，用脚手管及安全网布设一周安全生命线，确保施工及行走安全，如图 7-12 所示。

防措施。

2）屋面施工期间，及时做好材料安装后的固定工作，各工种间密切配合，及时插入施工。比如底板铺设定位完成后立即打自攻钉固定；隔气膜、保温板板铺设完成后立即大岩棉钉，并及时插入钢丝网、找平钢板的施工并及时固定；防水卷材施工完成后立即施工固定支座；屋面板铺设后及时咬合。通过屋面构造层之间的及时施工固定，来预防大风的突然出现。

3）做好天气预报工作，及时了解天气情况，提前做好防风预防预案，对工人最好防风安全措施交底。

4）建立防风检查制度，成立防风检查小组，每日至少一次检查，发现问题立即整改。

3. 实施效果

通过采用严寒地区铝镁锰金属屋面施工技术，顺利完成了敦煌大剧院 1.3 万 m^2 的铝镁锰金属屋面施工作业，本金属屋面在经历几次大雨之后，未发生渗漏水等质量问题，其屋面整体观感良好，造型美观，为类似的仿古建筑等造型复杂的屋面选型及施工具有很好的参考借鉴意义。

图 7-12 檐口周边临边防护

（6）做好屋面的防风保障措施

1）屋面施工时在材料堆场及屋面临时堆场旁常备缆风绳、防雨帆布等防风防雨设备，材料不用时或者每日下班前用缆风绳等固定屋面材料，做好防雨预

7.3 大跨度钢桁架胎架支撑分段吊装施工技术
（本节专项工程由中建钢构有限公司实施）

1. 技术难点

本工程在 9.4 m、23.6 m 和 35 m 三层存在三处大跨度的钢桁架，钢桁架主要由 H 型钢组成，节点形式为焊接，其中观众厅门厅上部的钢桁架长达 35 m，为了确保钢桁架能够顺利安装，最终采用分段吊装胎架支撑施工技术。因此，如何做好钢桁架的分段、胎架的支撑设置、钢桁架的吊装、安装施工质量控制是大跨度钢桁架胎架支撑分段吊装施工技术的重难点，如图 7-13、图 7-14 所示。

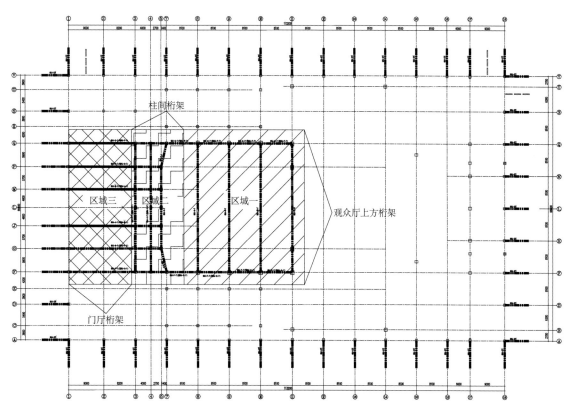

图 7-13 观众厅门厅上部的钢桁架平面布置图

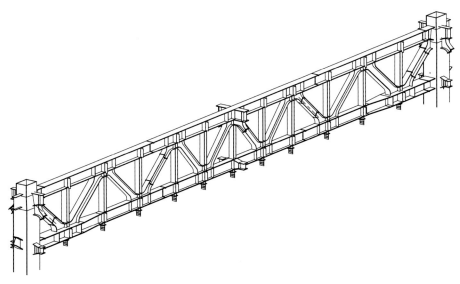

图 7-14 观众厅门厅上部的钢桁架

2. 采取措施

（1）工况分析

23.6 m 层桁架受运输限制，其中大部分桁架为散件发运至现场，现场进行桁架拼装。深化过程中对每片桁架的重量进行分析，确保满足起重机性能，深化图完成后经现场技术员复核，再次核查确保每片桁架不超过起重机性能。

图 7-15　现场拼装地样及胎架设置

3）拼装流程三：将腹杆放置在胎架上，并检查各节点尺寸以及牛腿与腹杆间对接间隙应确保胎架上所有杆件处于自由状态，拼装，应根据预起拱量或收缩量的大小对尺寸定位进行调整；拼装完成后进行焊接，如图 7-17 所示。

图 7-17　杆件焊接

（2）钢桁架地面拼装

1）拼装流程一：现场拼装地样及胎架设置

拼装场地应平整、坚实；拼装所用的临时支撑架应经测量准确定位，并应符合工艺文件要求，如图 7-15 所示。

2）拼装流程二：依次将桁架上、下弦杆件放置在胎架上，并调整就位放置杆件时，应确保钢柱处于自由状态，各杆件的定位应符合设计图纸要求，如图 7-16 所示。

图 7-16　杆件组装

（3）胎架制作

现场需进行大量钢桁架拼装工作，采用 HW250×250 和 HN350×175 型钢制作成拼装胎架，进行钢桁架拼装。其中 HW250×250 型钢材料用量 30t，HN350×175 型钢材料用量 35t，如图 7-18 所示。

（4）钢桁架分段吊装

1）加强桁架吊装

先进行区域二柱间加强桁架的施工（包括东西方向、南北方向两个方向的柱间桁架），区域二桁架安装完成形成稳定体系后，进行区域一观众厅上方桁架施工。现阶段主要进行轴线⑧、⑨上方桁架施工（轴线⑩、⑪上方桁架的安装需等 A 区结构安装至次标高且形成稳定体系后进行），轴线⑧、⑨上方桁架施工采用胎架支撑分片吊装的施工工艺，安装完成后及时胎架拆除并进行南北方向的次梁和次桁架的施工。区域一桁架施工完成后，进行区域三门厅桁架施工，门厅桁架采用胎架支撑分片吊装的施工工艺。安装完成

图 7-18　拼装胎架示意图

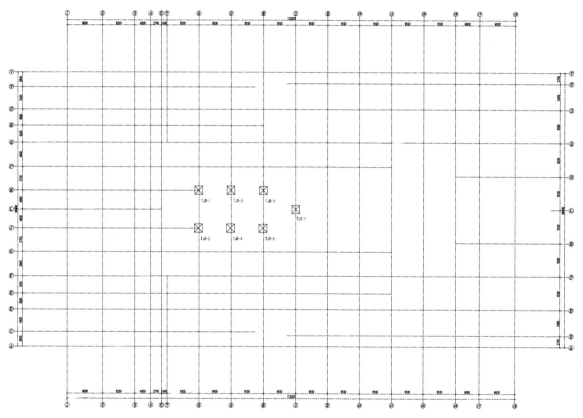

图 7-19　观众厅上方桁架施工胎架布置图

后进行四周悬挑桁架施工。

2）柱间桁架施工

柱间桁架的安装采用散件安装的施工工艺，桁架就位后需及时校正焊接。需保证所有区域二中柱间桁架全部焊接完成后方能进行区域二中观众厅桁架的施工。

3）观众厅桁架施工

每榀桁架分为三段，采用标准化的胎架作为支撑，塔吊分片吊装。胎架放置于池座斜板上，胎架安装前需提前进行埋件（每个胎架下方安装 4 个埋

件，分别位于底座四角）安装，并用型钢和钢板进行找平，预胎架底座焊接牢固，如图 7-19 ～图 7-21所示。

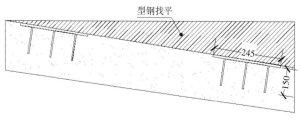

图 7-20　胎架底座找平处

图 7-21　格构式标准支撑平台施工图

3. 实施效果

本工程通过应用大跨度钢桁架胎架支撑分段吊装施工技术，成功完成了大剧院主体钢结构中的大跨度钢桁架安装工作，经实践应用证明，其标准化胎架制作、支撑技术，大跨度钢桁架分段吊装技术均比较成熟，能很好的加快施工进度，并能有效保证钢结构的安装施工质量，值得推广借鉴。

7.4　钢结构剧院浮筑楼地面施工技术

1. 技术难点

敦煌大剧院是以出演歌舞剧为主，兼顾戏曲、话剧等大型会议功能的乙等剧院，是首届文博会演出的主要场馆，剧场内空调机房、水泵房等设备房间及排练厅等功能房间较多，对隔振隔声要求非常高，同时，敦煌大剧院为纯钢结构剧院，常规的设备基础隔振垫已经无法满足其声学要求，此时就需在此类设备用房内做浮筑楼板，以完全避免设备工作过程中产生的振动传至结构楼板造成振动噪声。

2. 采取措施

原结构楼板上方满铺专用橡胶隔振垫层，在隔振垫层上再施工地坪整浇层混凝土、设备基础等。使得振动源与下方结构楼板完全隔离，避免振动在垂直方向上的传递。同时，浮筑楼板区域四周墙面上安装专用橡胶隔振"踢脚"，使得整浇层与墙面完全隔离，避免振动在水平方向上的传递，如图 7-22 所示。

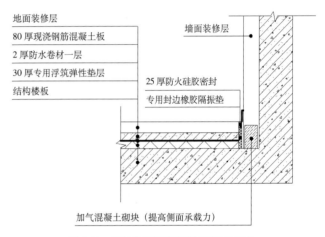

图 7-22　钢结构剧院浮筑楼地面构造节点

（1）地面橡胶隔振垫铺设

地面找平层施工完成后进行橡胶隔振垫铺设，橡胶隔振垫采用交叉楔口结合。装配前在楔形凹凸槽沟处各刷上一层胶粘剂，然后根据房间、场地大小进行裁剪铺贴。裁剪后的收口部位可采用硅胶封闭或者胶带封闭的措施。使整个浮筑橡胶隔振垫层形成一体，防止混凝土浆水流入，形成"空腔"。地面橡胶隔振垫的设置可以有效避免设备振动传至混凝土楼板，如图 7-23、图 7-24 所示。

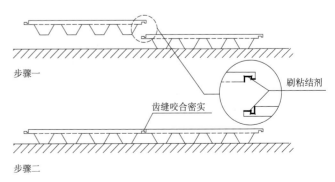

图 7-23　橡胶隔振垫铺设示意图

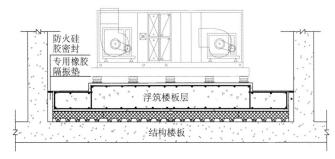

图 7-24　设备基础处节点图

（2）橡胶隔振"踢脚"铺设

根据室内地坪完成面标高，采用粘结剂将橡胶隔振"踢脚"（厚度为 2 ~ 3 cm）粘贴在墙上，橡胶踢脚上口比室内地坪完成面标高落低 25 mm，待室内地坪完工后，采用防火硅胶密封。橡胶隔振"踢脚"的设置可以防止震动通过建筑面层传至相邻墙体，如图 7-25 所示。

图 7-25　橡胶隔振垫铺设图及"踢脚"安装图

3. 实施效果

本技术过使用隔振橡胶垫（踢脚）将各类振动源与建筑结构墙体、楼板实现了隔离，有效阻止了振动、噪声的传播，为临近房间的正常使用提供了有效保障。通过相关权威的声学研究机构检测，所有房间声学测试均达到设计要求。

7.5　高原高寒地区剧院坑中坑支护技术

1. 技术难点

敦煌大剧院 11 ~ 14/F ~ R 轴主舞台基坑与四周区域筏板底标高差 3.9 m，10 轴两侧前后场筏板底标高高差 5.5 m。由于基坑支护阶段处于敦煌寒冷季节，无法进行湿作业，且项目工期紧张，普通的土钉墙、混凝土灌注桩等支护方案都无法实现。

2. 采取措施

为克服施工工期短，气温严寒无法进行湿作业问题，坑中坑支护采取冠梁 + 预应力管桩 + 内插型钢灌芯技术。预应力灌注桩为工厂预制，现场采用锤击法或静压法进行施工，施工方便快捷，且不受气候影响。内插型钢灌芯可以很好的提高预应力管桩的抗剪强度，保证基坑安全。

（1）预应力管桩设计

基坑支护过程中，依据基坑支护的高度，根据郎肯土压力公式，计算得到桩后土压力分布情况，得出桩身所承受的最大剪力及弯矩。根据设计计算，采用与大剧院工程桩同型号的 400 直径高强预应力管桩可满足设计要求，如图 7-26 所示。

（2）内插型钢灌芯技术

由于管桩为管形空心截面，其抗弯刚度较实心桩要小，在水平荷载下相对易发生挠曲。故根据支护桩的受力特性选择合适的预应力管桩后，可在管桩内内插工字钢，浇筑微膨胀混凝土，这样可以极大提高管桩的抗弯抗剪性能，为基坑支护的安全稳定性提供一

图 7-26 支护桩测量放线、静压桩机压桩

个更好的保障，如图 7-27 和图 7-28 所示。

（3）冠梁施工提高整体协调

由于管桩顶部为悬臂，存在往坑内水平位移的趋势，故为增加整体水平刚度，对桩顶进行约束，可在管桩顶部设置冠梁。同时在基坑开挖过程中冠梁同时还起到以下作用：

帮扶作用：对于个别或部分受力不强的桩，可利用冠梁使其分担一部分桩的内力，起到帮扶作用。

变形约束作用：实际施工过程中桩顶之间会产生多种方向的力，设置冠梁可以很好的调整不同方向的力，同时对桩顶各向位移进行约束限制，如图 7-29 所示。

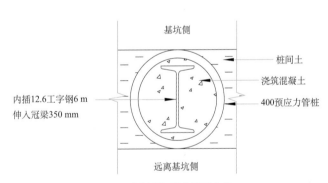

图 7-27 内插型钢灌芯设计方案

图 7-28 内插型钢施工

图 7-29 冠梁施工

（4）基坑监测

基坑开挖过程中，由于地质条件、荷载情况、材料性质、施工工况和外界其他因素的综合影响，加之理论预测值尚不能准确、全面、充分地反映工程的各种变化，所以，在理论指导下，有计划地进行现场工程检测十分必要。本工程基坑工程对周边环境、基坑本体和基坑支撑体系三个方面进行检测。

3. 实施效果

敦煌大剧院已完成竣工验收，施工采用预应力管桩内插工字钢＋冠梁结构支护方式充分证明施工速度快、成本低、质量高，有效控制了基坑围护结构的变形，确保了基坑工程的安全。

第 8 章　非盟国际会议中心

项目地址：埃塞俄比亚亚的斯亚贝巴

建设起止时间：2009 年 02 月至 2012 年 02 月

建设单位：中华人民共和国商务部

设计单位：同济大学建筑设计研究院

施工单位：中国建筑股份有限公司、中建八局天津公司

项目经理：宋素东；项目总工：郑春华

工程奖项：2012 ～ 2013 年度中国建设工程鲁班奖、中国首个海外鲁班奖工程

工程概况：

非盟会议中心项目是胡锦涛总书记 2006 年底在北京举行的中非合作论坛上，中国政府援助非洲八项重要举措之一，它集中体现中非的传统友谊，是承载新世纪中非友谊的里程碑。本工程位于埃塞俄比亚首都亚的斯亚贝巴，包括主办公楼，大会议厅，裙房三大功能区，总建筑面积 49432 m²。大会议厅位于裙房环绕的中心、椭圆形球体，分三层，一层池座 980 个，二层池座 679 个，三层池座 790 个，主席台座位 56 个，共计 2，505 个座位。大会议厅采用钻孔灌注桩基础，主体框架结构 - 钢结构，地下一层，地上四层，屋面为管桁架网壳结构，如图 8-1、图 8-2 所示。

图 8-1　非盟国际会议中心外景

图 8-2 会议剧场内景

技术难点：

（1）裙楼、大会议厅和办公楼由多组经向和纬向均为环形（多圆弧拟合的椭圆）轴线定位，屋顶幕墙和钢结构属三维空间结构，放线难度大。

（2）大会议厅的楼座采用大空腹大悬挑混凝土结构，主梁为空腹混凝土桁架结构，最大悬挑跨度近 9 m，内部设静压箱。

（3）钢结构主要由三部分内容组成：大会议厅钢结构分侧向环状支撑钢结构系统和管桁架加劲的单层网壳的屋面钢结构系统；中庭箱型钢梁屋顶钢结构；办公楼和大会议厅钢骨混凝土结构。

（4）幕墙系统主要有：大会议厅的椭球形直立锁边防水系统加开缝式蜂窝铝板幕墙系统；中庭的铝板、玻璃天窗、铝合金百叶及玻璃幕墙组成的幕墙，并与椭球形铝板幕墙相贯。

（5）超高超大空间较多，且造型复杂，结构支撑体系及装饰阶段操作架体搭设困难。

8.1 大会议厅 PC 板发光吊顶安装技术

（*本节专项工程由沈阳沈飞集团铝业幕墙工程有限公司实施*）

大会厅室内发光吊顶为双曲面倒圆形状，为方便本部位施工，圆形钢龙骨在地面进行拼装，然后龙骨进行整体吊装，局部位置在空中焊接拼装，PC 板面板在顶上进行安装。

PC 板吊顶形状为双曲面，环向主龙骨采用 $\phi 102 \times 5$ mm 的镀锌圆管、径向主龙骨采用 80 mm × 80 mm × 4 mm 镀锌方管，依据施工进度要求：计划在 8 月底主龙骨安装完成。PC 吊顶龙骨整体为 10 圈，根据现场实际情况，PC 吊顶龙骨部分在地面组装，圆心 7 圈主次龙骨全部完成合成一整体进行吊装，剩下部分内圈安装好后在顶部进行组装，如图 8-3 所示。

（1）龙骨组装：龙骨拼装在地面进行（大会议厅室内）。先按照理论三维模型，在地面放样，按照理

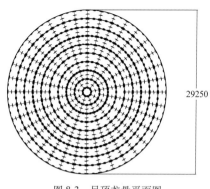

图 8-3 吊顶龙骨平面图

论尺寸先预制一个模型支架,在支架上控制好主龙骨理论距离定位安装、满焊,然后再进行次龙骨的定位安装,复查安装位置无误后满焊、防腐。

(2) 内 7 圈龙骨安装完成后,在顶部第 7 圈位置搭设悬挂脚手架,与目前室内四周立面脚手架连成整体,搭设操作平台进行 PC 板吊顶外 3 圈龙骨安装、驳接件定位,在满焊及防腐完成后方可进行脚手架拆除。

(3) PC 板安装前在 PC 板吊顶上方所以工作必须完成,方可进行 PC 板安装。

(4) PC 板为驳接件式连接方式(见图 8-4),驳接抓与镀锌钢龙骨为焊接连接方式,驳接件的可调误差范围很小,要求龙骨制作的误差必须在驳接件的可调误差范围之内。

(5) 吊杆与钢结构连接:为避免 $\phi 102$ 圆管吊杆与钢结构直接焊接,现采用 8 号槽钢卡位连接,$\phi 102$ 圆管吊杆端头封堵 12 mm 厚钢板卡位在 8 号槽钢内侧连接。

(6) 吊装,大会议厅龙骨整体重量为:14163kg。内圈吊装重量为:8676kg。吊装采用 9 点钢索提升,配合 9 点(2 个 10t、7 个 5t)手拉葫芦进行安装,如图 8-4 所示。

图 8-4 大会议厅 PC 板发光吊顶实景图

8.2 管桁架制作安装技术

(本节专项工程由杭州恒达钢构股份有限公司实施)

大会议厅屋盖钢结构系统为椭圆形,由椭圆长轴方向的一榀管桁架和椭圆短轴方向的三榀管桁架以及其间的网壳圆管杆件组成,长向管桁架投影总长 48.864 m,短向管桁长度分别为:38.134 m、42.884 m、38.134 m。杆件截面为 $\phi 114 \times 6$、$\phi 146 \times 6$、$\phi 159 \times 7$、$\phi 180 \times 8$、$\phi 219 \times 8$、$\phi 152 \times 8$、$\phi 89 \times 4$,杆件均为无缝钢管,材质为 Q345B,如图 8-5、图 8-6 所示。

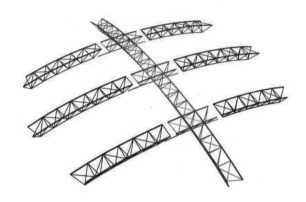

图 8-5 大会议厅屋盖管桁架模拟安装图

图 8-6 大会议厅屋盖钢结构实景图

1.施工难点分析

1) 管径小、壁薄、管长等特点,变形控制。

2) 桁架为三维空间结构,需设置胎架制作,因此胎架及临时装置设置要求多且各节点尺寸控制精度要求高。

3) 大部分为管相贯端,要求相贯线切割机加工精度高且相贯端一次成型要求高。

4）因支管与主管相贯，大部分焊缝属于全位置焊，焊工技术要求高。

2. 施工工艺流程

为了进一步控制管本体制作精度，确保现场组焊及预拼装尺寸的准确性，工厂对桁架进行预组装。上弦杆及相应的腹杆组成一片发运现场；其余斜腹板及下弦杆散件发运现场。

（1）工厂预组装胎架设置

1）由于屋架结构基本相同，将选择有代表性的桁架进行工艺分析。为保证各主管尺寸形状的正确性，进行预组装，在连接处增加连接耳板，用螺栓进行连接（不焊），检查其正确性，如有不符立即进行矫正、整改。

对桁架主管及相互之间的腹杆在装配平台上利用组装胎架进行装配，装配工艺为在胎架上先组装上弦及下弦的主管，确定其空间位置，然后装配支管并定位。

2）拼装胎架将桁架主管固定在装配平台上，再用龙门吊或吊车将已接好的主管放置在如图对应位置，固定定位块，调节调整板，确保主管之间的相对位置。

（2）桁架预组装

1）拼装布置

根据钢构件的重量及吊点情况，划分好场地，确保各项互不干扰及各项满足安全的要求，合理布置胎架位置及吊车的活动空间并准备足够的不同长度、不同规格的钢丝绳以及卡环等吊具以及准备好拼装胎架、缆风绳、千斤顶以及扳手等小型工具。

2）钢桁架制作顺序

第一步：搭设钢桁架拼装胎架

将组装及预拼装地面整理平整，确保地面具有足够的刚度，然后在事先规定的地方设置胎架，并将胎架连成一体，再将桁架上下弦杆定位点采用水准仪及经纬仪等一些精度较高的仪器将桁架的定位部位先进行粗调再精调，确保桁架截面尺寸偏差不超过 2 mm。考虑桁架焊接收缩影响，桁架在胎架上的定位应适当的预留 1 mm 左右余量。

第二步：胎架设置完毕，先将上弦面及下弦杆吊往胎架上就位。就位原则：中间往两侧对称就位，就位后

通过胎架上的限位块调节弦杆的定位尺寸。上弦面及下弦杆就位完毕后，在采用经纬仪及水准仪检验构件的定位精度。

第三步：组装斜下腹杆，组装顺序遵循：从中间往两侧成对称、先下后上的原则。组装下腹杆过程中，应采用吊车辅助就位，不允许单独采用人力对杆件就位。腹杆就位后应采用点焊固定，点焊长度不低于 40 mm，且每个相贯处的点焊数不得少于 3 处。考虑桁架截面比较高，点焊过程中，人严禁攀缘桁架及胎架，应采用事先设置一些活动的工作平台操作。

第四步：桁架整体组装完毕再复合各节点尺寸，无误后再采用汽车吊将每段桁架吊下胎架，再对未焊接处施焊。因在焊接过程中，桁架需要多次翻身，因此在每段吊点部位需要设置一些加固措施。

第五步：每段桁架焊接完毕，再将每榀桁架的五段吊往胎架复位。然后对桁架整体取长。

第六步：构件表面清理干净后喷上相应的油漆，如图 8-7 所示。

图 8-7　管桁架安装示意图

3. 管桁架吊装

根据本工程特点，平面内按照：加劲主桁架→支撑桁架→系杆、封边桁架或杆件的安装顺序。

8.3　高精度测量控制技术

1. 平面控制测量

（1）平面控制网的布设方法

本工程控制网分两级布设，首级为场区控制网及

总平面控制网，采用一级导线精度进行测设，以业主提供的控制（网）点为基准进行测设。二级控制网为轴线控制网，依据总控制网采用直角坐标法和极坐标法进行测设。首级平面总控制网布设成闭合环形导线，采用全站仪导线法进行测量，做为现场的平面控制基准，控制网（点）要做好维护并定期进行复核，校正。平面总控制网布置如图8-8所示。

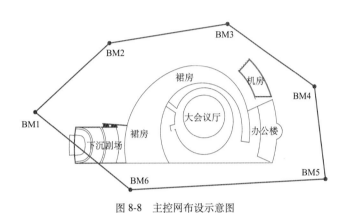

图8-8　主控网布设示意图

（2）首级总平面主控网的测设

根据业主提供的基准点坐标，采用后方交汇的方法检验其准确性。将全站仪架在其中一基准点上对中整平后，后视另一点定向，采用闭合导线测量的方法联测场区主控点进行导线测量。

2. 轴线控制网的测设

场区总平面控制布设完后可满足对场区平面控制的需要，但为了施工方便还应该布设轴线控制网，作为二级平面控制网。轴线控制网根据总平面控制网使用全站仪，采用直角坐标法和极坐标法来测设建筑物所需要的轴线控制桩，经复核无误后作为建筑物轴线控制网，根据本工程建筑物定位特点，根据轴网定位图给出的两条相互垂直的大会议厅和办公楼的主轴线，轴线控制桩应偏移轴线1 m，防止结构施工时对视线的阻挡，将建筑物轴线网布设成十字型。具体平面布置如图8-9所示。

3. 结构施工测量

本工程施工测量采用内控法，用激光垂准仪将轴线控制点整体同步传递；内部控制网在首层采用直角坐标法和极坐标法进行测设。高程控制在基础施工阶段

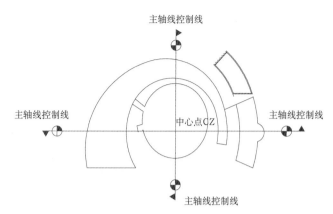

图8-9　轴线控制网定位示意图

开始布设6个标高控制线，采用悬吊钢尺法向上进行传递。在施工过程中，应对轴线控制点和高程控制点每半月复测一次，以防控制点移动，而影响正常施工及工程施测的精度。

（1）轴线内控网点的布设

轴线内控网点的布设要尽量选择在首层楼板建筑物外廓轴线及单元、流水段分界轴线和楼梯间、电梯间两侧轴线，躲避开柱、梁、剪力墙的位置。为保证控制点精度、方便检核，每施工段控制点不少于三个。首层设置的内控网点采用全站仪进行闭合、校正，精度要满足现场施工测量要求，首层内控网点为轴线向上传递的依据。大会议厅内部轴线控网布置如图8-10所示。

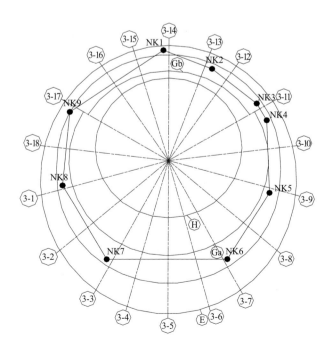

图8-10　大会议厅内部轴线控网示意图

（2）根据内控点的细部放样方法

将全站仪设在已测放的内控点上，照准连线上的另一内控点定向角度归零，根据轴网定位图及电子版定位图，记录细部放样点坐标，采用极坐标方法定位出内部轴线。放弧线轴时应根据工程需要按固定弧长或弦长放样。

当楼层向上传递时，把内控点做为一个闭合图形联测，用理论边长及各个内角作为校核依据。

8.4 变截面、变跨度、双曲线、大跨度箱型钢屋架制作技术

（本节专项工程由杭州恒达钢构股份有限公司实施）

本工程大会议厅与裙房之间为中庭，屋面为折线扭面造型，结构形式为框架式箱型鱼腹梁，主要构件为箱型钢梁及钢梁之间的圆管支撑，共有主梁 40 根，其中有 29 根为变截面，截面有 $1000 \sim 1600 \times 300 \times 16 \times 24$、$850 \sim 1000 \times 300 \times 12 \times 18$、$550 \sim 700 \times 300 \times 8 \times 12$、非变截面钢梁截面有 $400 \times 200 \times 8 \times 12$、$350 \times 200 \times 6 \times 8$、$300 \times 200 \times 6 \times 8$，材质均为 Q345B。最大跨度钢梁总长 41.565 m（图 8-11）。

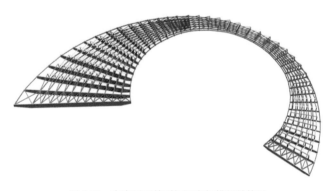

图 8-11 中庭屋面箱型钢梁空间模拟结构图

1、组装

（1）检查上道工序制作的上、下翼板、腹板、隔板组件尺寸、坡口是否满足要求，熔渣、毛刺是否清理干净；

（2）将一翼板吊至组立机上，作为下翼板进行组立；

（3）以柱封板一端或梁一端为设定基准端，划出

3 ~ 5 mm 作为端面加工量，然后作出端面基准线；

（4）以端面基准线为基准，划出内隔板（包括工艺隔板或支撑）的纵向、横向位置线；

（5）在下翼板安装隔板处，装配、点焊各内隔板及柱端封板等；

（6）将电渣焊孔中心的纵向位置线引出至翼板边缘，做上标记；

（7）用直角尺检查测量，使各内隔板与下翼板垂直，隔板两侧的垫板均应点固并应紧贴翼板面。若间隙 >0.5 mm 时，应进行手工焊补；

（8）以端面基准线为基准，将二腹板吊至内隔板两侧，两腹板的坡口面均朝外；

（9）利用组立机的定位夹具从基准端开始，将两腹板从一端至另一端贴紧隔板衬条边缘，并用手工焊将二腹板与内隔板组的垫板、衬板点固，且间隙 <0.5 mm，焊条同前；

（10）根据下翼板上的标记及隔板上侧电渣焊槽，将隔板上下电渣焊孔的中心纵向位置引至二腹板上，用角尺将线划出；

（11）当两隔板间距离 >3 m 以上时，其中间的两腹板间应加装工艺隔板或支撑，以防变形；

（12）下翼板与二腹板的点固要区别对待。不要求全熔透的，可在箱体内直接点焊。要求全熔透的部分，因内侧要点衬板条，故不能在内侧直接点固，应先安装衬板条后，再点固；

（13）在 U 型柱槽内，要求全熔透的柱段上，两腹板上下侧要分段贴角点焊衬板条 $-8 \times 30 \times L$。（L 为各段衬板条的长度，应根据图纸确定），下侧要求衬板条两面分别与腹板、翼板贴紧，然后点固，间隙 <0.5 mm，再间断焊接。上侧要求衬板条一面与腹板贴紧，另一面与腹板上边缘最外侧齐平（应有 3 ~ 4 mm 间隙），贴合面间隙 <0.5 mm；

（14）上衬板条应点固在该板条下部，侧翻时敞平贴紧，并间断焊接，防止偏斜。（点固焊长度 50 mm，间隔 50 mm），且不可焊在衬板条的上部，否则会影响上翼板与该衬板条的贴紧、搁平。上衬板条也可点固在上翼板上，该法要求划线正确，安装时正好紧贴

两腹板内；

（15）将 U 型柱翻转 90°，用 CO_2 气体保护焊焊接内隔板（包括封板、工艺隔板或支撑）与腹板连接的焊缝。电渣焊垫板两端长度较隔板长出的部分（5～6 mm）的空隙处，必须焊接堵住，以防电渣焊时漏液；

（16）焊接时，先焊一侧腹板上所有焊缝，再翻转 90°，焊接翼板上所有焊缝（包括衬条焊缝）。再翻转 90°，焊接另一侧腹板上的所有焊缝。每一侧又先焊中间隔板，再分别往两端，对称焊接，不得遗漏不焊；

（17）对于每一隔板的衬板条与腹板的连接缝，焊接时，要注意焊丝的指向，保证腹板与衬板条，隔板与衬板条间互相熔透；

（18）焊后清除需探伤处的焊渣，飞溅等。在自检合格后，方可进入探伤程序；待内部组装及焊缝质量经监理见证后，封上翼板；

（19）在组立机上，以基准线为基准，将上翼板吊至 U 型柱上，并从基准端开始，向另一端均匀点固上翼板与两腹板的连接缝。特别在隔板处，更应压紧上翼板后，再点固。防止缝隙过大，影响电渣焊；

（20）点固应在坡口内底部，点固焊缝长 20～30 mm，间隔 200～300 mm，点固焊缝电流应稍大，要保证底部熔透，焊缝不可太高，不得有缺陷。

2. 箱形四角焊缝焊接

（1）柱两端应焊接引入、引出弧板。先点要焊接一侧两端，尺寸为 $\delta \times 100 \times 100$，$\delta \times 100 \times 200$，每端各二块，前两块有坡口，角度同腹板，材质、板厚同母材。另一侧翻转后再点焊；

（2）CO_2 气保焊焊接封板与上翼板的连接缝；

（3）对要求全熔透的焊缝，可采用 CO_2 气保焊或埋弧焊进行打底。打底焊缝需保证 6～8 mm 间隙。打底时，要充分注意：下部衬板条与两边翼腹板要熔透，不得有缺陷；不要求熔透的焊缝为使埋弧焊脱渣容易，也可先打底，但高度不宜太高，尽量做到全熔透处与部分熔透处高度一致，以便进行双丝焊；

（4）采用双丝埋弧自动焊焊接四条纵向主角焊缝。

3. 箱形隔板电渣焊

（1）电渣焊焊孔结构形式

对于大部分箱型杆件，内隔板与腹板之间是垂直夹角，电渣焊孔是方形；但对于变截面处的电渣焊孔稍有不同，应根据实际尺寸通过试验确定焊孔尺寸。

（2）钻电渣焊孔工序

用磨光机打磨要钻孔部位，将钻孔部位磨光约 $\phi 50$ 范围，并磨平将要划线位置。划线：在电渣焊孔中心位置划中心线并打样冲。钻孔：钻电渣焊孔完成后，去毛刺，清除所有钻屑，检查电渣焊缝处的清洁度。可用火焰烘烤油、水等污垢，用木棒卷砂布除锈，用圆柱锉锉去毛刺，钻孔鱼鳞眼等。使上下贯通，无任何阻碍物。

（3）安装引出装置

引出装置用黄铜制成，放置于焊道上端。安装前应将圆孔周围约 $\phi 150$ mm 范围打磨平，安装时在圆孔四周平面涂抹石棉泥，使焊接时渣液不易外流。

在隔板下部孔位处，垫上中间有锥孔的水冷铜垫块（即引弧帽）。为便于引弧，又不损伤铜垫，先在铜垫孔内加一些切断焊丝及焊剂。保证孔 - 孔对中。在电渣焊孔上部也应加铜垫块，为保证贴合面平整，其接触面须磨平，用千斤顶把铜帽与腹板压紧至固定，并用耐火泥密封间隙，以防止液体渗漏。

（4）焊接

为使箱型变形程度得到一致，必须是对称焊接，为此采用两台电渣焊机对内隔板的两侧焊道，同时同规范进行焊接。焊接启动后必须使电弧充分引燃，启动时焊接电压应比正常电压稍高 2～4V；焊接过程中随着焊接渣池的形成，应继续加入少量焊剂，待电压略有下降，并使其达到正常的焊接电压；收弧时可逐步减少焊接电流和电压、防止发生收缩裂纹。焊接完成后，应将焊口处余高去除，并打磨均匀。

4. 矫正

（1）由于构件刚性较大，在箱形柱扭曲变形校正时，除火焰校正外，必要时还需施加外力协助。

（2）先把柱子放在平台上用线锤测量扭曲方向，划出校正位置线。

（3）用线状加热来矫正扭曲构件；视变形、扭曲情况大小，用一条或数条斜线来对称矫正。斜线方向和扭曲的方向成八字形，即相反方向，加热温度750～850℃，加热宽度为板厚的1～2倍，深度是板厚的1/2～2/3。斜线的斜坡在35°～50°之间，斜坡越大，矫正量越大，如图8-12所示。

图 8-12　中庭内部展示图

8.5　大会议厅椭球形铝板幕墙施工技术

（本节专项工程由沈阳沈飞集团铝业幕墙工程有限公司实施）

大会议厅的椭球形铝板幕墙是由数个平面模拟而成，椭球顶部设计有检修出人孔及检修通道，中庭屋顶与椭球形成的相贯线将椭球外表面分为室外和室内两部分，室外全部采用铝板，室内采用铝板和木材（枫木）两种材料。在室外铝板和穿孔铝板吊顶之间安装镀锌钢板，进行吸声喷涂。施工前须以施工图定位为依据，检测钢结构，分析数据，并将分析结果报设计院沟通后，建立三维模型进行放样，如图8-13、图8-14所示。

椭球形铝板幕墙施工的重点及难点如表8-1所示。

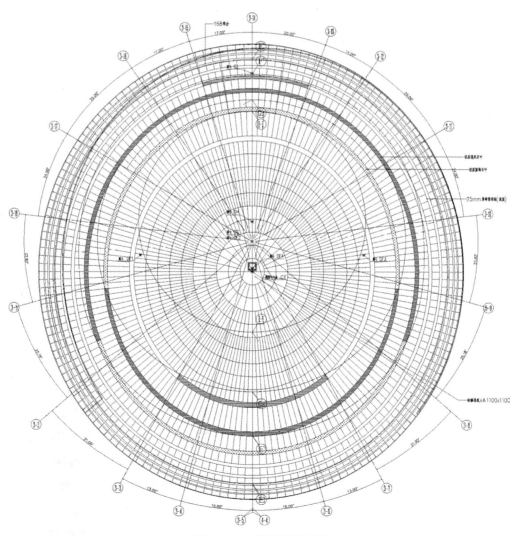

图 8-13　大会议厅屋顶平面图

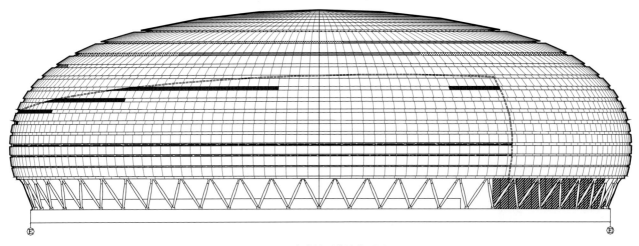

图 8-14　大会议厅幕墙立面图

施工重点及难点表　　　　　　　　　　　　　　　　　　　　　　　　　　　　表8-1

序号		施工重点及难点
1	造型独特，测量放线难度大（采用三个测量步骤以保证测量精确性）	
	(1)	检测现场钢结构（使用全站仪等专业测量工具，由面到点全面测量，及时调整误差，建立三维模型）
	(2)	龙骨定位放线（使用先进的测量工具，考虑结构沉降，详细测量三维控制点，及时修正三维模型）
	(3)	铝板定位放线（完整测量面板尖角数据，根据数据绘制准确的面板加工图）
2	收边收口多，施工工艺要求高	
	(1)	提高测量精度，测量及技术人员全程跟踪，建立精确三维模型
	(2)	施工过程中严格把关，及时调整
3	铝板板块加工难度高	
	(1)	根据测量结果和三维模型绘制精确的板块加工图
	(2)	加工过程中和现场人员及时沟通，并与模型核对准确
4	施工精度高	
	(1)	测量及技术人员全程跟踪，保证三维模型准确性
	(2)	各工种之间密切配合，保证安装精度

1. 椭球形铝板幕墙安装施工准备

（1）详细核查施工图纸和现场钢结构实测尺寸，以确保设计加工的完善，同时认真与结构图纸及其他专业图纸进行核对，以及时发现其不相符部位，尽早采取有效措施修正。

（2）椭球形铝板幕墙安装施工前搭设脚手架，并将金属板及配件用塔吊运至施工作业面。

2. 椭球形铝板幕墙安装施工工艺

（1）椭球形铝板幕墙连接件的安放

1）严格按钢结构施工图检测连接件的位置，其允许位置尺寸偏差为 ±5 mm。

2）全面检测现场钢结构的安装偏差，分析数据，使椭球形铝板幕墙龙骨连接件控制在最小范围内。

（2）椭球形铝板幕墙测量放线

本工程为椭球形铝板幕墙造型独特，是由数个平面模拟而成，相对于一般幕墙而言，外观要求质量高，测量放线工作繁杂，龙骨定位困难，技术含量高，施工精确性要求极高。在施工过程中需经过主体钢结构测量放线及调整，幕墙龙骨安装放线定位及调整，面板安装阶段放线定位及调整等多个步骤来保证整个施工的精确性。

1）检测现场钢结构

主体施工过程中须以施工图为依据，采用全站仪等专业测量工具由面到点全面的进行主体钢结构放线，检测现场钢结构。测量时首先确定基准定位线，确认无误后，以其为基准进行精确的测量放线。检测时应充分考虑钢结构自身沉降所带来的误差，如发现较大误差，应及时予以调整，以符合幕墙的安装要求。测量及调整结束后详细分析相关数据，并将分析结果报设计院充分沟通后，建立三维放样模型（模型中应详细标明钢结构控制点的 X、Y、Z 三维控制坐标及误差部位的误差尺寸，保证幕墙龙骨施工时能够及时将其纠正）备用。

2）龙骨定位放线

主体钢结构施工完毕并测量调整后，进行幕墙骨架的测量定位工作。测量前，以施工图纸和现场具体情况为依据，根据已经建立好的三维模型，使用全站仪等先进的测量设备，充分考虑椭球钢结构自身的沉降并计算幕墙安装后所造成的沉降变形，由技术人员详细计算出每一根龙骨控制点的详细三维坐标，并交现场测量人员使用。现场测量时根据模型逐一测量三维控制点位置，作好三维标识，并将测量结果交技术人员修正三维模型。加工人员收到技术人员按照修正模型绘制的龙骨详细尺寸图纸后方可安排加工。

3）面板定位放线

幕墙龙骨安装完成后，测量人员按三维模型再进行一次全面的误差测量工作，在测量的过程中对误差进行修正，以达到面板的安装要求，同时确定每块铝板面材四个尖角的 X、Y、Z 三维控制数据，交技术人员进行铝板加工图纸的绘制，以保证铝板精度达到要求。

4）测量方法

采用三维立体放线法，具体措施如下：

①底层基准水平线的测定与校准；

②基准轴线的测定及边线的测定；

③按中—边—中—边的循环测量方法，测定每块铝板角位支持点三维中心线位置；

④各中心线间距的全面校准并定位；

为保证测量放线精度，首先确立本工程的一个基准，多轴线为基准势必存在一些偏差（而幕墙各项偏差均在 ±1 mm 之间），为了克服这一难点，提取一个基准点，确保幕墙工程与主体工程不脱钩。在轴线确认无误的前提下，利用幕墙公差，在合适的位置设立参照基准轴线，反复核对无误后，确立为辅助基准轴线，以此来达到施工的高质量；其次，依据土建的基准点、线，考虑到温差以及地面不平造成对计量的误差，采用全站仪复核相互之间的几何关系，搞清楚点线之间的关系，以及相互间的几何尺寸，通过点线的精度来提高幕墙施工精度；在确保洞口以及沉降缝等宽度的前提下，要使各种累积误差在大面幕墙内消化不得积累。

3. 椭球形铝板幕墙钢龙骨的加工和安装

（1）钢龙骨的加工

1）检查所有加工的物件。

2）根据施工图按加工程序加工，加工后须除去尖角和毛刺。

3）按施工图要求，将所须配件安装于铝型材上。

4）检查加工符合图纸要求后，将钢材编号分类包装放置。

（2）椭球形铝板幕墙铝合金龙骨安装

1）角码安装及其技术要求

①角码须按设计图加工，表面处理按国家标准的有关规定进行热镀锌。

②根据图纸检查并调整所放的线。

③将角码焊接固定于预埋件上。

④待幕墙校准之后，将组件铝角码用螺栓固定在铁码上。

⑤焊接时，采用对称焊，以控制因焊接产生的变形。

⑥焊缝不得有夹渣和气孔。

⑦敲掉焊渣后，对焊缝涂防锈漆进行防锈处理

2）防锈处理技术要求

①不能于潮湿、多雾及阳光直接暴晒之下涂漆，表面尚未完全干燥或蒙尘表面不能涂漆。

②涂第二层漆或以后的涂漆时确定较早前的涂层

已经固化,其表面经砂纸打磨光滑。

③涂漆应表面均匀,但勿于角部及接口处涂漆过量。

④在涂漆未完全干时,不得在涂漆处进行其他施工。

（3）铝板板块加工

椭球屋面由平面铝板板块拼接而成,在对测量放线提出了极高要求的同时,对铝板的加工精度要求更高,并且因为所使用的板块均为异形（近似梯形）,所以铝板的加工质量也是施工控制的重点。铝板的加工在国内进行,加工前应详细绘制每块面板的分解图纸,加工应该完全按照提供的面板加工图进行加工,保证加工精度控制在 1 mm 以内。

（4）施工精度控制

基于屋面整体造型,主体钢结构的误差控制难度较大。根据测量放线的结果,屋面的龙骨安装要充分考虑整个结构的误差并予以调整,以保证面板安装的精度及质量,所以施工过程中测量人员和技术人员全程跟踪,及时发现并调整现场出现的问题,修正三维模型,保证安装精度在控制范围内。

（5）椭球形铝板幕墙细部处理

中庭屋顶与椭球形成的相惯线将椭球外表面分为室外和室内两部分,且椭球顶部设计有检修出人孔及检修通道,内凹造型、铝板装饰、收口位置较多,相关位置的定位放线和后期细部处理是关键。在具体施工过程中,要严格把关,按照具体施工部署按步骤进行,并随时检验调整,防止隐患,如图 8-15 所示。

图 8-15　大会议厅屋顶实景图

第9章 南京牛首山佛顶宫剧院工程

项目地址：江苏省南京市江宁区牛首山风景区

建设起止时间：2012年9月至2016年7月

建设单位：南京牛首山文化旅游集团有限公司

设计单位：华东建筑设计院有限公司

施工单位：中国建筑第八工程局有限公司总承包公司

项目经理：颜卫东；项目总工：孙晓阳

工程奖项：2016～2017年度中国建设工程鲁班奖

工程概况：

南京牛首山大遗址公园位于牛首山风景区内，其核心建筑佛顶宫位于牛首山顶由采矿形成的废弃矿坑内，建筑面积约13.6万 m^2，地下6层，地上1层，是一个集文化、旅游、宗教、建筑等元素于一体的大型综合性项目，在首层禅境大观设置有大型莲花创意机械舞台，庞大如莲的造型与佛顶宫宏伟的气势争相呼应，莲花中心机械舞台直径长达38 m，属于专业定制的宗教演艺舞台，其舞台的成型工艺、空间定位及安装过程复杂，具有唯一性、不可复制性，如图9-1、图9-2所示。

图9-1　南京牛首山佛教剧场外景

图 9-2   如莲剧场效果图

技术难点：

"特"——宗教文化建筑独具特色，别于传统房建，具有特定用途、特定功能，建筑规制有专业、文化内涵要求。

"深"——废弃矿坑内 60 m 坑内施工，边坡最大 150 m 加固深度，国内首例矿坑内建造。

"大"——90 万 m³ 特大型尾矿渣滑坡治理，250 m 跨度多曲率异型铝合金屋盖，140 m 跨椭球形铝合金结构，130 m 度双曲面镂空天花板安装，为国内首例，无经验可借鉴。

"精"——舞台 36 片莲花瓣，叶片多曲面造型，制作、安装，要求精度误差为 2 mm。

"难"——基于 3D 打印和 BIM 技术的古建筑艺术构件的设计制作与施工工艺，复杂的室内异型高大空间艺术装饰施工，突破了常规幕墙概念的外立面艺术建造施工难度大。

9.1 复杂地质条件下废弃矿坑超高边坡治理与生态修复技术

1. 复杂地质条件下矿坑内百米级超高边坡逆序加固施工技术

（1）技术概况

核心建筑—佛顶宫建于废弃矿坑内，矿坑边坡最大高度 150 m，最大坡度 70°，场内地质条件比较复杂，强、中风化凝灰岩、40 m 厚尾矿渣堆积体、90 万 m³ 滑坡体等；需保证施工及运营周期内，对建构筑物、对密集人流的保护，不滑坡，不崩塌，不发生损毁建构筑物的抛石、大变形等。解决废弃矿坑超高边坡自然原貌与密集人群活动安全下的加固治理及灾害治理的绿化、生态恢复覆绿。

（2）技术特点与难点

本项目是国内首个在废弃矿坑建造的大型公共建

筑，边坡最大高度150 m，最大坡度70°如图9-3所示，边坡加固既要保证施工期安全及稳定性，又需保证临近古建文物安全。同时需满足佛顶宫建成后使用期的长期稳定性和抗震稳定性。具有以下特点：

1）佛顶宫约300多根桩坐落矿坑斜坡；需满足边坡—地基基础—建筑结构全面共同作用，对矿坑边坡加固质量要求很高。

2）超高边坡一次搭设150 m爬坡操作架，高度高，难度大；

3）离文物最近50 m，中深孔爆破单段装药量和爆破震动控制难度大；

4）尾矿渣堆积体锚索成孔难、穿索难、漏浆量大；

5）矿坑高边坡施工期安全监测难度大。

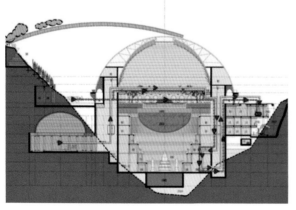

图9-3　废弃矿坑原始地貌、佛顶宫建筑剖面图

（3）采取措施

1）针对边坡—地基基础—建筑结构全面共同作用，对矿坑边坡加固质量要求高情况，采用理论、数值分析等多种分析手段，分析、研究加固前后边坡与

建筑物的相互及协调作用，将边坡的抗震稳定性的设计理念首次引入既有矿坑边坡加固设计中。

2）针对常规边挖边锚，爆破影响已施工成型锚索锚索质量及边坡稳定型情况，采用矿坑先削坡至坡脚，再搭设150 m高爬坡架至顶进行边坡加固的逆序施工方法。如图9-4所示。

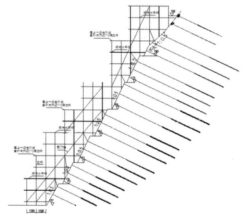

图9-4　废弃矿坑内150m超高爬坡操作架搭设图

3）针对一次搭设150 m爬坡操作架，高度高，稳定性难度大的问题。采用爬坡架体与锚索进行拉结，将$L50×5$的角钢按一定间距打入地下并灌浆，作为脚手架底部的受力点，确保高空操作架体安全。图9-5示。

4）针对离文物古建最近50 m，中深孔爆破单段装药量和爆破震动控制难度大的情况；通过反复试验及爆破小试，在改变单位炸药消耗量，其他参数不变情况下，确定炸药单耗与大块率的关系；确定文化古迹附近强、中风化凝灰岩爆破的技术指标。如图9-6所示。

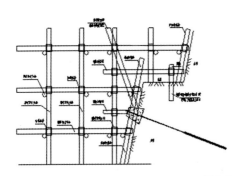

图 9-5　爬坡架体拉结图

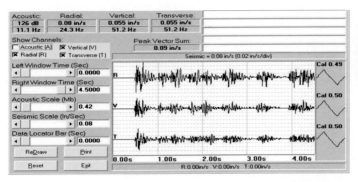

图 9-6　爆破试验、单位炸药量与大块率的关系

5）针对尾矿渣堆积体锚索成孔难、穿索难、易漏浆量的情况；采用加入水玻璃、孔内喷混凝土堵漏、塑料袋裹水泥球堵漏、断层破碎带固结注浆及套管钻进等措施；解决尾矿渣松散堆积体锚索钻孔的难题。如图 9-7 所示。

发明一种崖壁逃生通道用钢锚梁结构及其施工方法，解决了深坑崖壁逃生装置设置及施工的技术难题。

如图 9-8 所示。

2. 特大型尾矿渣堆积体滑坡治理及生态修复关键技术

（1）技术特点与难点

1）如此大规模的尾矿渣滑坡极为少见，滑坡体总面积 3.5 万 m^2，总体量 90 万 m^3，有效治理难度大。

2）反压区域填筑 40 m 厚尾矿渣，易产生沉降

图 9-7　尾矿渣区锚索成孔

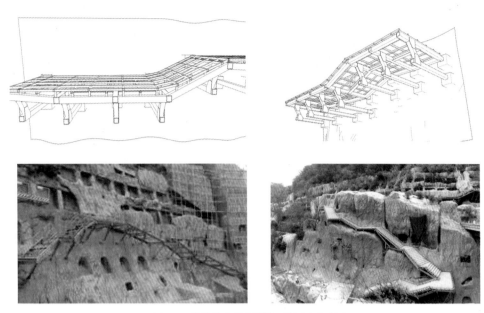

图9-8 崖壁逃生通道锚梁三维图及完成图

过大、纵向裂缝及新滑坡体等问题；

3）地处著名景区，滑坡加固时，除保证安全性和运营阶段的可靠性外，绿化及生态恢复覆绿＋景观小品营造，艺术构造及施工难度大；

（2）采取措施

1）对滑坡产生的原因、现状、滑坡体特征、治理措施等进行综合研究分析，通过多方案对比和分析，设计最优的锚索和抗滑桩抗滑体系。如图9-9所示。

2）通过采用强夯试夯试验，确定强夯施工工艺及参数，采用大夯击高能量强夯法夯实等技术，解决堆填区域沉降过大、纵向裂缝及形成新的滑坡体的问题。如图9-10所示。

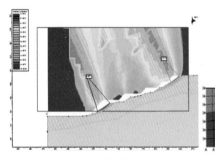
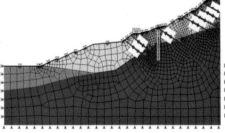
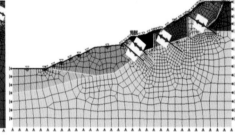

地震工况下浅层滑动计算 单排桩计算模型 双排桩计算模型

图9-9 锚索和抗滑桩抗滑体系分析

图9-10 强夯试验及实施图

3）采用塑石假山生态修复技术，通过骨架造型＋塑石咬花、雕刻、喷涂＋培土绿化技术在坡面形成洞穴、断层、石质、纹理等景观营造及地形塑造，育树种草，实现生态环境修复。如图 9-11 所示。

图 9-11 塑石假山生态修复

实施效果：本技术在废弃矿坑超高边坡及尾矿渣滑坡综合治理中得到成功应用，以独特的构造、施工工艺及矿坑环保治理的理念，产生经济效益近百万元。自 2012 年 5 月开始施工，2013 年 12 月结束，经连续监测，边坡形变速率趋于稳定。

9.2 椭球形铝合金穹顶结构体系安装施工技术

1. 技术概况

南京牛首山佛顶宫小穹顶，为椭球形曲面，摩尼宝珠造型，投影面积 13650 m²，长约 140 m，宽约 100 m，高度 52 m，杆件 12375 个、节点盘 4224 个、佛手 5424 个。

2. 技术特点与难点

（1）构件多，曲线变化在节点板，安装精度高，安装难度大；

（2）操作架高度 55 m，构件多、自重大，矿坑空间狭窄，安、拆难度大。

（3）铝板、佛手与铝合金杆件节点处理、防水构造复杂。

3. 采取措施

（1）搭设了高空独立塔桁架式承插盘扣型操作架搭设技术，减轻架体自重，可拆卸调节性能灵活，解决了 55 m 高的操作架难题。如图 9-12 所示。

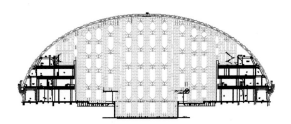

图 9-12 高空独立塔桁架式承插盘扣型操作架

（2）采用由中间支座以上，由外至内逐圈成环的闭合体系自约束安装，解决铝合金结构安装过程杆件变形，累计误差较大的问题。如图 9-13 所示。

（3）制作出专用的吊篮对防水铝板进行高空运输。如图 9-14 所示。

（4）利用铝合金压条构件，用于铝合金杆件与铝板、铝板与佛手之间的安装、防水构造。如图 9-15、图 9-16、图 9-17 所示。

4. 实施效果

本技术在南京牛首山小穹顶施工中得到成功应

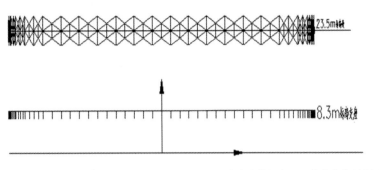

图 9-13　支座安装标高图、支座安装顺序图

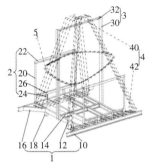

图 9-14　防水铝板吊篮三维及实景图

图 9-15　压条构件及安装完成图

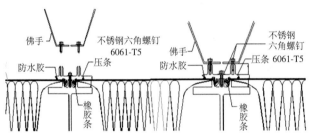

图 9-16　佛手安装节点图

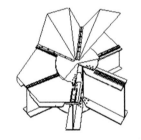

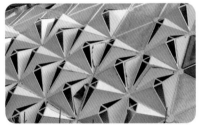

图 9-17　佛手安装完成图

用，通过标准化、精确化的工厂化加工，快速的现场装配式施工，结构塔吊、拼装平台的合理布置，有效解决了 140 m 跨铝合金穹顶结构安装难题；工期提前 15d，取得了良好的实施效果。

9.3 双曲面拉索式异型树影状镂空铝板天花施工技术

1. 技术概况

46 m 高 130 m×80 m 双曲面异型镂空铝板天花，面积约 20000 m²，由拉杆尺寸 1200 种，拉索尺寸 1600 种，不同尺寸软膜 3000 种，尺寸和形状各不相同的三角镂空铝板 3000 块组成，采用拉杆、拉索与铝合金结构形成稳定曲面壳体受力体系。

2. 技术特点与难点

（1）铝板天花与铝合金穹顶连接构造做法在国内尚属首次。

（2）镂空铝板天花安装精度控制要求高。节点盘孔安装误差不大于 2 mm。

（3）U 型铝槽与镂空铝板连接构造，管线与铝合金杆件连接构造新颖。

3. 采取措施

（1）采用一种拉杆节点盘式连接装置，用于铝板天花与铝合金结构之间的连接，避免了设置钢结构转换层，荷载过重，维护较高的问题。如图9-18、图9-19所示。

（2）从穹顶各分区的底部向弓高方向安装，先安装两圈，待所有分区下面两圈安装闭合，形成一个封闭稳定的空间结构，减少累计误差及防止局部荷载集中后，再逐次拼装完成。解决镂空铝板天花安装及精度控制要求高的难题。如图9-20、图9-21所示。

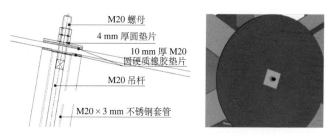

图9-18　拉杆节点盘式装置与铝合金节点盘连接构造

图9-19　拉索、拉杆连接节点及安装完成图

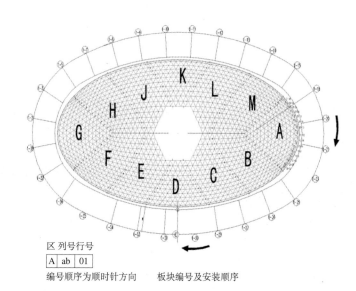

区	列号	行号
A	ab	01

编号顺序为顺时针方向　　　板块编号及安装顺序

图9-20　镂空铝板板块安装顺序图

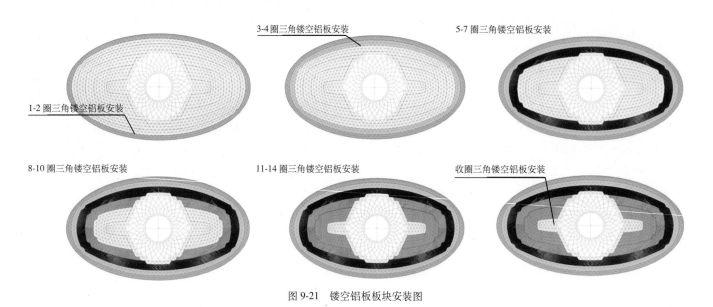

图9-21　镂空铝板板块安装图

（3）采用一种"U"型铝槽安装用L型连接件，用于U型铝槽与镂空铝板的连接，避免了电化学腐蚀反应，提高耐久性。如图9-22所示。

（4）采用一种"ω"型铝合金结构内管线安装用支架，通过自锁卡紧功能与铝合金杆件连接，解决铝合金结构内管线安装的难题，避免了杆件开孔对力学性能的影响。如图9-23所示。

4. 实施效果：本技术采用三维模拟放样、工厂精

图 9-22　U 型铝槽与镂空铝板连接示意图　　　　图 9-23　管线安装支架及安装完成图

密数控加工，不锈钢拉杆、斜拉索、节点盘与铝板镂空拼花单元多向连接技术、现场螺栓铆接的装配式施工等，总计施工面积约 20000 m²，其中异形铝板 12000 m²，防火透光膜为 9000 m²，拉杆尺寸共计 1200 种，拉索尺寸 1600 种；在美观度、耗能节源、生产成本等方面体现了优异性能，后期维护费用低，符合发展节能环保型建筑的方向。

9.4　多曲率异型铝合金结构穹顶施工技术

1. 技术概况

佛顶宫屋盖采用大跨度铝合金结构体系，整个大穹顶为自由曲面，形似袈裟，长约 250 m，宽约 112 m，投影面积 20968 m²。具有地形复杂、构件种类多、曲率变化大、安装精度高、成型困难、安装无规律可循等难点。也是目前已知的国内外最大跨度的多曲率异型铝合金结构，施工难度大。

2. 技术特点与难点

（1）250 m 异型多曲率铝合金结构为国内外首例，无经验可借鉴；

（2）楼面荷载小，大体量与高度的常规操作架体无法搭设及大吨位汽车吊无法使用；

（3）减少小穹顶的拆改及穿屋面支撑体系的节点处理，避免影响内部装修。

（4）袈裟外形，多曲率，安装过程，变形控制难度大，确保安装后外形效果。

3. 采取措施

（1）研发了大跨度多曲率异型曲面铝合金屋顶的施工方法，创新地采用分块吊装、曲面滑移施工技术；解决传统高空散拼工期长、成本高、对楼面荷载要求

高的难题。如图 9-24 所示。

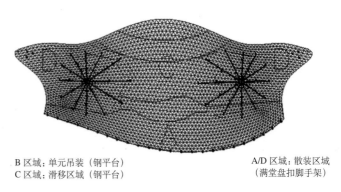

B 区域：单元吊装（钢平台）　　　　　　A/D 区域：散装区域
C 区域：滑移区域（钢平台）　　　　　　（满堂盘扣脚手架）

图 9-24　穹顶安装分区图

分 A、B、C、D 四个区域进行安装。操作平台采用满堂盘扣脚手架以及格构钢平台，如图 9-25 所示。

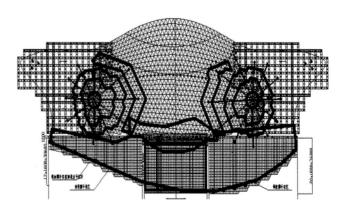

图 9-25　散拼、单位吊装、滑移施工区示意图

（2）设计一种高空支撑胎架、钢结构桁架梁等支撑体系，用于 52 m 高大空间铝合金结构屋盖滑移施工支撑体系。如图 9-26 所示。

（3）针对钢结构胎架反力较大处，通过在混凝土面设计转换钢梁或桁架，解决了混凝土楼面单点承载力低的问题。如图 9-27 所示。

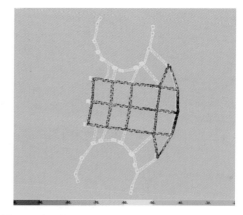

图 9-26　高空支撑胎架、钢结构桁架梁三维示意图

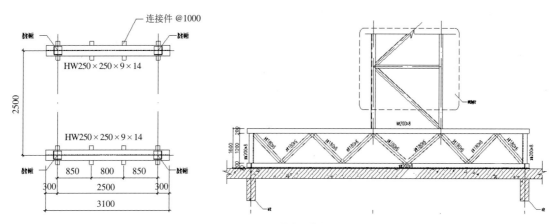

图 9-27　混凝土面转换钢桁架示意图

（4）通过足尺模拟实验，验证及确定铝合金结构分块单元吊装的可行性及施工工艺。如图 9-28、图 9-29 所示。

（5）采用由槽钢焊接形成门式轨道支撑架，通过与胎架＋桁架梁焊接连接，用于高空滑移轨道的支撑体系。如图 9-30、图 9-31 所示。

（6）加工一种由槽钢、钢板、滑轮焊接制作工件滑移支座，用于铝合金结构滑移施工，解决滑移过程，支撑点，局部杆件变形过大的问题。如图 9-32～图 9-34 所示。

图 9-28　分块吊装模拟实验

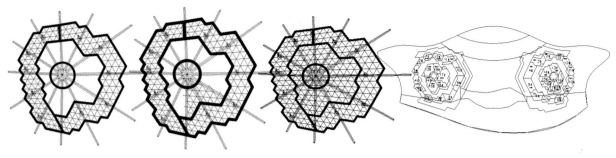

图 9-29　分块吊装分区及安装顺序图

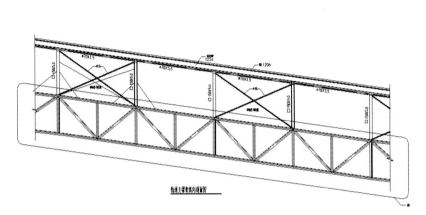

图 9-30　滑移轨道支撑架纵向剖面图　　　　　　　滑移轨道支撑架剖面图

图 9-31　滑移轨道支撑架实景图

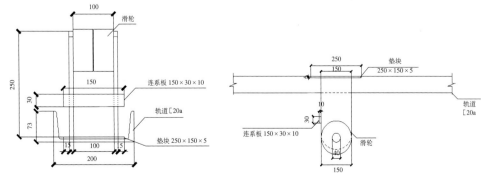

图 9-32　滑移支座、滑轮剖面图

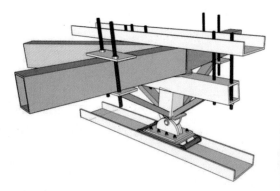

图 9-33 滑移支座效果图及安装图

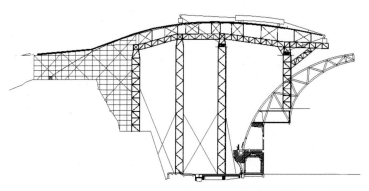

图 9-34 铝合金结构曲面滑移剖面及实景图

（7）加工出一种 R 板与关节轴承，用于树状柱与铝合金网壳的连接，有效调节铝合金节点板局部偏差。如图 9-35 所示。

4. 实施效果

本技术在南京牛首山大穹顶屋盖成功应用，累计安装杆件 8340 个，节点盘 2680 个，卸载后监测，与设计标高相比，小于 30 mm，满足设计要求。

图 9-35 树状柱与网壳连接节点、树状柱与网壳连接节点三维图

9.5 大型莲花旋转升降宗教剧场舞台施工技术
（本节专项工程由杭州佳合舞台设备有限公司实施）

1. 技术概况

首层禅境大观设置有大型莲花创意机械舞台，庞大如莲的造型与佛顶宫宏伟的气势争相呼应，莲花中心机械舞台直径长达 38 m，有 36 片莲花瓣，12 个机组同步控制，可以升降、旋转、打开、合拢，属于专业定制的宗教演艺舞台，其舞台的成型工艺、空间定位及安装异常复杂，如图 9-36 所示。

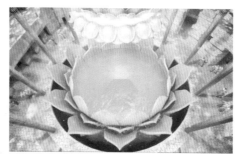

图 9-36　莲花瓣舞台

2. 技术特点与难点

（1）38 m 莲花瓣中心升降舞台，为国内首例，无经验可借鉴。

（2）莲花瓣相关联，安装精度要求高，定位精度误差 ≤ 2 mm。

（3）室内下沉 8.5m 坑内位置，无吊装条件，且需 360° 覆盖。

（4）36 个莲花瓣叶片多曲面、双曲线造型，制作、安装难度大。

（5）莲花瓣升降过程，变形控制难度大。

3. 采取措施

（1）1：1 足尺模拟试验，反复计算测量，验证、检验各工作环节的设计和制造工作。确保无问题。如图 9-37 所示。

（2）采用一种超大直径（38 m）舞台环吊装置，具备 360° 行走吊装功能，实现坑内舞台设备的快速吊装、安装。如图 9-38 所示。

莲花舞台模型制作　　　舞台钢架预制　　　莲花瓣主体桁架制作

莲花瓣转轴制作　　　莲花瓣主体钢架　　　莲花瓣 1：1 制作

图 9-37　1：1 足尺模拟试验图

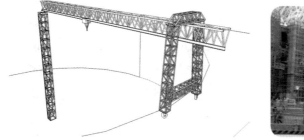

图 9-38　舞台环吊装置

（3）采用 24 等分标记标高轴线控制及配合精调技术，运用预先设置标识法＋过程监控纠偏法＋多点精度控制法，确保了 12 台莲花机组、卧佛升降台机组安装的精度。如图 9-39 所示。

图 9-39　24 等分标记标高轴线控制及配合精调安装

（4）发明了大型莲花旋转升降舞台的施工方法，通过合理确定舞台主构件、莲花瓣的分构件安装顺序，莲花瓣表皮、内部桁架的分割、安装次序。保证了舞台系统装置的顺利实施。如图 9-40～图 9-42 所示。

4. 实施效果：本技术在南京牛首山大型莲花提升剧场舞台施工中得到成功应用，采用了舞台环吊技术，减少了吊车使用；工厂化构件生产，减少能源和材料的浪费；装配式作业，保证了工程质量；缩短了工期约 15d，舞台安装运行 1 年多来，未发生任何故障。

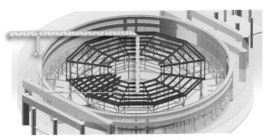

图 9-40　固定台立柱和 –4.6 m 平台钢架

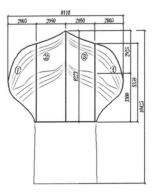
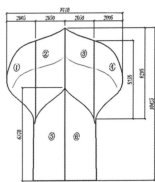

图 9-42　莲花瓣表皮安装完成后，三维模拟

图 9-41　S3、S2 莲花瓣背面表皮分割图、S3 莲花瓣表皮安装

第10章 上海保利大剧院

项目地址：上海市嘉定白银路159号

建设起止时间：2011年02月至2014年08月

建设单位：上海保利茂佳房地产开发有限公司

设计单位：同济大学建筑设计院

施工单位：中国建筑第八工程局有限公司上海公司

项目经理：周兰清；项目总工：张忠良

工程奖项：2014～2015年度中国建设工程鲁班奖

工程概况：

上海保利大剧院项目总建筑面积5.6万 m^2，其中地上面积3.6万 m^2，地下2.0万 m^2，地上6层，地下1层、局部舞台区域地下3层。总建筑高度34.4 m。由一个1500座大剧院、一个400座多功能厅及排演厅、车库等组成，属大型剧院。剧院设计理念先进，建筑造型独特，主要承接各种歌舞剧、戏剧、交响乐和大型综合文艺演出，并具备举行大型会议或庆典活动的功能。

上海保利大剧院为国内首座清水水景剧院，本工程现浇清水混凝结构均需达到饰面清水的要求，清水混凝土施工总面积达到36500 m^2，主要分为外立面清水墙体、台阶清水墙体、楼梯清水墙体、室内直墙清水墙体、弧形清水墙体等多种类型。

上海保利大剧院为桩筏基础；地下一层底板为钢筋混凝土梁板结构，上部主体结构采用钢筋混凝土框架剪力墙结构，结构总高度约33.6 m。部分跨度和荷载较大的地方采用预应力钢筋混凝土结构，舞台功能区域及观众厅屋面结构形式为钢桁架＋组合楼板，如图10-1和图10-2所示。

图 10-1 上海保利大剧院外景

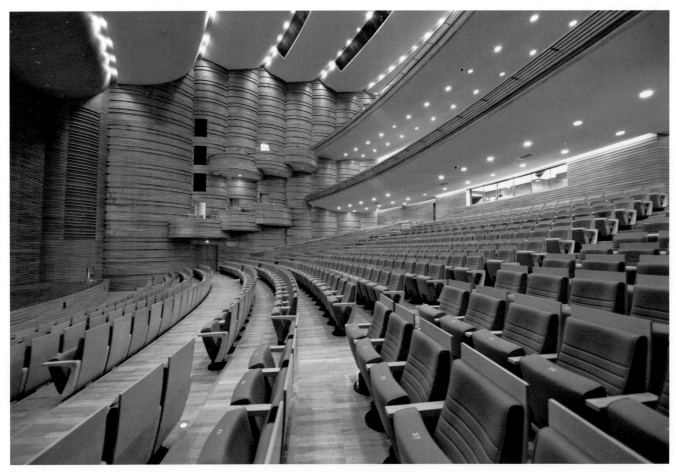

图 10-2　上海保利大剧院内景图

技术难点：

（1）属于国内第一个水景清水混凝土剧院，设计师在复杂剧院空间内外，布置了 36000 m² 的清水混凝土元素，包括清水混凝土直墙、板、直梁、弧墙、弧墙、弧形楼梯等几乎所有的结构构件。清水外墙高 33.6 m，长 400 m，厚 180 mm，且需准确预埋近 1600 个幕墙埋件，近 3000 个螺栓孔眼，和多个超大不规则弧形洞口；室内清水包括弧形清水墙体、双曲面楼梯及悬挑楼梯、弧形梁，且需准确预埋大量的灯具、风口、电梯、机电末端盒，施工精细度要求极高。

（2）不同维度的圆筒在立方体空间内的交叠与碰撞，形成多样的戏剧性空间，大量清水混凝土、木材和玻璃的采用，创造了"文化万花筒"般华丽多变的丰富景象。剧院圆筒内多角度相交，相贯线为三维的空间曲线，其交贯部位的铝格栅长度、端面倾斜角度不断变化；观众厅侧墙面及包厢栏板采用圆弧形木饰

面，多层面凹凸起伏，交连咬合如犬牙交错，不同部位实木条长短不一，弧度、倾斜角度均不相同。

10.1　品字形台仓施工技术

1. 台仓概况

（1）建筑概况

上海保利大剧院舞台区呈"品"字形布置，其台仓区域安装了大量的主舞台机升降机械，可提供三种升降模式，行程约为 9 m，与两侧舞台和其后舞台协同工作，共同满足舞台升降、平移、旋转等重要功能，为舞台的艺术表现提供了很好的展示平台，如图 10-3 所示。

（2）台仓结构概况

上海保利大剧院台仓区域共地下三层梁板结构，非台仓区域地下一层结构，台仓底板为整体筏

图 10-3 上海保利大剧院舞台区域

板，厚度 1200 mm，地下一层底板为梁板结构，板厚 700 mm。两区域底板结构板面高差 8.40 m。

（3）台仓围护概况

上海保利大剧院台仓区域"坑中坑"基坑周长约 200 m，面积约 1500 m²。台仓区域止水帷幕采用双排双轴水泥土搅拌桩。支撑体系采用钻孔灌注桩加一道水平钢管支撑，另考虑到工况的不同和施工的需要，设置底板处和结构板处两道传力带，在施工过程中穿插施工。

（4）台仓环境概况

上海保利大剧院地质条件相对较差，属软土地基，基坑土层涉及浜填土、淤泥质粉质黏土、淤泥质黏土等不利土质条件。其中台仓区域"坑中坑"顶部则主要是淤泥质土，施工条件较为不利。且台仓区域基坑挖深 14.35 m，坑底距离第⑦层承压水层顶仅 3 m 左右，场地内地下承压水对本基坑有突涌影响。

2. 台仓施工重难点

上海保利大剧院"坑中坑"式的形式特点，主要难题有三点：（1）如何策划和组织台仓区土方开挖；（2）如何部署台仓区和普通区结构交叉施工；（3）如何配合舞台机械进行结构施工。

3. 台仓基坑施工

上海保利大剧院台仓受地质条件相对较差，地下水水位较高，开挖深度较深等因素影响，基坑工程施工风险很大。如台仓多转角围护结构的止水帷幕的可靠施工；台仓坑底的承压水降水；钢支撑应力监测与控制；台仓土方开挖与运输等。

（1）围护施工

上海保利大剧院台仓区域受舞台整体布置和功能空间和配套空间的需求，台仓形成诸多的转角，无疑给止水帷幕双轴搅拌桩的止水效果增加难度。因此，在转角部位双轴搅拌桩施工过程中，一方面通过双轴搅拌桩的交错施工提高双轴搅拌桩的止水效果，另一方面则通过外侧双排布置形式提高止水帷幕的安全储备。

（2）降水施工

上海保利大剧院地质勘察表明，台仓区域第⑦层承压含水层顶部距离基坑底部仅约为 3 m。经计算复核，台仓基坑底部存在突涌风险，因此，台仓深坑内采用疏干深井进行承压水降水，以保证基坑稳定性。

（3）钢支撑施工

上海保利大剧院台仓区域基坑采用钢支撑，自动监测钢支撑的应力，在安全许可应力的范围内，有效的控制台仓区域基坑的变形。以每层土方及支撑施工阶段基坑的变形控制值为依据，以每天和前期分阶段的监测数据作参考，调整制定本层及其以下各层土方与支撑施工的时间和措施，确保基坑及周边设施的变形量控制在计划的范围内，如图 10-4 所示。

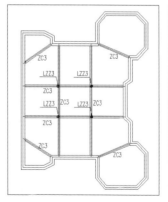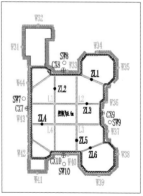

图 10-4 保利大剧院台仓区钢支撑、基坑监测布置

（4）土方开挖优化设计

上海保利大剧院围护设计要求同步形成与底板同标高的台仓基坑围檩和钢支撑才能挖台仓的土。经分析，该围护设计存在如下问题：1）钢支撑与底板协同受力，围护设计要求地下一层底板完成方可进行台仓

区土方开挖等后续施工，工期大大延长；2）为保证后续台仓区域土的运输，非台仓区除形成传力带以外，还需留出运土通道，不利于非台仓区底板封闭；3）受钢支撑与结构平面位置的交叉影响，底板与外墙收头涉及多次分缝施工，防水隐患很大。

为实现台仓区域与周边区域同步施工，上海保利大剧院会同围护设计共同对方案进行优化，调低围檩标高，增设传力带，优化设计以后具有如下优势：1）台仓区域施工可以提前进行，节省工期，也比原围护设计，不用预留出土通道，利于非台仓区域底板封闭；2）底板与台仓外墙封闭区域，可一次施工，相较于原围护设计，整体性提高，防水风险大幅度降低；3）相较于

原围护设计，节省了围檩破除、后浇带处理等一系列问题，减弱了台仓区域交叉施工。

（5）土方开挖和土方运输

上海保利大剧院台仓区面积约 1500 m²，台仓区域开挖深度为 14.35 m，开挖落深约为 8.6 m，台仓区域落深开挖土方量约为 1.3 万 m³。

上海保利大剧院台仓区土方开挖和非台仓区域土方开挖配合进行，总体上基坑土方划分为三层进行开挖：第一层台仓区与非台仓区域整体开挖约为 1 m，第二层开挖深度约 5 m，采用盆式开挖，重点开挖台仓区和台仓周边区域，第三层台仓区域"坑中坑"落深区域土方开挖，开挖深度为 8.6 m，如图 10-5 所示。

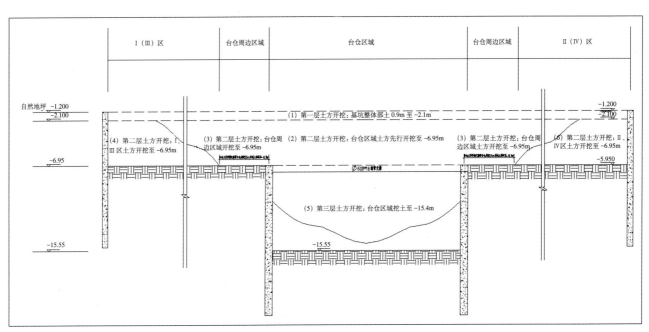

图 10-5　上海保利大剧院分层开挖剖面示意图

上海保利大剧院采用此开挖方法的特点在于，在台仓附近设置台仓周边区域作为土压力卸载区。采用台仓周边区域卸载的做法，一方面降低台仓坑边土体压力，以便于台仓区土体进一步开挖，加快施工进度；另一方面利于提前进行台仓周边底板施工，进一步利于基坑土体稳定，保障基坑安全。

上海保利大剧院台仓区土开挖，因和台仓周边区域有关，涉及开挖面积大，土方量大，第二层土方开挖于Ⅰ、Ⅱ、Ⅲ、Ⅳ区各施工一条挖土便道，第三层台仓

落深区土方开挖则采用第二层土开挖时的Ⅱ、Ⅳ区运输便道，以便于土方运输，如图 10-6、图 10-7 所示。

4. 台仓结构施工

上海保利大剧院台仓的结构施工特点主要在于以下几个方面：首先，台仓区底板按照原设计台仓区底板应在地下一层完成后方可开挖施工，通过土方开挖技术优化，实现了台仓底板结构与地下一层地板结构的同步施工；其次，台仓区底板和侧墙均设置了大量的高精度要求的舞台机械埋件，舞台机械埋件的施工质量

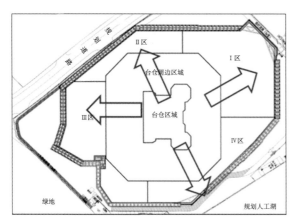

图 10-6 上海保利大剧院第二层土方开挖

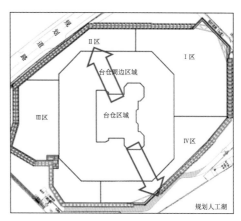

图 10-7 上海保利大剧院第三层土方开挖

和精度是一大挑战；最后，台仓区受结构形式的影响，涉及诸多工序的交叉施工，台仓区施工安排则直接影响基坑的稳定性。

（1）底板施工

上海保利大剧院地下一层基础底板板厚 700 mm，地下三层底板厚 1200 mm。底板拟分段浇筑，以设计后浇带为界分段，实际施工过程中，将视基坑变形情

况及实际需要，设置施工缝将底板分段进一步划小，钢筋绑扎完成一段即浇筑一段，缩短每段底板形成时间，有利控制基坑变形。

鉴于承压水的影响，基础底板施工期间是否要降承压水以及什么时间降要根据压力平衡原则及施工期间承压水位监测数据来决定，尽量不降或者少降承压水，以减少周围土体沉降的可能，如图 10-8 所示。

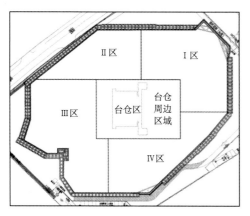

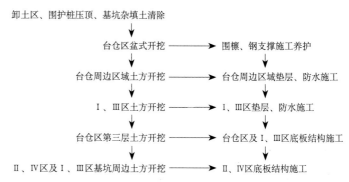

图 10-8 上海保利大剧院底板分区与交错施工流程

（2）台仓外墙施工

1）舞台升降埋件预埋

上海保利大剧院不同于传统的外墙施工，台仓区域外墙施工涉及约 250 个的舞台升降等埋件的预埋，考虑到此类埋件的受力性能与重要性，埋件预埋的精确度要求相对较高（允许偏差 3 mm），稍有不慎，容易给后续施工带来较大的处理困难。

为此，前期埋件深化设计时应考虑埋件固定措施

如埋件固定孔等。在埋件预埋施工时，预埋放线、预埋固定、封模板、混凝土浇筑等施工环节加以关注，跟踪测量和调整埋件的位置，保证相关埋件预埋的准确性，为后续施工创造有利的施工环境，如图 10-9 所示。

2）台仓外墙与钢管支撑交叉施工

上海保利大剧院地下室一层底板与台仓外墙连接，外墙结构施工、传力带的施工、防水施工、土方回填等阶段，涉及与钢支撑的交叉作业，尤其是外墙

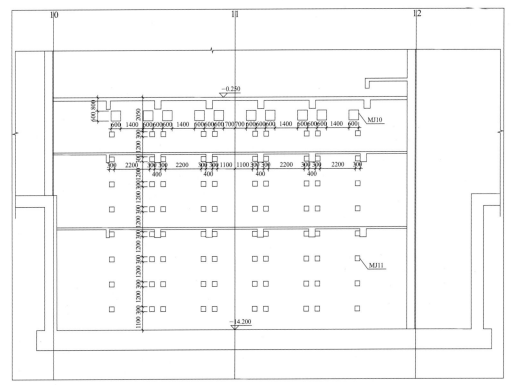
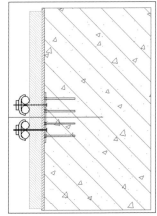

图 10-9 上海保利大剧院台仓墙体侧向埋件与固定方式

结构标高面高于钢支撑所在标高面一个底板厚度引起的交叉施工等，如图 10-10、图 10-11 所示。

此外，对于此类交叉施工，一方面需做好钢支撑的应力补偿系统监测与报警，及时发现基坑风险，另一方面则需要加快相关交叉工序的施工，降低台仓区基坑施工风险。

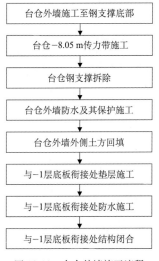

台仓外墙施工至钢支撑底部

台仓-8.05m传力带施工

台仓钢支撑拆除

台仓外墙防水及其保护施工

台仓外墙外侧土方回填

与-1层底板衔接处垫层施工

与-1层底板衔接处防水施工

与-1层底板衔接处结构闭合

图 10-11 台仓外墙施工流程

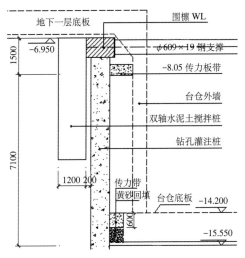

图 10-10 台仓外墙施工剖面

3）台仓外墙与底板交接处防水施工

台仓外墙与底板交接处施工存在防水施工困难和高约 2m 的单侧支模这两个较为突出的问题。

对于防水施工，结合现场实际分析，将此处防水卷材修改为了"预铺反粘法的防水卷材"。该做法的优点在于，基层要求低，无需烘干，只需简单表面处理，且该做法与混凝土紧密结合，即使底部基层有所松动，卷材也不会脱离,防水性能较为可靠。对于单侧支模,则利用底板钢筋辅助拉结和结构板处地锚桩体系顶撑相结合的方式进行加固,如图 10-12 所示。

（3）台口大梁施工

上海保利大剧院台口大梁截面 800 mm×4500 mm,梁底标高 +24.4 m,梁底支撑高度较高,且该梁结构较为单一,施工风险较大,见表 10-1。

鉴于工程实践,考虑上述表格参数表明,哈斯科碗扣式体系较传统的钢管扣件式脚手架体系更加安全、高效、经济,如图 10-13 所示。

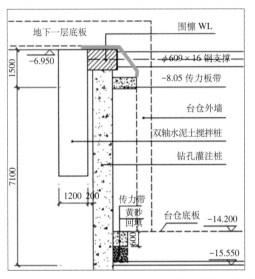
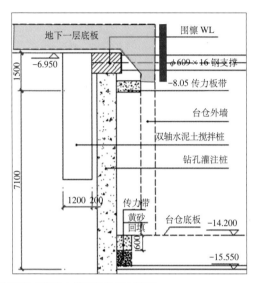

图 10-12　上海保利大剧院台仓外墙与底板交接防水施工与单侧支模板

上海保利大剧院台口大梁方案参数对比表　　　　　　　　　　　　表10-1

方案对比	面板	龙骨	立杆根数	立杆间距	立杆步距
钢管扣件体系	18 mm胶合板	50 mm×100 mm木枋	5根	300 mm	1000 mm
哈斯科碗扣架体系	18 mm胶合板	S150铝木结合梁	2根	600 mm	1500 mm

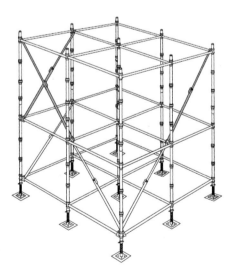

图 10-13　上海保利大剧院台口大梁支撑和碗扣架体系示意图

5. 台仓土方回填

上海保利大剧院台仓区域土方回填受台仓周边地下一层结构施工影响，回填路径比较特殊，且回填空间也相对受限，土方回填难度相对较大。

（1）回填概况

上海保利大剧院台仓区域土方回填工程量约为1750 m³，回填区域周长约为200 m，考虑台仓区的特殊性以及回填土的总量，本工程利用原结构施工阶段预留设计的施工通道，采用小型挖机回填土。小型挖机则利用现场塔吊，吊送至台仓周边地下一层底板区域。

（2）回填顺序

鉴于非台仓区域结构施工和靠近台仓区域底板落差与钢筋接头等，台仓周边可用作回填土运输通道的空间非常有限。鉴于此，上海保利大剧院回填顺序和传统回填顺序不同，台仓区回填土采用由近及远的方式，现将靠近运土口附近的土方进行回填完毕，然后利用回填完毕区域作为运土通道，逐步向前回填，进而完成整个台仓区域的土方回填。

（3）回填路径

上海保利大剧院台仓区域地下三层，其余区域地下一层，台仓区域地下施工整体滞后于非台仓区域。因此，台仓区域土方回填时，将无有效的运土通道，台仓周边地区地下一层顶板将完成部分施工。这将给台仓区土方回填造成较大困难。

为规避后期难以进行土方回填的问题，应在前期施工过程中加以考虑，做到非台仓区工程施工和台仓区施工两不误，上海保利大剧院巧妙地利用地下室顶板结构双梁间的缝隙，完成了土方回填的上部运送通道与下部运送通道的闭合，为土方回填的顺利实现提供了必要保障，如图10-14所示。

10.2　超高薄壁清水混凝土施工技术

1. 剧院空间中清水混凝土施工难点

上海保利大剧院项的清水混凝土就是属于设计师在日本一直追求的"东方禅学"的高标准的清水混凝

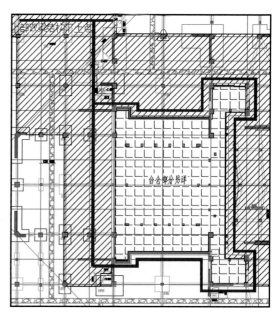

图10-14　上部土方回填路径

土，本身质量等级特别高，同时在建筑造型方面与剧院空间结合进行了一些独特的尝试，主要形成了如下几方面的难点：

（1）超长超高薄壁清水混凝土墙

外立面清水混凝土墙总延长达到了400 m，高度为34.3 m，厚度只有18 cm，除去保护层垫块和钢筋直径后，清水墙体内部留给混凝土下料、振捣的空隙非常之小，基本小于10 cm。

（2）清水外立面上进行了高密度幕墙埋件设置

安藤忠雄在超长超高薄壁清水混凝土墙外侧还设置了一道超白玻璃的幕墙，因而就需要在外立面清水墙浇筑过程中预留幕墙埋件，根据幕墙分割单元形式，共计需在清水混凝土墙上设置约1900个幕墙埋件，幕墙埋件的预埋允许误差需在 ±1 cm 以内。

（3）多种曲率的半径的圆弧洞口贯穿薄壁清水墙

由于安藤忠雄的设计理念是万花筒贯穿剧院，因而在有多个方向异形的弧形圆筒贯穿薄壁外立面清水墙，形成多种曲率相交融的异形洞口。

以上的几大设计特点对整个外立面清水墙施工形成了巨大的挑战，如何成型有异形洞口的超长超高薄壁清水混凝土，而又保持400 m长墙的质量稳定，怎么控制超长清水混凝土的收缩裂缝，将1900个幕墙埋件误差控制在 ±1 cm 以内是最大难题。

2.清水混凝土施工组织

上部主楼结构，每个楼面根据后浇带划分为5个区，具体分区如图10-15所示。本工程地上结构施工总体原则为清水混凝土与同部位的非清水主体结构同步进行施工，其中清水混凝土水平流水作业段及竖向流水作业段的划分如下所述：

水平施工组织为：其中4区、1区为一个流水作业段，组织流水施工；3区、2区为一个流水作业段，组织流水施工，5区单独为一个作业段，内部组织流水施工。另外室外大台阶部分，考虑到清水保护难度，目前暂不施工，待主体结构施工至第4层时候开始室外大台阶部位施工，该区域单独组织施工。

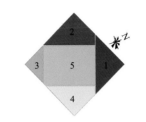

图 10-15　地上流水作业段划分图

竖向施工组织为：根据清水墙效果图及施工最大高度竖向流水作业段划分如表10-2所示，周边围护清水墙按照4.2 m一层的高度按层竖向组织流水施工，室内楼梯、弧墙等按照分割效果及单次施工所能及最大高度划分为若干段施工，如图10-16所示。

主要清水部位流水段划分表　　　　　　　　　　　　　　　　　　　　表10-2

	部位	分布楼层	标高范围	施工段数	备注
1	室外清水	1~3层	0.95~9.6	2	单面、双面
2	围护清水	1~6层	0.15~32.60	8	单面
3	13、14楼梯	1~4层	1.00~21.00	4	单面、双面
4	17楼梯	2~3层	4.05~16.00	3	双面
5	公共空间1	1~2层	0.00~5.30	1	双面
6	公共空间2	2~4层	4.15~21.60	3	单面
7	电梯6、7	2~4层	4.15~21.60	3	单面

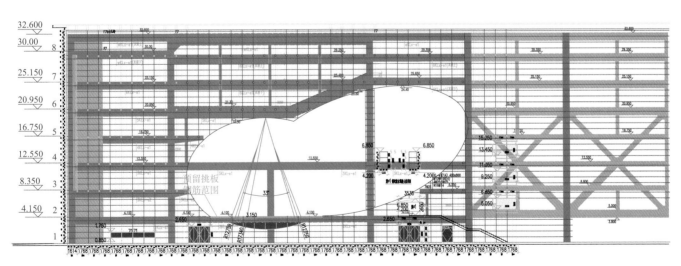

图 10-16　围护清水结构竖向流水段划分图

3.清水混凝土技术攻关

（1）深化及详细施工部署研讨

将清水混凝土所有的元素及主要的线条进行详细的深化，通过多次的深化图纸会审，将各专业的要点进行汇总，从深化前端将所有的设计意图和各专业的碰撞进行消除，如图10-17所示。

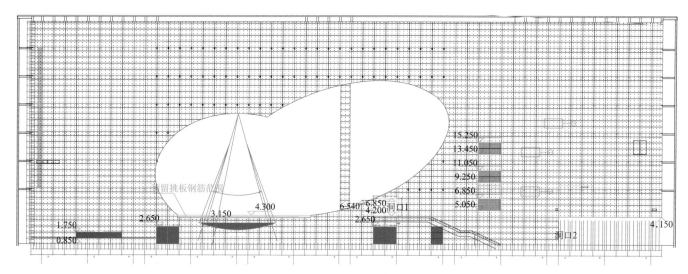

图 10-17　外立面清水混凝土深化

（2）数据试验

根据不同浇筑部位、浇筑环境，进行近 400 组的配合比小样试验，根据不同混凝土等级确定多种清水混凝土配合比；根据不同的模板、螺杆材料，确定适合原材同时又能满足建筑效果的螺杆拧紧力矩数据，如图 10-18、图 10-19 所示。

图 10-18　混凝土小样试验

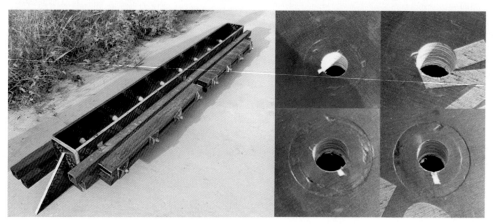

图 10-19　螺杆扭矩试验模型、不同力矩的不同压痕效果

（3）模板体系研发

自主研发的 118 超薄钢木组合模板体系，由"118超薄钢木组合模板"、"五段式清水螺杆体系"、"层间转接系统"三部分组成，如图 10-20 所示。

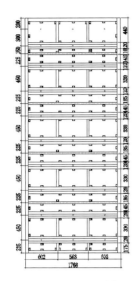

图 10-20　上海保利大剧院改进后龙骨体系、模板体系现场安装图

为确保螺杆孔的成型后既无熊猫眼、沙眼、瞎眼等现象,也无圈孔边外凸墙面的现象,施工人员经过对拉螺杆的拧紧力矩进行测定,确定出一个有效的拧紧力矩范围。

为有效避免相邻模板拼缝失水、错台的现象,项目部通过深入研究发现,相邻模板拼缝处螺杆孔对拉螺杆截面定位尺寸发生偏差是形成上述现象的主要原因。为确保对拉螺杆截面限位尺寸的准确性,项目部通过对锥形螺杆孔模具内连接杆件丝牙内旋深度的定尺控制,再结合锥形螺杆孔模具的长度,给工人制定出五段式清水螺杆中间通丝螺杆的下料长度,如图10-21 所示。

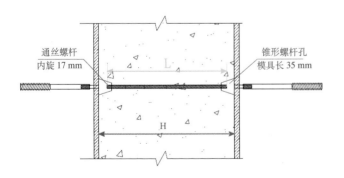

图 10-21　五段式清水螺杆安装剖面图

通过对五段式对拉螺杆体系的研制,一方面加深了对清水混凝土模板施工工艺的理解,另一方面也

给清水混凝土结构施工的成功率提供了极大的保障。项目通过对四段清水样板墙的摸索和实践,最终确定并肯定了该五段式对拉螺杆在清水模板体系的应用,并取得良好效果,杜绝清水螺杆孔出现熊猫眼、沙眼、瞎眼的现象,杜绝相邻清水模板拼缝失水、错台。

10.3　刚柔相济清水混凝土成品保护技术

清水混凝土成品保护周期较长,一般从清水混凝土脱模到清水混凝土保护剂涂刷完毕为止,通常清水混凝土工程成品保护周期均是 1 年以上,在这长达 1 年以上的周期内,清水混凝土构件周围需经历零星机电施工、精装修施工、幕墙施工等各个专业工序,因而成品保护的难度极大。

国内传统的清水混凝土成品保护均是采用三合板硬防护,在离地 1.8 m 高度范围内覆盖,这种方式仅能防护人为的触屏污染,但是无法防护上一层工序中产生的各类杂物污染。

通过对市场上的各类建材分析比较,选择 1 mm 厚的镀锌铁皮,这种镀锌铁皮由于进行过热镀处理,即使进行湿作业也不会出现生锈现象;1 mm 厚的镀锌铁皮也非常柔软,仅利用一把剪刀即能裁制,如图 10-22、图 10-23 所示。

镀锌铁皮硬防护已经能较好解决本作业层对清

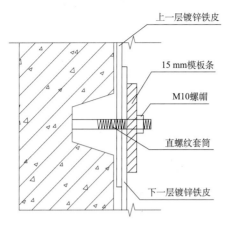

图 10-22　镀锌铁皮加固节点详图　　　　　图 10-23　现场镀锌铁皮裁制、镀锌铁皮安装完成图

水混凝土长期污染防护问题，但上一层施工的流水等很容易流淌进"镀锌铁皮"和"清水混凝土"之间。因而采用塑料薄膜进行软隔离保护，既能起到隔离作用，又可以很好的作为清水混凝土拆模后的养护措施。

此外，为了更好的保证塑料薄膜的隔离防护效果，在每次塑料薄膜覆盖完成后在其顶口，均采用水泥砂浆进行封闭防污，如图 10-24 所示。

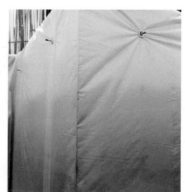

图 10-24　塑料薄膜防护改进、塑料薄膜安装完成

采取以上措施后理论上已经能完全防护施工周期内的各类污染物，但为了增强防护的效果系数，在每次一个清水构件收顶完成后，立即利用 3 mm 止水不锈钢板插在清水构件保护层范围内，如图 10-25 所示。

通过遵循引流与截流相配合，软保护与硬防护相结合，保护与防火相统一，节约成品保护成本，提高成品保护效率，形成了一种绿色施工化的"刚柔相济"的清水混凝土成品保护技术。

图 10-25　清水墙顶口截流钢板设置实物图

10.4 高大空间多曲面墙面装饰施工技术

1. 多曲面圆筒墙面概况

保利大剧院体现设计师极简主义风格,室内大面积使用两种材料,即清水混凝土与铝合金木纹格栅,格栅中间为冲孔吸声铝板隔离。作为主要装饰外饰面,铝合金木纹格栅直接影响整个剧院的效果。格栅在安装过程中需要严格制定施工方案,只有制定完善缜密的施工方案并且在施工过程中严格按照施工方案进行准备,施工、验收及成品保护才能避免出现安装误差,保证成型效果。圆筒施工范围如图 10-26 所示。

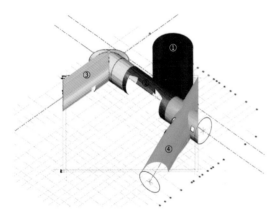

图 10-26 保利大剧院室内圆筒模型示意图

上海保利大剧铝合金木纹格栅主要分布于四大公共空间,图 10-26 所示中①部分为公共空间直径 32 m,②部分为公共空间,③部分为公共空间,④和绿色部分为公共空间直径 18 m。

结合图整体效果可知,四大空间筒体相互交错,部分筒体为斜筒体,形成众多高大空间和异形空间,安装难度很大。安装难度主要集中在以下几点:①空间结构定位和放线;②高大空间安装;③异形空间加工与安装;④铝格栅安装的统一性和协调性;⑤异形空间和周边构件交错关系。格栅扣条隐蔽骨架安装工工艺如下:

(1)检查主体钢结构

格栅副龙骨钢架与主体钢结构或墙体进行连接,需要检查主体结构是否满足扣条副龙骨安装要求,根据主体钢结构骨架间距确定副龙骨支架位置点。主体钢结构的方钢规格为 140 mm × 140 mm,在主体钢结构施工过程中,需要进行检查,避免主体钢结构安装不满足扣条副龙骨钢架的施工要求,主体钢结构完成后与格栅扣条完成面的最小距离不能小于 200 mm,且主体龙骨基本轮廓为圆形断面圆弧不圆度不应大于 30 mm。使用器具为目视观察外观,靠模板检查不圆度,钢卷尺查验完成面与主体钢架间距,如图 10-27 所示。

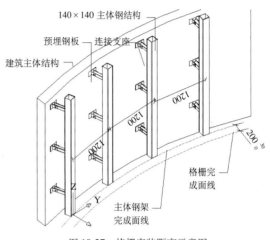

图 10-27 格栅安装距离示意图

(2)测量放线定位控制线

测量放线对整个施工来说至关重要,需要确定实际安装后格栅扣条的完成面位置,依次推算格栅副龙骨,格栅副龙骨钢架等完成尺寸,作为实际安装过程中安装与检验控制线。

对于横向圆筒,需要根据实际完成面水平线与格栅交点作为基准点,结合圆筒完成半径、完成面点水平高度与水平距离就可以确定此点的准确位置,进而确定横向圆筒格栅完成面并在此基础上确定主体龙骨焊接位置与副龙骨钢架进出尺寸。可以在主龙骨钢架上每隔 10 焊接辅助支点,在此上进行划线,后续工作中在划线点直接拉棉线,以此为标准线进行定位安装。如图:根据标准线确定格栅副龙骨支撑焊接进出位置,竖向圆筒可在地面直接确定完成面尺寸及确定副龙骨骨架,骨架支撑件的位置。此工序的使用器具为:红外线水平仪、吊锤、钢卷尺、墨斗、棉线等,配备人员为有丰富放线与定位经验的操作人员,如图 10-28 所示。

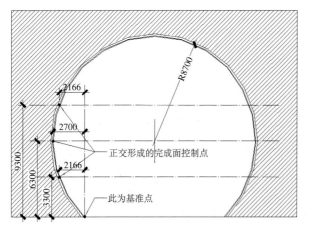

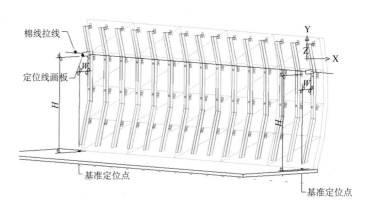

图 10-28　圆弧放线定位示意图

（3）圆筒相贯部位铝板收边计算机放样与下单生产

整个项目有多个部位具有圆筒与圆筒相贯或者圆筒与平面相贯的情况，如果采用常规安装大面后进行测量需要工期很长，且很难与已经完成的格栅做到模数，弧度等一致，而且在安装工艺上也很困难，所以可以根据已知参数条件在计算机模拟三维结构，如图 10-29 所示。

50 mm 钢角铁，作为格栅副龙骨钢架支撑使用，要求焊接需要满焊此件完成面与格栅完成面的基本间距为 160～180 mm，如主结构钢架间距比较大，使得格栅完成面与副龙骨钢架完成面之间的间距差超过20 mm，则需要考虑副龙骨钢架进行拉弯处理，如图 10-30 所示。

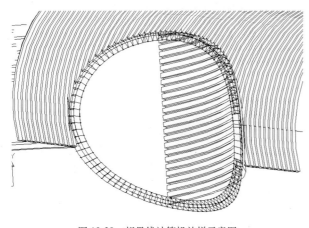

图 10-29　相贯线计算机放样示意图

图示为横竖两个不同半径的圆筒相贯模型示意，找出组成相贯的关键扭曲空间曲线，然后按照等分法等分这些扭曲线，连接相应等分点组成三维面，此三维面即为实际铝板收边扭曲造型外轮廓，从而完成铝板加工的设计，可提供工厂进行生产，加工周期约为 30d。

（4）副龙骨钢架支撑定位与焊接

按下图，为竖向圆筒在主钢结构的两侧焊接 50 mm×

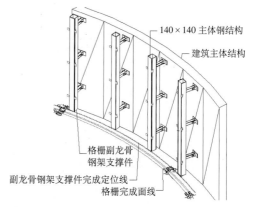

图 10-30　副龙骨安装定位示意图

（5）相贯部位格栅安装钢架焊接

相贯部位为已知圆筒半径，已知圆筒相交角度情况下使用计算机模拟得出，通过电脑模拟三维结构，得出骨架安装定位线，并用 50×50 条铁焊接背部骨架支撑，如图 10-31 所示。

完成后钢架基层与相贯收边距离为 60 mm，依据设计要求确定收口边宽度，次需要依靠红外线与靠模共同确定也可以在相贯部位铝板与格栅到货后在安装时进行配焊完成。

口，方便收口安装，如图 10-32 所示。

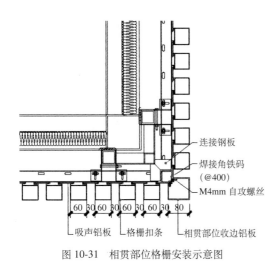

图 10-31　相贯部位格栅安装示意图

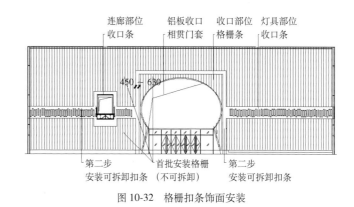

图 10-32　格栅扣条饰面安装

2. 格栅扣条饰面安装工艺

格栅饰面安装前需要准确全面的确定安装区间，综合考虑门洞收口，天桥连廊部位，照明及音响布置以及室内外交接部位，要做到大面安装后和以上收口部位之间的模数满足后续收口部位的安装（完成后所有模数基本保证为 90 mm 的倍数）。

因为收口部位比较复杂，综合考虑后确认需要大面与收口部位同时进行安装，安装前在每个工作面预装若干格栅，并以此格栅进行基准，大面开始安装，大面和收口部位同时安装，最后在靠近收口部位保留一部分作为收口，最后安装。此部分后面应设有副龙骨钢架。预留两部分之间距离约 500 mm 左右的空间（540 ~ 640 mm），以标准的格栅进行收口，这样避免了单独收口加工出现的安装问题，而且此范围内的格栅采用可拆卸结构，可以预留在此作为背部检修进出

图中填充部分安装首批不可拆卸铝合金格栅，空白部分为收口扣条部分，安装可拆卸特殊结构铝合金扣条，此部分格栅可方便检修灯具与内部设备。扣条横向预留宽度为 350 ~ 630 mm，可调整不规则模数偏差为 10 ~ 15 mm。

（1）副龙骨安装与调整

图 10-33 为副龙骨与副龙骨连接件的基本形式，特制副龙骨与副龙骨钢架通过 2.0 mm 镀锌钢板连接件进行固定连接件与副龙骨由格栅生产厂家配套提供龙骨，订货前需协调好厂家加工与现场情况，做到配套性一致。一般副龙骨间距最大为 800 mm 副龙骨钢架间距为最大 1000 mm 如图 10-33 所示，连接件与副龙骨需要制作现场安装实例后确定结构合理，连接可靠后方可大量生产，安装过程中一般使用螺栓连接，可在两个自由度滑动，不使用铆钉与自攻钉使其完全

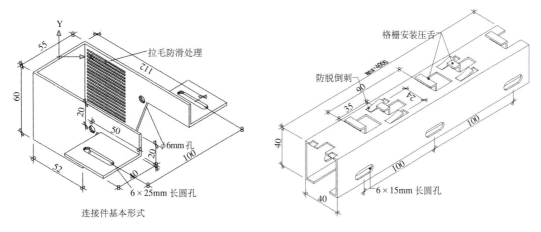

图 10-33　连接件基本形式、龙骨结构样式

固定，而不可调节。在核准准确无误后可在适当位置跳跃式的用铆钉或者点焊将连接件与副龙骨钢架连接，防止面层过重发生位移，如图 10-33 所示。

通过连接件于副龙骨上的长圆孔进行调节进出与龙骨压舌一致，然后将螺栓进行紧固。副龙骨安装效果直接影响装饰格栅的安装效果。要求副龙骨与格栅完成面之间的间距必须准确，同一部位的副龙骨上的压舌必须在同一水平线上（垂直圆筒）或同一水平面上（水平圆筒）。

（2）格栅副龙骨检查

使用红外线水平仪进行逐点检验，用钢卷尺测量龙骨与装饰完成面的距离，用棉拉线连接先前的控制点，是否满足要求，采用多手段控制，确保龙骨安装准确，减少饰面格栅调整。

使用宽度为 65 mm 的木板靠模，检验副龙骨安装后的完成面尺寸，使用红外线水平仪检测每条副龙骨压舌卡扣是否在同一线上，而且与格栅方向垂直，无积累偏差，副龙骨相交接的部位需要着重检查，副龙骨接缝需要错缝，每条错位约 300 mm。

副龙骨与副龙骨之间采用 40 mm 长度接插件依靠紧固螺栓连接，检测完成后紧固连接件紧固螺栓，使副龙骨定位，并准备冲孔吸声板与格栅等饰面产品的安装，安装结束后需要监理进行隐蔽部位验收，并确认验收合格后进行饰面格栅安装，如图 10-34 所示。

（3）安装定位格栅

在首批安装的区域内的两侧安装若干条格栅，并

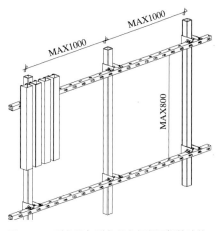

图 10-34　副龙骨与副龙骨之间紧固螺栓连接

检查格栅安装是否与最初的划线板上完成面一致，后续安装均按照此定位格栅进行，定位格栅之间的距离必须保证为 90 mm 的模数，确保大面安装间距，如图 10-35 所示。

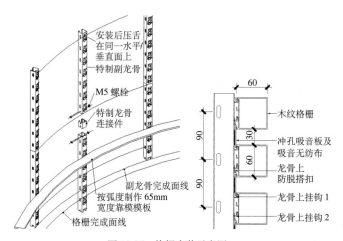

图 10-35　格栅安装示意图一

（4）大面格栅安装

大面格栅从定位格栅一侧开始安装，依次进行，并每隔 20 条既要检验格栅与圆筒轴线的水平度 / 垂直度，又需要检验是否符合安装模数为 90 mm，即每个点的间距为 1800 mm，不能出现安装斜位或者破坏 90 mm 模数的情况，造成积累偏差，影响安装效果，可根据图纸确定相邻之间错位尺寸格栅，确定冲孔吸声板缝位置等。安装时将格栅底部沟槽压入龙骨榫槽内，并使防脱压片翘出顶在格栅扣条上，防止松脱，使用特制的 30 mm 接插件控制相邻扣条间的错位并用铆钉进行单边固定，另一条相接格栅插进接插件，防止相邻格栅接缝错位，如图 10-36 所示。

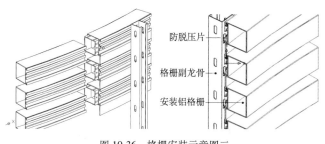

图 10-36　格栅安装示意图二

相贯部位铝板收边及门套等安装需要根据现场情

况焊接钢骨架，铝板自带连接角码，将连接角码与钢架相连接，特殊部位需要背部操作完成。

（5）安装收口部位可拆卸格栅龙骨

可拆卸格栅龙骨与大面格栅龙骨不同，安装位置为门洞、灯具、重要设备、室内外结合部位等，使人有条件可以进行背部的设备维护，检修工作，也是格栅本身最后收口安装，避免了大面积格栅安装最后一条不能安装的问题而且克服了原龙骨具有安装方向性的问题。

可拆卸结构的龙骨如图 10-37 所示，另根据设计图纸如需要扣条接缝错位，需要严格按照错位安装的样式进行。

现场因为结构偏差及安装积累偏差，造成格栅在两个区间之内不能成为完整的模数，需要在收口格栅内（500 mm）左右范围内进行微调格栅间距，如出现此类情况，可以选用特制可调连接配件，但每根格栅最多调

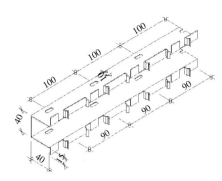
图 10-37　可拆卸结构的龙骨

整为 ±2 mm。

（6）安装收口部位可拆卸格栅

收口部位格栅安装时将冲孔吸声板压入榫槽后直接压入龙骨或配件卡槽内，依靠龙骨自身弹性过盈配合，使安装后可以紧密与龙骨底边贴合，完成安装，如图 10-38、图 10-39 所示。

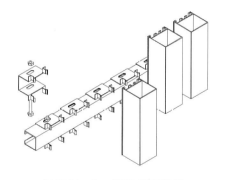
图 10-38　收口部位可拆卸格栅

图 10-39　铝格栅实施完成效果

10.5　剧院舞台灯光与夜景泛光"能量魔方"施工技术

（本节专项工程由总装备部工程设计研究总院实施）

1. 剧院舞台灯光施工技术

（1）灯光控制系统配置：

控制台系统及周边设备主要放置在灯光控制室，系统组成如下：综合灯光主控制台（备用控制台）采用 3072 光路控制台，电脑灯控制台采用 4096 光路控制台，控制台在演出时能便捷的同时控制常规灯、电脑灯、效果器材、机械转臂，考虑用户的使用便捷性，具有 DMX512、以太网接口和调光柜信息的反馈接口等能支

持 ARTNER 格式（国际娱乐界新一代基于网络数据的传输标准）。

（2）调光器系统及周边设备主要放置在硅室，系统组成如下：

网络反馈调光柜 10 台调光和直通抽屉可以互换，每个调光或直通柜都能以太网直接控制，也可以 DMX512 控制，每个调光模块可自由设定任意的 ID。具有电压、电流，空开状态、电源缺相、温度等反馈状态信息。

（3）网络系统配置

控制室信号基站：控制室信号分配柜位于观众席后方的灯光控制室柜中具有网络交换机以及 ETC NET3 网关和 DMX 信号分配器连接 DMX 终端的信号分配网

络，具体分布如下：通过双绞线与交换机连接设备：灯光主控制台、灯光备份控制台、台式电脑、网络监视系统；RJ45 插座共 22 个作以太网节点分布于：控制室、现场调节位、面光、挑台、耳光；XLR 插座共 16 个（32口）作为 DMX 节点分布于控制室、现场调位、面光、挑台、耳光。

硅室信号基站：硅室信号分配柜中具有 1 组网络交换机，作为调光立柜的以太网信号传输，同时传输并连接调光回路以及换色器。运动灯具的数据以太网信号，以 ETC NET3 网关和 DMX 信号分配器连接 DMX 终端的信号分配网络，具体分布如下：

RJ45 插座共 36 个，作为以太网节点分布于：天桥舞台两侧；XLR 插座共 36 个（72口），作为 DMX 节点分布于：天桥舞台两侧。

栅顶区域信号基站：栅顶区域号分配柜中具有 1 组网络交换机、DMX 信号分配器连接 DMX 终端的信号分配网络，具体分布如下：

RJ45 插座共 13 个，作为以太网节点分布：主舞台顶光；

XLR 插座共 13（26口），作为 DMX 节点分布于：主舞台顶光。灯光控制卡系统链接如图 10-40 所示。

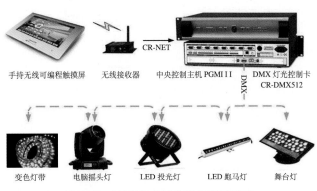

图 10-40　DMX512 灯光控制卡系统链接图

（4）灯位设计及灯具配置

观众席区域：二道面光、上耳光三层、下耳光三层；追光室：追光灯；舞台区域：上场门假台口侧片、下场门假台口侧片、台框灯光、一道杆（假台口上片）、二至五道杆、六道杆（天排光）、上场门侧杆（3道）、下场门侧杆（2道）；地排光区域：天幕灯；

（5）灯具型号

追光灯、换色器、天排灯、地排灯、5°～10°成像灯、19°成像灯、26°成像灯、平凸聚光灯、螺纹聚光灯、15°～30°变焦聚光灯、冷光源聚光灯。

（6）系统构成及环境要求

系统构成：数字音频控制系统、扩声系统、音频信号路由系统等；混响时间设计值为 1.5±0.1s（500Hz），充分考虑现场音频扩声的特点，要求系统长时间稳定、可靠工作。主通路采用数字音频传输方式，备份通路采用模拟音频传输方式，数字音频和模拟音频均送入功率放大器。

环境要求：噪声要求、吸声材料、照度要求

噪声要求：NR-30 以下，中频混响时间 0.3～0.5s。观众区墙壁及观察窗的透声损失要求不小于 40dB，其他墙壁、底板、天花板等与其他相邻房间之间的隔声要求室内噪声控制在 NR-30 以下。

吸声材料：平均吸声系数在 0.25 以上，一般采用吸声吊顶板，墙面用 2～3 种吸声材料和反声材料交错配置，要求从 250～2000Hz 频段的吸声特性平坦。监听扬声器对面应当设置成强吸声面，尽可能将一次反射声吸收掉。

照度要求：350～400lx。

（7）舞台灯光亮点

主持或报幕人员位置的灯光由于常规设计会照成面部发暗，为弥补该不足，台口门框顶部、两侧增加灯光，在国内属于首创。主舞台侧灯光吊笼改为灯光吊架，减轻上部整体钢栅顶的承重，并在灯杆中间布置环形结构，保证灯杆落地时，灯具不接触地面。每盏灯具安装安全链，避免灯具坠落。每个调光或直通柜都能用以太网直接控制，也可以 DMX512 控制，双保险控制网络通路。

2. 剧院外立面夜景泛光"能量魔方"

建筑外泛光照明设计主要照明形式为：在建筑玻璃幕墙和清水混凝土外墙之间，以层间格栅为单元设洗墙灯具，将清水混凝土墙面整体均匀照亮，经计算机软件模拟及灯光试验确定灯具选型为 5000K 色温的 LED 条形灯具。建筑泛光的场景设计上采用减法原则，放弃了绚丽多彩的光色及过多灯光变化模式，以更好地契合其观演建筑的文化气质，如图 10-41 所示。

在建筑东侧室外开放空间 15° 倾斜圆筒与水平圆筒的相交处，因倾斜、切割出的空间为异形不规则空间，同时又受"见光不见灯"的原则所限，要保证照度均匀、与其他圆筒开口处相平衡的照明效果有很大的难度。为此，利用建筑有限的预留灯位，结合使用了条形洗墙、30° 投光、60° 投光等多种类型灯具，最终取得了理想的照明效果，如图 10-42 所示。

图 10-41 剧院外立面夜景

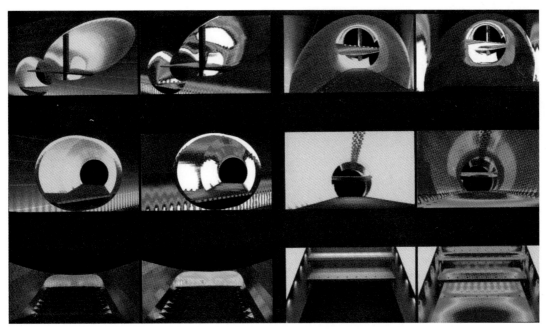

图 10-42 重点区域灯具照明模拟模拟图

第11章 山东省会大剧院

项目地址：山东省济南市西部新城
建设起止时间：2011年1月至2013年8月
建设单位：济南西城投资开发集团有限公司
设计单位：北京市建筑设计研究院
施工单位：中国建筑第八工程局有限公司二公司
项目经理：王大勇；项目总工：毕磊
工程奖项：2014～2015年度中国建设工程鲁班奖

工程概况：

济南省会文化艺术中心大剧院工程：为山东省承办2013年"中国第十届艺术节"的主场馆的山东省会大剧院，位于济南西部新城核心区，内设歌剧厅（1800座）、音乐厅（1500座）、多功能演艺厅（500座）以及南侧地下车库（3.34万 m²）、总建筑面积约13.6万 m²；

剧院采用CFG桩复合地基、台仓采用大直径钻孔灌注桩基础，主体为框架-剪力墙结构，地下二层，地上八层，屋面采用型钢网壳结构，如图11-1、图11-2所示。

技术难点：

（1）大型剧院工程结构特殊复杂，根据剧院特殊造型和隔声要求，设计采用大跨度大空间结构特点，剧院下部结构空间多为看台薄弱结构层，无法满足满堂支撑体系搭设要求，上部高大空间混凝土结构施工难度极大。

（2）音乐厅、歌剧厅二层观众休息厅的钢结构壳体内侧采用竹铝复合板装饰，整体呈不规则双曲面造型。

图 11-1 济南省会文化艺术中心大剧院

图 11-2 剧院歌剧厅内景

（3）大型剧院室外空间造型独特，文化中心裙楼幕墙工程主要有开放式石材幕墙和铝合金断热洞口窗，建筑平面造型为数段不规则的弧线互相交接，龙骨及石材安装定位难度大。

（4）大型剧院工程声光控制要求高：能够承办国际国内顶级艺术盛会和各类大型文化活动的大剧院工程，对声学的要求相当高。

11.1 大空间大截面钢混组合梁板结构施工技术

1. 概述

音乐厅屋面梁板结构在支撑在周围两道椭圆形剪力墙上，平面尺寸 60 m×38 m（梁跨度）。屋面梁为钢骨混凝土梁，截面 $b×h$=0.6 m×2.6 m（13 道），截面 $b×h$=0.7 m×2.6 m（1 道），跨度 22.22 ～ 38.26 m，钢骨为焊接 I300×2000×25×40 型钢，梁顶同板面标高一致板厚 150 mm、200 mm 两种，从南至北 23.35 m/21.5 m/19.65 m。下部结构空间内为乐池、楼座、池座及静压箱等"薄弱"结构层。

2. 技术难点

由于音乐厅顶部梁大截面尺寸大，重约 40 ～ 50kN/m，大梁排列间距密（约 3000 mm），支撑空间高度大，全现浇混凝土结构，属典型高架支模范畴。如采取常规做法从下部结构搭设支撑架体进行模板组立体系施工，除支撑体系本身承载设计外，施工荷载向下传递时，楼座、静压箱等薄弱结构层的存在，需做特殊处理，如通过薄弱层的加固过度传递到基础底板上，或下部薄弱层滞后于屋厅结构完成后施工。这种常规做法施工难度大，对工期影响严重。

3. 技术措施

自悬挂模板体系方案设计：

利用钢骨腹板上设计预留 1100 mm×800 mm（$b×h$）空调风管预留洞，及补充在钢骨腹板统一标高处预留尺寸 200 mm×250 mm 方形洞口，间距 900 mm，并对洞口进行补强设计，上述预留洞均在工厂加工制作时一并完成。

钢骨梁安装就位后，在预留的方形洞口中穿入型钢托架梁，托架梁采用对口双拼 [22a 槽钢，间距

900 mm，通长连续设置，形成多跨连续梁结构；托与劲钢骨大梁相交的两侧对称位置下吊螺杆与大梁底模板主背楞槽连接，螺杆上下用螺帽锁定上托梁和下横担，将现浇混凝土施工期间的自重荷载、施工荷载传递至钢骨上。吊杆直径为 30 mm，梁底模主背楞也采用对口双拼 [22a 槽钢，间距 900 mm 同托架梁间距对应一致。

在托架梁上部肋间板按搭设扣件式钢管架，形成高空托举的低支高度满堂红支撑体系，将楼板自重荷载、施工荷载等通过托架梁传递至钢骨大梁。

4. 技术要点

(1) 整体施工流程

由于顶部钢骨大梁及肋间板采取自悬挂模板体系这种特殊设计方案，则梁板水平构件需与周围墙体竖向构件分开浇注，以便给钢梁的支座提供有效支撑效。因此在竖向墙体施工、大梁 I 钢骨安装、梁板钢筋制安、模板组立、混凝土浇筑需合理安排施工顺序，周密部署。

施工顺序：楼座看台等下部结构及竖向结构自下而上先行施工，土建周围环形双墙钢筋绑扎到 15.35 m 标高→埋入劲性柱埋件→浇筑 15.35 m 以下混凝土→安装劲性钢骨柱→浇筑 15.35 m 以上混凝土到距离劲性梁下翼缘下表面 200 mm 处→安装钢梁→室内满堂操作脚手架搭设→梁底模及底纵筋顺梁底预置于操作架上→托架梁安装→大梁钢筋绑扎侧模板装→肋间板模板体系安装、钢筋绑扎→梁板混凝土浇筑。

(2) 大梁钢骨安装

拼装位置设置在音乐厅内部土建结构 5.4 m 标高上，在混凝土梁上铺设 2 根 H350×350×10×16 的型钢，将构件分段吊装至型钢上，进行整根拼装，拼装成整体后滑移进入音乐厅结构内部的滑移轨道。滑移轨道布置及实物照片如图 11-3。

构件从拼装位置拼装好以后，利用 3T 卷扬机做牵引，将构件在拼装位置滑移到滑道上。在滑道上滑至安装位置的正下方，拼装成一个提升单位，利用卷扬机将钢梁提升到位。提升工艺图如图 11-4 所示。

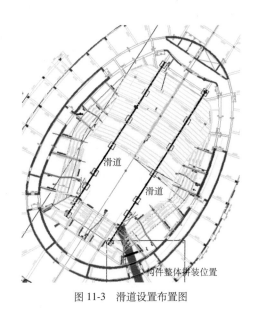

图 11-3　滑道设置布置图

图 11-4　大梁钢骨吊装示意图

(3) 钢筋及悬挂模板体系组立

钢骨梁先行吊装完成后，其下部空间按照立杆间距 1.5 m×1.5 m，步距 1.8 m 搭设满堂操作脚手架，以进行混凝土梁板的吊挂支模施工。梁底模及主背楞预先放置在梁底的满堂操作架上，梁底纵筋临时反吊

在钢骨下翼缘底部，以免在托架梁及次纵梁安装后影响底模及底纵钢筋就位。然后进行托架梁安装，并在托架梁上铺设脚手板时行梁筋绑扎和侧模安装。

(4) 混凝土浇筑

顶部钢骨大梁及肋板一并浇筑，经与设计联系，

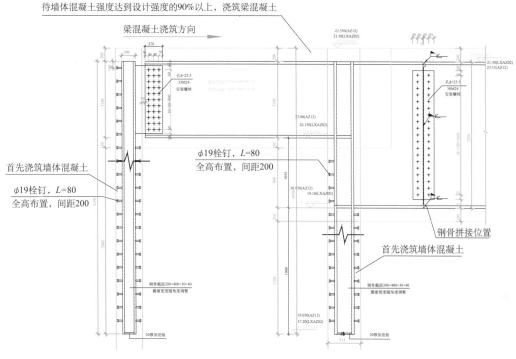

图 11-5 混凝土浇筑顺序

浇筑前钢骨梁支座下部的双墙结构应达到设计强度的 90% 以上，如图 11-5 所示。

梁板混凝土浇灌顺序先边跨后中跨，采用由两部汽车泵由梁的两段向跨中斜向分层对称浇筑，以便于施工荷载的钢骨梁的整体稳定性。

（5）模板拆除

模板拆除顺序为从梁跨中向两侧进行，先拧开吊杆底部螺栓拆除底模，依次拆除侧模，板底支撑及模板，最后抽出托架梁。

11.2 不规则双曲面竹铝复合板安装施工技术

1. 概述

音乐厅、歌剧厅二层观众休息厅的钢结构壳体内侧采用竹铝复合板装饰，整体呈不规则双曲面造型。音乐厅观众休息厅平面尺寸 106 m×61 m，竹饰面壳体最高点 32 m；歌剧院观众休息厅内壳体平面尺寸 43 m×78 m，竹饰面壳体最高点 39 m。

本壳体饰面工程既有饰面美观性的需求，又有歌剧院建筑吸声、隔声要求，还要满足大型公共空间防火等级的设计要求，设计采用竹饰面复合铝蜂窝板技术，并在竹饰面上做 1 mm 直径的微穿孔，后部做 10 mm 直径的穿孔，如图 11-6 所示。

图 11-6 室内竹铝板图

2. 技术措施

（1）整个竹铝复合板的空间结构为不规则双曲面造型，需借助全站仪对原钢结构的每根钢梁进行复核，并在每根钢梁上定位数个控制点，为后续装饰主龙骨安装建立三维控制网。此项工作耗时较长，复杂烦琐且为关键工作，需投入大量精力。

（2）装饰主副龙骨曲率复杂多变且不规则，经测算现场使用的装饰龙骨曲率千种，给装饰龙骨的加工带来了极大的困难，仅采用普通绘图软件如 AUTOCAD 等无法准确提取龙骨曲率，有必要引入 BIM 软件为工程施工提供帮助。

（3）竹铝复合板为竹皮与蜂窝铝板复合而成，为新型绿色环保装饰材料，在如此大空间、复杂造型的建筑中使用为国内首例。从空间定位方法的选择到安装方式的确定再到整体装饰效果的把控都没有实例可供参考。

3. 技术要点

（1）通过采用 BIM 软件进行空间三维建模；

（2）采用全站仪对已施工完成的结构进行复核并修正三维模型；

（3）然后根据三维模型提取材料计划；

（4）全站仪结合三维模型对龙骨安装位置测量定位，最终完成面板安装。

通过 BIM 软件对整个竹铝复合板壳体（含装饰龙骨）进行空间建模，然后根据空间模型导出平面模型，对平面模型进行细化分析，获得每根龙骨的平面曲率。现通过提取装饰横向铝合金龙骨为例简单介绍 BIM 软件在提取龙骨计划上的应用。

步骤一：通过设计参数建立内壳体模型，并结合结构实际施工情况，对施工偏差进行调整，获得内壳体实际模型，如图 11-7 所示。

图 11-7　内壳体模型图

步骤二：利用实际三维模型导出 CAD 平面模型，

以便生成平面尺寸标注，如图 11-8 所示。

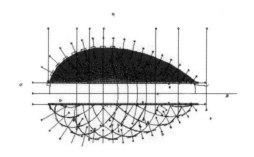

图 11-8　CAD 平面模型图

步骤三：对平面模型进行分离获得龙骨模型，每段龙骨均为异型曲线，如图 11-9 所示。

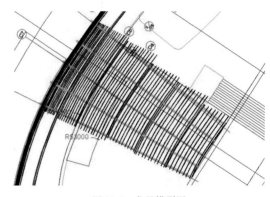

图 11-9　龙骨模型图

步骤四：将每根龙骨进行深化，获得龙骨中心线的弧长及半径，产生龙骨加工图，如图 11-10 所示。

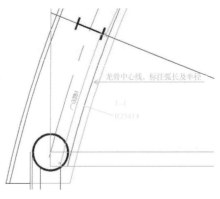

图 11-10　龙骨加工简图

每段龙骨中心线进行深化时采取了近似原则，将原来不规则的弧段近似成圆弧，以便工厂对每根龙骨进行加工和拉弯。每段近似加工的铝合金龙骨长度控制在 4 m 以内，以便使曲率误差控制在极小的范围。

11.3　开放式内嵌不锈钢条背栓石材幕墙施工技术

1. 概述

文化中心裙楼幕墙工程主要有开放式石材幕墙和铝合金断热洞口窗。石材幕墙结构体系采用开缝式可拆卸铝合金背栓安装方式，洞口窗采用隔热断桥系列铝型材和 6Low-e+12A+6 超白中空钢化玻璃，保证整个工程的节能保温要求。

开缝式石材幕墙主要位置是位于大剧院 12.4 m 屋面平台以下的外墙立面，其平面造型为数段不规则的弧线互相交接，总面积为 1 万 m²，内部采用 2.5 厚阳极氧化铝单板及容重 100kg/m³ 的岩棉进行防水保温处理，如图 11-11 所示。

图 11-11　石材外立面图

2. 技术难点

（1）建筑造型为不规则椭圆形，分格方式采用折线方式，这样龙骨的角度及定位采用普通的放线和定位无法实现，需采用全站仪对龙骨的前后面中心点进行定位，以保证龙骨的角度和折线等位尺寸。

（2）建筑主体和施工偏差的处理，采用从各厅的

中心位置向两边阴角小椭圆位置施工，在阴角小椭圆和阳角大椭圆的切点位置处断开，将偏差累计在小椭圆处，最后根据现场实际放线尺寸对阴角小椭圆进行等数分割。

（3）开缝石材间的不锈钢装饰条的安装，由于不锈钢装饰条放置在开封石材的缝中间，且施工中存在一定的误差，所以对不锈钢条的定位和角度要求的非常严格，很难控制好。将不锈钢条分成前后两段，中间加椭圆孔螺栓连接来消除前后位置的误差，不锈钢后段加上可旋转钢支座来消除左右角度的误差，以保证整体幕墙的施工质量和整体效果。

（4）由于开缝式石材不需要打胶所以石材的边和角稍微有一点的破坏都会很明显，这就要求石材加工精度很高、成品的保护和安装时保护也很严格。

（5）石材干挂与不锈钢条需同时施工，互相交叉进行，配合如不顺畅可能造成很大的人工降效。

（6）开缝石材洞口等处的防水及保温处理，必须严密，否则可能出现漏水及漏气现象。

3. 技术要点

建筑造型为不规则椭圆形，分格方式采用折线方式，这样龙骨的角度及定位采用普通的放线和定位无法实现。建筑主体结构施工存在偏差。开缝石材间的不锈钢装饰条安装位置控制难度较大，要求不锈钢装饰条放置在开封石材的缝中间，如图 11-12 所示。

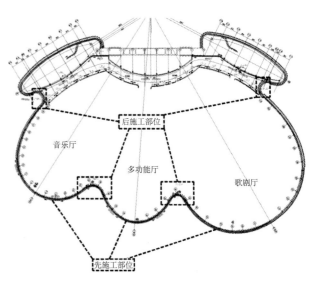

图 11-12　龙骨中心点定位

采用全站仪对龙骨的前后面中心点进行定位，以保证龙骨的角度和折线等位尺寸。采用分段施工的方法来控制累积误差，根据交界处的内窝划分施工段，通过调节内窝处石材的尺寸来调整主龙骨的累积误差。在阴角小椭圆和阳角大椭圆的切点位置处断开，将偏差累计在小椭圆处，最后根据现场实际放线尺寸对阴角小椭圆进行等数分割。使用全站仪放出每根主龙骨的控制线以及拐角控制线，用激光垂直仪定位。

将不锈钢条分成前后两段，中间加椭圆孔螺栓连接来消除前后位置的误差，不锈钢后段加上可旋转钢支座来消除左右角度的误差，以保证整体幕墙的施工质量和整体效果。

11.4　水幕墙施工技术

1. 概述

水幕墙位于歌剧厅内，宽 33.1 m，高 17.25 m，为迄今为止亚洲规模最大水幕墙。流水面积为 415.8 m²。水幕墙主体分为黑、灰、蓝三种石材，由 2592 块 457 mm×457 mm 的石材拼接而成，石材表面经拉槽处理，以使水流下时出现跳跃的效果。石材正中安装人造石蘑菇造型装饰件，共 7 种尺寸，最大四种尺寸蘑菇造型装饰件背后设置灯源，灯光点亮时，会将水幕墙局部照亮呈现特定图案。水幕墙前方有水池，池底铺设笸子，并有深色鹅卵石覆盖。

2. 技术难点

（1）面积达 420 m²，亚洲最大水幕墙；

（2）主体石材颜色多，分为黑、灰、蓝；数量多，达 2592 块。石材表面经拉槽处理，以出现跳跃效果。

（3）石材正中安装人造石蘑菇造型装饰件，背后设置灯源，呈现特定图案。

（4）水幕墙噪声控制要求高。

3. 技术措施

（1）为防止蘑菇灯底座处分流水流，在每个蘑菇灯底座安装上扬式梭型导流板。

（2）水幕噪声的处理：

1）增加石材横向缓冲槽和控制水膜厚度形成附壁流。

2）水面格栅下铺设专用水体消音防溅材料。

3）供水管道末端安装消音逆止阀。

4）水池管道入口处设置特殊的防旋涡过滤装置

5）选择噪声低、性能优良的水泵。

6）机房内墙及楼板底部做双层 FC 水泥穿孔板吸声处理。

4. 施工要点

（1）深化设计

1）蘑菇灯材料样品定制及选择：根据设计师要求，多次采用玻璃、亚克力及杜邦可力耐材料制作水幕墙蘑菇灯，经综合材料材质、透光性、可加工性及造型情况，选用杜邦可力耐并安装 LED 造型反射灯。

2）石材表面处理：本工程原设计石材表面为"搓板式"处理，经制作样板水流实验，此种形式导致水流加速过大，不利于水流附壁流动，改为 10×10 槽型表面处理，经试验，得到较大改善，石材表面处理方案定为拉槽处理。如图 11-13 所示。

图 11-13　锯齿状表面石材、拉槽处理表面石材

3）蘑菇灯底座梭型导流板

为防止蘑菇灯底座处分流水流，在每个蘑菇灯底座安装上扬式梭型导流板。

5. 水幕噪声的治理

水幕墙的落差大、水膜在墙面碰撞点多、水流量大、管路长、压力大、水泵功率较大以及水流落水等而产生各种噪声，为此，从以下几个方面入手解决水幕墙噪声：

水流下落声音的处理——由于水流下落时加速，当速度达到量值后，水流声音急剧增加，同时产生大量脱离水幕的水滴，落到水池产生二次噪声，因此减低水流速度至关重要，采用增加石材横向缓冲槽和控制水膜厚度形成附壁流，以降低水速、减少碰撞，这样可很好的控制水流下落产生的噪声。水流与池面碰撞噪声的处理——当水流下落撞击水池面的同时会产生一定的噪声，在水面格栅下铺设专用水体消音防溅材料，作为缓冲以降低水体撞击噪声；水锤形成的噪声处理——由于供水点与水泵间落差大，当水泵在停止工作时，供水管道在瞬间会产生极大的水锤声响，为此每条供水管道末端均安装消音逆止阀，很好的消除水锤和噪声。

回水管道的噪声处理：由于回水管直接从水池取水，水池水深为 0.7 m，当水流量较大时，容易形成旋涡，同时夹带大量空气将会产生一定的噪声，为此在水池管道入口处设置特殊的防旋涡过滤装置，使水流从侧面进水，增大进水面积，防止了旋涡，并以消音保温棉包裹回水管，减低水流的撞击形成的噪声。

水泵噪声处理：首先选择噪声低、性能优良的水泵，同时在水泵底座安装高性能的减振器以及在水泵进出口安装软接头，减缓振动和碰撞，降低水泵的噪声。由于机房在剧场下方，在机房内墙及楼板底部做双层 FC 水泥穿孔板吸声处理，将噪声完全消化在机房内。

6. 水幕墙水系统设计

根据本次水幕墙配套给排水的特点，水幕水泵的都在一层泵房，泵房顶板是剧场，人在上面观看演出时，不能感觉地下泵房的振动或传到地面的噪声。为谨慎考虑，选用低转数水泵和电机，减少振动和噪声，同时减少发热量；在运行寿命上，不小于 10 年。

11.5　大跨度异形单层型钢网壳制作安装综合技术

1. 工程概述

山东省会文化艺术中心建筑最高点歌剧厅罩棚顶标高为 48.02 m；结构形式为钢筋混凝土框架剪力墙结构及钢结构。歌剧厅屋面钢结构长 115 m，宽 87 m，

采用单层网壳结构，网壳钢骨柱从 12.9 m 标高处插入下部混凝土柱内。屋面单层网壳以 12.9 m 标高混凝土框架柱和主舞台顶部四角的四根摇摆柱（双向转动）为支点，最大跨度 56 m。音乐厅屋面钢结构与歌剧厅相似，均采用单层网壳结构。如图 11-14 所示。

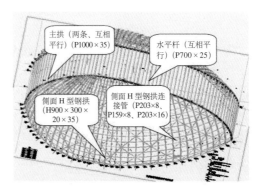

图 11-14　歌剧厅屋面钢结构模型图

2. 钢结构网壳安装

(1) 支撑胎架截面设计与布置

支撑胎架在整个构件吊装过程中起着十分重要的作用，在结构吊装节段，所有的重量都将由支撑胎架承担，吊装结束后，又通过其进行卸载，所以支撑胎架的设置必须严格按照吊装要求设置。

本工程经过计算分析，支撑胎架采取格构式结构形式，断面规格采用：1.5 m×1.5 m，主肢采用的圆钢管规格为 P159×10，斜缀条、横缀条均采用角钢∟75×6，材质均为 Q235B。缀条与主肢、缀条与缀条均之间均采用 M20 普通螺栓连接。胎架标准节之间采用 24 颗普通螺栓连接，普通螺栓孔直径为 φ22。对于胎架高度小于标准节的格构式胎架，按照实际高度进行制作，胎架形式与标准节相同，必要时调整缀条间距。

为便于高空施工安全和施工方便，在歌剧厅内部沿屋面网壳主拱方向布置 17 组临时支撑胎架，对于超过 10 m 的胎架，每组格构式胎架之间设置水平支撑，用于增加胎架的整体稳定性。歌剧厅支撑胎架布置如图 11-15 所示。

(2) 构件现场拼装

为方便运输和现场安装，圆管拱和侧面 H 型钢拱采用分段制作完成后运至现场，在现场设置临时拼装

场地，采取多段地面连续卧拼方式，在现场拼装成一整体构件单元后吊装，如图11-16所示。为保证拼装质量，胎架必须根据桁架每个节间的断面尺寸设置，胎架找正、找平，严格控制构件的几何尺寸，焊接完成探伤合格后再次确认尺寸。

（3）构件现场安装

本工程钢结构网壳安装总体施工按照由支座向跨中的顺序进行，主拱吊装时先吊装主拱支座的钢骨柱，利用支撑胎架作为操作平台，采用高空散装吊装方法进行，如图11-17所示。

图11-15　歌剧厅支撑胎架布置图

图11-16　侧拱H型钢现场拼接

图11-17　歌剧厅主拱支座钢骨柱安装、主拱高空安装

水平杆、侧面H型钢拱及侧拱连接管采用现场拼装成一个构件单元后整体吊装。

3. 网壳安装过程模拟分析

为确保钢结构网壳顺利安装，本工程在设计单位的分析模型上，采用有限元分析软件Midas，结合不同阶段安装施工阶段进行全过程计算机模拟分析，得到吊装过程中支座反力、钢构件应力和位移的变化见表11-1。

歌剧厅钢网壳安装过程模拟数据表　　　　　　表11-1

安装及卸载步骤	支座反力（kN）		节点位移DX（mm）		节点位移DY（mm）		节点位移DZ（mm）		构件应力（MPa）	
	节点号	反力最大值	节点号	位移最大值	节点号	位移最大值	节点号	位移最大值	构件压应力最大值	构件拉应力最大值
step1	1223	306.60	1219	1.40	1242	4.10	1241	1.60	−20.80	21.10
step2	1247	660.70	162	1.50	1254	3.20	1254	2.80	−25.00	35.20
step3	1189	821.00	201	4.40	1133	5.10	1364	7.10	−40.50	42.20
step4	1303	850.00	891	8.30	465	9.80	465	1.60	−45.80	45.70
step5	1189	756.10	329	6.60	337	6.10	337	1.10	−53.30	38.00
step6	1139	712.30	361	4.20	1067	2.90	433	7.70	−48.60	34.10
step7	1139	678.90	361	4.10	1003	2.70	947	7.60	−42.90	33.40

从上述表格数据分析可知屋面钢结构安装过程中，变形值均较小，最大不超过 10 mm，构件应力最大为 53.3MPa，均满足规范及设计要求。

利用 Midas 对歌剧厅屋面钢结构施工过程中模拟分析的部分应力、支座反力、位移图如图 11-18 ~ 图 11-20 所示。

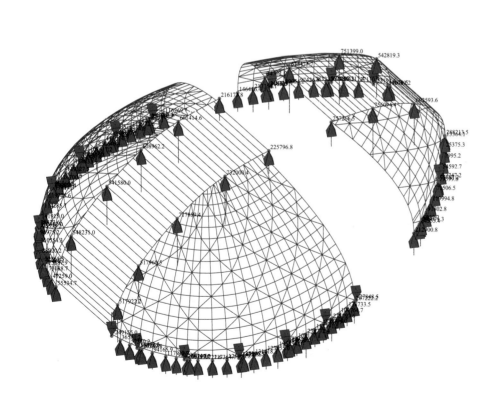

图 11-18　支座反力（step5 $FZ_{MAX,\ 节点\ 1189}$=756kN）

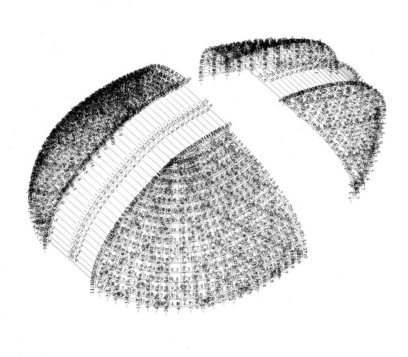
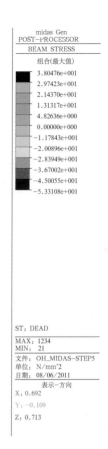

图 11-19 构件应力（step5）

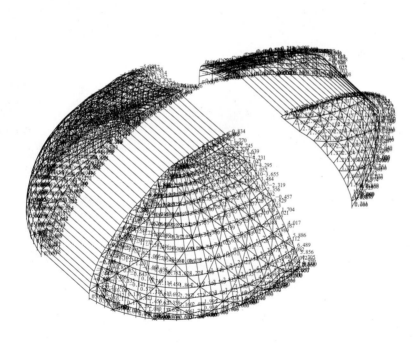

图 11-20 节点位移 DX（step5）

4. 摇摆柱安装误差调整及预控措施

通过对歌剧厅屋面安装、卸载全过程进行 Midas 模型的计算，摇摆柱上支座节点 1481 在第三卸载过程位移图如图 11-21 所示。

通过数据整理、分析，可以看出摇摆柱上支座在安装卸载全过程中节点位移很小且在规范范围以内，施工过程只要有效地对施工质量进行控制，反向控制位移，并消除安装误差逐步积累，可确保摇摆柱安装质量。

5. 钢结构卸载

临时支撑胎架卸载采用的是整体卸载的思路，待整个钢结构屋面高空成型后，先将支撑胎架分为四个卸载批次，按步骤卸载每个批次的支撑胎架，而相同批次内的支撑胎架同步拆卸，即分先后次序安排若干批次拆除支撑胎架，胎架卸载顺序如图 11-22 所示。在卸载过程中，支撑系统和结构体系中的受力十分复杂，为确保卸载施工的顺利进行，应特别注意以下几点：

（1）胎架分批依次卸载、同批次的卸载必须同步进行

根据支撑胎架的布置及结构本身与支撑胎架的受力情况，将支撑胎架卸载分为若个批次，按照卸载顺序依次拆除，每个每批次的支撑胎架必须确保同步卸载，卸载时要同统一指挥。

（2）由跨中向支座

根据结构受力特点及力学特性分析，先拆除屋面网壳跨中部位支撑胎架，后拆除支座处支撑胎架，使结构体系从施工工况状态逐步向原设计结构体系过渡，更科学合理。

（3）先少后多

在拆除支撑胎架时，由于先拆除跨中处支撑胎架，且跨中又对位移较为敏感，故分批拆除时遵循先少后多，逐步分析，并做好过程监控，确保过程安全可控。

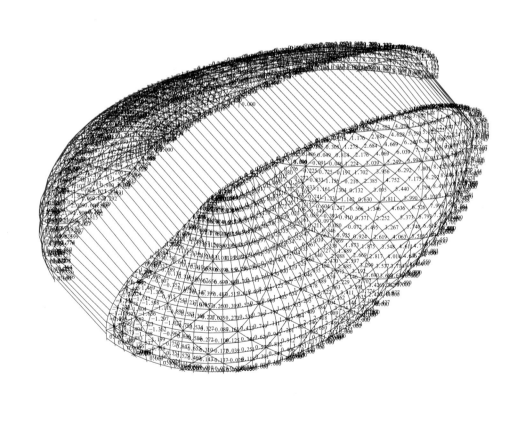

图 11-21 节点位移 DY（xzstep3）

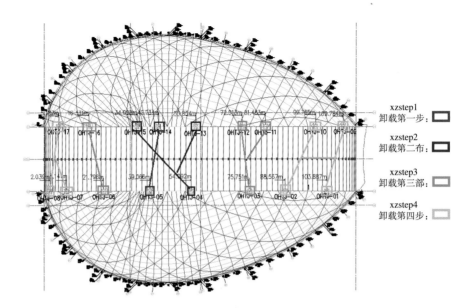

图 11-22　歌剧厅卸载顺序图

第12章 深圳南山文体中心剧院工程

项目地址：深圳南山大道与南头街交汇处

建设起止时间：2011年4月至2013年3月

建设单位：深圳市南山区建筑工务局

设计单位：中建国际（深圳）建筑设计研究院

施工单位：中国建筑第八工程局有限公司二公司

项目经理：刘民；项目总工：李建

工程奖项：2014～2015年度中国建设工程鲁班奖

工程概况：

深圳南山文体中心剧院工程位于深圳市南山区中部，由剧场、体育馆、游泳馆三个建筑单体和一露天广场组成，建筑面积78792.78 m²。三个建筑单体地下室相连，并由曲面形金属屋面连成一体，设计新颖、独特，结构造型复杂。建筑高度剧场为33.1 m，体育馆为23 m，游泳馆为16.3 m，剧场地上5层，地下1层，体育馆地上3层，地下1层，游泳馆地上2层，地下2层。外墙为钢化夹胶XIR超白玻璃、穿孔铝板、干挂花岗岩、现浇混凝土、无机涂料等，屋面为穿孔铝板、天窗、太阳能集热板，如图12-1、图12-2所示。

技术难点：

（1）弧形墙体施工难度大，其斜向、弧形、空腔结构形式，以及支撑体系、模板体系搭设及混凝土浇筑振捣困难。

（2）超高"悬空"剪力墙尺寸要求精确，下部支撑面狭窄，支撑体系困难。

图12-1 深圳南山文体中心工程外景

图 12-2　深圳南山文体中心工程内景

（3）大舞台上部台仓设有多层检修马道，长度周圈贯通，马道层临空高度大且标高变化较大，通过吊杆与上部格栅层相连。马道安装高度较大，且顶部现浇结构已经完成，安装无法使用塔吊吊装。

（4）为实现剧院"一厅多能"的使用特点，设计采用了升降吊顶进行声光控制，设计复杂，包含驱动系统、吊顶系统和配重系统；涉及多个专业交叉施工，包含舞台机械、音响、灯光多个相关专业。

（5）为确保剧院演出厅内音质指标达到设计要求的预期要求，除了平剖面体型起到较为重要的先天作用，观众厅内各个界面的材料选择、构造做法以及座椅的吸声性能与装饰施工相结合质量要求高。

12.1　斜向弧形空腔钢筋混凝土墙体施工技术

1. 概况

南山文体中心大、小剧院后均设有斜向弧形空腔钢筋混凝土墙体，具体如下：

（1）大弧形墙：上口宽 44.92 m、标高 1944 m，下口宽 34.25 m、标高 –5.7 m；弧形墙为双墙，由两片 200 厚剪力墙叠合而成，两墙间距为 200 mm；墙倾斜 72°角，其外形为圆柱的一部分；墙与结构楼面水平相交。如图 12-3 所示。

（2）小弧形墙（小剧场观众厅后），上口宽 24.0 m，标高 15.347 m，下口宽 14.615 m、标高 –0.05 m；弧形墙为双墙，由两片 200 mm 厚剪力墙叠合而成，两墙间距为 200 mm；墙下部 5.69 m 竖直，上部墙倾斜 84.4°。

2. 技术难点

（1）倾斜、曲面结构

本工程两面空腔弧墙分别倾斜 73° 和 84°，并且均为弧形结构，墙的两端亦非直线，如何进行高空定位是难点之一。

（2）模板支撑体系受到侧压力大、曲面模板难支设

由于墙体为倾斜结构，因此对模板支撑体系的侧压力很大，如何保证模板支撑体系的安全性是一大难点和重点。常规材料均为直线型材，如何用直线型材

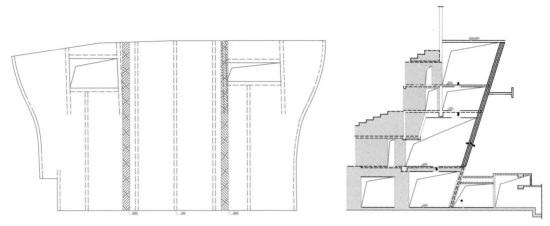

图 12-3　大弧形墙立面展开图、大弧形墙剖面图

完成曲面混凝土结构的成型也是难点。

（3）倾斜结构的混凝土振捣

在倾斜墙体混凝土浇筑中，振捣棒由于自重的影响很难倾斜插入墙体的底部振捣。

3. 技术措施

（1）利用计算机 AutoCAD 绘图软件绘制弧形墙体定位线。模板及支撑体系采用定型弯曲钢管做模板背楞，钢管弧度同墙体弧度，使模板受力均匀地传递到钢管外楞上，采用扣件式支撑架和钢丝绳斜拉支撑体系，通过支撑架体的斜撑和钢丝绳拉力来平衡墙体施工水平推力。通过合理布置振捣棒导索，解决了斜向振捣的难题。

（2）方案设计

1）将墙体分层分段；前利用计算机 AutoCAD 绘图软件绘制弧形墙体定位线。

2）墙体模板体系的主龙骨采用煨弯钢管，模板支撑体系采用满堂架斜撑与钢丝绳斜拉相结合，满堂架立杆间距 600 mm×900 mm、步距 1200 mm，钢丝绳间距 1350 mm。

3）为了不影响墙体中间空腔的声学功能，同时便于施工；在墙体中间的空腔部位填充聚苯板。

4）采用水平弧形梯子对墙体钢筋定位，间距 1000 mm。

5）在倾斜墙体混凝土浇筑中，振捣棒由于自重的影响很难倾斜插入墙体的底部振捣，通过合理布置振捣棒导索，解决了斜向振捣的难题。

4. 施工要点

（1）测量放线

首先采用计算机辅助设计，绘制墙体分段投影轮廓线，将投影轮廓线标定于楼层平面上，在标定的轮廓线上每米设置一个控制点，以此作为施工控制的依据。根据模板支设图，在楼层面上标定立杆位置。

（2）支撑架体搭设

根据墙体斜度和弧度情况，支撑架体的立杆沿径向按放射状布置；环向水平杆按折线形布置，每段与三根立杆连接；斜向顶撑与模板面垂直，环向及竖向间距通过计算确定，并均与架体立杆可靠连接。

为防止斜向顶撑过长表失稳定性，沿墙体垂向和环向设置水平拉杆，间距经计算确定，水平拉杆与斜向顶撑及支撑架体可靠连接，以平衡水平推力，保证架体整体稳定。支撑架体剖面图如图 12-4 所示。

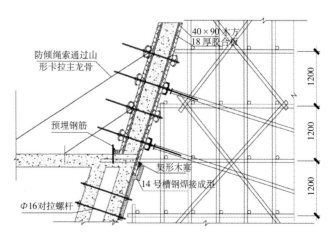

图 12-4　支撑架体剖面示意（单位 mm）

（3）外层墙外侧模板安装

依据模板平面展开图，结合面板的块料大小，进行模板排布，根据排布分割进行模板加工。次龙骨采用木方竖向放置，提前与模板固定，整体吊装就位，并临时固定在支撑架体上；主龙骨采用双钢管，钢管煨弯，与墙体设计弧度一致，水平放置。

（4）外层墙钢筋绑扎

钢筋绑扎按照常规方法进行。为保证倾斜、弧形钢筋定位准确，在每层墙体内设置三道水平弧形定位梯子筋，确保了钢筋的施工质量。

（5）外层墙内侧模板安装

为防止混凝土浇筑时模板的上浮，在内侧弧形模板的根部设置限位拉结装置。

模板组装完成后，采用专用的检测工具检查墙体弧度和倾斜度，检测工具已获国家发明专利，如图12-5和图12-6所示。

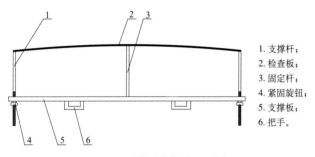

1. 支撑杆；
2. 检查板；
3. 固定杆；
4. 紧固旋钮；
5. 支撑板；
6. 把手。

图 12-5 墙体弧度检测工具示意

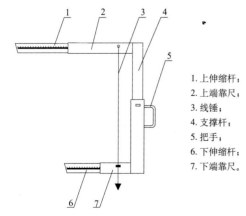

1. 上伸缩杆；
2. 上端靠尺；
3. 线锤；
4. 支撑杆；
5. 把手；
6. 下伸缩杆；
7. 下端靠尺。

图 12-6 墙体斜度检测工具示意

待外层墙内侧模板安装及对拉螺栓紧固完成后，为了加强弧形空腔斜墙的支撑体系，防止发生墙体的

倾覆，设置钢丝绳斜拉体系。钢丝绳的规格、坏向及竖向间距经计算确定。钢丝绳一端固定在已经达到强度要求的水平混凝土结构梁板上；另一端用固定在模板的主龙骨上，采用花篮螺栓调节松紧程度。

（6）外层墙混凝土浇筑及内侧模板拆除

墙混凝土浇筑应连续分层浇筑，分层厚度为500 mm。混凝土振捣采用自主发明的振动棒振捣，保证混凝土的施工质量，如图12-7所示。

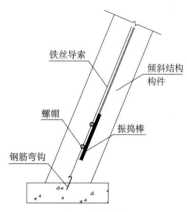

铁丝导索
倾斜结构构件
螺帽
振捣棒
钢筋弯钩

图 12-7 倾斜墙体振捣方法示意

待墙体混凝土强度达到规范规定的拆模要求后，按常规方法拆除外层墙体的内侧模板。

（7）墙体空腔挤塑聚苯板及面板安装

待外层墙内侧模板拆除后，用专用胶粘贴挤塑聚苯板，铺贴12 mm厚的木质面板，通过对拉螺栓调节面板弧度。

（8）拆模和养护

当斜墙混凝土强度达到拆模时不损坏混凝土棱角方可拆除外层墙内侧模板及内层墙外侧模板，最上一节混凝土强度等级达到设计强度时方可拆除外层墙外侧模板及支撑架体。模板拆除后墙体表面采用双层塑料布包裹，以防止水分散失，不间断保持湿润状态，养护时间不少于14d。

12.2 超高深梁叠合施工技术

1. 概述

本工程大剧场台仓与乐池交界处上空有一道悬

空墙，墙厚 300 mm，墙底标高 10.850 m，墙体延伸至主舞台屋面（屋面标高 33.15 m），墙体共高 22.3 m，墙体承载力主要落在两侧剪力墙上。悬空墙下楼面标高 −0.3 m，楼面宽 3 ~ 4.5 m，楼面不在悬空墙正下方；楼面两边临空，一边为 −12.3 m 标高的舞台台仓底坑，一边为 −10.2 m 标高乐池底坑。如图 12-8 所示。

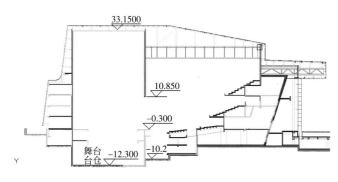

图 12-8　大剧场悬空墙位置剖面图

2. 技术难点

（1）悬空墙下的模板支撑体系基础不规则

悬空墙下方的 −0.3 m 标高楼面平面形状呈圆弧形，且为悬挑板；导致悬空墙底部模板支撑体系搭设难度大。

（2）悬空墙为临空结构，两边无支撑点

悬空墙两边临空，难以找到保证墙体垂直度保的落脚点。

悬空墙独立的处在高空，如何保证施工人员人身安全是难点之一。

3. 技术措施

（1）应对措施

对整个墙体采取竖向分节，最下一节墙体施工用模板支撑架与安全防护架联合搭设（对其下悬挑板采用满堂架进行加固支顶），既满足墙体模板支撑的要求又起到安全围护的作用，并且增加了整个架体的稳定性。

在最下一段墙体上设置双悬挑架（同时拆除第一节墙体的模板支撑架）不仅保证了施工的安全又节省了架体搭设的费用。采用钢丝绳斜拉悬空墙体模板体

系保证了墙体的质量。

（2）方案设计

悬空墙采取分节施工，最下一节 2 m 高，以上每节 3 m 高；在墙体施工前，根据计算确定模板支撑体系的布置方式。支撑架采用扣件式钢管脚手架由舞台和乐池台仓底开始搭设。最下一节墙体施工用模板支撑架与安全防护架联合搭设。最下一节墙体施工完成后，在墙体上设置双悬挑架以用于安全围护。采用钢丝绳斜拉来控制悬空墙模板体系的垂直度。

4. 施工要点

（1）搭设悬空墙底模支撑架及安全围护架从 −12.3 m 舞台太仓底及 −10.2 m 乐池底开始搭设支撑架，立杆间距 800 mm，设置好纵横向、水平剪刀撑。如图 12-9 所示。

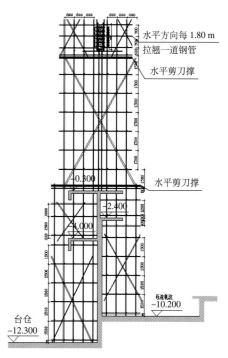

图 12-9　墙体模板支撑布置剖面图（单位 mm）

（2）第一段墙体结构施工

按常规方法进行第一段钢筋、模板、混凝土施工。为保证墙体的垂直度采用钢丝绳斜拉侧模板体系，如图 12-10、图 12-11 所示。

（3）安装围护架体的悬挑工字钢并搭设架体

具体做法如图 12-12 所示。

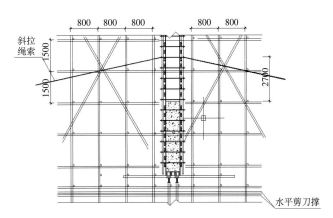

图 12-10　墙体斜拉绳索设置立面图（单位 mm）

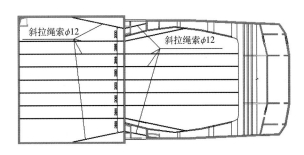

图 12-11　墙体斜拉绳索设置平面图（单位 mm）

墙体施工用模板支撑架与安全防护架联合搭设，既满足墙体模板支撑的要求又起到安全围护的作用，

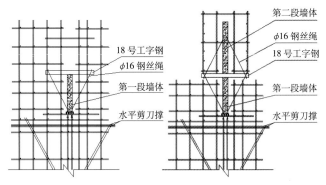

图 12-12　悬空墙工字钢挑架做法

并且增加了整个架体的稳定性。在最下一段墙体上设置双悬挑架（同时拆除第一节墙体的模板支撑架）不仅保证了施工的安全又节省了架体搭设的费用。采用钢丝绳斜拉悬空墙体模板体系保证了墙体的质量。

12.3　舞台检修通道逆做法施工技术

1.概述

本工程大舞台台仓有三层检修马道，见图 12-13，马道层标高分别为 11.365 m、14.965 m、20.365 m，马道通过吊杆与格栅层相连。

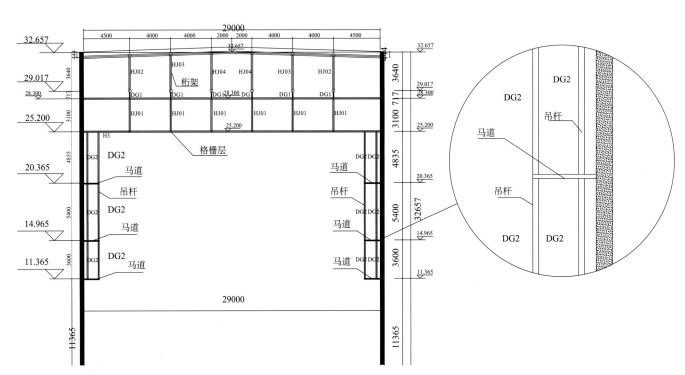

图 12-13　检修马道剖面图及局部放大图（单位 mm）

2. 技术难点

（1）确定吊装方式

钢通道施工时上部结构已经施工完毕，要充分考虑施工时平衡梁的轮廓尺寸，以免平衡梁与上部结构"碰撞"；需要根据所吊装构件的重量确定所需反作用力矩，即配重大小及位置。

（2）卸载时平衡梁失去平衡，吊挂重物的一端会突然向上翘起，影响安全作业。

3. 技术措施

（1）采用由下到上的逆作法施工

由于构件安装位置在室内，现场吊装设备为塔吊，采用由上而下的安装顺序，已安装完成的构件对后安装的下层构件吊装会发生阻挡，因此创新发明"平衡梁吊装法"

如图 12-14 所示。杆件就位后，先暂时将杆件与吊杆点焊固定点位，通过平衡梁滑轮组调节配重的力臂，使配重位于起吊点下方，此后解除吊装杆件，完成吊装。

（2）快速调节平衡吊装

针对卸载后平衡梁翘头的问题，在构件就位后，同样可以摇动手柄，使配重向着吊钩附近靠近，直到平衡梁达到平衡，然后再松开构件，这样可避免翘头的问题。如图 12-15 所示。

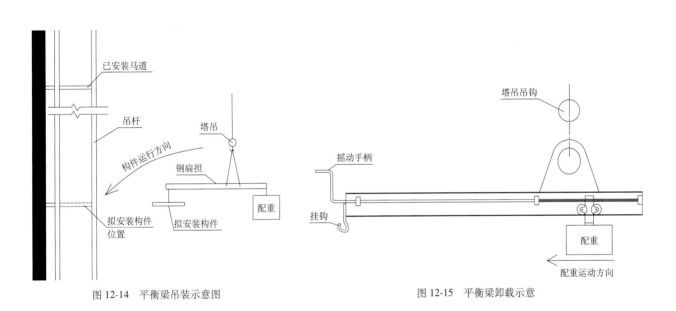

图 12-14　平衡梁吊装示意图　　　　图 12-15　平衡梁卸载示意

4. 施工要点

施工时采用塔吊及一套配种平衡装置配合将通道的水平钢梁与吊柱连接。先连接最上一道钢梁，后连接下一道钢梁。

平衡梁施工使用流程如图 12-16。

（1）流程图说明：

1）平衡梁在塔吊的配合下穿过上部结构。

2）吊起重物后，调节配重块位置，使其平衡，然后提升构件。

3）调整构件位置，使其就位。

4）摇动手柄，使配重位置向着吊钩出移动，

达到平衡后摘除构件钢丝绳，进入下一个构件吊装工作。

（2）操作要点

安装顺序如下

第一步如图 12-17（1）所示，调整原混凝土墙施工维护脚手架，使其便于钓竿的安装。

第二步安装吊杆，如图 12-17（2）所示。

第三步安装最上面一层马道，如图 12-17（3）所示。

第四步安装第二层马道，如图 12-17（4）所示。

第五步安装第三层马道，如图 12-17（5）所示。

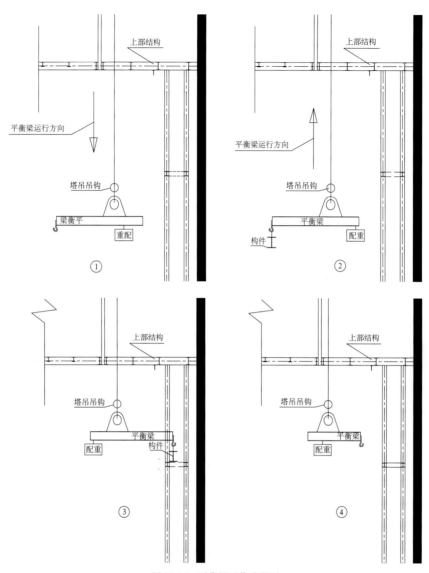

图 12-16 平衡梁工作流程图

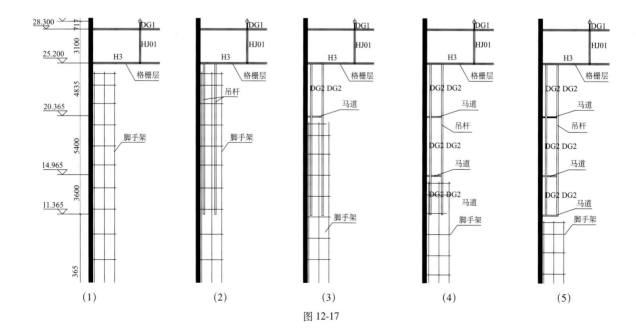

图 12-17

12.4 升降吊顶施工技术

1. 概述

该工程观众厅吊顶为升降吊顶，由驱动系统、配重系统和升降吊顶三部分组成，升降吊顶共分七块活动单元，其中第一、三、五、六块为升降吊顶，第二、四、七块为升降吊顶兼做面光桥（以下简称"面光桥"）。

每块吊顶由钢骨架及装饰层组成，钢骨架均为钢方管桁架，方管截面尺寸为 60 mm × 60 mm × 4 mm，升降天花钢骨架高 3.94 m，宽 4 m，面光桥钢骨架高 2.94 m，宽 2.18 m，长度 19.8 ~ 23.6 m 不等。单榀钢骨架最大重量为 8.7t，最小为 3.2t。吊顶装饰层为轻钢龙骨 +12 mm 木夹板 +10 mm 水泥纤维板 + 腻子乳胶漆。

升降式吊顶的剖面设计构造见图 12-18 及图 12-19。

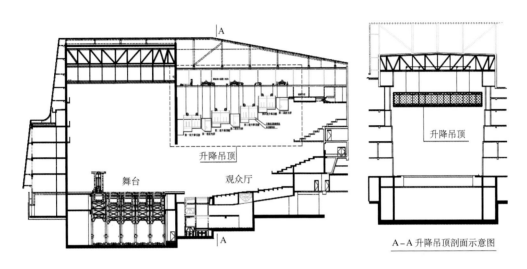

图 12-18 升降吊顶剖面构造示意

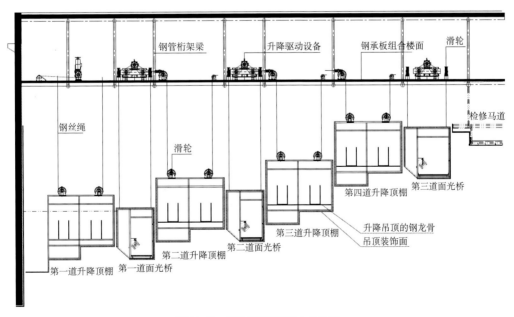

图 12-19 升降吊顶局部放大示意图

2. 技术难点

（1）一厅多能

设计一个剧场观众厅要同时满足歌舞类、语言类

和交响乐等不同混响时间要求演出功能模式。

（2）设计复杂、工序多

观众厅升降吊顶分为驱动系统、配重系统和升降部分，升降部分由钢骨架、轻钢龙骨、木夹板、水泥纤维板、乳胶漆等，墙面为波形实木扩散体墙面，地面为实木地板，两侧有吸声幕帘等，吊顶上有灯光、音响、空调、消防系统等。

（3）顶层封闭，转运、吊装难度大

工期紧，剧场观众厅和舞台施工为关键线路，观众厅顶部结构必须封闭，升降吊顶设备和钢骨架只能从舞台一侧的卸货平台进入，转运和吊装难度大。

（4）高大空间，施工措施复杂。

观众厅宽 23.6 m，长 39.45 m，高 24 m（局部 34.3 m），进出材料通道经过台仓（深 12.3 m）及升降乐池（深 10.8 m），运输困难，且观众厅吊顶及墙面呈波浪形，正常施工需搭设满堂架，费工耗时，施工难度大。

3. 技术措施

（1）通过提高或降低全部或部分吊顶标高，改变观众厅内部空间大小，从而改变声学混响时间，满足不同演出模式要求。

（2）采取吊顶钢骨架分段场外加工，现场组装、吊装的方法，节省施工时间，保证施工安全。

（3）吊顶钢骨架、驱动系统等材料、设备的平面移动及竖向吊装采用卷扬机进行，提高施工的灵活性，解决顶层封闭无法使用大型机械吊装难题。

（4）吊顶的装饰面施工时，将吊顶钢骨架降落到池座以上便于工人操作的高度（1.2～1.8 m），避免了传统大空间吊顶施工满堂架的搭设，减少了投入，增加了安全保证系数。

（5）吊顶分块错位施工，形成流水，缩短施工工期。

4. 施工要点

（1）升降式吊顶施工工艺流程如图 12-20 所示。

（2）升降式吊顶施工顺序安排。

升降式吊顶施工过程如下：

1）驱动系统设备及构件吊装（图 12-21）；

2）驱动系统安装及钢骨架就位（图 12-22）；

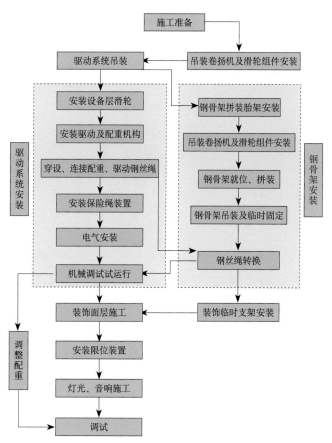

图 12-20　施工工艺流程图

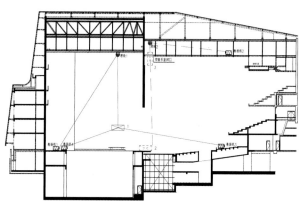

图 12-21　驱动系统设备及构件吊装

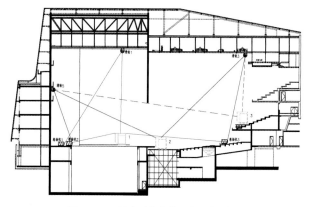

图 12-22　驱动系统安装及钢骨架就位

3）吊顶钢骨架吊装并临时固定（图12-23）；

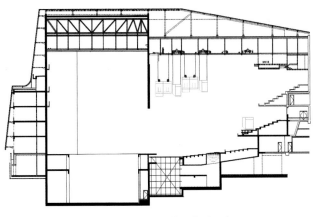

图 12-23　钢骨架吊装并临时固定

4）吊顶装饰层施工（图12-24）；

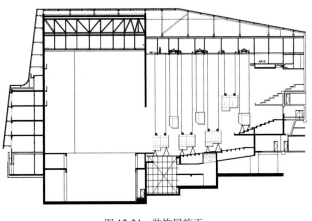

图 12-24　装饰层施工

5）吊顶灯光、音响等设备安装及系统调试（图12-25）。

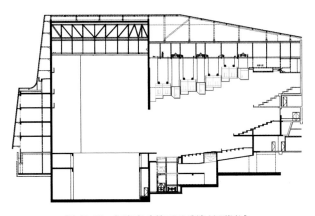

图 12-25　灯光音响施工及升降吊顶调试

12.5　行走式塔吊曲线轨道施工技术

1. 概述

塔吊行走轨道按通长设置于截面高度为 800 mm 的箱型轨道钢梁上，轨道钢梁的支座位于支撑格构柱上。格构柱从地下室底板穿地下室顶板到轨道梁，因轨道所经过区域地下室顶板标高各有不同，标高低处需加高格构柱，使塔吊两条轨道的标高平齐。钢格柱采用四根钢管（$\phi 159 \times 10$）为主肢、角钢 2∟75×6 为缀条组成的格构式截面，材质均为 Q235B。截面尺寸为 891 mm × 891 mm，水平支撑采用两根钢管（$\phi 140 \times 8$）为上下弦杆，腹杆用钢管（$\phi 89 \times 6$）。本工程采用钢格柱 891 mm × 891 mm 共 40 个，格构柱平均高度为 8 m，水平支撑 80 个，组成支撑体系；格构柱放置在地下室底板，通长穿过地下室顶板到 −0.65m。塔吊行走轨道并不是一条直线，而是在中间有一段曲线。

塔吊型号为 TC7052，塔吊的参数为：塔吊跨距为 8 m，前后的轮距为 8 m，起重时最大轮压为 1400kN。

2. 技术难点

（1）平面布局不规则，塔吊布置不易全面覆盖；

（2）钢结构散装吊装构件多，工期占用时间长；

（3）轨道基础穿地下室顶板，施工难度大，影响整体工期；

（4）在曲线轨道上行走式塔吊运行控制难；

3. 技术措施

（1）采用曲线轨道行走式塔吊，解决场内塔吊布置和钢结构吊装问题。

（2）采用格构柱钢管支撑体系轨道基座，解决轨道基础穿地下室顶板问题，保证行走式塔吊在行走过程中的安全性和稳定性。

（3）将曲线连续轨道分为若干工况段，与塔吊厂家沟通配合，使用滑轨和行程开关传递信息，确认所属工况段，利用电气控制设备控制轮速，达到行走式塔吊在曲线轨道上正常行驶的目的。

4. 施工要点

（1）塔吊轨道布置

但是由于钢结构工程本身结构布置原因，行走塔吊无法采用常规的直线布置，需要曲线布置。如图12-26所示。

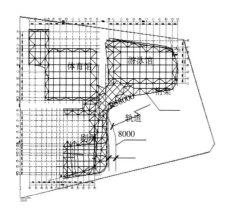

图12-26   行走塔吊轨道平面布置图

（2）轨道的安装

1）轨道梁斜撑固定在地下室顶板混凝土梁上，通过预埋件；

2）轨道支撑体系的钢格构柱安装，斜撑、水平支撑与格构柱连接；

3）在两柱之间，设置塔吊行走简支轨道钢箱梁，轨道梁运输到南面通道用吊车吊至安装位置，然后用手拉葫芦就位、并施焊。如图12-27、图12-28所示。

（3）行走装置及塔吊安装

1）安装台车

分别将主动台车吊起，安放在轨道上，用木块垫稳台车，用夹轨钳夹紧（装好底架后，再安装电缆卷线器）；带电缆卷线器支架的主动台车成对角布置（半梁与其相连）；如图12-29所示。

2）安装底架十字梁

将整梁和半梁连成十字梁后，吊装到基础上，用螺栓与台车相连；安装四根拉杆。注意同一拉杆上的两个销的安装方向必须一正一反。

3）安装底架塔身节和撑杆、压重

将基础节吊到十字梁的连接座内，用销轴连接好；用销轴将四根斜撑杆与基础节、十字梁连接成整体；将压重块放在底架十字梁上，并用8根螺栓和8根角铁，将压重固定起来（压重应不小于100t）；如图12-30所示。

4）塔吊安装。

5）塔吊在曲线位置行走：对行走导轮编号，按照预先编制好的导轮行走顺序进行行走。

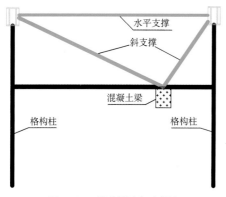

图12-27   轨道梁固定示意图

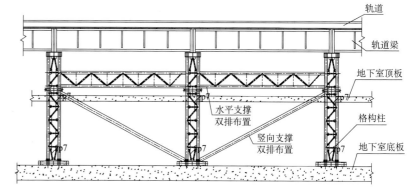

图12-28   行走塔吊支撑体系示意图

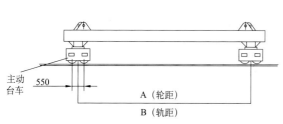

图12-29   主动台车安装

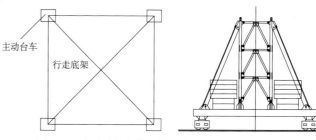

图12-30   行走底架安装、底架塔身节和撑杆、压重安装

第13章 宁夏国际会议中心

项目地址：宁夏回族自治区银川市阅海商务区

建设起止时间：2012年10月至2015年8月

建设单位：宁夏建筑设计研究院有限公司

设计单位：宁夏建筑设计研究院有限公司

施工单位：中国建筑第八工程局有限公司西北分公司

项目经理：武练；项目总工：张伟干、李超

工程奖项：2016～2017年度中国建设工程鲁班奖

工程概况：

宁夏国际会议中心作为中阿经贸论坛永久会址，是经国务院批准，由商务部、中国贸促会、宁夏回族自治区人民政府共同主办国家级、国际性综合会议中心。位于银川市阅海商务区，内设中央会议厅（320座）、阶梯报告厅（1206座）、剧场式报告厅（600座）、中国厅、阿盟厅、礼拜殿以及地下室展厅（5500 m^2），总建筑面积约7.76万 m^2；本工程采用天然基地、灌注桩及筏板基础，主体为钢及钢筋混凝土混合结构，地下二层，地上四层。建筑物外层编制了赋予动感的外纱，宛如回族的饰帽和面纱，其结构形式为网架钢结构。如图13-1、图13-2所示。

技术难点：

（1）大跨度异形空间网架。大量节点需深化设计，且方案设计时为确保结构安全、施工安全需经过大量

图13-1 宁夏国际会议中心外景

图 13-2　宁夏国际会议中心会议剧场

的工况模拟、计算和受力分析；网架支撑用量大，高空作业焊接工作量大；大量双层杆件的连接，确保异形空间网架的曲面造型、安装精度，存在技术难点。

（2）大跨度预应力钢桁架。内庭院楼盖为 48 m 跨预应力钢桁架，每榀钢桁架下弦杆内穿索预应力钢绞线。桁架端部距离框架柱 200 mm，狭小空间预应力张拉难度大；单榀桁架重量达 127t，安装高度 11.5 m，四周受钢筋混凝土主体结构限制，安装空间狭小，钢桁架安装难度大。

（3）马蹄形装饰墙面。原设计主报告厅外侧装饰面为仿木陶板，表面设有"装饰棒"，若按原设计，小型尺寸曲面陶板加工难度大，且陶板重量较大，安装速度慢，无法保证工期节点；经设计优化，改为铝锰硅新型材料，如何确保马蹄形曲面造型和"装饰棒"安装精度，是攻关难点。

（4）严寒地区大体积筏板。基础筏板厚度 700～

2000 mm，面积约 2.3 万 m²，施工期为西北严寒冬季，最低气温达 -20℃。针对西北严寒地区冬季大体积混凝土质量的控制，难度较大。

（5）高厚变截面钢筋混凝土扶壁柱。地下室外墙设有变截面扶壁柱，截面尺寸大、高度高，主筋直径大、密集且斜向，钢筋安装和混凝土振捣等技术难点。

（6）智能会议系统综合布置。各会议厅为中阿博览会召开期间重要场所，会议系统复杂、繁多，如何进行会议智能系统的综合联动、实现智能化，存在较大的技术难点。

13.1　智能国际会议系统综合技术研究与应用
（本节专项工程由北京中广电系统工程有限公司实施）

宁夏国际会议中心会议系统主要包括主报告厅系统、报告厅系统、中央会议厅系统、中国厅系统、阿盟厅系统、新闻发布厅系统、智能宁夏展示中心系统、会议总控平台系统、信息发布与大屏显示系统、智能查询系统、会议签到系统、共用系统、会务管理系统、播出系统等，共计14个系统，系统复杂、繁多，如何进行会议智能系统的综合联动、系统优化，实现智能化，是智能国际会议系统的重点和难点。

1. 结合设计和施工经验，对各系统进行优化（方案见表13-1）

各系统设计方案　　　　　　　　　　　　　　表13-1

序号	内容	功能	系统配置	其他
1	中国厅、阿盟厅	中国厅、阿盟厅位于会议中心二层面积约280m²，主要用于会见、会议等功能	包括扩声系统、发言系统及无线电子桌牌系统、红外无线会议系统（备用）、译员间合并及借用功能、音频输出接口及音频分配系统、中央控制系统等	会议系统以发言讨论、同声传译功能为主，系统对会议单元的拾音要求较高，因此配备2席主席单元、34席代表单元具备强指向麦克风HCS-4860会议单元（2014APEC专属会议单元），以满足会场的要求。会议厅同时还配备一套无线会议系统作为备份，无线会议系统易于安装及拆除，并具备较高的保密性，系统安全稳定，音质清晰完美
2	新闻发布厅	新闻发布厅在会议中心三层，主要用于各类新闻发布会	扩声系统、数字红外无线会议系统、显示系统	会议系统功能具有发言讨论及同声传译等功能并采用数字红外无线的传输方式，设备采用流动共享使用的数字红外无线会议系统
3	报告厅	国际会议中心报告厅于大楼一层，共设席位636座，主要功能为会议、演讲、学术报告等	包括音视频信号传输分配系统、电子会标系统、观众台LED屏、主显示系统、两侧LED显示系统（上侧）、两侧LED显示系统（下侧）、控制系统、主席台会议发言、显示系统、红外无线同声传译系统（实现译员间共享功能）、音频输出接口机音频分配系统、高清摄像自动跟踪系统、表决系统等	会议控制系统应预留对舞台机械、灯光、音响系统的联动控制接口。此报告厅主要以学术报告会、研讨会为主，同时满足国际会议需求。报告厅主席台采用无纸化多媒体系统，全场设计有红外无线同声传译系统，同声传译接收机采用流动式共享设备，会议系统还配置会议视像自动跟踪系统，会议期间可实现全自动跟踪功能
4	主会议厅	国际会议中心报告厅位于三、四层，共设置席位1200个座，主要功能为会议、演讲、学术报告		
5	中央会议厅	中央会议厅位于会议中心四层面积约450m²，主要用于高级别会议及接待外宾，座席297个	同声传译系统、显示系统、高清摄像、无纸化多媒体会议系统、信号屏蔽及会议控制系统	可实现发言讨论、同声传译功能、自动摄像跟踪等功能；同时会议系统还可实现会议信息的多媒体交互功能，确保系统安全稳定，声质清晰完美
6	智慧宁夏综合展示中心	位于南翼楼，由应急指挥大厅和会商室组成	应急指挥大厅包括DLP大屏显示系统、音视频信号传输分配系统、控制系统、会议发言、表决系统、同声传译系统、音频输出接口、音频分配系统及智慧宁夏"云平台"接入系统，其中，会商室主要包括电视显示系统、音视频自动跟踪系统、会议发言、表决系统、同声传译系统、控制系统。该中心通过智慧宁夏"云平台"与火车站、市民服务中心等多个大屏实现信息互联互通	
7	会议总控平台系统	包括显示、扩声系统，录播系统，会议控制集成平台及译员间扩展	鉴于宁夏国际会议中心会场数量多，分布广的特点，为了更好的对各会议室进行智能化控制及管理，设置了一套会议管理平台，该平台具备会议控制、管理、各会议室信号互联互通、调度等功能。系统采用集中管理与分级管理相结合的架构，操作人员可在会议总控室内操作所有会议室的设备，并对现场情况进行有效监控，根据各会议室功能和场景需要，预先编制程序，使用时只需进行一键式操作	
8	信息发布与大屏显示系统	包括信息发布终端、多功能厅LED显示屏（外）、多功能厅LED显示屏（内）、主要通道口显示屏及会议室走廊显示屏	信息发布系统是一套软硬件结合的系统，将汇聚在中心服务器端的各种的信息（如：视频、图片、文本、Flash、数据、网页等）通过网络（局域网、广域网）按需求迅速、准确地推向分布在各处的媒体发布终端，使相关参会人员直观了解相关会议信息	
9	智能查询系统	查询机设置在一层及主要的出入口处	根据会议中心各区域不同的功能需求，设置查询及显示系统	通过查询机浏览三维立体图、会议流程介绍、会场情况介绍等，直观、快捷的了解会议流程、会议内容及自己的目标位置
10	会议签到系统	会议签到系统可实现召开会议的签到数据采集、数据统计和信息查询过程自动化，实现会议管理自动化，与会人员只需通过会议签到机通道，便可快速完成会议签到	方便会议管理人员的统计与查询；可有效地掌握、管理与会人员出入和出席情况	
11	共用系统	包括流动发言、无线电子桌牌系统、同声传译系统、扩声系统	共用系统采用易于临时安装的无线会议系统产品，在召开会议时只需增加无线会议单元或无线电子名牌等设备即可投入工作	
12	会务管理系统	可实现会议排期、会议室预约、会议通知、会议公告显示等基本功能外，还可对会议预约情况、会场使用情况、会议室设备使用情况等数据进行分析统计		
13	播出系统	在主会议厅及新闻发布厅设置电视转播接口，直通户外，方便中阿博览会及两会等大型会议时进行电视直播的需求		

2. 采用会议总控管理平台

操作人员可在会议总控室内一键式操作所有会议室的设备，并对现场情况进行有效监控。会议总控管理平台通过会议系统平台管理软件、综合控制管理软件、视频预监及音频对讲软件组成，可实现各系统的综合联动、总控制室和各会议室的信号切换。

3. 无纸化多媒体会议系统的应用

系统将涉及的会议发言、表决、同声传译、签到、视像跟踪、视频显示、电子文档、数据等服务全部集成到了一个桌面终端；与会人员可以通过触摸屏进行各种互动操作，实现了无纸化会议及多媒体信息互动的完美结合；与会人员可通过直接点击触屏服务请求界面，将需求发至后台，后台服务器端就可以收到信息并作出回应，如图13-3所示。

图13-3   无纸化多媒体系统

4. LED屏控制系统的优化

原设计中每块LED屏均配置一台电脑用于控制该屏，导致中控系统与LED屏控制系统建立通信，实现联动及一键控制难度大，且控制室空间有限。见表13-2。

综合调试问题及解决措施   表13-2

序号	问题描述	问题原因分析	实施方案及步骤	实施过程及结果
1	1号（上面）投影机聚焦不实；报告厅投影机叠加显示图像重合不佳问题	1）1号投影机镜头安装孔存在偏差；2）两台投影机安装时Z轴角度偏差较大，导致叠加显示时图像重合困难	1）联系投影机厂家到现场对投影机镜头安装孔位校正；2）重新安装投影机，使两台投影机z轴偏差降到最小	经过BARCO工程师现场校正。1号投影机镜头安装孔位，1号投影机聚焦问题解决；经过重新安装投影机，叠加显示图像重合问题解决
2	宁夏人大要求两会时使用警备局提供的签到系统，这样就存在两个不同系统间数据传输接口的问题	需要根据警备局签到机提供的数据接口要求，对会议签到系统的接口重新开发，以达到两个不同系统间的数据传输	协调会议系统厂家对会议签到系统软件接口进行修改	通过修改会议签到系统软件接口，使两个签到系统数据成功对接，问题解决
3	宁夏机关事务局及人大根据往年宁夏两会的经验，要求表决系统在录入到会代表人数时，以主持人宣布的到会人数作为表决系统实到人数上限，这样就造成该数字可能与实际签到人数不一致	根据宁夏机关事务局及人大提出的要求，对会议表决系统实到人数的录入接口进行修改，实到人数改为手动输入	协调会议系统厂家对会议表决系统软件实到人数的录入方式进行修改	通过修改会议表决系统软件实到人数的录入方式，问题解决
4	中国厅、阿盟厅会议系统未配摄像机，在总控室无法看见现场实时情况	由于中国厅、阿盟厅会议系统未配置摄像机，需增加摄像机或调用其他系统摄像机信号	1）这两个会议室新增摄像机；2）让代建、设计及监理协调调用其他系统摄像机信号	通过代建、设计及监理协调监控摄像机信号，利用会议系统的预留接口，将中国厅、阿盟厅的监控摄像机信号接入到会议系统
5	主会议厅摄像机信号上主会议厅LED屏显示，如果来回切换摄像机信号会造成LED控制器死机	1）LED控制器死机是否由设备兼容性的原因造成；2）中控软件造成LED控制器死机	1）重新设置设备的参数，检查设备间是否存在兼容性问题；2）测试中控软件，检查是否由中控软件造成	检查设备间的兼容性，排除设备兼容性的可能。通过反复测试中控软件，找出中控软件中的bug，修改中控软件
6	主会议厅主LED屏控制服务端软件电脑重启后，大屏控制服务端软件与大屏控制器无法进行连接，导致大屏控制软件不能使用（重启大屏控制器后恢复正常）	当大屏控制服务端软件电脑重启后，大屏控制器不能判断出大屏控制服务端软件电脑已进行过重启，致使与大屏控制服务端软件连接的端口一直被占用，未被释放，造成大屏控制服务端软件与大屏控制器无法进行连接	由软件研发工程师对软件进行优化，或是考虑将大屏控制服务端软件部署在大屏控制器上的可行性	经软件研发工程师确认，通过指导制定开关机操作方法可以避免此故障的发生：在关闭大屏控制器之前，先将大屏控制服务器软件关闭，在启动大屏控制器后，再启动大屏控制服务端软件

经研究，优化如下：

（1）将所有的 LED 屏控制全部直接接入中控系统进行控制，节约了电脑，也解决了中控控制 LED 屏的问题；

（2）全彩屏由会议系统矩阵给 LED 屏信号，解决了 LED 屏显示信号由中控系统控制的问题，解决了控制室过多电脑摆放的问题。

5. 采用的无纸化多媒体会议单元在业界率先采用最新 E-ink 电子墨水技术的电子名牌，更具有断电后屏幕显示内容可永久显示、可视角度接近 180° 等独特性能，且功耗极低，节约能源。

6. 所有会议室会议发言系统均采用"双机热备份"，配备相应的双机热备份软件模块，实现会议发言系统关键设备双机备份功能，确保会议不会因会议设备问题而发生中断，确保会议系统运行的稳定性及安全性。

7. 综合调试。会议系统的调试顺序为单项设备调试、子系统调试、系统联调及综合性能测试。在调试过程中遇到一些问题，通过分析查找问题原因，运用合理的实施方案，将遇到的问题逐一解决。

13.2 大跨三维空间仿阿拉伯面纱钢结构施工技术

（本节专项工程由江苏沪宁钢机股份有限公司实施）

钢结构外纱跨度 153 m，高 46.5 m，钢结构工程量约为 2000t，其结构采用外三角形、内六边形蜂窝状网架形式，杆件均采用 Q345B 无缝钢管，其他钢材材质为 Q345B。外纱上、下弦杆及腹杆规格主要为 $\phi 159 \times 6$、$\phi 159 \times 8$，支座支撑杆件主要为 $\phi 351 \times 16$、$\phi 450 \times 16$、$\phi 650 \times 25$。如图 13-4 所示。

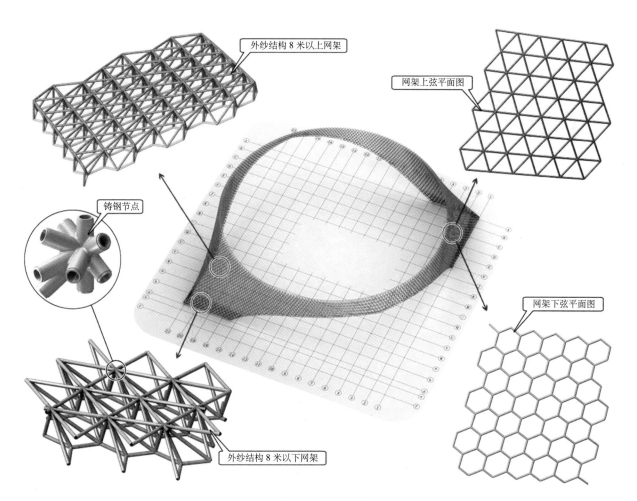

外纱结构 8 米以上网架

网架上弦平面图

铸钢节点

网架下弦平面图

外纱结构 8 米以下网架

图 13-4　钢结构外纱

1. 整体施工思路

采用"化整为零"工艺原理，根据网架正方正圆的特点，按对称轴划分小分块，即"工厂杆件加工＋分块地面拼装＋分块空中吊装"整体思路。小分块在地面拼装时，可采用布置胎架，胎架可重复使用；小分块空中吊装时，可采用临时支撑作为支撑点进行临时就位、校正，最后卸载临时支撑进行变形观测。

2. 深化设计

外纱钢结构存在大量节点，为减少现场杆件节点焊接工作量和确保节点质量，在深化设计时，8 m标高以下采用铸钢节点，在加工厂进行节点成品浇筑；8 m以上采用相贯焊接节点，杆件接口形式为锯齿形斜切口，便于角度调整。同时通过计算机模拟，进行各工况分析，包括变形、应力、支撑受力等，确保结构安全和施工安全，同时提取出相关参数指导现场施工。

分块划分时，整体网架跨度153 m，若划分4～6个对称分块，单块重量达600t，起吊难度大、占用场地大；综合考虑加工场地大小、吊装空间大小和起吊设备能力，结合网架结构特点，将整个网架划分对称划分4个区域，共计59分块。

3. 地面分块拼装技术

（1）分块为双层网架，里侧为正六边形，外侧为正三小角形，地面拼装需对双层网架分别搭设胎架。若双层胎架独立，既增加了工作量，又浪费了材料；若能将双层胎架巧妙结合，工期和经济效益将明显提高。

项目部研究采用钢管搭设可重复、周转使用的胎架，底层胎架的连接杆件作为上层胎架的底座，既可重复使用，又可提高胎架整体稳定性。分块网架地面拼装时，采用具有一定刚度的钢管搭设可周转使用的胎架，胎架精心设计，将双层胎架合二为一，提高整体稳定性和拼装精度。如图 13-5 所示。

（2）研发由钢管、顶丝制作的一种拼装胎架，专利号 ZL201420377760.X，调节顶丝长度，可对分块网架的关键部位进行竖向标高微调。

（3）分块网架里层为正六边形，采用"小合拢单

图 13-5　分块网架地面拼装的胎架

元＋嵌补杆"的拼装方法，即里层网架划分多个小合拢单元，小合拢单元间预留嵌补杆；先安装小合拢单元，最后安装嵌补杆，可多班组平行作业，利用嵌补杆调整偏差，有效提高拼装效率，控制分块地面拼装精度。

（4）分块网架外层为正三角形，采用"通长杆件＋嵌补杆"的拼装方法，即外层网架三角形造型，先拼装通长杆件，再拼装通长杆件之间的嵌补杆，利用嵌补杆形成三角形造型。杆件在加工厂电脑放样，带有一定的弧度，以通长杆件替代小杆件，有效减少三角形造型焊接工作量和大面积网架曲线造型；同时，嵌补杆为锯齿形斜切口，拼装时可调整角度，有效控制焊接位置细部的弧线造型。

4. 空中分块吊装技术

（1）分块吊装采用400t履带吊，从落地分块开始吊装，采用临时支撑初步固定，多次精密复核特征点的坐标进行定位调整。

考虑空中吊装精度和曲面造型，研究吊装分块＋嵌补杆的方法，相邻吊装分块间预留竖向嵌补杆，用于调整分块间的偏差，且提高了吊装施工效率。分块吊装如图 13-6 所示。

图 13-6　分块网架空中吊装

（2）在吊装分块精度调整时，采用本项目研发的专利：调节式定位支架（专利号 ZL201420141974.7），可缓慢的进行分块的竖向精度调节。

5. 临时支撑布置和卸载技术

（1）临时支撑布置之前，模拟临时支撑卸载全过程的 9 种工况，利用软件（midas）计算各工况下结构变形、应力以及支撑受力情况，与规范和图纸设计进行比对，确保结构安全和施工安全。

（2）根据网架部分落地、部分悬空的特点，落地网架设计落地式支撑；悬空网架设计竖向支撑和联系支撑，并结合侧向支撑；当支撑落于主体钢筋混凝土结构时，为保护主体结构，支撑下端设计转换钢梁。临时支撑布置顺序随分块网架的吊装顺序，由落地分块开始，由下至上在悬空部位进行合拢。

（3）临时支撑卸载时，采取对支撑顶部的小胎分条切割的办法进行，每次切割的高度 5 ~ 10 mm，每切割一次采用全站仪进行一次观测并记录数据，将变形观测结果与计算工况下变形值进行对比分析，直至结构无向下的位移时，卸载完毕，可拆除临时支撑。

在实施过程中，通过整体方案的选择、深化设计、分块网架地面拼装、分块网架空中吊装、临时支撑布置及卸载等环节，并经过关键技术研究和创新，有效提高了施工质量，有效控制了异形空间网架的曲面造型。

13.3 大跨预应力钢桁架高空对接滑移施工技术

大跨度预应力钢桁架位于地下室多功能厅楼盖，主要包含 9 榀主桁架，间距 9.6 m；主桁架南北方向跨度 48 m，东西方向跨度 73 m。主桁架高度 4.5 m，单榀桁架重约 127t，主桁架上下弦以及腹杆均为箱型杆件。多功能厅次桁架为焊接 H 型钢结构。主桁架下弦杆内穿高强预应力钢绞线，钢绞线采用 2 束 37 根无粘结预应力钢绞线，规格 ϕ15.2，钢绞线沿下弦通长，钢绞线两端锚固采用 37 孔楔片式群锚。

（1）钢桁架端部穿索预应力钢绞线，距离框架柱 200 mm，狭小空间预应力张拉难度大。若在原位张拉，需保证 1 m 以上的张拉空间，需对框架柱牛腿进行开洞，张拉完毕后对框架柱牛腿开洞部位进行加强，这样会造成施工难度大，且对原框架柱牛腿受力产生影响，施工成本增加约 35 万元。

为解决此问题，将桁架避开框架柱，在原设计位置外 1.2 m 处安装，再进行预应力张拉，最后滑移至设计位置。对预应力传力路径进行了微调，重新设计了张拉锚固结点，确保了预应力的可施工性和有效性，避免了预应力张拉而混凝土柱开洞的发生。张拉、滑移如图 13-7 ~ 图 13-9 所示。

钢桁架安装采用"地面分段拼装、高空对接安装、预应力张拉、滑移就位"的施工方法，将楼盖整体 9 榀主桁架，划分为"3+2+2+2"共 4 个结构单元，逐一进行每个结构单元地面拼装、空中吊装、预应力张拉及滑移施工。

（2）为确保结构安全和施工安全，采用了计算机进行施工过程模拟，计算了各工况下的结构变形、应力以及临时支撑的受力情况，用以指导结构单元的划

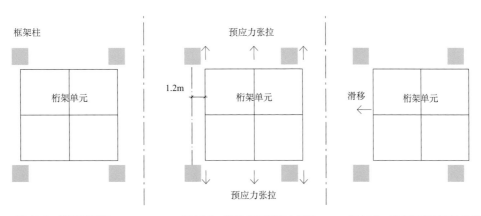

图 13-7　桁架平面图　　　　　图 13-8　桁架端部预应力张拉　　　　　图 13-9　桁架滑移至设计位置

分、吊点位置选择、临时支撑结构形式及布置位置，保证结构施工过程的安全可控。结合施工现场情况，进行吊装机械的选型和站位的选择，做好了各项防护工作和应急预案。对结点处，由于其受力复杂且属于应力集中区域，用软件进行了弹塑性受力分析，确保结点的传力安全、可靠，结点变形较小。

（3）主桁架分段地面拼装，高空对接安装。主桁架单榀重达 127t，长度 48 m，安装高度距地面 11.5 m，为了顺利进行超重、超长、超高的主桁架的运输及安装施工，把主桁架以中心点为基准分成 4 段。在经过

硬化处理的地面上，使用有较大刚度的工字钢搭设可重复、可周转使用的临时支撑，进行主桁架的分段拼装。采用高空对接安装技术，在每个结构单元的主桁架两端及对接处各设置一道临时支撑（临时支撑距主桁架原安装位置水平方向 1.2 m），吊装主桁架分段、高空对接、安装对应的次结构，形成稳固结构单元。如图 13-10 所示。

（4）研发了管内穿索预应力施工工艺（专利号：ZL 2014 20467286.X）解决了群锚预应力张拉工装设计问题，灵活多用、成本低廉。如图 13-11 所示。

图 13-10 主桁架分段地面拼装和空中对接

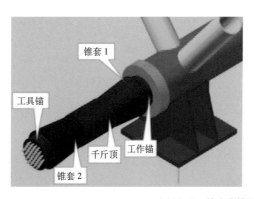

图 13-11 管内穿梭预应力施工工装

（5）在主桁架端部各布置临时支撑，临时支撑上布置滑移轨道和千斤顶、挡板。滑移轨道上加工挡板，用于限制桁架定向位移，轨道表面打磨光滑涂黄油，减少摩擦力。通过设置限位挡板，用钢尺测量对于同一基线的距离偏差，调整滑移速度，最终使所有滑移轨道上结构达到同一基线，实现同步滑移。

针对本工程预应力钢桁架安装受限的施工条件，采用了"地面分段拼装、高空对接安装、预应力张拉、滑移就位"的施工方法，施工速度快、成本投入低，有效解决了施工难题，高效完成施工任务。

13.4 马蹄形铝锰硅装饰墙面施工技术研究与应用

（本节专项工程由澳洲维斯特尔集团有限公司重庆公司实施）

宁夏国际会议中心北翼楼三层主会议厅外墙面为马蹄形，原设计墙面为棕色仿木纹陶板，陶板外侧设有圆弧造型的"装饰棒"，$R=40$ mm，纵向间距 200 mm，并沿竖向墙面在一定的位置断开，沿马蹄形墙面形成曲线造型。单侧马蹄形直段长 155.64 m，半

径为 R=15.6 m 弧长为 4.5 m，半径为 R=15.5 m 弧长为 42.34 m。主会议厅北侧、东侧建筑完成面标高为 16 m，南侧有两跑楼梯，由标高 11.5 m 至 16 m，吊顶建筑标高为 22 m，墙面安装高度为 6 m 至 10.5 m。

精装划分多标段施工，工期仅 45d，主会议厅外墙面装饰仅 12d，若按原设计陶板施工，无法实现工期。经与业主、设计协商，采用铝锰硅新型材料，饰面效果为仿石材，其他遵循原设计。

1. 材料的选型

在墙面装饰材料的选型时，对常用多种材料部分性能对比，再针对优选材料从加工生产、安装的工期和成本进行比对，铝锰硅材料较为适宜。经调研和试验检测，再结合工期要求、成本、设计理念要求，本工程可采用新型材料铝锰硅替代陶板进行施工。

2. 存在的问题

根据以往铝板、GRG 曲面造型施工经验，需加工成弧形块材，约 1.5 m² 一块，板缝之间存在水平和竖向接缝。若装饰棒在墙面成型后再正面安装，根据弧形曲面需加工多种装饰棒模具，且固定件外露。

若按传统方法施工，宜造成接缝和装饰棒固定件外露，影响整体外装饰效果，同时装饰棒需多种模具，造成成本增加。

3. 研究内容

（1）根据弧形曲面造型，划分直段越多，弧形越趋向顺滑。经成员讨论，研究组合单元锁扣式安装方法，即使：铝锰硅加工成 200 mm 宽通长直段块材，端部设置锁扣，先将块材与装饰棒连接成组合单元，将其安装在龙骨上，再将另一组合单元的一端插入已安装好组合单元的锁扣卡槽内，另一端与龙骨进行连接，依次安装完成。在深化设计时，装饰棒安装时突出块材端部 5 mm，相邻块材的接缝可通过装饰棒进行遮挡。

采用组合单元锁扣式安装方法，安装速度快，外观无竖向和水平接缝，有效控制马蹄形曲面成型效果。具体节点设计如图 13-12 所示，实施效果如图 13-13 所示。

（2）在加工生产时，采用无缝化节点加强处理工艺，装饰棒棱角部位接缝不宜发现。采用真空固化处理工艺，提高耐磨性能及抗划伤能力 3.2 倍以上。

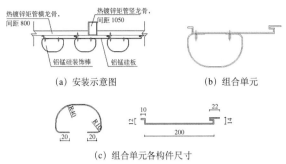

图 13-12　铝锰硅安装节点设计

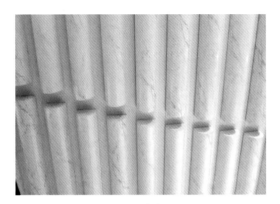

图 13-13　完成照片

（3）由于铝锰硅安装高度 6 ~ 10.5 m，多专业同时施工，项目部研发了一种仿倾覆的周转可移动式脚手架和伸缩式电钻固定架等两个专利，解决了铝锰板龙骨和面板高空作业操作架和竖向龙骨顶部安装固定件等难题，确保了施工安全。

13.5　严寒地区冬季超大底板跳仓施工技术

本项技术以本工程超长筏板冬季施工为依托进行研究。地下室筏板长 159 m，宽 156 m，根据后浇带共划分 13 个施工段，其中单次最大浇筑方量达 3800 m³，筏板厚度为 700 mm、1000 mm、1500 mm、1800 mm、2000 mm 等 5 种，钢筋为 HRB400 级，直径 20 ~ 25 mm 双层双向。筏板混凝土等级为 C35P10。施工期间天气以多云为主，北风 3 ~ 4 级，温度在 -15 ~ 5℃ 之间。根据类似超长结构混凝土浇筑经验，后浇带处易出现渗漏，本工程筏板施工采用跳仓法施工技术，取消后浇带，并采取可行的冬季施工措施。筏板平面如图 13-14 所示。

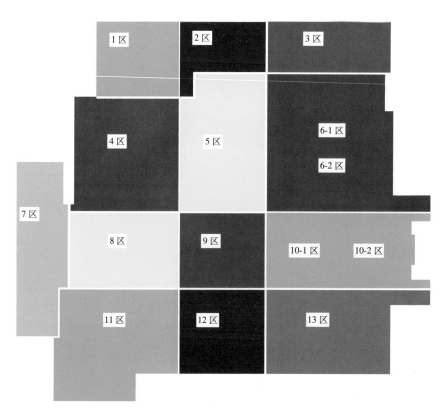

图 13-14　宁夏国际会议中心超长筏板结构示意图

1. 分仓

根据分仓平均缝计算公式：$[L]=1.5\sqrt{\dfrac{HE}{Cx}}$，$\mathrm{arcosh}\dfrac{|\alpha T|}{|\alpha T|-\varepsilon\rho}$，计算出的最大浇筑长度为 80.25 m，后浇带划分的区域最大长度为 62 m，因此按后浇带进行分仓。跳仓时间间隔小于 7d。

2. 原材料选择和配合比优化

根据跳仓法采用的配合比经验，尽量提高抗拉、抗折强度，同时从减小水泥用量与用水量两个方面减小混凝土的温度收缩与干燥收缩。

（1）水泥。采用水化热低的 P.O.42.5 普通硅酸盐水泥，7d 水化热 293kJ/kg。

（2）矿物掺合料。在混凝土中掺加部分 I 级粉煤灰和 S95 矿渣粉，显著降低混凝土内部温度。

（3）骨料。细骨料采用洁净的淡水河砂，细度模数为 2.6 ～ 3.0，含泥量小于 0.1%，泥块含量为零，降低氯离子含量，稳定含水率。粗骨料采用经球磨破碎的 5 ～ 31.5 mm 连续级配碎石，其颗粒形状好且级配良好，针片状含量小于 4.0%，含泥量小于 0.4%，泥块含量小于 0.1%。

（4）外加剂。采用减水率大于 25% 且具有较低干燥收缩特性的聚羧酸类 SP-8CR 型高效减水剂。

（5）混凝土配合比优化。利用混凝土 60d 龄期强度的设计理念，合理掺用粉煤灰、矿粉，降低水泥用量，降低混凝土水化热，提高混凝土抗渗、抗氯离子渗透等性能。在施工前对混凝土配合比方案进行了试验研究，根据试验结果，特别是劈裂抗拉、抗折试验数据，选出了最佳配合比，底板大体积混凝土最佳配合比详见表 13-3。

底板大体积混凝土最佳配合比　　　　　　　　　　　　　　　表13-3

材料名称	P·O42.5水泥	粉煤灰	矿粉	砂	石子	水	纤维	外加剂	泵送剂
kg/m³	285	84	50	730	1048	175	0.7	36	11.4

3.暖棚搭设

整个暖棚的骨架全部采用钢管和扣件进行搭设，立杆间距 3 ~ 4 m；搭设高度 3 m，在 1.5 m 位置设置一道水平杆，纵横间距同立杆，顶部设置一道水平杆，纵横间距为 1.5 m。钢管骨架顶部设置一道木方，木方间距为 500 mm，用 16 号铁丝将木方与钢管绑扎，暖棚顶部及四周上铺一层彩条布、两层阻燃棉被。钢管支架根部用短槽钢平放于筏板上铁钢筋之上，钢管坐于短槽钢之上，梅花形布置，混凝土浇筑完成之后，钢管即取出，暖棚搭设具体做法如图 13-15 所示。

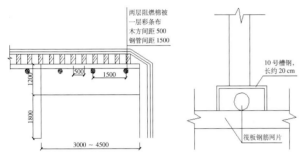

图 13-15　暖棚搭设示意图

4.混凝土施工

(1) 混凝土拌制及运输

运输混凝土的车辆应具备搅拌功能，冬季运输罐应包裹保温；到达现场后宜快速搅拌 30s 再反转出料；现场为地泵输送车布置了暖棚和火炉，避免混凝土地泵输送时温度降低。

(2) 混凝土入模温度控制

1）为降低入模温度，浇筑时间尽量定于夜间与清晨。规划交通路线，缩短混凝土从搅拌站到现场的运输时间，减小混凝土水化热。

2）浇筑混凝土前，对现场场地进行清理，统一布置泵车及罐车行驶路线，缩短现场混凝土泵车等待时间。

3）混凝土进场浇筑时及时测量入模温度，根据所测温度通知搅拌站实时调整拌合温度。冬季施工时入模温度不小于 10℃。

4）混凝土输送泵管采用棉被保温。

(3) 混凝土浇筑

采用斜面分层连续浇筑的施工方式，每一个浇筑层的厚度不大于 500 mm，以保证整个浇筑过程的连续，杜绝"冷缝"产生。由于采用大流动性混凝土进行分层浇筑，上下层施工的间隔时间较长。采用泵送混凝土施工时的泌水现象尤为严重，随着混凝土的浇筑向前推进泌水及浮浆被赶至底板顶端，使用水泵将泌水抽取后排除至基坑外。

(4) 下料、振捣控制

1）振点布置均匀，振动器快插慢拔。在施工缝、预埋件处，加强振捣。底板在终凝前 2h 进行了 2 次附振。

2）振捣过程中，每点振动时间以 20 ~ 30s 为宜，以混凝土表面呈水平不再显著下沉、混凝土表面泛出灰浆、不再溢出气泡为准。分层浇注时，振捣棒插入下层混凝土 50 mm 左右，以消除两层之间的接缝，同时避免过振。振捣时防止振动模板，避免碰撞钢筋、管道、预埋件等。

3）基础底板混凝土浇筑采用"斜面分层，一次到位"，振捣棒在坡尖、坡中和坡顶分别布置，保证混凝土振捣密实，且不漏振。沿每段浇筑混凝土的方向，在前、中、后布置 4 道振动棒，前 2 道振动棒布置在底排钢筋处和混凝土的坡脚处，确保混凝土下部的密实；后 1 道振动棒布置在混凝土的卸料点，解决上部混凝土的捣实；中部 1 道振动棒使中部混凝土振捣密实，并促进混凝土流动。

(5) 混凝土收光与养护

1）混凝土收光。当混凝土浇到板顶标高后，用 2 m 长铝合金刮杠将混凝土表面找平，控制好板顶标高，然后用木抹子拍打、搓抹两遍，开始喷雾养护。混凝土终凝前 1 ~ 2h，提浆机二遍收光。

2）混凝土养护。二遍收光时，边收光边覆盖 0.6 mm 塑料薄膜防止水分蒸发，保证薄膜内处于 100% 湿度，薄膜上铺两层棉被，各仓养护时间在 14 ~ 17d，养护结束后，薄膜断续保留，防止后期干燥收缩。

整个基础范围内用钢管搭设暖棚、四周及顶部用彩条布包裹并满挂棉被，暖棚内部用暖炉（炭炉子）

进行加热，使周围温度控制在 5～10℃。暖棚在混凝土浇筑之前搭设完成，混凝土浇筑过程中就开始使用，保温养护 30d。

5. 混凝土收缩监测

采用无线电子测温系统实时测温，将数据进行统计分析，用来调整跳仓的时间间隔和保温、养护措施。

6. 在钢筋混凝土工程施工过程中，研发小型操作工具，极大便利了现场施工，取代人力，经济效益显著。预埋板定位支架（专利号 ZL201420187534.5）用于外纱埋件的精密安装，料具存放平台（专利号 ZL201320338593.3）用于零星采用的存放、吊运，螺杆外螺纹清理装置（专利号 ZL201420440803.4）用于顶丝螺纹内混凝土清理，竖向构件的独立操作平台（专利号 ZL201320295800.1）用于框架柱钢筋安装、模板安装，装备式钢管架楼梯踏步及楼梯（专利号 201510854134.4）用于安全文明施工进行马道的搭设等。

第14章　桂林大剧院

项目地址：广西壮族自治区桂林市临桂新区中心区

建设起止时间：2011 年 3 月至 2013 年 10 月

建设单位：桂林市文化产业投资有限责任公司

设计单位：清华大学建筑设计研究院

施工单位：中国建筑第八工程局有限公司广西分公司

项目经理：范波；项目总工：徐小龙

工程奖项：中建八局优质工程奖

工程概况：

桂林"一院两馆"工程位于桂林市临桂新区中心区的中心公园西北侧，总建筑面积 105965 m^2，含图书馆、博物馆、大剧院及配套附属设施文化广场，是桂林市文化立市的主要核心。其中大剧院工程建筑面积 19555m^2，建筑地下二层、地上四层，建筑总高度 45 m。包括 1500 座大剧院及相应的舞台区，可容纳 300 座的多功能排练厅，剧院大厅及观众休息厅，3 个小型电影厅等。如图 14-1、图 14-2 所示。

图 14-1　桂林大剧院效果图

图 14-2 桂林大剧院内景图

14.1 喀斯特地貌下的台仓深基坑施工技术

1. 概述

大剧院台仓部分设计为深基坑，面积约为 2355.3 m²，最大开挖深度为 12 m，其中标高为 –14.1 m 处约为 1129.06 m²，东西两侧后台仓部分挖深 3 m，面积约为 467.28 m²。

2. 技术特点与难点

地处典型喀斯特地貌地区，岩溶较为发达，地下水位高、地质情况复杂，桩基施工、深基坑开挖困难。

3. 关键技术

（1）桩基溶洞处理

工程为典型的喀斯特地形，基岩起伏较大。41 根桩基的一桩一孔超前钻勘察资料，有 4 根桩基分布有两层溶洞，2 根桩需要穿过三层溶洞且伴有半边岩。冲孔施工过程中将可能出现斜孔或难以成孔等难题。采用

在成孔的倾斜岩层位置处填充毛石或混凝土进行复冲的方法，进行纠偏处理，便于机械成孔（图 14-3）。

图 14-3 冲孔桩施工

非常规注浆技术：桩底下溶洞可能连通，如果仍按常规压力注浆，在注浆时水泥浆会被暗河或较大

溶洞水流冲走，达不到加固桩基的预期效果，为使充填饱满，对施工方法和工艺进一步优化，桩底溶洞灌浆分三步进行。

第一步：根据抽芯资料及施工过程中控制资料，该桩桩端持力层存在比较复杂的地质（半边岩、破碎岩石、溶洞、溶槽、溶沟等不良地质现象），处理之前应开设外径 ϕ101 mm 的检查孔，查明桩端（半边岩、破碎岩石、溶洞、溶槽、溶沟等）不良地质现象走向及发育范围。

第二步：钻孔至桩底灌注 M30 水泥砂浆（材料为细砂、水泥），通过灌注砂浆，使桩端溶洞空洞处及附近溶沟、溶槽充填满砂浆，灌注砂浆前，必须在桩的外围约 50cm 处钻一个 ϕ101mm 排气孔，以便桩底以上的周围砂浆充填更密实。灌浆时，钻孔至溶洞底端，先灌下层，后灌上层，分层处理，使地下水流速减小或停止。

第三步：砂泥浆灌注 3d 后钻穿砂浆，对溶洞范围内进行高压注水泥浆（压力 0.2 ～ 0.6MPa），从而达到对整个持力层的加固。灌注砂浆后，离桩周围约 50cm 布置一个检验孔，钻穿砂浆处理层后往下钻 3 ～ 5m，验证下卧层是否存在溶洞或软弱层。

（2）基坑开发爆破技术

由于基岩埋深较浅，采用石方爆破。炮孔孔径为 d=0.04 m，采用风动凿岩机带风钻打孔。装药深度为孔深的 1/4 ～ 1/2，采用就近的碎块砂石土堵塞。爆区用地毯、土袋或荆笆作覆盖防护。

（3）预应力抗浮锚杆施工

主舞台仓底板抗浮设计水浮力为 96 kN/m^2，锚杆间距 ≤ 1 m，锚杆轴向拉力标准值为 150 kN；侧舞台仓底板抗浮设计水浮力为 26 kN/m^2，锚杆间距 ≤ 2 m，锚杆轴向拉力标准值为 150 kN。

根据抗浮布置图，设计主舞台仓底板布置 1089 根抗浮锚杆，侧舞台仓底板布置 356 根，共 1445 根。

锚杆施工钻孔如采用常规方法：液压台钻施工，能够满足施工要求，但施工占地面积大且速度慢，工期较长。为加快施工进度，项目部研究出一种新方案，采用空压机冲击钻，但是在锚孔直径上难以满足要求，经过多次试验，改进钻头，对市场上常规钻头进行加大，然后采用扩孔方法，此方法加快了施工进度，满足了预期的工期要求。如图 14-4、图 14-5 所示。

抗浮锚杆技术的应用，克服了桂林地区地质复杂多变的施工困难，消除了地下水浮力对工程稳定造成的潜在影响因素，使得工程能够顺利稳定进行。

4. 实施效果

台仓深基坑施工技术克服了喀斯特岩溶地貌的不利影响，确保施工质量，缩短工期 15d。

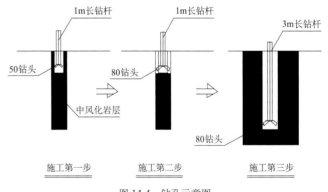

图 14-4 钻孔示意图

图 14-5 预应力锚杆施工

14.2　复杂钢结构制作安装技术

1. 概述

大剧院钢结构总重量约 1300 t，标高 25.5 m，钢桁架单个最重约 35 t；标高 37.5 m 主舞台顶钢桁架空间高度最高约 50 m（下方舞台仓基坑）；屋顶管桁架结构跨度大且吊装半径大，跨度约 76 m，吊装半径约 51.35 m。主要钢结构外形及分布如图 14-6 所示。

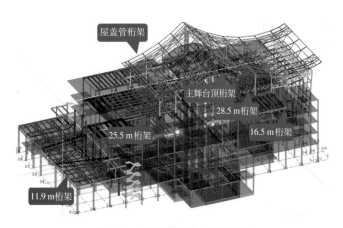

图 14-6　大剧院钢结构三维示意图

大剧院屋面钢结构安装采用"构件工厂制作，合理分段进场，现场单元组装，地面预拼装，采用临时支撑架高空拼装"的总体思路。在工厂完成构件的下料、弯制、相关切割等工序，在运输允许范围内进行构件小单元的拼装，节点组装。运输至现场拼装场地，地面设置拼装平台组装成吊装单元。紧密结合土建结构平面布置情况，合理布置临时支撑架进行高空拼装，实施动态调整，控制安装误差积累。先进行主桁架的安装，后进行次桁架的安装，确保该区域内桁架形成稳定体系，焊接、涂装完成后将临时支撑架拆除，转入下一个安装区域经 行安装。临时支撑架实施拆除时，确保拆除过程结构安全、变形可控，拆除后结构稳定成形。

2. 技术特点与难点

钢结构构件多，锚栓用量多，大剧院顶桁架跨度大，构件自重大，钢结构与土建施工相互交叉，对现场吊装、安装精度要求高。

3. 关键技术

（1）钢结构设计与制造

运用 CAD、CAM 制造技术进行放样、数控切割编程、排料、生产设计和工艺设计工作，提高综合生产效率，提高材料利用率。

（2）虚拟仿真模拟

采用 Tekla 软件进行三维建模，进行钢结构安装施工仿真。运用三维实时动态仿真、有限元分析等关键技术，实现虚拟显示工程钢结构安装现场环境，使观察者如身临其境，系统展现了安装工艺流程，大型吊车布置走向，临时支撑体系结构形式等以空间立体的观察角度和漫游方式，使工程场景更能利用工程软件真实反映施工中的各种状态。根据施工模拟情况，评审方案的可行性，综合考虑施工组织和整体部署。并在计算机上完成各种构件的装配、吊装方案的多种试验和优化以及应力和变形分析等，确保施工安装顺利进行。安装施工仿真技术应用过程如图 14-7 所示。

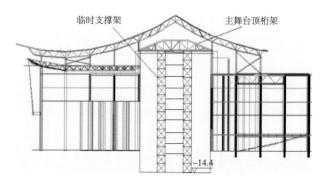

图 14-7　大剧院舞台顶桁架分段吊装临时支撑架立面模拟布置图

（3）大剧院主体钢结构安装如图 14-8 ~ 图 14-16 所示。

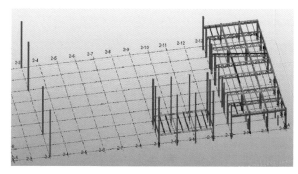

图 14-8　5.3M 钢梁的安装

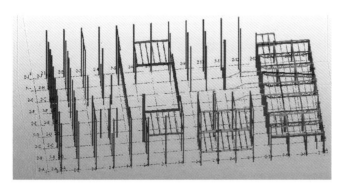

图 14-9　C 轴线 16.4M 的 4 根钢柱, 11.9M 大厅上空桁架

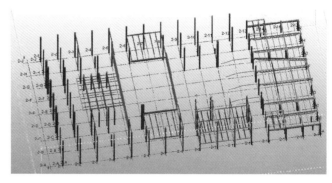

图 14-10　16.4M 钢梁安装

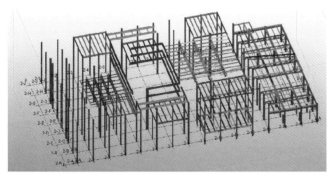

图 14-11　16.4M 后舞台上空桁架安装

图 14-12　25.5M 钢梁及观众厅顶桁架

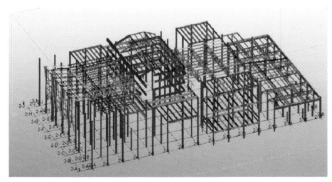

图 14-13　28.5M 桁架的安装

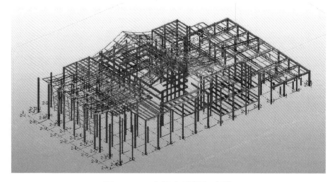

图 14-14　主舞台顶桁架安装

图 14-15　大剧院主桁架钢结构吊装

图 14-16　大剧院钢结构吊装完成

4. 实施效果

应用深化设计技术、虚拟仿真施工技术对钢结构进行深化、三维模拟，解决钢结构加工、安装难题，加快了工程进度，钢结构安装误差在规范要求之内。加快了施工速度，比计划工期缩短了15d，直接经济效益达30万元。

14.3　高空桁架自承重模板支撑施工技术

1. 概述

大剧院高大支模主要为大剧院主舞台顶板的支模体系，主舞台顶板高37.62 m，主舞台顶钢桁架采用钢管支撑体系，在HJ2桁架下弦铺设28b型号普通工字钢，钢管支撑坐落在工字钢上，如图14-17所示。

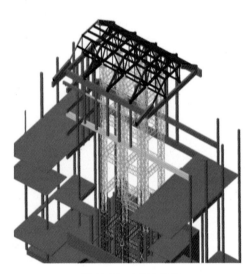

图14-17　主舞台桁架

2. 技术特点与难点

如采用传统落地模板脚手架，施工难度大，整个支撑体系的稳定性得不到保证,将会极大的影响工期。

3. 关键技术

主舞台顶楼板板支撑体系，采用高空桁架自承重模板支撑施工技术，支架立杆以工字钢作为支撑，工字钢墙体预埋件连接，保证侧向稳定性，跨中连城整体，桁架底满挂高强度张拉水平防护网。

工字钢深化设计：

1) 依据图纸及规范要求，对工字型钢梁支撑平面位置、型号、数量、排布、强度计算，HJ2桁架下弦受力等问题进行确认。工字钢采用28b型号普通工字钢，通过计算钢桁架HJ2下弦总荷载设计7.0 kN/m²，可满足施工全部荷载。

在桁架HJ2相应位置绘制工字钢的平面布置图，工字钢梁分三个单跨摆放，单跨度8.4 m，钢梁的排距1.40 m，主舞台顶工字钢的平面布置图如图14-18所示。

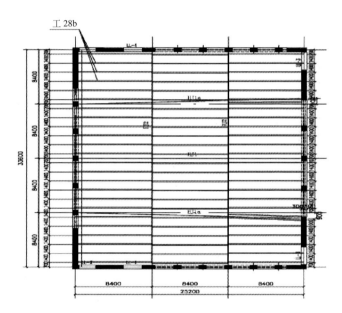

图14-18　主舞台顶工字钢梁支撑平面布置图

2) 保证工字钢的侧向稳定性，工字钢与墙体连接处设置预埋件，焊接连接，工字钢跨中用50 mm×50 mm×5 mm角钢焊接连接成整体，角钢通长设置。

3) 通过钢管支撑体系的受力分析,确定立杆间距，由于钢管支撑落在工字钢上，为了保证钢管侧向稳定，根据钢管的排布，对支撑点进行深化，在工字钢上成梅花形焊接上25钢筋头，确保钢管与工字钢的有效结合，钢管支撑体系立杆平面布置图如图14-19～图14-21所示。

经测算，若采用常规满堂架费用将达94.5万元，而采用高空桁架自承模板支撑仅需38.2万元，节约成本率达59.5%，经济效益明显；施工快捷、方便，且较好地控制了其稳定性，很好解决高空作业安全性和对工期影响的难点。

图 14-19 工字钢施工

图 14-20 满铺竹胶板

图 14-21 高空桁架自承重模板支撑

14.4 喀斯特地貌地源热泵施工技术

（本节专项工程由上海一建安装工程有限公司实施）

1. 概述

为响应国家节能减排号召，工程空调系统采用地埋管地源热泵系统：即对于室外部分，打孔（竖井）852 口，每口井有效深度为 100 m，各井孔间距为 5 m×5 m，垂直地埋管采用双 U 型 De25 高密度聚乙烯（HDPE100）换热管；而对于室内空调主机房，则配备 38 台 280kW 地源热泵机组，进行空调系统的制冷或制热以及全年的生活热水供应，满足整个空调服务区域的需要。

2. 技术特点与难点

桂林特有的喀斯特地貌，地热资源充足，但由于地质情况复杂，地下溶岩溶洞较多，地源热泵技术在桂林尚未开展应用。

3. 关键技术

（1）地埋管系统工艺流程

测量、放线—确认井的位置、井管的熔接、保压—打井、放置井管—灌浆—开挖横沟、布置水平管—水平管熔接、保压—填铺黄沙—管路冲洗—封口。

（2）埋管立管 U 型弯的熔接

U 型弯的熔接是一个关键的制作部位，熔接的质量直接影响着系统的水流量。如果说管子和管件熔接的时候时间过长的话，会造成管子的外壁和内壁全部变软，当管子和管件熔接时，可能会因用力过猛而造成管子内部卷边，缩小了管子的口径，影响了水的流量，即影响制冷量。

（3）PE 管的地面保压

立管地面保压是检测熔接好的 U 型弯是否泄漏。将自来水注入 PE 管中，使用加压泵对管道加压，当压力接近试验压力后，改用手动加压泵慢慢加压至试验压力，当压力稳定后，观察 15min，压力降不大于 3% 为合格。

（4）井管放置，把立埋管充满水之后下放到井中；水增加了管子的重量，下管时增加下坠力。钻井操作人员再用一个专用的钻杆改装成的 U 型叉，叉住立管的 U 型弯，再用钻杆机械的压力把立管压入井中，操作起来比较方便省力。如图 14-22 所示。

图 14-22 地埋立管放置

（5）回填

回填使用打井钻出的浆料和黄沙、膨润土混合

进行，根据当地地质条件采用一定的配比混合而成，自然沉降，一次回填完成后，待前其自然沉降一段时间后，进行二次回填，确保浆料填满竖井，保证换热效果。

（6）系统的保压，竖直或水平地埋管换热器与环路集管装配完成后，回填前做第二次试压，试验压力为 0.6MPa。在试验压力下，稳压 30min h，稳压后，压力降不大于 3%，且无泄漏为合格。环路集管与分集水器连接完成后（回填前做第三次水压试验），试验压力 0.6MPa，试验压力下稳压至少 2h，且无泄漏为合格。如图 14-23 所示。

图 14-23 地源热泵机房和空调室外机组

4. 实施效果

地源热泵技术在桂林地区为首次成功应用，充分利用了地下自然资源，减少了对环境的破坏、减少了污染的排放，有效地保护了生态环境。在同等使用的情况下，对比传统中央空调，地源热泵空调系统每年可减少运行费用及设备维护费用约 306 万元，极大降低场馆运行的综合能耗，起到了示范带动效应，得到了参建各方和社会各界的认可。

14.5 舞台机械施工技术

（本节专项工程由浙江大丰实业股份有限公司实施）

1. 概述

本工程大剧院是现代化的综合大型乙级剧院，舞台机械设备的配置需满足歌舞剧、话剧、音乐会、演唱会等使用要求，达到国内先进水平。主要舞台机械设备合理使用年限为 50 年，舞台机械设备控制系统采用人工智能化管理，台上、台下机械设备控制系统具有存储功能，可在显示器上查阅、监控运行状况，具有远程故障诊断和程序维护功能。如图 14-24、图 14-25 所示。

2. 技术特点与难点

（1）舞台机械功能多，设备复杂，安装精度要求高。

（2）乐池升降台采用柔性齿条驱动，对基坑要求浅、噪声低。

（3）主舞台升降台采用电动链条驱动形式，具有升降平稳、运行噪声低、安全可靠的优点。升降台两侧配置配重体，减小了驱动电机的使用功率，降低后期维护成本。

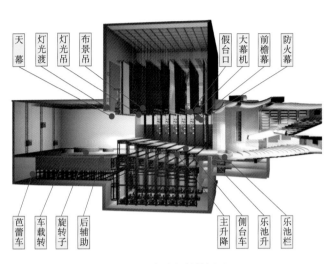

天幕　灯光渡　灯光吊　布景吊　假台口　大幕机　前檐幕　防火幕

芭蕾车　车载转　旋转子　后辅助　主升降　侧台车　乐池升　乐池栏

图 14-24　舞台机械纵剖面

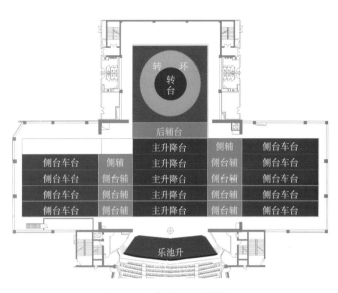

图 14-25　台下舞台机械配置

（4）控制软件直观明了。如图 14-26 所示。

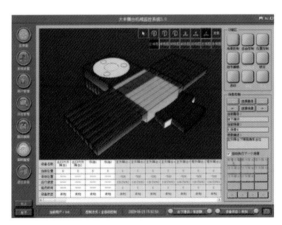

图 14-26　控制软件界面图

3. 关键技术

（1）测量放线、预埋件检查

利用永久控制点用经纬仪、50 m 钢卷尺、1 m 钢板尺等测量工具将的中心线放设在混凝土基础或预埋件上，如图 14-27；

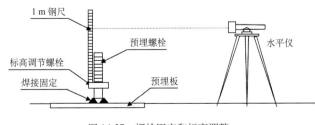

1 m 钢尺　预埋螺栓　水平仪

标高调节螺栓　焊接固定　预埋板

图 14-27　螺栓固定和标高调整

根据基坑尺寸，找出舞台中心轴（纵轴）和驱动同步轴安装中心线（横轴），并必须做到两轴基本垂直。以垂直轴为基准，按升降台总图尺寸定位驱动装置、各轴承座位置。

安装各机架，初定位时将机架点焊在预埋件上即可。

（2）驱动装置安装

根据预先调整好驱动机构的两轴头高度，将工厂统一安装好的驱动电机及齿条机构统一固定在预埋件上，左右水平高差符合规定要求，注意保证同步轴安装长度。

根据调整好的两边驱动机构电机后伸轴等高后预固定各同步轴轴承座，通过调整垫调整轴承座高度以保证与电机后伸轴等高，同时注意使联轴器轴向间隙小于 5 mm。水平同步轴联接处预先可不装联轴器，用工装套筒夹住，调整好整个同步轴和驱动机构机座的高度后才分别装上联轴器并固定相应的轴承座。

驱动装置调整好中心线后要求土建方用微膨胀混凝土进行基础二次灌浆。如图 14-28 所示。

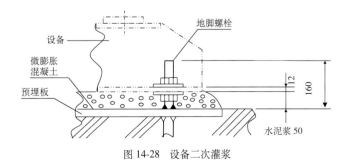

设备　地脚螺栓

微膨胀混凝土　预埋板　水泥浆 50

图 14-28　设备二次灌浆

（3）升降台导轨安装

调整安装侧向导轨。导向垂直度误差应符合规定要求。吊铅垂线，导轨自上向下安装，上下通长方向偏移控制规定范围以内。

导轨调整好中心线后，将分段导轨焊接起来。焊接时应注意焊接变形。同时更换安装螺栓，用扭力扳手紧固螺栓。在地面拼装后再吊装。

（4）升降台钢架安装

货物到现场后，用 5t 叉车将货卸到进货小车上，然后用卷扬机或行车将货物拉到位，大的构架采用两台卷扬机配合吊装。

将工厂焊好的分片台面钢架运至舞台区，采用千斤顶调整好钢架的中心线、水平度和垂直度并对齿条链安装位置作出标识后分片钢架焊成整体。

4.实施效果

大剧院舞台机械应用了国内先进的技术，建成演出功能居广西之首，顺利承办了各级别演出，吸引了众多关注。如图 14-29 所示。

图 14-29　舞台机械系统施工

第 15 章　珠海歌剧院

项目地址：广东省珠海市情侣中路野狸岛北侧填海区
建设起止时间：2012 年 6 月至 2016 年 12 月
建设单位：珠海城建投资开发有限公司
设计单位：北京市建筑设计研究院
施工单位：中国建筑第八工程局有限公司广州分公司
项目经理：阮锋；项目总工：王彩明
工程奖项：中建八局优质工程奖

工程概况：

珠海歌剧院工程：为珠海市文化地标建筑，位于

广东省珠海市情侣中路野狸岛北侧填海区，总建筑面积 59000 m²，包括 1550 座的大剧场和 550 座多功能剧场，担负着这座滨海城市的美丽愿景。其中大剧场地上 7 层，地下 3 层，结构高度 60 m（构筑物高度 90 m），多功能剧场地上六层，地下一层，结构高度 36 m（构筑物高度 56 m）；剧院采用钻孔灌注桩地基、裙房花瓣采用预应力管桩，主体为框架 - 剪力墙结构，外侧采用贝壳状钢结构，工程效果如图 15-1、图 15-2 所示。

图 15-1　珠海歌剧院外景

图 15-2　珠海歌剧院内景图

技术难点：

（1）本工程观众厅外轮廓结构采用由弧形柱、弧形环梁、弧形板组成的壳状壁式框架结构体系。施工中，结构空间定位、弧形柱、弧形环梁节点钢筋绑扎、双曲面模板支设、薄壁墙混凝土浇筑等施工难度极大。

（2）大小剧场均为贝壳放射状造型，主要由对称布置的径向桁架、环向弯扭杆件及中间的连接桁架3个部分组成。其中中间连接桁架与径向桁架刚接，径向桁架钢结构采用空间网格体系，两侧放射状曲面钢结构通过中部连接桁架连成一体，结构形式变化多端，吊装过程受力极其复杂。

（3）本工程主舞台顶 40 m 标高的屋面采用大型钢桁架支撑压型钢板组合楼板。单品桁架跨度 25 m，距离下方底板 52 m 高，重量大，吊装施工困难。

（4）本工程中部天窗采用大跨度弧形屋面，其弧形变化无规则，而现有的垂直运输机械适应性差，可操作性低，导致很难利用现有的垂直运输平台进行材料运输施工，材料垂直运输难度极大。

（5）大小剧场贝壳幕墙的纵向主体龙骨是以一个点为圆心的半径组成的骨架体系，横向主体龙骨是以一个点作为切点由不同半径的圆弧组成的环形横向钢龙骨，上下左右形成无规则、多面复杂的双曲面，每一个分格的尺寸不尽相同，主体结构为全钢结构框架—支撑体系及巨型钢桁架，弧形脚手架搭设受力不稳定、三维空间定位精度要求高、多维曲面结构材料垂直运输难度大，双层幕墙安装工序繁杂，施工难度极大。

（6）本工程由于空间结构多为曲面异形，管线布设复杂，空间狭小，管线施工交叉点多，与建筑结构易发生碰撞，各种弧形管线安装施工难度大。

15.1　大型贝壳状双曲双层幕墙施工技术

（本节专项工程由珠海兴业绿色建筑科技有限公司实施）

珠海歌剧院超高超大贝壳状双曲双层幕墙是由外伸牛腿、内侧双曲玻璃幕墙和外侧穿孔铝板幕墙组成的双曲双层幕墙结构。其中大剧场幕墙高度 90 m，小剧场幕墙高度 56 m，幕墙面积达 15000 m²。贝壳的纵向主体龙骨是以一个点为圆心的半径组成的骨架体系，横向主体龙骨是以一个点作为切点由不同半径的圆弧组成的环形横向钢龙骨，上下左右形成无规则、多面复杂的双曲面，每一个分格的尺寸不尽相同。

本技术主要针对本幕墙多维曲面特点，专门针对弧形脚手架搭设、曲面单元下料及定位、材料垂直运输等难题展开了研究，并运用软件采用对整个幕墙脚手架不同工况进行受力模拟计算，对幕墙安装工序的优化及现场安装精度的控制采取可靠的方法，使整个贝壳状双曲双层幕墙完成效果满足设计要求。

1. 钢结构节点坐标实测

由于主体结构为空间网架钢结构，三维空间的精度定位难度很大。幕墙施工精度要求高，钢结构施工的误差直接影响幕墙施工。为了确保幕墙工程施工的精度，实现贝壳造型建筑创意，确保外立面效果，使多线条圆滑顺畅，在幕墙施工前对主体钢结构各节点坐标进行全面实测，如图 15-3 所示。

图 15-3　主体钢结构节点坐标实测示意图

2. BIM 二次精确建模

根据现场钢结构节点坐标实测数据，利用 BIM 软件对钢结构、幕墙进行二次精确建模，确保模型信息与现场实际一致，保证后续幕墙施工提取控制点坐标准确，指导幕墙面板材料精确下料及现场安装施工，如图 15-4、图 15-5 所示。

图 15-4　钢结构实测模型示意图

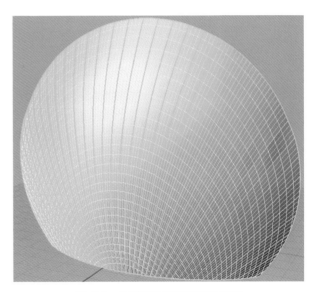

图 15-5　幕墙调整后实际模型示意图

3. 弧形脚手架搭设

在贝壳状双曲弧形主结构上安装脚手架支座。脚手架支座采用 10 号槽钢焊接于主体钢结构上，再在槽钢上脚手架立杆对应位置焊接 200 mm 长 φ25 竖筋，脚手架立杆套设安装在竖筋上，如图 15-6、图 15-7 所示。

在槽钢支座上进行脚手架搭设，脚手架连墙件固定在主体钢结构上。脚手架随贝壳状双曲弧形主结构逐步向上内收，主要包括立杆、连接于立杆之间的纵向水平杆、连接于立杆与纵向水平杆的连接节点之间的横向水平杆，以及连接于横向水平杆和立杆之间的斜支撑。弧形脚手架搭设时需进行结构支撑受力情况计算复核，计算分析满足结构受力要求后才能实施，确保幕墙施工过程安全可靠，如图 15-8 所示。

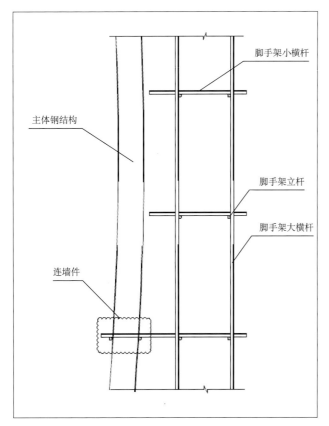

主体钢结构

脚手架小横杆

脚手架立杆

脚手架大横杆

连墙件

图 15-6　脚手架纵剖面示意图

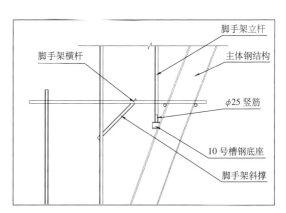

脚手架横杆

脚手架立杆

主体钢结构

$\phi 25$ 竖筋

10 号槽钢底座

脚手架斜撑

图 15-7　脚手架横剖面示意图

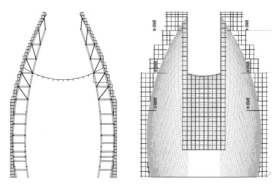

图 15-8　脚手架搭设完成示意图

4.三维空间测量定位

通过二次精确建模,确定幕墙单元板块各角点的三维极坐标,按照坐标数据把幕墙安装需要的关键控制点利用全站仪引射到贝壳状双曲弧形主结构的径向主梁和环形主梁上,用油漆做好醒目的标记,利用全站仪进行实测放样,如图 15-9 所示。

以上述控制点为基准点,利用全站仪将幕墙龙骨架分段端头的四个坐标点输入全站仪,并在龙骨架端头贴上反射片,通过全站仪用输入的坐标信息精确定位龙骨架,然后用电焊把牛腿结构及龙骨架分段点焊于贝壳状双曲弧形主结构上,进而实现幕墙安装的精确定位,如图 15-10 所示。

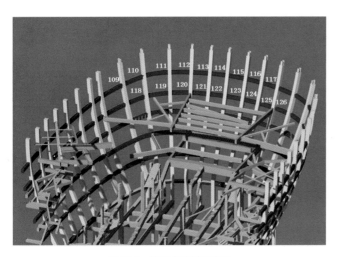

图 15-9　控制点放样示意图

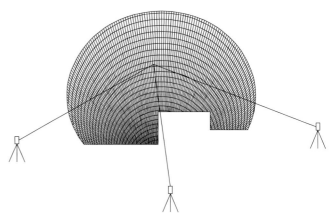

图 15-10　双曲弧形幕墙的空间测量示意图

5. 牛腿及幕墙龙骨安装

贝壳状双曲双层幕墙结构主要由外伸牛腿、内侧玻璃龙骨及外侧铝板龙骨构成。每一主体钢结构分格内由四个点的钢牛腿外伸形成幕墙的支撑结构，在钢牛腿上安装玻璃及铝板的主次龙骨。如图 15-11 所示。

6. 幕墙单元精确下料

通过 BIM 辅助将玻璃幕墙竖向划分成多个曲面段，再按划分曲面段的高度将曲面段横向划分成不同分隔尺寸的幕墙面板，然后计算得出每个单元面板的各个角点的三维极坐标点，根据模型及坐标数据进行下料精确控制，如图 15-12 所示。

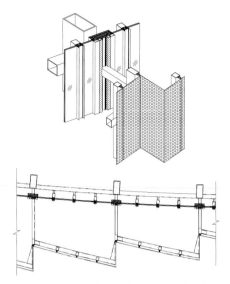

图 15-11　龙骨三维模型示意图、龙骨剖面示意图

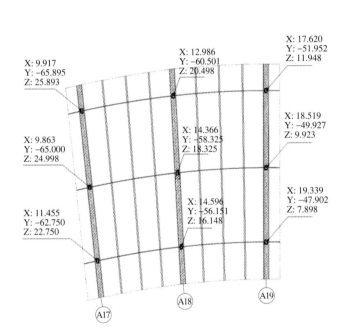

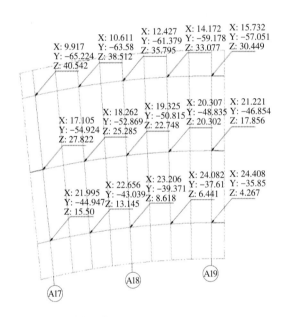

图 15-12　玻璃单元板块下料控制示意图、铝板单元板块下料控制示意图

7. 材料垂直运输

针对建筑多维曲面的特点，研究贝壳状幕墙的曲面变化情况，通过设计一种索道垂直运输平台，该平台主要包括索道提升机、钢丝绳、悬挑料台、料斗等组成，从而实现曲面结构材料的垂直运输施工，如图 15-13 所示。

8. 玻璃幕墙安装

根据玻璃板块精确下料后，将玻璃单元编号，在安装前认真检查其编号、分清安装方向、位置；安装过程中检查是否牢固，位置准确。在玻璃单元紧固前，

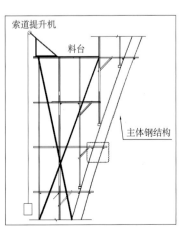

图 15-13　索道垂直运输装置示意图

经测量复核坐标,仔细调整,使相邻板缝隙的尺寸达到设计要求,横平竖直,宽窄均匀,通过对板块的三维调节,来消除安装误差,如图15-14所示。

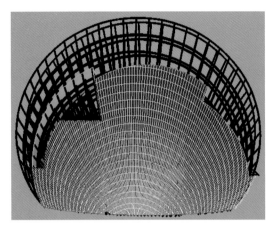

图15-14 玻璃安装示意图

9. 铝板幕墙安装

根据铝板板块精确下料后,将铝板单元编号,在安装前认真检查其编号、分清安装方向、位置;安装过程中检查是否牢固,位置准确。在铝板单元紧固前,经测量复核坐标,仔细调整,使相邻板缝隙的尺寸达到设计要求,横平竖直,宽窄均匀,通过对板块的三维调节,来消除安装误差,确保达到设计要求,如图15-15所示。

图15-15 铝板安装完成效果图

15.2 高大空间复杂变曲率双曲面薄壁钢骨混凝土结构施工技术

珠海歌剧院观众厅双曲面薄壁钢骨混凝土结构为由28根500 mm×550 mm弧形柱,12根350 mm×500 mm弧形环梁和150 mm厚弧形板组成的壳状壁式框架结构,弧形柱内置H200×150×6×8型钢,弧形环梁内置H200×100×8×12型钢,弧形结构长度为70 m,高度为27 m。

本施工技术主要通过BIM软件进行精确建模,根据工程情况将弧形结构进行竖向分段,利用BIM模型计算各分段控制点坐标辅助测量放样,在模型节点区进行型钢与钢筋交叉排布深化设计和加工,使用专业配模软件进行模板弧度拟合计算、模板配置和加工,最后进行自密实混凝土配制及浇筑施工。通过节点深化设计和模板模拟配置减少模板损耗率,提高施工工效。

1. 测量放线

测量控制基准点进行竖向传递转换,减少投测高度过高,保证测量的精度。平面控制基准点的竖向传递采用计算机技术处理的激光准直仪,通过计算机软件自动处理动态测量数据,消除结构风振、日照对施工测量精度的影响。高程控制基准点的竖向传递采用全站仪测天顶距法进行。

(1)平面测量

轴线控制点的布设

在施工楼面布设轴线控制基准点,用全球定位系统进行坐标校核,精度合格后作为施工平面控制依据。控制点所对应的各楼层浇筑混凝土顶板时,在垂直对应控制点位置上预留出200 mm×200 mm的孔洞,以便轴线向上投测。

(2)弧形立面测量

采用内控法与外控法相结合,主要利用全站仪进行三维极坐标定位放样,在整个测量工作中,利用BIM三维模型作为空间坐标计算工具,充分利用模板支撑系统及外架系统来增加测控点的附着面,如图15-16所示。

(3)测设的控制与复核

采取布设结构控制线的方法来进行控制,将控制线的控制点测放至模板支撑系统和外架系统上,然后利用控制线与结构边线的尺寸关系进行结构施工控制。

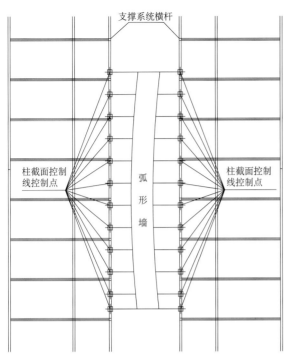

图 15-16 弧形墙截面测量控制示意

2. 支撑体系设计及搭设

薄壁钢骨混凝土结构在标高 6 m 以下施工段时，外侧模板直接支撑到混凝土楼板上，采用斜撑进行支撑，斜撑与楼板成 45° 夹角。标高 6 m 以上时采用内外脚手架进行支撑，内侧采用满堂架进行支撑，并与内侧的独立柱、剪力墙拉结；外侧施工段利用已施工完成的弧形结构上的对拉螺杆与钢管焊接，钢管与脚手架进行扣结。内外侧脚手架搭设均高于施工弧形段 1.5 m，将内外侧脚手架进行拉结，形成对施工弧形结构段整体支撑体系。如图 15-17 所示。

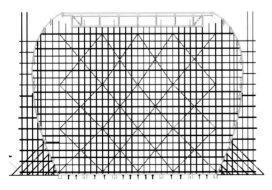

图 15-17 支撑体系断面示意

模板加固次龙骨采用 50 mm×100 mm 木方，长

度与模板配置相配；主龙骨弧度较小处采用双钢管，弧度较大处采用 ϕ22（HRB400），每道 2 根；对拉螺杆采用 ϕ14（HRB335），间距横向竖向均 500 mm。

3. 钢骨柱安装

（1）钢骨柱安装工艺流程

测量定位→起吊钢骨柱→就位→临时固定→测量轴线、垂直度、标高→校正→固定 →预热→焊接接头（对称焊接）→焊缝处理→超声波探伤检验。

（2）弧形型钢柱分段确定

根据弧形 H 型钢柱施工运输的方便性和施工复杂程度，确定弧形结构施工段划分原则，根据结构形状，分段界面主要选择在楼板、环形梁位置，分段顶面高于弧形梁 80 cm。如图 15-18 所示。

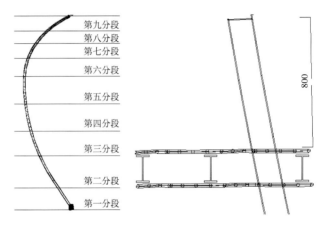

图 15-18 钢骨柱分段示意图

（3）计算弧形 H 型钢段分段长度、重量情况，确定吊装机械。当施工区域在塔吊覆盖范围内，H 型钢吊装利用塔吊进行吊装。没有覆盖的范围则采用适当的汽车吊进行吊装。

（4）H 型钢吊装完成后的临时固定，在 H 型钢顶部安装临时耳板，将钢丝绳拉结在脚手架上，另一端与耳板进行连接。

（5）进行焊接施工，焊接顺序和工艺按规范和设计要求施工，焊缝质量达到设计要求。

4. 钢筋施工

（1）钢筋加工

1）通过 BIM 建模，计算各分段各节点的坐标，计算出每段的弧度、长度，用计算出的弧度、长度控制各段钢筋主筋的加工。

2）通过三维模型，建立各构件钢筋之间、钢筋与型钢之间的关系，如图15-19所示。

图15-19 弧形柱型钢和钢筋布置节点

3）分析薄壁弧形结构相交处的弧度，计算出影响弧形梁主筋直螺纹连接的因素：其一，穿过H型钢腹板的钢筋受腹板洞口尺寸及位置影响，型钢需在工厂精确开孔，现场不允许扩孔开洞，影响主筋的可靠连接。其二，弧形墙横向弧度的变化不一，从下至上弧度变化范围大，影响钢筋主筋的连接。

通过深化设计，在开洞部位进行加劲板加强，洞口开孔尺寸略大，充分考虑现场H型钢安装误差和钢筋混凝土弧形梁钢筋安装误差对现场施工的影响。

4）在钢筋下料时，根据每段弧度大小情况进行钢筋下料尺寸控制。弧度大的部位，下料长度跨1根柱子，分别在柱子两边的弧形梁中部断开进行直螺纹连接；弧形小的部位，下料长度跨2根柱子，分别在两根柱子的两边的弧形梁中部进行直螺纹连接，如图15-20所示。

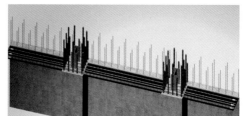

图15-20 弧形梁钢筋直螺纹连接节点

（2）钢筋安装

1）弧形柱、弧形梁钢筋骨架的弧度根据内外侧脚手架上投射的控制线定位。首先搭设内外侧脚手架高出弧形墙施工分段层1.5 m以上，通过水平杆将内外侧脚手架连成整体；再通过测量放线，将每个控制点位进行投放，将φ18钢筋绑扎在定位的坐标点上。然后安装弧形柱和弧形梁的钢筋。

2）按图纸间距，计算好每分段柱箍筋数量，先将箍筋套在已定位安装的竖向钢筋龙骨上，然后安装其余柱钢筋进行直螺纹连接。在安装的竖向柱钢筋上，按图纸设计用粉笔划箍筋间距线，保证箍筋间距准确。按已划好的箍筋位置线，将已套好的箍筋往上移动，由上往下绑扎，采用缠扣绑扎。箍筋的接头交错布置在四角纵向钢筋上；箍筋转角与纵向钢筋交叉点均应扎牢，绑扎箍筋时绑扣相互间应成八字形。箍筋与主筋要垂直，箍筋的弯钩叠合处应沿柱子竖筋交错布置，并绑扎牢固。

3）弧形梁上部纵向钢筋应贯穿中间节点，梁下部纵向钢筋伸入中间节点锚固长度及伸过中心线的长度要符合设计要求。框架梁纵向钢筋在端节点内的锚固长度也应符合设计要求。框架节点处钢筋穿插十分稠密时，特别注意梁顶面主筋间的净距要有30 mm，以利浇筑混凝土。梁板钢筋绑扎时防止水电管线将钢筋抬起或压下。

4）当直螺纹连接水平钢筋时，必须从一边往另一边依次连接，不得从两边往中间或中间往两边连接。连接钢筋时，一定要先将待连接钢筋丝头拧入同规格的连接套筒之后，再用力矩扳手拧紧钢筋接头，连接成型后用红油漆作出标记，以防遗漏。

（3）钢筋连接与弧度检查

1）套筒连接部位应无完整丝扣外露，钢筋与连接套之间无间隙。如发现有完整丝扣外露，应重新拧紧，然后用检查扭矩扳手对接头质量进行抽检。用质检力矩扳手检查接头拧紧程度。

2）由于借助了外架和支撑系统辅助定位，钢筋安装绑扎过程中较易发生偏移，因此钢筋绑扎完成后进行复测检查。利用全站仪进行钢筋控制点的坐标复测，如出现偏差时加设斜撑的方法进行矫正处理。

5. 模板施工设计

（1）模板配板模型

双曲面薄壁钢骨混凝土结构，各点曲率变化不一。为此，根据弧形结构的形状，将其分解为若干个单元块体，并对每个单元块体进行模板配板设计。当分解的单元块体的数量足够多时，模板安装完成面与设计曲面的偏差将非常小，拟合效果甚好，如图 15-21 所示。

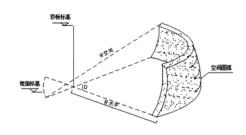

图 15-21　弧形结构单元块体示意

（2）模板配板计算

将双曲面结构简化为互不相关的两个曲面，并将曲面进一步拟合为圆弧形。采用木模板，在不起拱的状态下，模板面与设计曲面必定存在一个偏差 Δl，如图 15-22 所示。

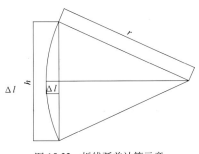

图 15-22　折线弧差计算示意

$$\Delta l = r - \sqrt{r^2 - h^2/4}$$

式中　Δl——模板面与设计曲面的最大偏差（mm）；

h——模板长度（宽度）（mm）；

r——拟合圆弧半径（mm）。

根据模板轴线位置允许偏差为 5 mm，即 $\Delta l = r - \sqrt{r^2 - h^2/4} \leqslant 5$，进一步简化可得 $h^2 \leqslant 40r - 100$。

（3）弧形墙拟合与分析

1）弧形结构分段拟合与分析

根据半径越小，允许模板长度越小。分别按曲面结构分段进行圆弧拟合，通过比较确定每一分段的通用最小半径 r。根据配板分析、计算，拟定双曲面薄壁弧形结构的模板尺寸。

（4）弧形柱模板

弧形柱立面方向沿着弧形结构立面弧度找形，分段原则同弧形墙结构，分两个方向分别介绍弧形柱配板情况。

高度方向立面上存在弧度，且弧度同墙体，因此配板参照弧形墙结构。

宽度方向为平面弧形模板，立面上不存在曲面，因此在配板过程中可参照图纸及 BIM 模型，先在木胶合板上画出某一段柱子外轮廓，然后沿着所画图形进行加工。

（5）对拉螺栓布置

根据模板配置情况，确定对拉螺栓间距。当模板宽度小于 500 mm 时，对拉螺栓只布置 1 列（1 排），且在模板面内居中布置；当模板宽度大于 500 mm，小于 1000 mm 时，对拉螺栓布置 2 列（2 排）；当模板宽度大于 1000 mm 时，对拉螺栓每隔 500 mm 布置 1 列。

6. 模板安装

（1）弧形结构采用平面模板按弧度安装后，同一构件的模板与模板之间将会存在一个三角形板缝，该缝采用玻璃胶进行完全密封。

（2）模板安装完后水平方向用钢管加顶托进行水平支撑。为保证上下层混凝土接缝严密、平整，在下层模板体系支设时，将次龙骨向上伸出并不少于 150 mm。

（3）在异形模板尺寸偏少的位置，采用薄铁皮钉在模板内侧，减少模板拼缝。

（4）弧形柱模板与弧形板模板交接处，为避免混凝土漏浆，在模板内侧安装∟50×5角钢，角钢长度与模板高度一致。

7. 自密实混凝土配合比设计

（1）自密实混凝土试配方法

自密实混凝土拌合物要求砂、石骨料均匀被包裹、悬浮在有一定黏度和流动性的胶凝材料中。主要采用如下解决方法：

1）增加掺合料代替水泥的比例以增加混凝土的浆体来增加黏度，调节混凝土拌合物的流变性从而提高其流动性和抗分离性及自填充性；

2）适当增大砂率和控制粗骨料的最大公称粒径不超过 20 mm 以减少遇到阻力时浆骨分离的可能；

3）外加剂选用减水率和泌水率性能较好的外加剂，并具有保塑功能；

4）掺合料选用对改善混凝土拌合物性能较好的二级粉煤灰。

8. 自密实混凝土浇筑

（1）从结构两边向中间连续浇筑，混凝土施工遵从先竖向构件后水平构件的原则，当弧形柱、墙、梁混凝土标高一致时，梁与墙同时浇筑。

（2）混凝土浇筑前进行二次搅拌，搅拌时间为 2min，以保证混凝土的匀质性。对不符合要求的混凝土不得进行浇筑。浇筑时采用滚动分层的方式浇筑，下料口尽量低，每层的浇筑高度不超过整体浇筑高度的 1/3。

（3）在每段模板顶部设置下料口，下料口间距 2000 mm，安排两台泵车对称浇筑，每次浇筑高度 300 mm。由于结构配筋过密，混凝土的粘聚性大，在浇筑的过程中，适当在模板外采用侧敲击的辅助振捣方式进行。

（4）合理组织施工，确保混凝土在初凝前浇筑完成。

9. 模板拆除

（1）拆模时混凝土强度要求

1）承重模板应在混凝土强度达到施工规范所规定强度时拆模。所指混凝土强度应根据同条件养护试块确定。

2）特殊部位混凝土虽然达到拆模强度，但强度尚不能承受上部施工荷载时应保留部分支撑。

3）设计有特殊要求的应严格按设计规定执行。

（2）模板拆除要点

1）模板拆除的顺序和方法，应按照配板设计的规定进行，遵循先支后拆，先非承重部位，后承重部位以及自上而下的原则。拆模时，严禁用大锤和撬棍硬砸硬撬；

2）支承件和连接件应逐件拆除，模板应逐块拆卸传递，拆除时不得损伤模板和混凝土。

10. 位形监测

为确保双曲面结构模板支撑体系的安全，对支撑体系进行全过程监测，从模板支撑体系搭设至支撑体系拆除前，均应对支撑体系进行监测，监测的内容主要有架体的垂直度、水平度、沉降位移及梁底木方、钢管等进行监测。

（1）选择均匀分布的一定数量的立杆进行架体的垂直度及沉降的观测，垂直度采用全站仪进行观测；沉降观测采用水准仪进行观测，在立杆下端的某一标高处设置沉降观测点，采用红油漆标识；在施工全过程中进行观测，并形成观测记录，如出现异常情况，应及时反馈进行处理。

（2）从梁两侧的结构柱的某一标高处对拉线，以此来观测架体的水平度。

（3）在梁底模板支设完成后，从梁两侧的结构柱上对拉线，对拉线与梁底的距离在 300 mm 以内，以此来观测支撑体系梁底木方、钢管的变形。

（4）建立检查机制，在钢筋安装，混凝土浇捣等施工过程中对支撑体系进行检查，以便能及时发现存在的问题。

15.3 基于钢桁架下挂转换钢梁的钢屋盖安装施工技术

大剧场舞台厅屋面标高 40 m，栅顶标高 32.5 m，其台仓地面标高为 −17.5 m，舞台厅屋面桁架和栅顶的施工高度很高。舞台厅四周为混凝土剪力墙，形成矩形筒体，东西向 31 m，南北向 25 m。舞台厅台口位于南侧剪力墙上，屋面主桁架呈南北向，跨度 25 m，单榀重量达 17t，截面高度 3.2 m。标高 32.5 m 栅顶通过与主桁架正交的 8 根转换梁和 56 根吊柱下吊在屋面主桁架下面，其四周与剪力墙上的牛腿相连。

本技术主要通过在桁架中央安装一座胎架，在胎架上分段吊装中部的转换梁和转换梁上方的主桁架，转换梁利用胎架支撑实现分段吊装，主桁架利用胎架和转换梁共同支撑来实现分段吊装。利用已经安装的主桁架来支撑主桁架下方其余的转换梁，转换梁逐根分两段吊装。在转换梁上安装其余的主桁架。通过主桁架和转换梁的相互支撑来减少胎架的使用。

1. 胎架安装

根据方案设计的位置准确定位胎架，胎架正好放在中间的主桁架和转换梁相交处的下方。胎架高度 52 m，中部及顶部搭设两道水平向支撑，水平支撑与四周的剪力墙相连。使用胎架的主要参数为：胎架截面规格为 2000×2000，主肢采用 H150×150×5×8 Q235B，缀条采用∟85×8 Q235B。

2. 中间转换梁安装

由于转换梁较长，需要分两段吊装，此时正好利用胎架作为临时支撑。转换梁的两侧支承在混凝土剪力墙的牛腿上，中部支承在胎架上，在中间焊接使转

换梁形成整体。

3. 中间主桁架安装

以中间的胎架作为支撑，安装中间的一榀主桁架。由于主桁架的重量大，长度长，中间的主桁架分两段吊装，两侧支承在剪力墙上，中间撑在胎架上的转换梁上，转换梁和主桁架依靠高强螺栓连接。主桁架与转换梁连接牢固后将形成较稳定的整体，如图 15-23 所示。

4. 其余的转换梁安装

中间的主桁架安装完成之后，可以安装剩余的转换梁，利用中间已经安装的主桁架作为支承点，分两段吊装剩余的转换梁。将桁架下翼缘与转换钢梁连接牢固，转换梁支承在两侧剪力墙的牛腿上。如此一来，依靠这些转换梁就可以支撑即将要安装的下一榀桁架的重量，不需要在设置胎架，如图 15-24 所示。

5. 其余的主桁架安装

转换梁吊装完成后由中间向两边逐步吊装主桁架，这部分的主桁架可以直接架在转换梁上面并将对接缝焊接完毕，从中间一榀主桁架向梁侧各安装一榀。主桁架安装完之后即时焊接牢靠，并用高强螺栓与转换梁连接，此时的主桁架不再由转换梁支撑，而是独立支撑并且给转换梁提供拉力。下一榀桁架安装时转换梁同样只需要支撑一榀桁架的重量，如图 15-25 所示。

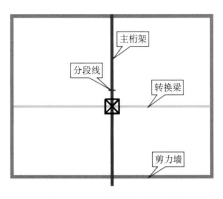

图 15-23 中部主桁架安装示意

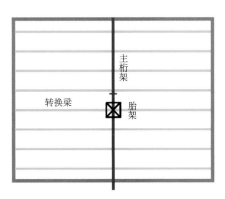

图 15-24 主桁架和转换梁安装平面示意

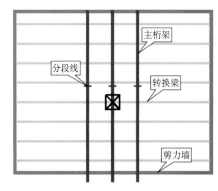

图 15-25 中部两侧主桁架安装平面示意

将剩余的主桁架依次安装完成，由于最后一榀主桁架离塔吊较远，需要分三段才能吊装，如图 15-25

所示。在主桁架安装的过程中有序地安装主桁架之间的系杆，以保持桁架整体的稳定性。主桁架与转换梁

的相互关系如图 15-26、图 15-27 所示。

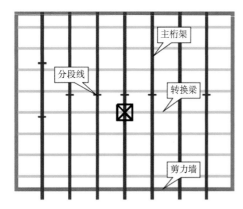

图 15-26 剩余主桁架安装平面示意

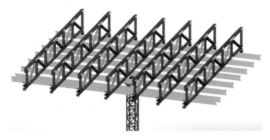

图 15-27 主桁架和转换梁安装模型

6. 焊缝检测

焊缝全部满焊完成后,依据规范做 100% 超声波探伤,采用金属超声探伤仪对钢结构焊缝内部缺陷进行检测。经过自检和第三方检测全部合格后出具检测报告,完成检测后准备拆除胎架。

7. 胎架拆除

胎架拆除前首先要分级释放应力,释放应力要缓慢,逐渐降低胎架,待桁架下降稳定后,再进行下一级的释放。切割胎架顶部的工字钢腹板,切割位置如图 15-28 所示,使桁架下沉,每次下沉不超过 5 mm,经过多次的切割后,桁架不再下沉,胎架与桁架分离。最后通过缆绳和塔吊分段拆除胎架。

图 15-28 切割胎架顶部工字钢位置示意图

15.4 超高超大放射状双曲面弧形钢结构安装施工技术

（本节专项工程由浙江精工钢结构集团有限公司实施）

本工程大小剧场均为贝壳状双曲造型,主要由对称布置的径向桁架、环向弯扭杆件及中间的连接桁架 3 个部分组成。其中大剧场钢结构高 90 m,宽 130 m,整体外形由向外倾斜 2 m,逐渐变化到向内悬挑 11 m。整体造型由桁架弦杆及环向杆件形成的 7 m×5 m 四边形网格组成。两侧贝壳状双曲钢结构通过中部桁架连成一体,结构造型新颖,受力极其复杂。

本技术主要通过针对大体量弯扭构件制作及高空定位精度控制难题展开了研究,并运用软件采用对整个钢结构吊装过程进行受力模拟试验,对钢结构吊装顺序的确定及精确度的控制采取可靠的方法,再确定大型塔吊柔性附着方式,最后选择合适的钢结构变形监测方式,使整个贝壳状钢结构完成效果满足设计要求。

1. 仿真力学模拟计算

采用有限元分析软件 MIDAS/Gen Ver.800 对钢结构吊装施工中各个不同工况下,结构在 X、Y、Z 三个方向变形情况,在施工中选择最有利的吊装方案进行施工。见表 15-1。

2. 贝壳状双曲面弧形钢结构吊装施工

根据钢结构桁架结构整体特点,施工机械性能,安装过程结构受力变化,安装难易程度等进行合理分段,桁架分段位置与最近弯扭构件连接节点距离控制在 3 m 内,避免弦杆悬挑过长。分段位置主要集中在 +14.00 m、30.00 m、+46.00 m、+61.00 m、77.00 m 标高位置。桁架分段长度约为 6 ～ 21 m,最重分段约 15.5t,如图 15-29 所示。

（1）首段径向桁架及弯扭构件安装

吊装第一段径向桁架分段。因桁架安装角度较大,可以利用已吊装完成的弯扭构件作为临时支撑,各杆件对接定位复核无误后进行焊接固定,如图 15-30、图 15-31 所示。吊装下一轴线的弯扭构件并临时固定,对于倾角较大的构件拉设缆风绳。

钢结构施工过程仿真力学分析-构件位移　　　　　　　　　　　　　　　　表15-1

计算模型及X、Y、Z三向变形值

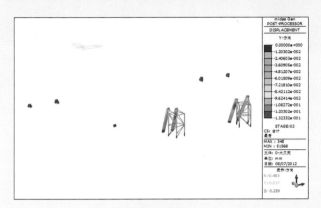

结构Y方向变形图

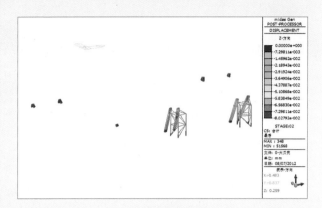

结构Z方向变形图

$D_X = 0.12$ mm；$D_Y = 0.13$ mm；$D_Z = -0.08$ mm

$D_X = 3.26$ mm；$D_Y = 3.03$；$D_Z = -2$ mm

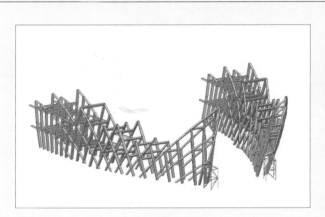

计算模型

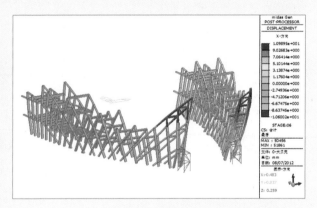

结构X方向变形图

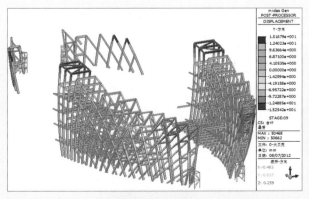

结构Y方向变形图

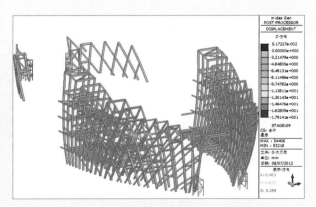

结构Z方向变形图

$D_X = 24.55$ mm；$D_Y = 15.25$ mm；$D_Z = 17.9$ mm

续表

计算模型及X、Y、Z三向变形值

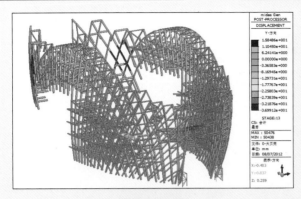 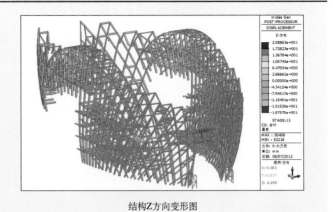

| 结构Y方向变形图 | 结构Z方向变形图 |

$D_X = 25.2$ mm；$D_Y = 37$ mm；$D_Z = 20.9$ mm

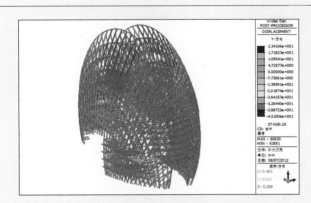 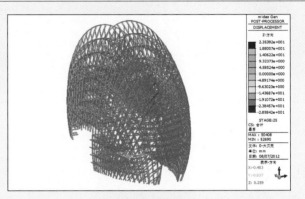

| 结构Y方向变形图 | 结构Z方向变形图 |

$D_X = 43.4$ mm；$D_Y = 45.1$ mm；$D_Z = -28.6$ mm

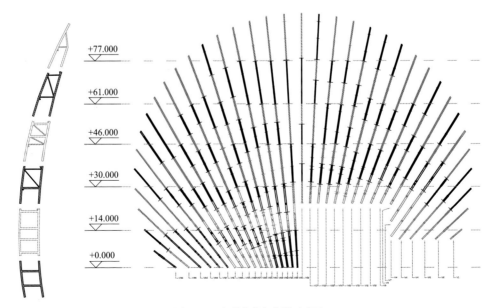

图 15-29　钢结构桁架分段示意图

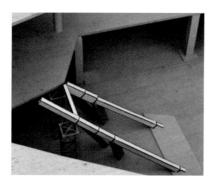

图 15-30　径向桁架安装示意图　　　　　图 15-31　弯扭构件安装示意图

（2）其余桁架逐层安装

吊装其余钢结构桁架，调整各对接口后进行临时固定，经测量复核无误后进行焊接。对于倾角较大的径向桁架分段施工时，应先施工与前一榀桁架间的弯扭构件，后施工桁架。对于倾角较小的径向桁架分段施工时，先施工桁架，后补装弯扭构件。从两边向中间吊装，焊接随安装进度由中间往两侧对称施焊，滞后钢结构安装约 2 ～ 3 个桁架分段，如图 15-32 所示。

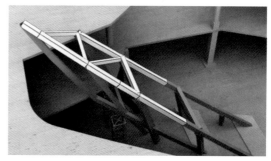

（3）中部连接桁架安装

当贝壳两侧钢结构分段施工进度达到天窗连接桁架施工条件时，开始吊装中间天窗桁架。先搭设支撑胎架，吊装落地支撑杆件。在连接桁架拼装、吊装、安装各阶段需对桁架结构变形及内力变化进行监测。各杆件吊装完成对接定位确认无误后焊接固定，中部连接桁架安装完成后与东西两侧钢结构形成稳定受力整体，见图 15-33。

图 15-32　其余桁架安装示意图

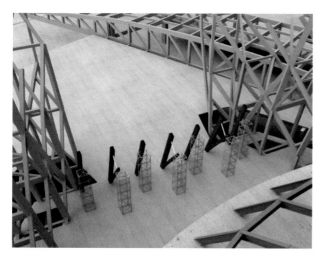

图 15-33　中部连接桁架安装示意图

（4）上部桁架吊装

待塔吊柔性附着安装完成后顶升到适当高度，继续吊装上部分段桁架钢结构。顶部由两侧向中间吊装施工，直至钢结构合拢封顶，如图15-34所示。

图 15-34　钢结构合拢安装示意图

3. 大型塔吊柔性附着施工

根据放射状双曲面钢结构径向桁架整体结构形式，经计算软件模拟塔吊不同附着位置，钢结构施工过程变形及杆件内力变化情况分析，确定塔吊最佳附着点。根据受力分析结果将塔吊附着点设置在两侧径向桁架与中间连接桁架交接点附近，如图15-35所示。

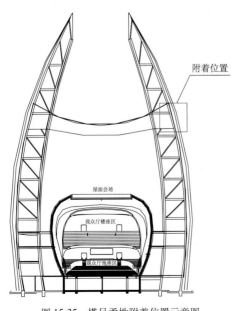

图 15-35　塔吊柔性附着位置示意图

经计算，为避免杆件点荷载产生过大弯矩，采取局部桁架加强，在钢桁架平面内增加一根斜腹杆。在平面外方向，分别向双曲面相邻点设置斜撑杆，同时将附着位置杆件壁厚加厚处理，塔吊附着位置加强杆件及位置关系示意如图15-36所示，加固措施如表15-2所示。

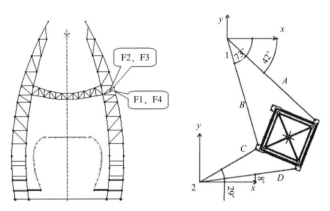

图 15-36　塔吊附着加固、塔身、撑杆位置示意图

塔吊附着位置结构加强措施			表15-2

编号	原设计截面	加固后截面	材质	说明
F1	600×300×16	600×300×30	Q345B	壁厚加厚
F2	—	600×300×20	Q345B	新增加强杆
F3	—	600×300×20	Q345B	新增加强杆
F4	600×300×16	600×300×30	Q345B	壁厚加厚

根据撑杆内力计算，附着撑杆选用Q235B材质，直径299 mm的圆钢管，撑杆两端设置耳板，与主结构通过销轴连接。主结构上的附着撑杆连接点设计为双耳板形式，节点三维构造，如图15-37所示。

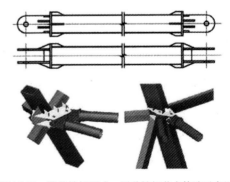

图 15-37　附着撑杆形式、附着撑杆节点构造示意图

4. 贝壳状双曲面弧形钢结构监测

鉴于本工程的重要性和复杂程度结构施工过程选定测点的变形观测给出选定点三个方向的位移数据，进行静态定期监测。结构施工工程中，采集稳定的初始值，合拢及卸载阶段跟踪进行监测，监测关键步骤节点的变形情况，如图 15-38 所示。

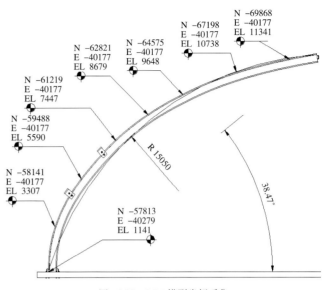

图 15-39　BIM 模型坐标采集

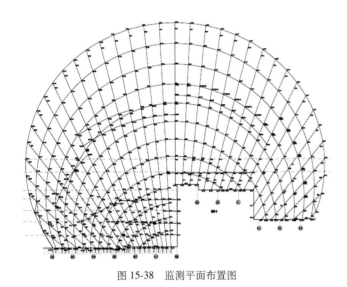

图 15-38　监测平面布置图

15.5　弧形屋面导轨式垂直运输平台施工技术

本工程大剧场中部螺旋式采光屋面南北跨度为 108 m，东西跨度为 45 m，呈不规则弧形空间双曲面。弧形屋面最高点 59.85 m，幕墙总面积达 8000 m^2。其主体螺旋钢结构沿南北方向前后宽度不同，高度起伏变化，且立面有多个结构造型影响现场施工。由于弧度大，曲面复杂，传统垂直运输工具存在适应性差、经济成本高的问题。

本技术主要采用 BIM 软件整体建模计算，研究大跨度弧形屋面的曲面变化情况，通过设计一种导轨式垂直运输平台，实现大跨度弧形结构的垂直运输施工。

1. 三维建模及坐标采集

应用 BIM 建筑信息模型技术根据图纸进行结构三维建模，在模型上提取相关坐标数据，得到具体曲面变化情况，根据数据对用于导轨的工字钢进行精确压弯处理，确保导轨安装弧度与屋面弧度变化一致，如图 15-39 所示。

2. 导轨加工及安装

（1）导轨加工

根据 BIM 信息模型上提取的坐标数据，对工字钢进行压弯加工制作，并进行编号。两段与地面连接的工字钢编号为 1 和 1′，往上分别为 2 和 2′，以此类推编号，如图 15-40 所示。

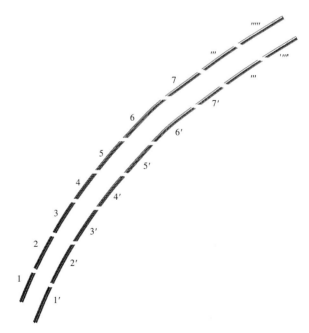

图 15-40　导轨加工示意图

（2）导轨安装

首先安装第一节导轨 1 和 1′，导轨底部使用膨胀螺栓与结构面连接，导轨与主体结构连接采用卡箍固定，同时安装小横杆，横杆与导轨底侧固定牢靠，如图 15-41 所示。

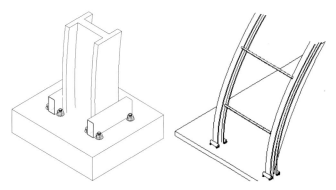

图 15-41　第一节导轨与地面连接安装图

依次向上安装导轨 2 和 2′、3 和 3′ 等，直至导轨安装至结构顶面，如图 15-42 所示。

图 15-42　导轨安装完成示意图

3. 滑轮设计与安装

根据导轨形状，设计一种特制滑轮组，实现滑轮与导轨之间的嵌固连接，实现滑轮沿导轨自由上下移动，同时安全可靠，如图 15-43 所示。

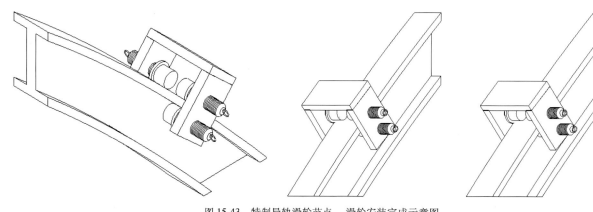

图 15-43　特制导轨滑轮节点、滑轮安装完成示意图

4. 运输小车制作安装

根据运输材料情况，设计制作一种运输小车，小车尺寸长度为 1500 mm，宽 1200 mm，高 1000 mm，小车采用 40×3 方通焊接制作而成，运输小车与特制滑轮相连，安置于导轨上，实现小车在导轨上的自由移动，如图 15-44 所示。

5. 起重装置及钢丝绳安装

起重装置安装：

起重装置采用 60kW 电动卷扬机，使用膨胀螺栓固定于轨道下方，有效降低卷扬机的转速和荷载，钢丝绳绕过轨道上部横杆与运输小车相连，实现使用卷

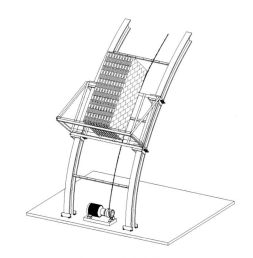

图 15-44　小车安装示意图

扬机进行提升运输。由于整个作业面均为弧形，为避免卷扬机的动力钢丝绳磨损龙骨，在轨道中心线的钢丝绳经过的位置隔 2 道龙骨架设一个滑轮，让卷扬机的钢丝绳在架设好的滑轮中运行，以免磨损钢丝绳，如图 15-45 所示。

6. 材料固定及运输

运输时将运输小车与材料接触面用木方固定，以免材料直接与钢制货架接触产生损坏。工人在材料运输时，分为 8 人一组，上下各 4 人，作业人员将需要运输的材料搬运到运输小车上，调整好摆放位置，待位置摆放好后用绳子将材料牢牢的固定在运输小车上。

待材料固定完成后，卷扬机操作者，仔细观察运输轨道及周围是否安全，确保安全后启动开关按钮，将材料运送到指定位置。轨道上部运输人员，待材料运送到位后，待卷扬机停稳安全后，方可解绳将材料搬运。待材料搬运后，施工人员离开轨道足够的安全距离后，用对讲机通知卷扬机操作手将卷扬机启动，将运输小车牵引到地面准备运送下一批材料。运输示意如图 15-46 所示。

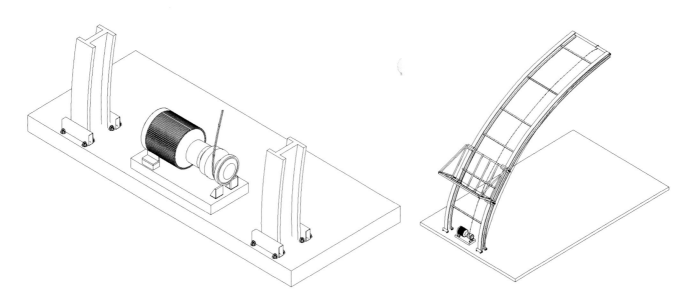

图 15-45　卷扬机安装示意图、运输平台正视图

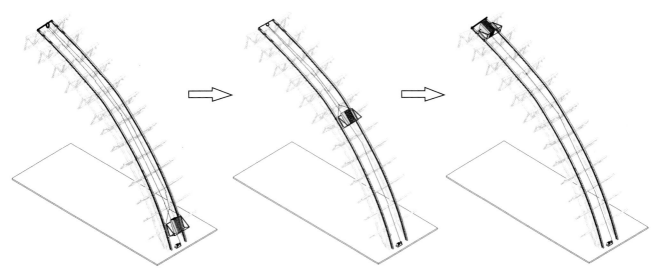

图 15-46　材料运输示意图

7. 运输小车及导轨拆除

待所有材料运输完成后，先保留顶部横杆不拆除，从上而下拆卸导轨，利用运输平台运输拆卸下来的工字钢。拆卸过程中，在拆除工作面安排专人看护，利用对讲机与卷扬机操作工进行实时通讯，确保拆除过程中运输小车的高度距导轨顶部有 2000 mm 的安全距离。使用氧气切割对导轨进行割除，每次割除长度为 3000 mm，将割除的导轨放置于运输小车上，并做好固定措施，向下转运。待导轨拆至最后一段时，需将运输小车卸下后，方可拆除最后一段导轨，如图 15-47 所示。

8. 钢丝绳及起重装置拆除

完成导轨拆卸后，将钢丝绳收回，然后将固定在顶部龙骨上的横杆拆除，最后再拆除固定于结构面上的起重装置。

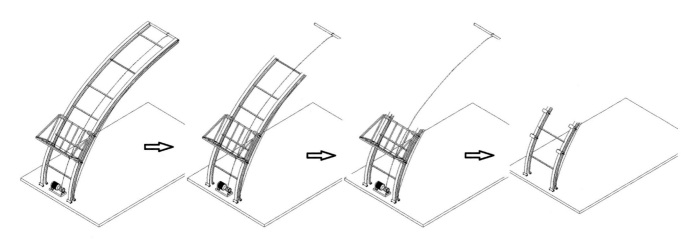

图 15-47 拆卸示意图

第16章　无锡灵山胜境佛教剧院工程

项目地址：江苏省无锡市滨湖区马山镇灵山风景区

建设起止时间：2006 年 8 月至 2009 年 8 月

建设单位：无锡灵山文化旅游发展有限公司

设计单位：华东建筑设计研究院有限公司

施工单位：中国建筑第八工程局有限公司总承包公司

项目经理：陈斌；项目总工：孙晓阳

工程奖项：2009 年度中国建设工程鲁班奖

工程概况：

无锡灵山胜境三期工程梵宫建筑，总建筑面积 71880 m²，是一个集旅游、会议、观演、宴会、展览和佛教文化体验等多功能于一体的现代佛教风格建筑，是江苏省"十一五"重点工程，作为世界佛教论坛的永久性会场，成功举办 2009 年、2012 年世界佛教论坛，工程于 2009 年获得建筑工程"鲁班奖"。其圣坛剧场建筑面积 35000 m²，可容纳 1500 名观众，穹顶为竖向抛物线形，跨度 72 m，最大直径 160 m，内直径 94.4 m，舞台内直径 71.4 m，吊挂莲花瓣装饰板 1344 组、莲花灯 1500 盏，如图 16-1、图 16-2 所示。

图 16-1　无锡灵山梵宫

图 16-2　无锡灵山梵宫圣坛剧场

技术难点：

（1）工程佛教文化底蕴浓郁，要求现场施工对佛教建筑艺术有充分的理解。特别是现场二次深化设计工作量大，与常规设计差异大，对佛教文化了解要深入。

（2）梵宫建筑的建筑形式复杂，层高 5 ~ 67 m，大梁跨度最大达 40 m，圣坛穹顶跨度达 72 m，是现代建造技术、现代装饰技术与传统装饰工艺相结合，充分体现建筑业科学发展的新方向。

（3）梵宫建筑超大结构施工：21 m 深基坑围护施工、三种预应力施工（单根大跨预应力梁、40 m 跨、7.3 高空预应力水平弧线桁架梁、平面八角组合梁）、三种钢结构形式（72 m 跨预应力棒穹顶管桁架、38 m 跨箱型组合桁架梁、网架组合塔帽）、楼面采用 CHF 薄壁空心混凝土楼盖。

（4）梵宫建筑装饰的佛教特色，现代装饰技术（大面积墙面干挂石材，大面积墙地面石材，高大跨 GRG 吊顶）与传统装饰工艺（东阳木雕，敦煌壁画，穹顶彩绘）的综合应用。

（5）大型舞台机械设备、室内泛光照明、音响等专业系统设施先进，技术复杂，安装、调试要求高。

（6）涉及专业施工多，除了常规土建，安装，装饰、园林外，还涉及与宗教艺术、工艺美术、音乐、舞蹈等专业的配合与施工。

16.1　"佛之光"灯具照明系统

（本节专项工程由乐雷光电技术（上海）有限公司实施）

梵宫圣坛作为"世界佛教论坛"的主会场，可容纳参会代表 1500 人，每天定时举行佛教文化演出，形成静态展示和动态演示的互动。过程中通过光来体现佛教的博大精深与崇高，使之成为既充满传统文化元素、又富有创新意识的传世建筑。灯具的选用既要外形式美观、光源寿命长、又需材料防腐蚀抗老化、节能环保。

1. 技术特点

（1）基于网络的系统场景切换

采用工业 PC 机做场景模式的管理，利用 TCP/IP 组网技术，可以将 DMX 信号长距离地传输到相距数百米的各个功能空间。实现诸如：宗教模式、参观模式、重要活动模式等的控制。

（2）28 种 LED 灯具及系统的整合应用

应用到灯具的种类有：点光源、投光灯具、轮廓灯具、地埋灯具、筒灯 5 大类，LED 以 3W 700MA 为主；控制器，有两种系列，一是以 RS485 通讯为基础的 DMX 控制器，另一是以串行移位寄存方式的串行控制系统；多种灯具、多种系统，在梵宫建筑丰富的空间内，将 LED 的色彩、动感按照设计师的设想渲染。

（3）简化工程布线的 LED 灯具驱动控制集成设计

梵宫内部空间，因其艺术的展现，变得极其复杂，整个工程的布线如果不加以规划，也会变得复杂起来，进而有可能会影响到工程长期运行的可靠性。针对这样的环境，设计时灯具内部集成了 220V 的开关电源、恒流驱动器、DMX 的解码模块，灯具连接组成系统时，采用航空接头连接器，将电源、信号手拉手连接。方便工程施工和调试。

（4）融入宗教艺术场合的配光设计

圣坛投光灯具的配光，在做全彩配光时，设计师为突出宗教的艺术氛围，突破传统地设计了 3A+RGB 组合方式；品字型 RGB 像数混光均匀，能够在短距离范围内没有明显的色斑；此外，75 m 高的苍穹，用白色 LED 点光源，在深蓝背景下闪烁，出现虚幻星空效果。如图 16-3 所示。

2. 控制系统解决方案

灵山梵宫室内景观照明采用乐雷光电大功率 LED 灯具以及捽制系统。整个照明分为塔厅、圣坛。

（1）塔厅

光既可以是无形的，也可以是有形的。光源可隐藏，灯具即可暴露，有形、无形都是艺术。不管哪种

图 16-3 塔厅、苍穹、点光源形成的星空效果

方式，整体造型必须协调统一，一定要和整个室内一致、统一，决不能孤立。

灯具布置为：轮廓灯 C1051，200 套；轮廓灯 C1052，60 套；投光灯 F2011B，72 套；DCS-4000，1 套；DCS-402，30 套。

（2）圣坛

圣坛系统说明：

1）DCS-4000 为系统主控制器，DCS-401 为系统中继器，交换机为 12 口输出，与 PC 通过以太网连接，PC 机装置在总控制室。

2）本联机系统中主控制器共 9 套，中继器 45 套，交换机和控制电脑各 1 套。

3）系统可以实现琥珀色或全彩渐变、跳变等效果。

灯具布置为：工业 PC 机，1 套；投光灯 F3031A，336 套；投光灯 F3032A，816 套；投光灯 F3033A，816 套；DCS-4000，18 套；DCS-401，138 套（图 16-4）。

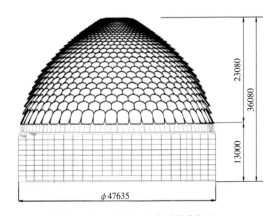

图 16-4 36 m 圣坛、品字形投光灯具

LED 照明工程是一个规模宏大的室内装饰照明工程，共采用 LED 工程灯具 6500PCS，控制器 212 套，地址解码器 2750PCS。其独特的灯光载体，复杂的灯具、系统组合，绚丽的佛教氛围环境，为 LED 项目应用提供一个很好的范例。如图 16-5 所示。

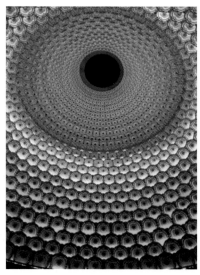

图 16-5　佛之光、圣坛效果

16.2　超高大跨预应力钢筋混凝土弧形桁架梁施工技术

为满足剧场高大空间的使用要求，在标高 18.9 m 和 26.2 m 间各设置有一道预应力混凝土弧形桁架。弧形桁架由上、下弦梁组成，两梁曲率半径均为 35.7 m，圆心角为 60°，弧长 37.366 m，配有三排共 12 孔 144 根 15.24 钢绞线。其中上弦梁截面尺寸为 1500 mm×4000 mm，跨中梁底配置有 64ⅉ28，梁端梁顶配置有 62ⅉ28，梁的箍筋为ⅉ16@100（12）；下弦梁截面尺寸为 1500 mm×3000 mm，跨中梁底配置有 58ⅉ28，梁端梁顶配置有 48ⅉ28。桁架的剖面展开图如图 16-6 所示。

1. 技术难点

（1）高度 18.9 m，跨度 38.5 m、高 7.3 m 的预应力混凝土超大弧形桁架梁为国内首例，无施工经验可借鉴。

（2）预应力弧形梁测试空间曲线摩擦系数、损失、有效预应力分析处理及测试方法精度高，难度大。

（3）超高、重型预应力弧形梁的钢筋数量多、节点密、重量大，钢筋支撑架的设置、稳定性及在梁柱

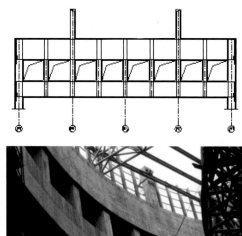

图 16-6　圣坛超重大跨圣坛混凝土桁架梁

节点处的处理难度大。

2. 整体思路

弧形桁架跨度大而且受重载，下弦梁 YKL007 和上弦梁 YKL101 的截面也比较高，受力比较复杂，是结构非常重要的构件，搭设支撑架难度大，钢筋绑扎

困难，施工难度比较大点，施工顺序上先行施工标高 18.9 m 处 YKL007 梁，待预应力张拉完毕后再行施工标高 26.2 m 处 YKL101 梁。

3. 模板及支撑体系设计

底模采用双层 15 厚覆膜木夹板，侧模采用 15 厚木夹板。格栅栅采用 45×90 方木，模板底楞木间距取 100 mm，侧模板立挡间距采用 250 mm，梁的对拉螺杆的间距为 300 mm×300 mm。

4. 钢筋支撑体系的设计

钢筋支架采用槽钢和钢筋制作，横梁及立柱采用[12 热轧槽钢；梁的斜撑采用[12 热轧槽钢，斜撑采用 32 三级钢，支架间采用 HRB400（28）钢水平拉接，保证稳定性。立柱下焊接[12 热轧轻型槽钢作为下脚，间距 3.5m。支架沿梁跨度东西向布置，为控制钢筋绑扎质量，加强整体稳定性，所有梁的腰筋均固定在槽钢支架上。如图 16-7 所示。

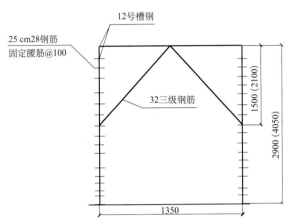

图 16-7 梁钢筋支撑体系图示

5. 预应力施工及张拉

为减小大跨度预应力主梁受周围其他构件的交叉影响，在主梁张拉时，把次梁支撑系统拆除，使主梁承受一部分外荷以抵消部分混凝土预拉区的拉应力。

张拉下、上弦梁的时候，柱子受到了巨大的压力，沿着压力方向会产生比较大的侧向变形，为了防止柱子张拉后因变形过大而导致与之连接的普通框架梁被拉裂，需设置后浇带，在后浇带处将与柱子相连的纵向钢筋截断，待柱子张拉完毕后在将截断的钢筋做搭接处理并后浇混凝土。

（1）下弦梁的张拉：下弦梁分两层浇筑，张拉时分两批张拉：第一批张拉时间定于上弦梁第一批混凝土浇筑完毕后进行，张拉六束预应力筋至规定的强度值，第二批张拉时间定于上弦梁混凝土强度达到 100% 后进行，一次张拉完下弦梁剩余的六束预应力筋。

（2）上弦梁的张拉：在混凝土强度达 100%，张拉在下弦梁的六束预应力筋张拉完毕后连续进行，一

次张拉完 12 束的预应力筋，张拉过程按照左右对称，从上往下的原则进行。

6. 超高大跨预应力混凝土弧形桁架梁测试施工技术

由于弧形桁架跨度大而且受重载，下弦梁 YKL007 和上弦梁 YKL101 的截面比较高，受力比较复杂，是结构非常重要的构件。预应力设计对弧形梁进行内力计算方法不够成熟，在设计过程中通常采用相近的直线梁进行内力计算，然后对内力计算结果进行必要的调整再进行预应力配筋计算，这样的计算结果更相近。故在实际施工过程中需要对实际施加的预应力进行监控、测试。

测试的主要内容有：1）预应力筋的有效预应力；2）上、下弦杆内非预应力纵向钢筋的应力；3）框架柱外侧混凝土表面应力；4）框架柱端的侧移；5）预应力施工阶段梁的挠度；6）梁内混凝土的温度。如图 16-8、图 16-9 所示。

图 16-8 张拉端传感器安装；被动端传感器安装

图 16-9 梁中智能式应变计安装示例；表面智能式应变计安装示例

16.3 大跨度预应力棒悬挂型管桁架施工技术

圣坛钢结构工程为预应力棒悬挂型管桁架，结构形式为半球状穹顶型钢结构，跨度 72 m。由 51 榀环向桁架、27 榀径向桁架、屋面檩条及支撑系统组成，通过 24 根直径 100 mm 和 12 根直径 120 mm 的钢拉杆与预埋件连接来稳定整个圣坛。圣坛最高点为 41.286 m，最低点为 11.5 m，环向桁架的标高为 14 m，23 m，29 m，38.726 m。如图 16-10 所示。

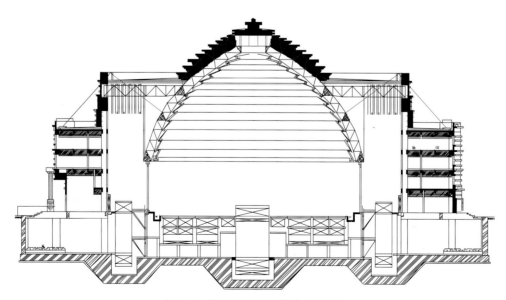

图 16-10 预应力棒悬挂型管桁架剖面图

1. 技术特点

（1）本工程结构形式呈 1/2 对称。径向桁架呈四边形，由四根主管和斜腹管组成；环向桁架呈三角形状，由三根主管和斜腹管组成，结构形式呈单向曲线。

（2）构件规格种类多：环向桁架、径向桁架均由 4 种不同直径的钢管组成；檩条规格为 HM400×300×10×16。

（3）桁架结构复杂：径向桁架为单向曲线和平面框架结构的两种结构形式；环向桁架为单向曲线；径向桁架与环向桁架组成半球状结构。

（4）结构的节点复杂：结构节点形式为管管相贯，径向桁架与环向桁架通过相贯口焊接连接，环向桁架与檩条之间通过螺栓连接，径向桁架与钢拉杆之间通过销轴连接。

（5）预应力钢拉杆张紧系统，施工工艺复杂。

2. 整体思路

本工程钢结构为预应力棒悬挂型管桁架，跨度 72 m，在管桁架完成吊装、焊接、内外预应力钢拉杆施加预应力后，方可完成施工，因此，无法采用一般的双机抬吊、整体拼装、液压提升等方案，根据现场实际情况结合以往施工经验，选择高空对称组拼焊接就位，在施加预应力后拆除胎架卸载的安装方案和工艺。

优点：

（1）解决了施工场地小无法使用大吨位塔吊的现状，吊车只在有限的几个吊点进行作业。

（2）在设计位置进行一次高空拼装、校正、焊接，省掉了高空提升环节，节省了大型吊机费用并加快了施工进度。

（3）径向或横向单块桁架体在地面组拼，然后与高空拼装形成流水作业，加快施工速度。

（4）未占用地面空间，可与幕墙、装饰等单位分段搭接展开交叉作业。

3. 拼装胎架技术

（1）半球状桁架结构分别在内环采用 4 根、外环采用 12 根四肢格构式塔架支撑。单个标准节尺寸为 2 m×2 m，其中内环塔高 52.33 m；外环塔高 22 m。每个塔架均设置竖向和水平斜撑，均由双拼角钢构成。

（2）内环和外环塔架柱顶均受钢桁架自重产生的轴力和风荷载引起的弯矩的共同作用，是典型的压弯构件，所有支撑塔架顶部均按简支处理，验算时假定结构在各个方向上的几何尺寸和受力特性都是完全对称的。

（3）根据现场施工分区情况，结合钢结构工程主结构施工需要，支撑塔架随主结构划分 I、II 两大施工区域。I 区中心胎架，II 区范围为四周胎架，施工时先安装 I 区胎架，安装后，连成整体；再逐渐向环向两侧扩展。如图 16-11 所示。

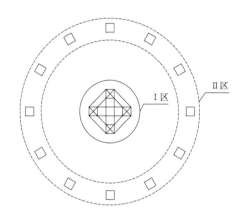

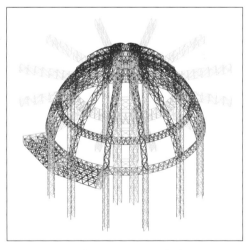

图 16-11　塔架分区布置图、塔架布置单线图

4. 吊装

根据现场施工条件，吊装作业半径最大达到 65 m，吊重 14t；径向桁架最大重量达到 30t，吊装作业半径达到 48 m；环向桁架最重为 7.9t，吊装作业半径为 28 m，根据以上吊装工况选择 LR1350/1-350 型履带吊进行吊装作业，主吊钢丝绳选用两根直径大于 36 mm

钢丝绳，辅吊采用 22 mm 钢丝绳，吊装前先采用计算机三维模拟吊装区域，确定吊机停靠位，过程中严格按照控制吊车安全使用范围，不得超负荷起吊重物。如图 16-12、图 16-13 所示。

5. 预应力钢拉杆张拉

本工程悬挂型管桁架通过 24 根 $\phi 100$ 的钢拉杆斜拉于 12 个混凝土结构柱，柱外侧则采用 12 根 $\phi 120$ 钢拉杆平衡内侧拉杆的水平力，工程预应力张拉的范围为柱外侧的拉杆，按设计要求，施加的预应力为 170kN。图 16-14 所示。

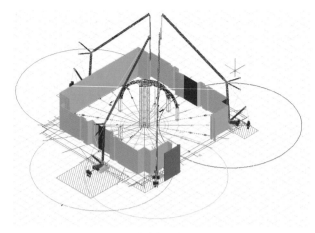

图 16-12　管桁架吊装三维模拟图

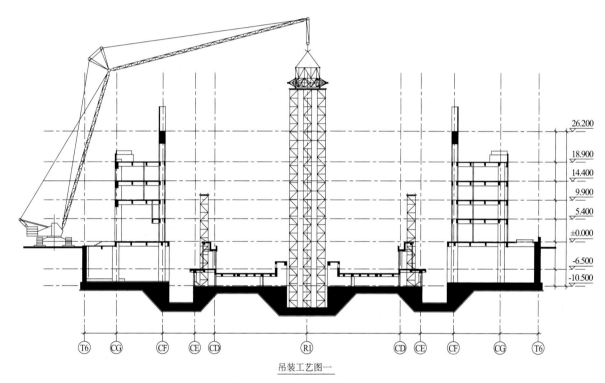

吊装工艺图一

图 16-13　管桁架吊装吊车剖面图

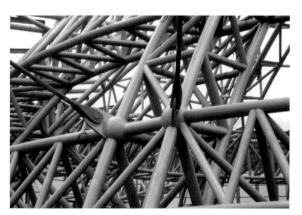

图 16-14　钢拉杆外侧张拉、钢拉杆位置

水平拉杆由一根钢棒组成，套筒位于杆段，张拉到设计力值后，经检查确定无误后，旋紧调节套筒，以保证螺纹充分结合。张拉过程必须平稳、缓慢进行，严禁超载作业。同时为保护悬臂柱节点，同一悬臂柱的两吊杆必须同时张拉，整个拉杆施工顺序为先里后外，对称张拉。如图 16-15 所示。

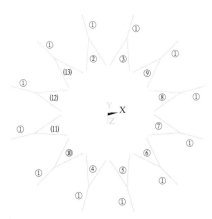

图 16-15　预应力拉杆张拉顺序图

6. 卸载顺序

采用管托形式进行卸载，先进行中心胎架卸载，对每榀桁架下方管托进行切割，每次切割约 10 mm，待中心环与胎架脱离后，采用相同方式对外圈胎架卸载。如图 16-16 所示。

图 16-16　管桁架张拉、卸载完总体图

16.4　大跨度穹顶莲花瓣 GRG 装饰板施工技术
（本节专项工程由深圳市洪涛装饰股份有限公司实施）

圣坛主会场面积 5500 m²，穹顶最大直径为 160 m，会场内直径 94.40 m，舞台面内直径 71.40 m，穹顶面距舞台面最高点 36 m，距舞台面最低点 10.5 m。穹顶面为竖向抛物线形面，上吊挂莲花瓣，莲花瓣装饰板共计 1344 组，单件最大尺寸为 3160×3000，莲花瓣饰面饰 99 金箔，莲花瓣展开面积为 5600 m²。

1. 技术特点：

（1）穹顶莲花瓣 GRG 装饰板加工精度要求高，GRG 板 ≤ 0.5 mm；

（2）GRG 装饰板安装施工，定位精度、平整度要求高，基面平整度 ≤ 0.5 mm。

（3）莲花瓣 GRG 装饰板构件安装难度大（安装误差 ≤ 5 mm，确保圆滑）。

2. 整体思路

圣坛穹顶莲花瓣的制作与安装除满足莲花瓣设计效果外还要保证质量轻、强度高、环保达标等多项要求，根据现场情况结合以往施工经验，采用新型的改良石膏制品 GRG 材料制作莲花瓣装饰板。

3. 莲花瓣 GRG 装饰板特点

（1）穹顶莲花瓣 GRG 装饰板为立体几何形状，按照佛教理念规划出穹顶莲花瓣共二十八层，每层共 48 组。从下往上依次递减错位排列，每一层莲花瓣 GRG 装饰板的外形几何尺寸又不规则的递减，其图案相同、比例相同、几何尺寸不相同。又按力学原理加设了周沿法兰盘，法兰盘的高度也不相同；莲花瓣外形最大几何尺寸为 3160 mm×3000 mm×430 mm，最小几何尺寸为 530 mm×500 mm×110 mm。

（2）穹顶莲花瓣的花瓣周沿是云纹图案环绕，面层立体形状是多层阶梯凹凸槽。表面还存在 20% 的孔状吸声孔。背面加装了全封闭环保阻燃吸声体。以保证圣坛主会场整体效果的一致。

（3）为保证莲花瓣云纹图案和阶梯凹凸槽的形成，GRG 装饰板的基材选用 α 半水石膏充实，内部构造采用 225 短切玻璃纤维（抗碱无捻玻璃纤维连续丝和抗

图 16-17　莲花瓣云纹图案及效果

碱玻璃纤维网格布）完成莲花瓣云纹肌理和凹凸阶梯槽肌理的展铺。如图 16-17 所示。

4. 莲花瓣 GRG 装饰板安装工艺流程

测量放线→穹顶钢结构转换层施工→预埋件安装→在 GRG 装饰板上开启各种设备孔→安装穹顶莲花瓣 GRG 装饰板→安装 GRG 装饰板后 LDE 灯光线路及灯具→安装 GRG 装饰板封口挡板→安装 GRG 装饰板配套环保阻燃吸声体→装饰板基层打磨和基层乳胶漆喷涂→装饰板面层金箔敷贴→穹顶莲花瓣 GRG 装饰板安装项目检查与验收。

5. GRG 装饰板安装与施工

（1）测量放线

根据基准线，对穹顶结构的轴线、垂直线、控制线进行复核，并根据穹顶结构的特点测定总控制线，并以此为基准，分配分割线，锁定穹顶圆心和不同类型的交叉点。确定穹顶内的各个坐标、控制点、精密导线网点、精密水准点及垂直控制线。

（2）钢结构转换层及预埋件施工

钢材的质量检验→钢材焊制的技术复核→穹顶莲花瓣钢结构转换层稳定性检查→纵横向轴线位置调整→穹顶莲花瓣钢结构转换层标高调整→最终核验及焊接固定。

（3）对已安装完成的穹顶莲花瓣钢结构转换层整体的稳定性进行检查，钢材焊制的牢固程度不符合要求的进行加固处理，并进行轴线定位，拉纵横轴线交会测定圆心，对有偏差的位置进行调整。

允许偏差项目如表 16-1 所示：

允许偏差项目　　　　　　　　　　表16-1

偏差类型	平面尺寸垂直误差	平面尺寸水平误差	穹顶钢结构转换层焊缝误差
转换层焊接制作误差允许	≤2.0 mm	≤2.0 mm	≤0.3 mm
装饰板预埋件误差允许误差	≤2.0 mm	≤2.0 mm	

（4）穹顶莲花瓣 GRG 装饰板安装施工

定穹壳中心点→定位径向龙骨，每 45° 一根→定位环向龙骨（确保环向龙骨水平）→以定位的环向、径向龙骨为基准，施工其他辅助龙骨→GRG 安装（以环向 45° 为一单元）→由中心向四周逐层安装→校正相对位置、打磨批腻子。

采用全站仪确定穹壳中心，并经多次复核无误后将中心投影至施工平台上，并在穹壳骨架上设辅助杆件，用经纬仪除测水平，沿高度方向每 6 m，每圈 45° 一个点，通过检测半径调测水平点位置，至少反复检测 2 次以上，以最终确定每测试层水平点位置（也即半径末端控制点），然后施工 GRG 支撑钢骨架，并采用 22 号铁丝定位穹壳中心，由上而下的顺序安装 GRG 装饰板，对于安装误差，采用上下层对应并 45° 平面角度范围调节进行消化。

16.5　超高、超大 GRG 穹顶施工技术

（本节专项工程由苏州金螳螂建筑装饰股份有限公司实施）

梵宫建筑圣坛前厅顶面采用六个高大的穹型吊顶，直径达 7.5 m、拱高 1.8 m，层高达 13 m，顶与顶

之间采用拱形顶予以连接，表面由敦煌研究所的大师配以彩绘，施工工艺复杂，以装饰层来实现大跨度超高穹顶做法很少。针对此穹顶超高、超大、基层要求高等难点，经方案比选后采用 GRG 高强石膏制品制作穹顶，将穹顶有规则地分割，分块进行制模、加工，二次吊顶采用热镀锌角钢进行焊接、GRG 材料进行捂绑加固等措施，有效解决了顶面施工后容易开裂的现象，如图 16-18 所示。

1. 技术难点

（1）工艺复杂、体量大（共有 6 个穹顶）、层高达 13 m；

（2）表面要绘制敦煌壁画、因此对基层要求特别高，不能开裂；

（3）以装饰层来实现大跨度超高穹顶做法很少，需要进行技术创新。

2. 整体思路

针对此穹顶超高、超大、基层要求高等难点，围绕穹顶施工，结合现场实际情况和以往施工经验，初步考虑以下几种方法：

（1）采用玻璃钢制作：经过专门设计、专业制造的纤维缠绕成型方法、整体成型，再进行吊装；

（2）采用无纸石膏板制作：是以石膏为胶凝材料，面底均为石膏基，通过改性石膏基生成高强、耐水石膏板，经过人工弯曲覆于已做好的龙骨基层上，再进行涂饰。

（3）GRG 高强石膏制品制作：是一种以纯天然改良特殊石膏为基料，添加专用增强玻璃纤维和水性添加剂，此种材料可制成各种造型平面板、各种功能建筑装饰构件，广泛应用于超大型公共大堂、会场、歌舞厅、医院学校等建筑装饰吊顶、墙体板、超大型特殊异性构件等。

综合考虑各方案的可行性、安全性、经济性及施工周期等因素，对以上各方法逐个进行技术分析与比较见表 16-2 所示。

图 16-18 GRG 超大穹顶效果

技术分析 表16-2

序号	比较内容	工艺做法		
		玻璃钢制作	无纸石膏板制作	GRG高强石膏制品制作
1	产品性能	质量轻、强度高、使用寿命长	面结构强度高，表面不变色、不易脱落、起鼓	质轻高强，不变形、无毒无味、绿色环保
2	加工周期	加工周期约15d	加工周期约7d	加工周期约12d
3	施工便捷	便捷，可调性差	便捷，对基层处理要求高	便捷，可调性强
4	成本	材料成本高，总成本高	材料成本低，人工成本高	材料成本稍高，人工成本低
5	材质表面附色性能	表面光洁度高，附色性能很差	面层多孔，附色性能较好，彩绘成本高	材质表面光洁、细腻可以和各种涂料良好的粘结
	选择	不采用	不采用	采用

3. 实施步骤

（1）根据原方案设计图，复核现场水平标高、建筑尺寸，随后根据设计图纸运用红外投影仪在现场地面及墙面进行 1∶1 放样，将顶面轮廓线、石膏线、灯、风口、喷淋投影到地面，并弹出吊顶标高线、注明高度。以把握穹顶占整个空间的比例情况，确保空间比例整体协调，并确认是否与其他安装单位设备相抵触；如图 16-19 所示。

图 16-19　顶面造型投影线

（2）穹顶造型是由装饰层来实现的，土建结构主梁高度约 700 mm，要想达到装饰效果，且符合规范要求，必须设二次吊顶来进行装饰，二次吊顶采用热镀锌 5 号角钢进行焊接，顶面加设 200 mm×200 mm×10 mm 的后置锚板和膨胀螺栓进行加固，南北墙面设置角钢与二次吊顶连接撑牢，防止其晃动。如图 16-20 所示。

图 16-20　顶面二次吊顶及吊筋分布图

（3）二次吊顶钢架所能承受的最大荷载，决定将穹顶有规则地分割成 41 块，分块进行制模、加工，然后到现场分块拼装的形式进行施工（采用由中心向四周的安装顺序进行安装），安装如图 16-21 所示。

图 16-21　分块安装

（4）考虑到分块之间的接缝是今后开裂的主要隐患，对接缝处进行处理。为加固其强度，防止分块之间有错位现象发生，在分块接缝处的背面采用 8 号对穿螺栓进行对接，并用 GRG 材料进行捆绑加固，使其成为一个整体，如图 16-22 所示。

图 16-22　每块 GRG 制品背部预埋连接件

接缝处采用 GRG 专用腻子进行修补，然后批腻子、打磨，批腻子每一遍的厚度也进行严格控制，每一层厚度不得超过 2 mm，第二次批腻子前必须待第一层半成干的时候在进行；打磨的时候必须用灯光进行检查，确保顶面的平整度和精细度；面层乳胶漆的施工必须采用喷涂方式进行。

第17章 大连国际会议中心剧院工程

项目地址：大连市东港区人民路南端

建设起止时间：2009年3月至2013年8月

建设单位：大连国际会议中心工程建设指挥部

设计单位：奥地利蓝天组、大连市建筑设计研究院

施工单位：中国建筑第八工程局有限公司大连公司

项目经理：仇春慧；项目总工：周光毅

项目奖项：2014～2015年度中国建设工程鲁班奖、第十三届中国土木工程詹天佑奖、华夏奖

工程概况：

大连国际会议中心位于东港区人民路南端，是举办夏季达沃斯会议等大型会议、展示大连现代化水平和城市形象的重要工程，是大连城市的标志性建筑。

建筑理念集雄伟、精美、时尚、和谐、绿色和人性化为一体。从空中看就像一个漂浮的"贝壳"，主体建筑都悬浮在空中，行云流水般的建筑形态回应着海的召唤，尺度恢宏的室内共享空间展示了开放包容的城市性格。建筑内外墙及屋面采用了双层幕墙结构，室外面层为穿孔金属板幕墙，室内面层为玻璃幕或金属板。结构形式为不规则多支撑筒大跨悬挑组合空间钢结构，屋盖为钢结构网架，施工难度是世界上难度最大的项目之一。如图17-1所示。

该项目占地4.3公顷，总建筑面积14.6万 m²，地下一层，地上四层，建筑高度58 m。地下一层主要为车库及设备用房，在10.2 m、15.3 m标高设置巨大钢平台，在平台上设置6个500人以上的各种功能会议

图 17-1 大连国际会议中心外景

厅、多功能厅；平台中心设计了一个与平台部分脱离的 1650 座位的歌剧院；在 15.3 m ~ 28.5 m 标高设置 悬挂于屋盖上的空中廊桥，连系各使用功能空间。如图 17-2 和图 17-3 所示。

图 17-2　大连国际会议中心内景

图 17-3　大连国际会议中心剧场内景

技术难点：

（1）钢结构类型多，施工难度大

本工程钢结构类型多样，涵盖了多种复杂钢结构体系，楼面桁架最大悬挑处达 40 m。构件的体量大，形式多样，单件重量重，如何合理划分吊装单元、大型吊装设备的进出和吊装等问题是本工程的重点与难点。

（2）铸钢件的深化设计、安装难度大

本工程铸钢节点 900t，由于结构不规则，使得铸件管口多、造型复杂、形状各异，标准件少，造成了铸钢件的深化设计复杂及安装时空间定位难度大。

（3）构件在安装过程中的稳定难度大

地上结构部分主要为钢桁架空间组合结构，14 个型钢混凝土筒体及少量的钢管混凝土柱构成竖向承重体系。因此，在施工荷载、风荷载等作用下，如何确保结构稳定亦是关键问题之一。

（4）施工阶段的结构验算、控制和监测难度大

本工程竖向及水平承重构件因不同材质协同工作而存在变形不协调问题；钢结构大跨度悬挑及特殊结构形体引起的变形或扭转问题；在结构自重荷载、温度荷载、风荷载作用下及因钢结构安装单元的影响下的结构变形和安全问题；在施工荷载（如起重机械、混凝土机械等）作用下结构整体或局部可靠度问题，均必须进行各施工过程的结构验算和分析，用以指导施工和控制施工。

（5）钢结构安装完成后卸载难度大

本工程有 3 万多吨钢结构，结构存在大量的悬挑、大跨度结构，钢结构施工完成后，需要对结构进行整体卸载，如何做到支撑点平稳均匀的过度、结构变形协调，卸载措施及卸载顺序的选择难度非常大。

（6）幕墙大高度窄翼缘箱形构件及节点的制作难度大

本工程幕墙部分所用箱型构件，由于高宽比大，内隔板与腹板的焊缝较长，操作空间太窄，且部分构件板厚较薄，无法采用电渣焊，如何保证该类构件的制作精度，是本工程一难点。

（7）10 万块外表用铝板各不相同，施工难度大

本工程外表面采用金属装饰板（外装饰）、镁铝合金板（防水），外窗采用 Low-E 高透光中空玻璃氟碳喷涂铝合金单元式幕墙，外装饰板各不相同，施工难度大。

17.1　三维曲面铝板安装应用技术

1. 技术难点

主体结构与装饰次生钢结构错综复杂，在施工过程中难免出现偏差，导致电脑模型、图纸与现场完成结构不能够完全一致。结构复杂，装饰面层多为曲面、异型结构，空间板块定位难，异型板材规格数量众多，板材尺寸超常规要求，最大则有 1650 mm×6000 mm，而最小的只有 50 mm×50 mm，约 20000 种规格。另外板块安装精度控制要求高，板面平整度、接缝直线度的要求超现有规范要求。天花与墙面板块间缝隙均要求保证 10 mm。缝隙为明缝，不填充不打胶。而且该工程室内装饰铝板约 20 万 m²，铝板进入施工现场必须根据工程需要批次、施工顺序进场，且进场铝板必须要设专人管理，按区域、部位码放，方便安装作业时及时查找。

2. 采取措施

（1）现场纠偏

大跨度、复杂、无规律可循的室内外空间结构，以及图纸与现场的差异，经现场实地勘测，经三维仪器扫描完成模型与图纸模拟进行比对结构偏离约 17°，为保证原设计装饰面层的设计效果及板块分格，采用三维测量扫描技术，将完成实体结构通过仪器进行三维扫描，形成新的三维模型数据，并与原设计模型面皮结构相结合，对出现偏差部位进行调整，形成满足与现场结构一致的装修面层板块分格文件，如图 17-4 所示。

（2）板材规格尺寸的确定与加工

依据经过调整后的模型、面层板块分格数据进行现场校核、分区定位、分区放线，确定分区控制主线及面板完成面线，做好关键点现场标记，做好保护。

通过现场放线定位，运用 Auto-CAD 和 Pro-E 软件对构件进行深化设计及实时调整将复杂结构分区、分部位放线，使之简单化，进行电脑排版、现场校核、放样，完成板块加工尺寸，并与加工厂家共同绘制加

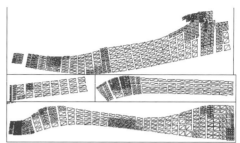

图 17-4　三维纠偏模型

图 17-5　三维红外扫描数据收集

工图纸。如图 17-5 所示。

为了确保每块板能够准确对号入座，必须将板材尺寸、规格按区域、部位进行精确编号，保证工程加工、包装、进场及施工按计划批次有序进行，避免编号混乱影响施工组织及进度要求。

（3）板材安装及关键控制

按板材区域放样标记及铝板成活面层定位线进行固定角码初步安装，在每一区域、每一板块进行三个角码固定点进行平面定位，然后将相邻板块按此参照进行定位，板块安装后进行区域整体微调，满足效果后将调解角码固定并进行加固。为保证板与板间 10 mm 缝隙，使之缝隙均匀、一致、观感极佳，采用最为简便的方法，起源于面砖镶贴的启发，常规瓷砖施工缝隙控制采用塑料十字架，通过十字架的定位保证缝隙均匀一致，满足观感效果；现场按铝板缝隙要求制作各种十字架，采用木质十字架对板缝进行控制，即保证缝隙一致均匀，有保证了接缝的直线度，方法简便，效果明显，如图 17-6 所示。

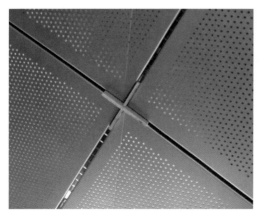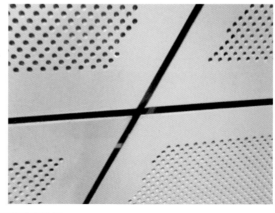

图 17-6　板缝处理效果

（4）为保证施工过程中所有金属板变形、结构安装空间坐标、整体曲率的准确性，进行现场关键坐标点实施监测，及时发现变形及时调整纠偏。

1）天花铝板安装面积约 39000 m²，天花分为中心采光顶区、三个透光窗区域、组合灯具区。采光顶区形式为采用铝板包结构，形成格状采光结构；组合灯具区均采穿孔铝板，板块对角进行微折，保证整体屋顶装饰面层曲面的要求；透光窗区采用穿孔铝板制作成抽屉型结构，内衬金色金属板，并能够将自然光漫反射到各个方向，形成金黄色自然光的艺术氛围。

安装过程中将三个部位分成三个大区进行控制，施工措施采用满堂脚手架，按天花曲率结构进行搭设，保证施工安装的便利。吊装按区域搭设运输通道，保证板材尽量减少架体上的平面运输，精确将板材运输到施工部位避免混乱，难于查找。

组合灯具区面积比较大，安装采用由中间向两侧施工的顺序，保证整体曲率、尺寸的控制；采光顶先上后下的原则，将收口板尺寸控制在视觉允许范围内，避免收口板尺寸误差大影响观感；透光窗因抽屉型铝板造型大小不一致，安装要求结构错落，采用纵横向双向控制线，纵向单控制线进行控制，使造型整体曲率与组合灯具区曲率一致，保证天花的整体效果，如图 17-7 所示。

2）墙面铝板安装：墙面铝板安装按定位标记，分区、分部位由上至下的施工顺序，缝隙控制与天花控制相同，采用木质斜十字架进行规矩，铝板分区、分部位安装完成后，对影响板块进行调整，在板后面将制作好的吸声面进行固定，采用钢丝固定法进行固定，

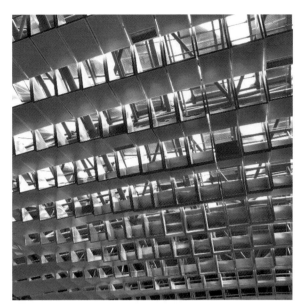

图 17-7　天花的整体效果

又避免胶粘法出现穿孔板面反射出胶点污染的问题，影响观感效果。

3. 实施效果

通过三维曲面铝板幕墙的安装技术，实现大连国际会议中心超前的建筑设计理念，复杂空间组合结构，扭曲多变的金属面皮造型，室内外空间结构及装饰曲面面层板块规格复杂，实现了宏伟大气、美观新颖超现在的建筑风格，如图 17-8、图 17-9 所示。

17.2　劲性核心筒施工技术

1. 技术难点

本工程竖向结构仅有 14 个核心筒及少量钢管柱承受竖向荷载，其中筒体承受 90% 以上剪力，筒体两

图 17-8　铝板安装前后对比

图 17-9　铝板幕墙安装效果

方向刚度差异大。为满足性能化指标要求（中震作用时筒体型钢不能抗压屈曲，大震作用下筒体剪压比满足要求），核心筒钢骨柱之间设置大量斜腹杆相连，局部还设置钢板剪力墙。同时，由于水平桁架与核心筒通过钢结构牛腿相连，筒体竖向、水平受力筋及钢骨柱箍筋间距均为 100 mm，且筒体水平钢筋与钢骨原设计通过焊接相连，造成筒体钢筋与钢骨交错严重；遇到 H 型钢时，箍筋无法通过，无法整体套箍施工；钢筋焊接量大；混凝土浇筑密困难等，施工难度极大，如图 17-10 所示。需要重点研究解决的技术难题是：劲性核心筒复杂钢筋节点的优化，确保施工进度。

图 17-10　核心筒节点示意图

2. 采取措施

（1）钢筋与钢骨焊接连接节点

根据设计要求，核心筒钢骨与筒体水平钢筋连接节点均为焊接（包括连接板与核心筒钢骨、连接板与筒体钢筋），而筒体钢筋密集，焊接工作量大，此对于本工程工期极为不利。为此，采用 16 mm 厚连接板与钢骨间断焊，水平钢筋与连接板采取挂钩点焊形式，减少焊接工作量，见图 17-11。

（2）核心筒箍筋、拉钩与钢板墙连接节点

部分核心筒内设置钢板墙，造成此部位核心筒箍筋、拉钩无法正常施工。根据原设计要求，需将此部位钢板进行穿孔。

为避免钢板穿孔出现定位以及箍筋、拉钩施工困难等情况，将箍筋及拉钩在钢板位置断开，并增加内排钢筋墙；核心筒角柱箍筋遇钢板墙时，采取 2 个"U"型箍代替整箍，具体如图 17-12 所示。

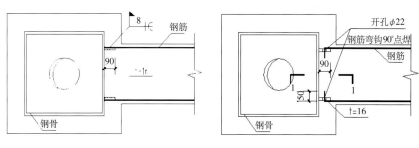

图 17-11　钢筋与钢骨焊接连接节点优化示意图（左图：优化前；右图优化后）

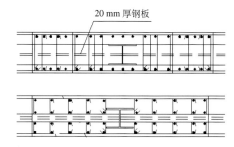

图 17-12　核心筒箍筋、拉钩与钢板墙连接优化节点（左图：优化前；右图优化后）

（3）钢筋与钢骨连接节点

为解决核心筒型钢暗柱箍筋安装问题，采取如下措施：

1）箍筋节点——由于本工程抗震等级为一级，严格要求型钢混凝土柱不允许开孔等。经过与设计分析，将核心筒角柱整箍分解为两个"L"型箍筋，如图 17-13 所示。

2）竖向钢筋节点——核心筒纵向钢筋主要承受

拉力，而且比较大，遇钢骨连接节点做如下处理，如图 17-14 所示。

（4）混凝土浇筑施工

核心筒钢筋连接节点极为复杂，钢筋密集，为保证施工质量及工期要求，核心筒采用自密实混凝土浇筑。

3. 最终效果

通过设计优化，在设计计算的前提下，既保证了核心筒施工质量，同时也以后核心筒钢筋设计、施工

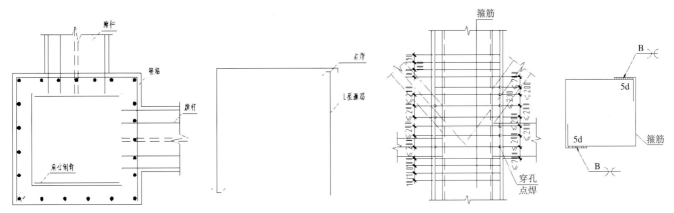

图 17-13　钢筋与钢骨箍筋连接节点优化示意图（左图：优化前；右图优化后）

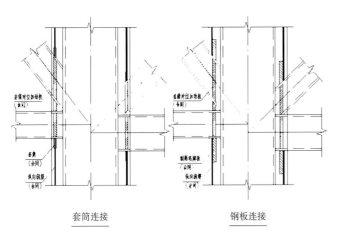

套筒连接　　　　　　钢板连接

图 17-14　钢筋与钢骨纵向钢筋连接节点优化示意图

图 17-15　幕墙柱示意图

积累了宝贵经验。通过优化钢骨混凝土核心筒复杂钢筋节点设计，使核心筒焊接接头数量由 136000 个减少到不足 1000 个，每施工层（5 m）施工层加快工期 3.5d。

17.3　宽翼缘箱型空间弯扭钢柱的制作及安装技术

1. 技术难点

工程外围护结构采用弯扭钢柱体系，总重量大约 4700 吨，弯扭钢柱总计约 189 根，截面 400 mm × 2200 mm。包含悬挂幕墙柱、支撑幕墙柱及装饰幕墙柱，见图 17-15 幕墙柱示意图。

（1）外围护钢柱均为双向弯扭构件，且每根钢柱弯曲曲率不同，弯扭角在 20°～52° 之间，弯扭量最大达 1863 mm（构件长 9 m）。由于外围弯扭钢柱为外露结构，为保证弯扭构件满足建筑效果，构件的制作精度，是本工程需要解决的一大难题。

（2）弯扭钢柱由于长宽比大，内加劲板与腹板的焊缝较长，操作空间狭窄，且弯扭钢柱为两方向倾斜构件，内部加劲板无法采取电渣压力焊焊接，焊接困难，如何保证该类构件的制作质量，尤为重要。

（3）悬挑屋盖及水平桁架，随着主体结构的施工，位移不断变化，如何控制幕墙柱与屋盖、水平桁架连接铰节点精度，为一大难点。

需要重点研究解决的技术难题是：宽翼缘箱型空间弯扭钢柱的制作及安装、铰节点安装精度。

2. 采取措施

（1）弯扭钢柱加工

弯扭钢柱分段加工，采用单边固定双绞轴压弯胎具配合液压设备，单点下压，先急后缓，循序渐进，分阶段进行，进行钢板的弯扭加工，见图 17-16 压弯胎具。根据不同弯扭构件的空间定位坐标，制作专用组装胎具，在胎具上进行构件的预拼装。

图 17-16　压弯胎具

劲板焊接质量。为此，对加劲板倾斜角度小（小于300）、加劲板密集等部位做如下处理，如图 17-17 所示。

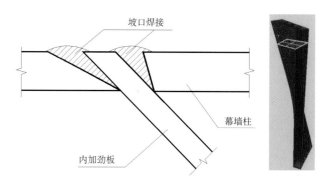

图 17-17　加劲板优化节点

预拼装过程中，采用机械配合火焰矫形及局部少量切割的方法，使加工构件空间定位坐标完全满足设计要求。依次拆除零件板，坡口打磨，重新组立。此外，调整焊接顺序、焊枪加长、盖板分段以及相邻段拼接位置预留后焊开腹板等措施，确保满足建筑效果。

（2）箱型构件加劲板焊接

由于本工程弯扭钢柱箱型截面腹板和翼缘夹角较小，采用电渣焊及腹板后焊等工艺，均无法保证内加

（3）悬挂幕墙柱安装

根据设计图纸，悬挂外维护钢柱与屋盖、水平桁架均通过铰节点（示意图）进行连接。由于水平桁架、屋盖安装完成后需要卸载，下挠位移难以控制，同时考虑构件加工及安装误差，采取如下措施保证施工精度，如图 17-18 所示。

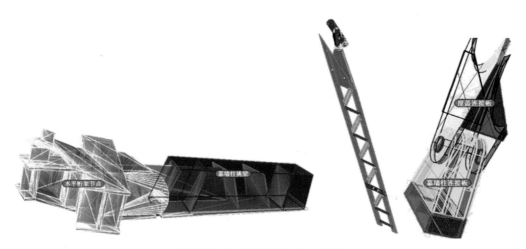

图 17-18　悬挂幕墙柱连接节点示意图

1）安装水平桁架及屋盖时，全站仪定位，保证水平桁架及屋盖连接节点平面定位精确；

2）考虑水平桁架卸载，结构下挠产生位移，幕墙钢柱在平台桁架卸载后安装，同时采取扩大水平桁架连接节点连接板形式，预留水平调整空间，如图 17-19 所示。

3）屋盖销轴连接节点更改为万向轴承节点，在

施工阶段消除安装误差；在使用阶段满足变形要求，如图 17-20 所示。

（4）"人"型超大伸臂结构安装技术

经过 SAP2000 软件按照预设的安装单元进行施工过程模拟分析，确定采用一端向另一端分段逐次阶梯型进行安装的方法施工，每安装一段竖向结构及时将水平横梁连接起来，充分利用结构自身的空间作

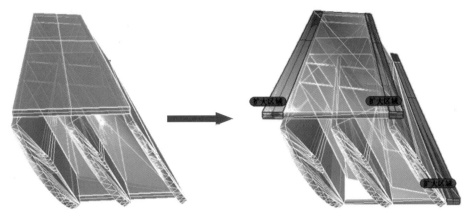

图17-19　水平桁架连接节点示意图

图17-20　万向轴承接连安装图

用，保证整体结构的稳定，减少了临时支撑的投入，如图17-21所示。

图17-21　幕墙柱安装图

3. 实施效果

弯扭加工设备的研发，万向轴节点的应用及人字形环梁分段阶梯安装，极大的保证了弯扭构件的加工安装质量及进度，取得良好的经济效益和社会效益。

17.4　曲面管桁架屋盖施工技术

1. 连体式球铰支座创新技术

（1）技术难点

本工程管桁架屋盖水平投影面积达 2.5 万 m^2，主要利用 15 个球铰压力支座作为承力点，支座最大竖向反力、水平剪力分别达 13000kN，8000kN。原设计做法为：球铰支座，如图17-21所示，直径1700 mm铸钢球，单独制作，采用焊接连接，见图17-22。

下弦球体（直径1700 mm）和支座接触面处理难度大（粗糙度要求不大于 $6.3\mu m$），球体和支座间焊缝长，焊脚高度不小于10 cm，焊接质量难以保证。同时，球体和支座焊接形成的焊接应力、支座托盘翼缘在竖向荷载作用下的承载力等都将对工程的结构安全造成影响。

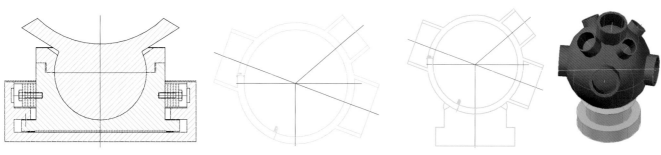

图 17-22   球铰支座、直径 1700 mm 铸钢球   图 17-23   铸钢球与球铰支座焊接、焊接后的模型

（2）采取的措施

由于与支座连接的球体直径达 1700 mm，需铸造成型，根据支座的设计特点，将其进行创新。采取球铰支座球形转芯与相连的下弦节点铸钢球整体铸造，形成巨型连体式球铰支座，避免球铰支座球形转芯与相连的下弦节点铸钢球角焊缝焊接质量难以保证而影响结构安全。

为保证杆件与下弦节点球体相连焊缝的焊接质量，连体铸钢球带杆件过渡段制作。这样形成的连体式球铰支座主要由连体铸钢球、滑移底座，如图 17-24 滑移底座，两大部分组成。其中：连体铸钢球上包括大球、小球、弦杆过渡段；滑移底座包括箱体、底座、上球壳等 14 个部分组成。

连体式球铰支座（图 17-25）的关键技术是通过下弦节点球体和支座转芯球体整体铸造措施，使下弦球体成为支座不可分割的一部分，用以承受和传递水平荷载及竖向荷载。

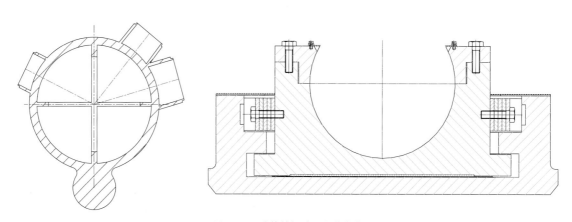

图 17-24   连体铸钢球、滑移底座

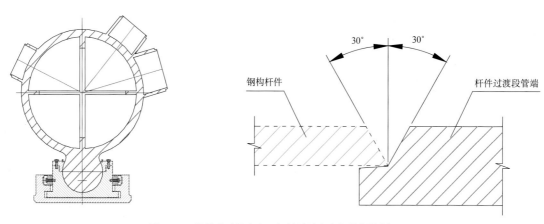

图 17-25   连体式球铰支座、杆件过渡段与杆件焊接详图

连体式球铰支座带杆件过渡段制作也是保证焊接质量的关键点之一。管桁架屋盖杆件通过铸钢球上的杆件过渡段焊接到大球上。大球与小球连体；小球放入半圆形底座，不但可以与底座间绕大小球球心通线转动，而且可以与底座垂直线间任意方向形成 0.08rad 夹角；底座放入箱体，且与箱体间可以平面任意方向平移，箱体与竖向承载构件（核心筒）之间焊接。如图 17-26 所示。

图 17-26　连体式球铰支座实物照片

（3）实施效果

连体式球铰支座极大的方便了现场施工，既避免球体和支座间接触面机加工控制不好而产生的应力集中及焊缝质量控制不好而影响结构安全，又能实现平面内滑动、旋转、小角度平移，释放杆件内力。

连体式球铰支座的创新，成功克服了球铰支座和其连接的下弦节点球体分体制作，现场焊接带来的一系列问题，保证了工程质量。同时，由于现场施工操作比常规做法更为简便、使工期缩短 15d，获得了监理单位、设计单位、业主单位及当地建筑业同行的高度好评，经济效益和社会效益显著。

2. 管桁架屋盖腹杆相贯面旋转就位技术

（1）技术难题

管桁架屋盖腹杆，吊装过程中采用单根杆件吊装，由于腹杆对位节点时，应对节点进行相贯面对位，必须转动杆件调整管口。为保证吊装腹杆过程中，杆件不滑脱，工人现场吊装时，一般在近上弦节点腹杆杆端 300 mm 处焊接栓钉做成防滑挡棍。

这样进行的腹杆相贯面的安装，降低了吊装设备的工作效率，延长了相贯面对位时间，且施工完成后，需对防滑挡棍进行切除、打磨、涂刷，后道工序繁杂。

给整个工程的工期、质量带来不利影响。

（2）采取的措施

在施工方便，对本工程钢桁架屋盖腹杆安装工艺进行了创新：

1）技术创新思路

根据屋盖吊装的实际情况，工人现场焊接的防滑挡棍是必要的，为钢结构管桁架单根钢管吊装增加了安全系数，防止吊装过程中钢管滑脱，造成意外。但防滑挡棍的出现，增加了后道繁琐的工序，如不切割，对后面的装饰装修势必造成影响，且屋盖安装完成后，极不美观。

能不能做成可拆卸的防滑挡棍呢？开始考虑在工厂加工相贯面杆件时，在钢管杆端 300 mm 处钻孔，现场安装时，在孔上插入防滑挡棍，吊装杆件；杆件定位完成，从孔内抽出挡棍。但问题就出现了，吊装过程中，防滑挡棍可能从孔内滑出，同样造成杆件滑脱，带来巨大的安全隐患。将挡棍与杆件之间改成丝接呢？完全可以满足现场需要，既能满足吊装时的安全要求，又能满足构件的结构要求，减少了后道工序繁杂，不会对装饰装修造成任何影响。可杆件的钻孔套丝成本太高，还要将挡棍套丝，得不偿失。

经仔细分析，此种方法实际就是一套螺杆的复制变形，那么能不能就用一套螺杆来实现呢？答案是肯定的。于是将一套螺杆的螺母直接焊接在腹杆管口300 mm 处，吊装时，将螺杆拧入，定位完成后，将螺杆拧出。螺母就保留在杆件之上，不会对结构有任何影响，也不会影响后期的装饰装修。

2）具体施工措施

腹杆在工厂加工时，在相贯面管口 300 mm 处焊接 M16 螺母，将 M16 螺母平放在管壁外表面，将螺母与管紧密焊接（图 17-27）。将螺母用透明胶带进行喷砂前保护。

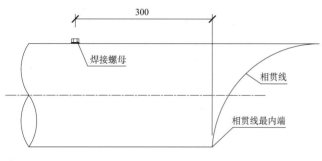

图 17-27　螺母位置示意图

在地面上，将加长螺杆拧入相贯面腹杆焊接的螺母内，如图 17-28 所示。

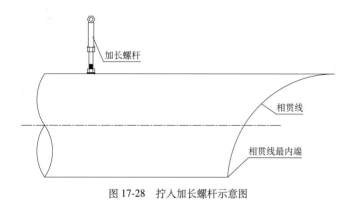

图 17-28　拧入加长螺杆示意图

将吊索吊在加长螺杆（自制旋杆装置）下侧，起吊腹杆，为使腹杆两端分别对应上弦节点和下弦节点，吊装过程使腹杆直接带角度吊装。这时，自制旋杆装置还能起到了防止腹杆滑动的作用，如图 17-29 所示。

每根腹杆两个杆端接近上、下弦节点时，能清晰

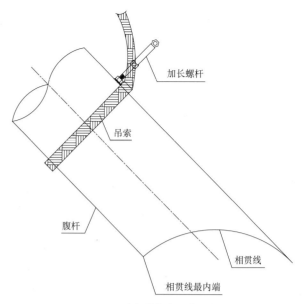

图 17-29　腹杆带角度吊装示意图

看到相贯面对位的角度、方向是否与实际对应，通过手拉捯链调整吊索长度，使腹杆角度同时满足两端与上下两个节点相接，搬动加长螺杆，使腹杆绕轴心旋转，以达到杆端相贯面与上下两个节点相贯。

安装时，将加长螺杆拧入，分别将三根吊索绑扎在三根腹杆的加长螺杆里侧，防止腹杆在吊装过程中滑脱。同时起吊同一节点的三根腹杆，当腹杆相贯线管口接近节点时，分别旋转加长螺杆，使相贯线精确对位，待三根腹杆分别定位准确并固定牢固后，将加长螺杆拧出，重复使用。

（3）最终效果

经实践，此技术安全可靠，吊装过程中实现了三杆同时吊装，加快了施工进度，提高了机械使用效率，减少了劳动力的投入，避免了后道工序繁杂。同时，施工期间未发生安全事故，保证了施工质量，获得了监理单位、设计单位、建设单位及当地建筑业同行的高度好评，经济效益和社会效益显著。该技术必将管桁架屋盖及其他类似的施工情况下中得到广泛应用。

3.管桁架屋盖塞杆衬垫管安装

（1）技术难点

对于管桁架屋盖安装，存在弦杆两端节点已固定，弦杆后安装的情况发生,这种情况称之为"塞杆"安装，如图 17-30 所示。

图 17-30　现场塞杆安装照片

由于杆件两端节点已固定，保证杆件对接口衬垫管安装，是影响焊缝质量的关键。

（2）采取的措施

施工时，在杆件一端将衬垫管预留在十字节点上，弦杆吊装"塞杆"完成后，另一端将此部位的衬垫管三等分，在每等分段圆环一端点焊焊条或粗铁丝作为操作把，以未焊接端为起始点将等分圆环塞进接口间隙，任意方向 90°旋转操作把手，使等分圆环外表面与对接口两侧管内壁贴紧，依次将三等分圆环紧贴并收尾相连点焊固定，实现弦杆"塞杆"安装，如图 17-31 衬管圆环安装示意图，在微量调整杆件位置及焊口间隙后进行焊接。

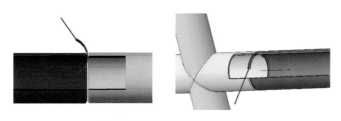

图 17-31　衬管圆环安装示意图

（3）实施效果

通过衬垫管三等分的创新，实现了"塞杆"安装衬垫管的定位，保证了"塞杆"安装后，对接口的焊缝质量，降低了施工难度，加快了施工速度，且保证了工期和施工质量，在施工中无任何安全事故发生；同时通过技术创新，为类似结构积累了成功的实践经验。

17.5　复杂空间节点深化设计、加工制作及安装技术

1. 技术难点

大连国际会议中心工程为多支撑筒体大悬挑大跨度复杂空间体系，新颖奇特的造型要求、复杂的结构设计，使得在核心筒顶部、转换平台边缘、会议厅周围出现大量的多杆件空间汇交的节点。这些形式各异、构造复杂的节点构成复杂空间节点。

复杂空间节点数量多达 1211 个，无一标准件，且多根 H 型钢集中交汇（最多 18 根），角度不一；焊缝集中、重叠；节点受力复杂；空间定位精度要求高等，深化设计、加工制作及安装难度大。需要重点研究解决的技术难题是：复杂空间节点深化设计、加工制作及安装。

2. 采取措施

（1）复杂空间节点深化设计

为解决复杂空间节点深化设计难题，根据复杂空间节点的材料、构造不同，并采用有限元软件 ABAQUS 对不同节点逐个进行分析的基础上，实现节点的优化，将其分为铸钢件节点、钢板焊接节点、钢板和圆管组合节点，见图 17-32。

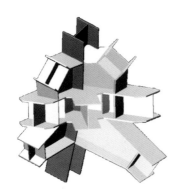

图 17-32　有限元 ABAQUS 分析过程

1）铸钢节点设计

对于最大竖向反力、水平剪力分别达 13000kN，8000kN，直径达 1700 mm 的屋盖支座球，屋盖铸钢球钢件节点以及西南入口"人"字环梁根部节点，见图

17-33，由于其杆件受力大，多方向杆件交汇多，角度小，加工制作困难，为避免多杆件焊接时，产生的较大的焊接残余引力，并保证加工制作精度，采用铸钢节点，同时为方便相邻杆件现场对接，端部预留 200 mm 过渡段。

图 17-33　屋盖铸钢件节点、西南入口铸钢件节点

2）钢板节点设计

为尽可能减少铸钢件节点数量，根据实际标高和截面尺寸，建立三维实体模型，如图 17-34 所示，并通过对复杂节点处的几何构成进行调整和优化设计验算，优化措施如下：

图 17-34　钢板节点

①减少在节点处杆件数量的措施：调整杆件方向、取消节点处部分不必要杆件；

②节点杆件相贯的措施：杆件截面替换、节点处 H 型钢做封箱处理；

③避免焊缝集中的措施：次要杆件偏心处理、节点间距离调整、节点处加劲板对应公用、杆件翼缘做弯折加劲处理、节点处的上下翼缘做整板、改变截面高度公用翼缘板、角部做圆弧过渡；

④其他措施：节点处杆件做变坡处理、节点板加劲板加密。

在局部验算及整体结构验算的基础上，确保节点优化调整后的结构安全性。

3）钢板和圆管组合节点设计

为解决 H 型钢加工制作时构件扭转角度难以控制的问题，根据安装设计等强原则，将部分 H 型钢腹杆杆件替换成圆钢管截面，以解决杆件的扭转问题，如图 17-35 所示。钢板和钢管组合节点是用在节点处局部斜腹杆采用圆管替换原有 H 型钢斜腹杆，并与钢板或型钢用焊接的连接方式来实现的节点。节点处不留钢管牛腿，钢管在相邻两节点间做成整根构件运至现场安装和施焊，钢管端部做相贯线坡口处理，焊缝采用部分熔透焊缝。这种节点形式可减少节点在车间制作的牛腿数量和制作误差，提高加工效率，有效减少

现场安装误差，避免了复杂节点间牛腿无法对位的问题。但由于圆管构件为后焊，以及现场安装误差客观存在，导致钢管安装就位时中心可能出现偏差。如偏心过大，则对节点处产生较大附加弯矩，为确保结构安全，圆管后装杆件放在受力较小的地方。

图 17-35　钢板和圆管组合节点

（2）复杂空间节点加工制作试验

为解决节点相贯多，焊缝集中，应力释放困难，焊接变形大等难题，选择东南网架、大连船舶重工等 6 家加工制作单位，在进行复杂节点试验件制作的基础上，确定复杂节点加工工艺。节点安装采取空间多点定位，如图 17-36 所示，预留延口等措施，保证安装精度。

图 17-36　空间多点定位

3. 实施效果

通过设计优化，在设计计算的前提下，既保证了钢结构复杂节点施工质量，同时也以后钢结构设计、施工积累了宝贵经验。将复杂钢结构节点深化成焊接节点，减少铸钢件 1211 个，可加快工期 42d，减少钢材用量近 2000t。

第 18 章　青岛黄岛大剧院

项目地址：山东省青岛市黄岛区灵山卫镇滨海大道南侧星光岛

建设起止时间：2015 年 1 月至 2017 年 10 月

建设单位：青岛万达东方影都投资有限公司

设计单位：中国中元国际工程有限公司

施工单位：中国建筑第八工程局有限公司青岛分公司

项目经理：李惠之；项目总工：高福庆

工程奖项：中建八局优质工程奖

工程概况：

青岛东方影都大剧院工程：项目位于青岛东方影都的核心区域，总建筑面积 2.4 万 m^2，地下二层，地上四层，建筑高度 36.4 m，包含一个 1970 座的剧场及相应的配套服务空间。主要功能是作为青岛国际电影节的主会场，放映影片、举办电影节开幕式及闭幕式、兼顾综合文艺演出及音乐会演出。剧院采用冲孔灌注桩基础，主体为框架 - 剪力墙结构，前厅部分为钢结构，观众厅及舞台屋面采用钢梁或钢桁架加现浇板的结构体系，前厅采用轻型屋面板，其他均为现浇钢筋混凝土梁板。如图 18-1、图 18-2 所示。

图 18-1　青岛黄岛大剧院效果图

图 18-2　青岛黄岛大剧院内景

技术难点：

（1）项目场区为开山石填海造陆地质，回填材料粒径从十几厘米至两米不等且极不均匀，离散性大，最大粒径约 1.5～2m，粒径 20cm 以上的碎块石约占回填材料的 20%～50% 不等。局部区域回填细粒土，回填过程中局部挤淤形成淤泥集中区。地基处理方式及处理结果的检测方案确定及施工难度大。

（2）项目场区开山石回填，级配不连续。场区内有稳定分布的地下水，主要为孔隙潜水，与海水存在着水力联系，水位随着海水潮汐涨落而发生升降，响应时间相对滞后。拟建建筑物基础方案确定及施工难度大。

（3）场区填土渗透系数 k 大于 170m/d，实施强降水方案不可行，距离海较近区域（150m 范围内）地下水位随潮汐变化，基本与海水联通。深基坑的止水帷幕方案确定及施工难度大。

（4）地下海水中 Cl^- 含量超 15000mg/L，SO_4^{2-} 含量超 2500mg/L，强腐蚀海水环境下如何提高混凝土的耐久性，确定抗腐蚀混凝土配比难度大。

（5）台口大梁为超高、超大跨度混凝土梁，下部支撑面狭窄，且周围无约束构件，支撑体系困难。

（6）幕墙形状复杂，板块的拼接质量直接影响到工程的视觉效果。

（7）前厅为弧形圆管柱，构件的变形控制难度大，易对幕墙龙骨产生影响，影响幕墙安装。

18.1　人工填岛区强夯法地基加固及检测施工技术

1. 工程概况

场区（星光岛）原为近岸浅海区，为近期回填而成，回填材料以大直径的碎块石为主，从十几厘米至两米不等且极不均匀，粒径 20cm 以上的碎块石约占回填材料的20%～50%不等。场区内有稳定分布的地下水,主要为孔隙潜水,与海水存在着水力联系,水位随着海水潮汐涨落而发生升降,响应时间相对滞后。

2.地基处理方案

填海造陆期间,结合现场试夯结果,形成方案:

(1)采用强夯法处理进行地基加固处理,所有区域采用6000kN·m的夯击能处理。经地基加固处理之后可以不考虑桩基础的负摩阻力。

(2)拟建建筑区淤泥包采用夯填挤淤置换法进行处理,非拟建建筑区淤泥包采用强夯置换法进行处理。

(3)建议对强夯后的工后地面采用传统的超重型动力触探试验、浅层平板静力载荷试验以及新兴的瑞雷波法进行综合检测及评价。

3.强夯技术参数确定

针对本工程的具体情况,根据专家论证的最终结果,在施工现场选取有代表性的区域进行试夯,选择最佳夯击遍数与落距,确定最佳夯实效果与质量检验标准。通过现场试夯验证结果,最终确定采用两遍点夯一遍满夯的强夯法进行地基处理。

(1)锤重与落距

夯锤锤重与落距直接决定每一击的夯击能量,是影响地基加固效果的重要因素。根据试夯验证结果并加以必要的修正最终决定:点夯采用圆形锤,锤底面直径$D \geqslant 2$ m,锤重28t、33t,落距21.5 m、18.2 m两种,单位夯击能为6000kN·m;满夯采用圆形锤,锤底面直径$D \geqslant 2$ m,锤重15t,落距10 m,单位夯击能为1500kN·m。

(2)夯击点布置及间距

夯击点布置应根据现场实际情况布置,本工程点夯夯击点按正方形布置,如图18-3所示;满夯夯击点布置如图18-4所示。

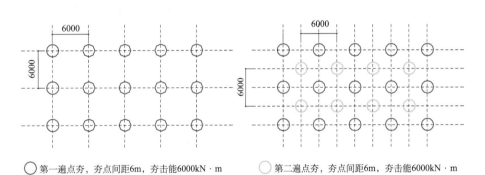

○ 第一遍点夯,夯点间距6m,夯击能6000kN·m　　○ 第二遍点夯,夯点间距6m,夯击能6000kN·m

图18-3　点夯夯击点布置示意

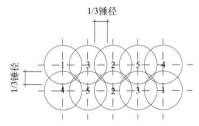

图18-4　满夯夯击点布置示意

(3)夯击次数

夯击次数为8～10击,6000kN·m夯击能点夯最后两击的平均夯沉量不宜大于150 mm,1500kN·m夯击能点夯最后两击的平均夯沉量不宜大于50 mm。

4.强夯法施工工艺流程(如图18-5所示)

5.操作要点

(1)开工前,按照设计图纸所确认的各地块强夯范围,以每10000m²为一强夯施工区,计算并绘制强夯分区图,计算好四角坐标。施工时用全站仪通过场内建立的测量控制基线定位放线。定位桩妥善保护,作为夯点放样的控制点供每遍夯击放样使用。

(2)放样用全站仪和钢尺依据区块定位桩实施。通过夯点放样,预先在场地上标定出每遍点夯的夯击位置,作为夯锤着点的标志。

(3)夯前,夯锤重量、夯击落距须经监理工程师核验认可。

(4)夯锤脱落由自动锐钩器控制,每击夯沉量通过测记锤顶高度变化来计算,由专业测量人员用水准仪、水准尺测读,逐击记录并随即计算出夯沉量,当夯击次数和夯沉量满足停夯标准时即发出指令,进行下一循环作业。

(5)夯坑填料时,填料顶面应与夯坑周围地面标

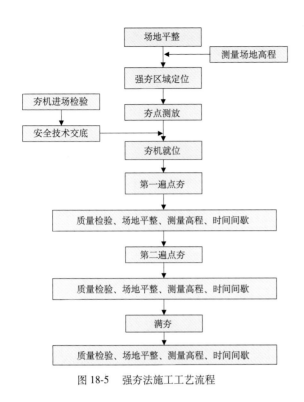

图 18-5 强夯法施工工艺流程

高基本持平，并保证填料顶面平整。

（6）施工区域毗邻海域，潮水上涨时部分夯坑如有存水，立即停止施工，待水位下降至坑底后复工，以保证强夯效果。

（7）施工期间如场地或夯坑有积水，应及时排除，以保证强夯效果。

（8）施工中应及时准确记录强夯情况，包括锤重、落距、夯击次数、每击的夯沉量、总夯沉量及每点开始结束时间等。

（9）强夯原始记录表要求一式两份，按规定每天提交有关单位。

（10）定期检查施工过程中的各项测试数据和施工记录，不符合设计要求时应补夯或采取其他有效措施。

6. 检测结果分析及评价

（1）超重型动力触探试验

该场地填土以碎石土，由于场地强夯后已整平，测试点未区分夯点间或夯点，动探深度以 10.0 m 为标准。该场地碎石土呈中密状态，碎石土层较均匀。

汇总现场超重型动力触探结果，绘制试验结果曲线分析可得出地面以下 10.0 m 范围内，修正后平均数 10.2，中密，变形模量 E_0 估值 37.0 kPa，地基承载力

特征值大于 150 kPa，符合设计要求。

（2）浅层平板荷载试验

试验数据经计算整理，绘制了浅层平板载荷试验曲线，曲线特征分析如下。

1）终止加载情况

S1 号、S2 号、S3 号、S4 号、S5 号、S6 号各试验点加载至 300 kPa 时，沉降稳定，因最大加载量达到设计承载力特征值的 2 倍而终止加载并卸荷。

2）承载力分析

根据试验资料将试验数据汇总列表详见表 18-1。

试验结果汇总			表18-1
序号	试验点号	150kPa对应沉降量（mm）	300kPa对应沉降量（mm）	备注
1	S1号	8.90	42.14	沉降稳定
2	S2号	4.51	21.32	沉降稳定
3	S3号	5.35	25.71	沉降稳定
4	S4号	5.06	22.70	沉降稳定
5	S5号	6.19	24.24	沉降稳定
6	S6号	4.72	24.70	沉降稳定

通过绘制各地基土荷载试验点的 P—s、s—lgt 曲线图，分析曲线图可知，各试验点在各级荷载下承压板沉降均能稳定，曲线未出现陡降段，呈近缓变抛物线形。

3）试验结果确定

①承载力特征值

S1 号、S2 号、S3 号、S4 号、S5 号、S6 号各试验点地基承压板下应力主要影响范围内的承载力特征值大于 150kPa。

②变形模量

$$E_0 = I_0 I_1 (1 - \mu^2) pd / s$$

式中：I_0—刚性承压板的形状系数，方形承压板取 0.886，圆形承压板取 0.785；

I_1—当承压板在半无限体表面以下深度为 z 时的修正系数；当 $z < d$，$I_1 = 1 - 0.27 z/d$；当 $z > d$，$I_1 = 0.5 + 0.23 d/z$；

μ—地基持力层的泊松比，本次试验取 0.27（碎石土取 0.27，砂土取 0.30，粉土取 0.35，粉质黏土取 0.38，黏土取 0.42）；

d—承压板直径或边长（m）；

P—p—s 曲线线性段的压力（kPa）；

s—与 p 对应的沉降量（mm）。

浅层平板载荷试验主要试验数据　　表18-2

序号	150kPa对应沉降量（mm）	300kPa对应沉降量（mm）
S1号	8.90	19.58
S2号	6.69	38.64
S3号	5.85	32.57
S4号	6.48	34.44
S5号	5.64	28.15
S6号	5.98	36.92

（3）瑞雷波检测

本次瑞雷波检测 56 条测线（点），经分析各测线（点）成果数据及曲线可以得出如下结论：

1）各线（点）剪切波速约 160～370m/s 根据《建筑抗震设计规范》，划分为"中软土～中硬土"，为稍密～中密的碎石土。

2）综合瑞雷波波速成果，整个场地夯区范围内地基承载力分布相对比较均匀，地基承载力特征值大于 150kPa。

7. 检测结论

场区强夯后的超重型动力触探试验、浅层平板荷载试验和瑞雷波综合检测试验结果分析得到以下结论：

（1）本场地经 6000kN·m 能级强夯处理后，根据三项试验结果推断，强夯后地基承载力特征值大于 150kPa，满足设计要求，预估变形模量 32.0kPa，场地碎石土较均匀。

（2）结合试验结果，根据经验判断，本区域强夯有效加固深度 7.5～8.0m。

（3）对强夯地基进行沉降观察分析，力求从中找出强夯地基的沉降规律，为减少或消除地基沉降引起的质量病害和指导建筑结构施工提供依据。

18.2　人工填岛区后压浆冲孔灌注桩施工技术

1. 工程概况

星光岛原为近岸浅海区，为近期回填而成，回填材料以大直径的碎块石为主，最大粒径约 1.5m，粒径 20cm 以上的碎块石约占回填材料的 20%～50% 不等。场区内有稳定分布的地下水，主要为孔隙潜水，与海水存在着水力联系，水位随着海水潮汐涨落而发生升降，响应时间相对滞后。

2. 基础方案确定

鉴于以上情况，经多次专家论证，最终确定拟建建筑物桩基均采用冲孔灌注桩，桩径 ϕ800mm、ϕ1000mm，以海底中等风化泥质粉砂岩作为桩基持力层，且桩端进入持力层的深度不小于 2d，桩端进行后压浆技术处理。

3. 工艺流程

场地平整→开挖泥浆池、泥浆沟→测量放线、埋设护筒→钻机就位、孔位校正→冲击成孔→一次清孔→制作、吊放钢筋笼→下导管、二次清孔→浇注水下混凝土→成桩开塞→后压注浆→成桩验收。

4. 操作要点

（1）场地平整

施工场地内所有地上障碍物和地下埋设物已排除，附近有隔震要求的建筑物、构筑物已采取保护措施。场地已平整，周围已设排水沟，对场地中间影响施工机械进场的松软土层已进行适当碾压处理。

（2）开挖泥浆池、泥浆沟

合理布置泥浆池、泥浆沟的位置，泥浆池容积应为大于浇筑混凝土一次泥浆外溢量，一般取钻孔容积的 1.5 倍，本工程泥浆池尺寸为 4m×6m×1.5m。

（3）测量放线、埋设护筒

根据建立的平面控制网，测设基准控制点位，采用 GPS 进行定位放线，放线偏差群桩为 20mm（其中边桩为 10mm）。

根据桩定位点拉十字线钉放四个控制桩，以控制桩为基准埋设钢护筒，护筒厚度为 6～8mm，内径比钻头直径大 200mm，护筒埋置深度为 1.2～1.5m，露出地面20～30 cm。顶部用角钢加固,并安装有2～4个提升环,留置1～2个溢浆口。埋设护筒时,护筒中心线要对正测定的桩位中心,偏差不得大于50 mm,并应严格保持垂直,倾斜率小于1%。护筒固定就位后,其外侧用黏土分层回填夯实。

(4) 钻机就位、孔位校正

钻机应固定平稳、牢固,确保施工中不倾斜、不移动。钻机就位后应连接合适的冲击钻头(锤头直径比桩径小40 mm),并确保钻机天车的滑轮前缘、冲击钻头中心和桩位中心在同一铅垂线上。悬挂锤头的钢丝绳上应按1 m间隔使用胶带做好进尺标记,要求偏差不大于±20 mm。

(5) 冲击成孔

1) 开孔时应低锤密击,锤高0.4～0.6 m,并及时加黏土泥浆护壁,使孔壁挤压密实,直至孔深达护筒下3～4 m时,才加快速度,加大冲程,转入正常连续冲击,在造孔时要及时将孔内残渣排出孔外,以免孔内残渣太多,出现埋钻现象。

2) 冲孔时应随时测定和控制泥浆的密度。冲孔时将输浆管插入孔底,利用泥浆在孔内向上流动,将残渣带出孔外。每进尺1～2 m进行一次泥浆循环排渣,同时测量并调节泥浆比重的偏差。进入基岩后,不超过3h测量并调节一次泥浆比重。在泥浆回流泥浆池入口处放置钢丝网,以拦截返浆带回的沉渣,网口处的沉渣应及时清理,泥浆池捞渣每次不超过3h。

3) 在钻进过程中每1～2 m通过检查悬挂锤头的钢丝绳垂直度及锤头锤击时有无偏斜状况来反应成孔的垂直度情况。如发现偏斜应立即停止钻进,采取碎石填平、重新钻进的措施进行纠偏,碎石回填高度宜为发生偏斜部位以上30～50 cm。对于变层处和易于发生偏斜的部位,应采用低锤轻击、间断冲击的办法穿过,以保持孔形良好。

4) 在冲击钻进阶段应注意始终保持孔内水位高过护筒底口0.5 m以上,以免水位升降波动造成对护筒底口的冲刷,同时孔内水位高度应高地下水位1 m以上。

5) 依据详勘报告提供的各地质层厚度及岩土性质,根据捞渣桶的岩样和钻孔深度判断是否遇到设计要求岩层,报监理、建设、勘察单位进行判岩。验收无误后,测量孔深,并在悬挂锤头的钢丝绳上做出由地面至入岩2d位置的标记,待标记下至地面标高时桩长即满足设计要求。满足入岩深度后,报监理验收,封存岩样。

(6) 一次清孔

桩孔终孔后,用冲洗液(一般为泥浆)将冲渣从孔底携带至地面,使孔底沉渣厚度符合设计规定和规范要求。为防止在吊装钢筋笼的过程中带入杂物,施工时,宜在钢筋笼吊装前后各进行一次清孔。泥浆循环法清孔是将清孔导管吊入孔内,用水泵压入清水换浆,保证泥浆循环,泥浆密度控制在1.15～1.25之间。导管离开孔底的距离为100～200 mm,输入新泥浆进行循环,将桩孔内含冲渣的泥浆替换出来,并清理孔底。泥浆上返流速不应小于0.25 m/s,返出孔口的泥浆比重不宜大于1.25。端承桩沉渣厚度要≤50 mm,符合要求时停止清孔。

(7) 制作、吊放钢筋笼

1) 钢筋笼的制作

钢筋笼制作采用滚桩机。加劲箍采用双面电弧焊,搭接长度4d～5d,焊缝高度不应小于0.3d,焊缝宽度不应小于0.8d;纵筋采用机械连接,接头按50%间隔错开,错开距离大于500 mm和35d中较大值;螺旋箍筋使用滚桩机缠绕到主筋外侧,调整加密区长度、箍筋间距后,使用二保焊与主筋点焊固定。

空心分级锤端部呈大径、小径分级形式,冲孔完成后孔底成“凹”形。钢筋笼形式为圆柱状,注浆管依附在钢筋笼上,钢筋笼安放到空心分级锤所成孔中后无法探至小径锤头所成孔底,后注浆管亦不能伸直孔底(以800桩径为例),导致后注浆作业无法有效作用于桩底,而使后注浆无法发挥加固底部沉渣及桩端“扩底效应”的作用,严重影响后注浆效果,对桩承载力造成了隐患。

为消除承载力隐患,将钢筋笼底部1 m范围进行缩径处理,形成尖头钢筋笼,注浆管依附钢筋笼可安放至孔底,从而有效的保证了后注浆质量,如图18-6(图中以桩径800 mm,分级锤端部小径直径为600 mm、长 600 mm 为例）。

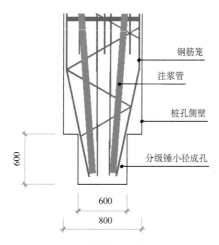

图 18-6　钢筋笼优化后桩底示意图

2）钢筋笼吊放

钢筋笼用汽车吊吊放。在钢筋笼顶端对称焊接 2 根 ϕ16 钢筋吊钩，以利于吊装。在吊放过程中，若遇阻碍时应停止下放，查明原因进行处理。严禁高起猛落、强行下压。

（8）下导管、二次清孔

钢导管连接处应严密。钢导管底口应下至孔底，在浇筑混凝土时上提距孔底 300～500 mm。

导管安放完成后，进行二次清孔。二次清孔时间不得低于 30min，泥浆比重达到 1.15～1.20、黏度 ≤ 28s、含砂率 ≤ 8% 且沉渣厚度 ≤ 50 mm 时，可终止二次清孔。

（9）浇筑水下混凝土

首批混凝土量必须保证导管底口埋入混凝土面 1.2 m 以上。首批混凝土浇筑正常后，要连续浇筑，严禁中途停工。导管随混凝土面上升，逐节提升、拆卸。拆卸长度满足混凝土面埋导管 2 m 左右，且不得大于 6 m。浇筑过程中，经常用测锤测量混凝土的上升高度。整桩的浇筑时间控制在第一盘混凝土初凝时间内。控制最后一斗的混凝土量，为保证设计要求的桩顶质量，实际浇筑高度大于设计桩顶标高 0.5～1.0 m。

（10）成桩开塞

注浆前，为使整个注浆线路畅通，采用压力清水

进行两次开塞。第一次开塞时间为混凝土灌注完成后 3～5h，第二次开塞时间为混凝土灌注完成 24h 后。开塞采用逐步升压法，当压力骤降，流量突增时，表明通道已经开通，立即停机，防止大量水涌入地下。开塞后要保护好注浆管，以免异物进入管内，堵塞注浆通道。

（11）后压注浆

注浆采用 DN25 普通钢管 +L 型竹接头注浆器，如图 18-7 所示。成桩 2d 后进行后注浆，注浆应连续进行，压力采用由小到大逐级增加的原则。后注浆宜分两次注浆，第一次注浆后 1.5～2h 进行第二次注浆，第一次注浆量占注浆总量的 70% 左右，第二次注浆量占注浆总量的 30%。注浆压力 2.2～4MPa，闭盘压力不小于 2.5MPa，注浆速度一般控制在不超过 40L/min。

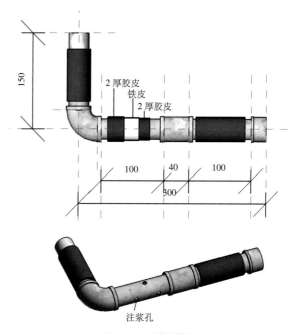

图 18-7　L 型注浆器

（12）成桩验收

钻孔灌注桩应进行单桩承载力和桩身完整性抽样检测。具体检测及试验要求由设计人员按现行有关规范要求确定。单桩静载荷试验时，试桩的桩顶构造由试桩单位根据试桩要求确定。在基坑开挖至设计标高后，钻孔灌注桩经检验确认符合设计要求和有关规范、规程要求后组织验收。

5. 实施效果

冲击成孔灌注桩较其他类型的泥浆护壁成孔灌注桩，在正常土层中的工效成本、钻进速度均相差无几。但在大型填海区的复杂地质条件下，其他类型的成孔方式无法实施，其优越性亦突显出来。采用冲击成孔灌注桩，所有施工过程均较正常，充分利用冲击成孔钻机对复杂地基的适应性，完成了大量山皮石层、含有孤石的砂砾层及岩石层的钻进工作，节约了成本。桩基完工后，通过静载、低应变以及钻芯取样检测，均全部合格，一次通过验收。

18.3 人工填岛区水下混凝土防腐阻锈剂应用技术

1. 工程概况

青岛东方影都星光岛为由人工建设回填开山石（碎石土）造陆形成，回填厚度 12 ~ 18 m。场区透水性极强，渗透系数 $K \approx 150m/d$，场区地下水与海水存在水力联系，地下水位随海水潮汐涨落而发生升降。地下水中氯离子含量约为 16800 ~ 17300mg/L，硫酸根离子浓度约为 2500mg/L，由于受海洋环境的影响，本工程对混凝土各项性能提出了较高的要求。

2. 设计要求

本工程设计基准期为 50 年，地下钢筋混凝土存在一定腐蚀破坏风险。设计单位要求地下混凝土采用耐腐蚀混凝土，并出具了相关指标：

（1）混凝土采用大掺量矿物掺合料制备，混凝土掺入抗硫酸盐的防腐剂和钢筋阻锈剂；

（2）混凝土的最小胶凝材料用量为 340kg/m³，最大胶凝材料用量为 450kg/m³，最大水胶比为 0.4，最大碱含量为 3.0kg/m³，最大氯离子含量为 0.08%；

（3）混凝土 28d 氯离子扩散系数 ≤ 6×10 ~ 12m²/s，抗硫酸盐等级为 KS120，抗蚀系数应 ≥ 0.9；

（4）不同品种的外加剂复合使用时，应保证其相容性，且不对混凝土性能产生不利影响；

（5）外加剂的掺量、使用方法和耐腐蚀性能应按相应产品的使用说明并经试验验证后方可使用。

3. 研究内容

（1）实验原材料

1）水泥

强度等级为 C45 及以上的混凝土采用强度等级不低于 42.5 级的硅酸盐水泥，水泥质量应符合现行国家标准《通用硅酸盐水泥》GB 175 的规定，不采用普通硅酸盐水泥、抗硫酸盐硅酸盐水泥、矿渣硅酸盐水泥、火山灰质硅酸盐水泥和粉煤灰硅酸盐水泥。水泥混合材不采用石灰石粉；水泥的碱含量不宜大于 0.6%；硅酸盐水泥比表面积在满足国家标准要求的基础上不宜超过 350m²/kg，C3A 含量不宜超过 8%。具体指标见表 18-3。

水泥技术指标　　　　　表18-3

序号	检验项目		酒店群、秀场桩基耐腐蚀混凝土控制指标
1	细度	比表面积（m²/kg）	≥300，≤350
2	凝结时间（h : min）	初凝	≥0 : 45
		终凝	≤6 : 00
3	抗折强度（MPa）	3d	≥3.5
		28d	≥6.5
4	抗压强度（MPa）	3d	≥17.0
		28d	≥42.5
5	MgO（%）		≤5.0
6	碱含量（%）		≤0.60
7	烧失量（%）		≤3.5
8	SO3（%）		≤3.5
9	C3A（%）		≤8.0
10	安定性		合格
11	石灰石粉		无

2）粉煤灰

粉煤灰质量符合现行国家标准《用于水泥和混凝土中的粉煤灰》GB/T 1596 的规定，采用 F 类 II 级粉煤灰。粉煤灰细度（45μm 方孔筛筛余）不应大于 12%，烧失量不应大于 5%，CaO 含量应小于 10%，需水量比不应大于 100%。具体指标见表 18-4。

粉煤灰主要技术指标　　　　表18-4

序号	检测项目	酒店群、秀场桩基耐腐蚀混凝土控制指标
1	细度45μm筛余（%）	≤15.0
2	需水量比（%）	≤105
3	烧失量（%）	≤5.0
4	安定性（雷氏夹）	≤5.0
5	SO_3（%）	≤3.0
6	CaO（%）	<10.0

3）矿渣

采用 S95 级矿渣粉，质量符合现行国家标准《用于水泥和混凝土中的粒化高炉矿渣粉》GB/T 18046 的规定。比表面积不宜小于 350m²/kg，也不宜大于 450m²/kg，烧失量不宜大于 1%，流动度比不宜小于 95%。

4）骨料

骨料符合现行行业标准《普通混凝土用砂、石质量及检验方法标准》JGJ 52 和国家标准《建设用砂》GB/T 14684、《建设用卵石、碎石》GB/T 14685 的一般技术要求。严禁使用有碱 - 集料反应危害的骨料。

粗骨料选取质地均匀坚固，粒形和级配良好、吸水率低、孔隙率小的连续级配碎石，粗集料强度采用压碎值指标或岩石抗压强度指标进行控制，压碎值指标不应大于 12%，岩石抗压强度指标不应小于 100MPa。

细骨料选取质地坚硬、清洁、级配良好、吸水率低、空隙率小、细度模数为 2.6 ~ 3.0 的 II 区中砂，不使用海砂，不应使用石灰岩类机制砂（消除石灰石粉负面影响）。

5）水

混凝土拌和、养护用水符合国家标准，严禁使用未经处理的海水、工业污水和 pH 值小于 5 的酸性水。当采用地表水、地下水或其他类型的水时，水中的氯离子含量不应大于 300mg/L，硫酸盐含量（按 SO_4^{2-} 计）不大于 600mg/L，且不应含有影响水泥正常凝结与硬化的有害杂质及油脂、糖类、游离酸类、碱、盐、有机物或其他有害物质。混凝土拌和、养护用水应符合现行标准《混凝土用水标准》JGJ 63 的规定。

6）减水剂

减水剂使用聚羧酸类高性能减水剂，其减水率宜大于 35%，28d 收缩率比不宜大于 95%；对有抗冻要求的混凝土应掺入适量满足标准规范要求的优质引气剂或引气型高效减水剂，应有良好的气泡稳定性，不得使用木质磺酸盐组分（木钙、木钠）作引气剂。具体指标见表 18-5。

减水剂主要技术指标　　　　表18-5

序号	检测项目		桩基耐腐蚀混凝土控制指标
1	减水率（%）		≥35
2	泌水率比（%）		≤60
3	含气量（%）		≤6.0
4	凝结时间之差（min）	初凝	−90 ~ +120
		终凝	
5	1h经时变化量	坍落度（mm）	≤40
6	抗压强度比（%）	1d	≥170
		3d	≥160
		7d	≥150
		28d	≥140
7	28d收缩率比（%）		≤95

7）防腐剂

高效防腐剂应选用有机无机复合型，抗蚀系数 ≥ 0.95，膨胀系数 ≤ 1.2，硫酸盐侵蚀系数降低幅度 ≥ 50%。具体指标见表 18-6。

防腐剂主要技术指标　　　　表18-6

序号	检测项目		酒店群、秀场桩基耐腐蚀混凝土控制指标
1	氧化镁（%）		≤2.0
2	氯离子（%）		≤0.05
3	凝结时间	初凝（min）	≥45
		终凝（h）	≤10
4	膨胀率（%）	1d	≥0.05
		28d	≤0.60
5	比表面积（m²/kg）		≥500
6	抗蚀系数		≥0.95
7	膨胀系数		≤1.20
8	硫酸盐侵蚀系数降低幅度（%）		≥50

8）阻锈剂

阻锈剂碱含量不应大于0.5%，氯离子含量应小于0.1%，亚硝酸盐含量应小于0.1%。阻锈性能宜通过3.5%盐水浸泡试验判定，指标要求14d内钢筋无锈蚀，腐蚀电流密度下降不应小于95%。具体指标见表18-7。

（2）混凝土配合比设计原则和方法

为保证混凝土工作性和泵送性能，以高性能混凝土配合比设计中的安全、耐久、经济、合理为原则，以抗介质渗透性、抗介质腐蚀等典型耐久性指标为基础进行混凝土配合比设计。

对普通混凝土配合比设计方法加以改进，根据混凝土强度确定水胶比，根据混凝土和易性确定用水量、砂率和外加剂掺量，根据抗介质渗透性、抗介质腐蚀等指标优化混凝土配合比参数。本实验中混凝土氯离子扩散系数与抗压强度耐蚀系数参照《普通混凝土长期性能和耐久性能试验方法标准》GB/T 50082-2009执行。

本实验采用工程实际用混凝土配合比，由于工程考虑到抗裂性能，部分配合比掺加抗裂剂，具体配合比见表18-8。

阻锈剂主要技术指标 表18-7

序号	检测项目		桩基耐腐蚀混凝土控制指标
1	氨基醇类有机阻锈剂匀质性指标	pH	9±1
		碱含量（%）	≤0.5
		氯离子含量（%）	<0.1
		亚硝酸盐（%）	<0.1
2	氨基醇类有机阻锈剂阻锈性能指标	钢筋锈蚀快速试验	1.15%质量百分数盐水，无氢氧化钙存在浸泡7d钢筋无锈蚀
		线性极化测试	腐蚀电流密度下降≥95%
		混凝土浸烘试验	掺阻锈剂比未掺阻锈剂的混凝土中的钢筋腐蚀面积百分率减少95%以上
3	掺阻锈剂的混凝土性能指标	抗压强度比（%） 7d	≥90
		28d	≥90
		凝结时间差（min） 初凝	−120～+120
		终凝	−120～+120
		抗渗性	不降低

混凝土配合比 表18-8

编号	混凝土配合比（kg/m³）						外加剂（%）					备注
	C	FA	SL	S	G	W	减水剂	高效防腐剂	羧酸胺阻锈剂	氨基酯阻锈剂	抗裂剂	
1	222.5	73.5	149.0	777	1031	160	推荐	—	—	—	—	J 445/0.33
2	222.5	66.75	129.1	773	1031	153	推荐	6	1.2	—	—	FZ 445/0.33
3	217.5	49.76	141.63	781	1036	150	推荐	6	—	1.6	—	FZ 435/0.33
4	222.5	49.75	141.60	774	1031	150	推荐	—	—	1.6	7	ZK445/0.33
5	222.5	42.81	121.84	774	1031	150	推荐	6	—	1.6	7	FZK 445/0.33

1）J—基准混凝土、FZ—掺加防腐剂与阻锈剂、K—掺加抗裂剂、KF—掺加抗裂剂与防腐剂；ZK—掺加阻锈剂与抗裂剂；FZK—掺加防腐剂、阻锈剂与抗裂剂。

2）考虑到地下室混凝土结构中底板发生腐蚀性的风险较高，耐腐蚀部分抗裂剂为低碱型高效钙类混凝土高效抗裂剂。

4.实验结果分析

（1）力学性能，如图18-8所示。

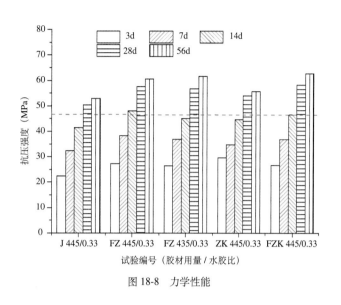

图18-8　力学性能

图18-8为采用不同防腐蚀材料的混凝土强度发展规律。由该图可知：当胶凝材料为445 kg/m³（1号 J445/0.33），不使用阻锈剂、防腐剂与抗裂剂时，28d的抗压强度完全满足C45混凝土的设计强度要求。与1号 J445/0.33 的结果相比，其他掺加上述外加剂的混凝土均呈现一定程度的强度增加趋势。其中，胶凝材料用量为435kg/m³的混凝土（3号 FZ435/0.33），由于同时使用了氨基脂类阻锈剂（1.6% 相对于胶凝材料用量）与高效防腐剂（6% 相对于胶凝材料用量），具有与胶凝材料用量为445 kg/m³的混凝土2号 FZ445/0.33（同时双掺羧酸胺阻锈剂与防腐剂）相似的强度发展水平。因此，掺加氨基脂类阻锈剂具有与羧酸胺类阻锈剂一样的强度水平，在与防腐剂共同使用时，不会对混凝土强度发展规律产生不利影响。此外，对比3号 FZ435/0.33 与 ZK 445/0.33 混凝土的强度发展规律可知：在不掺加防腐剂的条件下，使用氨基脂阻锈剂与低碱型高效钙类抗裂剂组合同样可以满足地下混凝土强度的设计要求。最后，胶凝材料用量为445kg/m³ 混凝土（5号 FZK 445/0.33）同时使用氨基脂类阻锈剂、高效防腐剂与低碱型高效钙类抗裂剂组合，满足C40混凝土强度设计要求，不同外加剂之间并未产生适应性问题。

（2）抗氯离子扩散性能

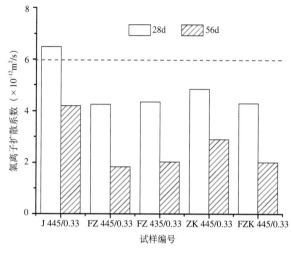

图18-9　抗氯离子扩散性能

图18-9为采用不同防腐蚀材料的混凝土氯离子扩散系数发展规律。由该图可知：未使用任何防腐、抗裂外加剂的混凝土1号 J445/0.33 的 28d 氯离子扩散系数高于混凝土抗氯离子渗透的设计要求（≤ 6×10⁻¹²m²/s）。其次，2号 FZ 445/0.33 与 3号 FZ 435/0.33 混凝土的 28d 与 56d 氯离子扩散系数基本一致，即在使用相同用量高效防腐剂且胶凝材料用量较低的情况下，氨基脂阻锈剂仍然具有与羧酸胺阻锈剂相似的氯离子扩散系数结果。因此，上述结果表明：在改善混凝土抗氯离子渗透性方面，使用氨基脂类阻锈剂具有略优于羧酸胺类阻锈剂的特点。比较4号 ZK 445/0.33 与 3号 FZ 435/0.33 混凝土的结果可以发现：与使用氨基脂阻锈剂与高效防腐剂的组合相比，使用氨基值阻锈剂与低碱型高效钙类抗裂剂组合同样可以满足地下 28d 混凝土氯离子扩散系数的设计要求。因此，氨基值阻锈剂与低碱型高效钙类抗裂剂组合可以实现地下混凝土低渗透与高抗裂的双重要求。由5号 FZK 445/0.33 的结果可知：同时使用氨基脂阻锈剂、低碱型高效钙类抗裂剂与高效防腐剂，并没有明显降低混凝土的 28d 与 56d 氯离子扩散系数。

（3）抗硫酸盐腐蚀性能

图18-10为采用不同防腐蚀材料的混凝土 14d 养护加速腐蚀发展规律。由该图可知：未使用任何防腐、抗裂外加剂的混凝土1号 J445/0.33 的 30 次腐蚀循环

后的抗压强度耐蚀系数低于混凝土加速腐蚀试验的设计要求（≥0.9）。其次，2号FZ 445/0.33与3号FZ 435/0.33混凝土30次腐蚀循环后的抗压强度耐蚀系数基本一致，即在使用相同用量高效防腐剂且胶凝材料用量较低的情况下，氨基脂阻锈剂仍然具有与羧酸胺阻锈剂相似的抗压强度耐蚀系数结果。因此，上述结果表明：在改善混凝土抗硫酸盐腐蚀方面，使用氨基脂类阻锈剂具有略优于羧酸胺类阻锈剂的特点。比较4号ZK 445/0.33与3号FZ 435/0.33混凝土的结果可以发现：与使用氨基脂阻锈剂与高效防腐剂的组合相比，使用氨基值阻锈剂与低碱型高效钙类抗裂剂组合同样可以满足14d养护硫酸盐加速腐蚀的设计要求。因此，氨基值阻锈剂与低碱型高效钙类抗裂剂组合可以实现地下混凝土耐硫酸盐腐蚀与高抗裂的双重要求。由5号FZK 445/0.33的结果可知：同时使用氨基脂阻锈剂、低碱型高效钙类抗裂剂与高效防腐剂，并可有效降低混凝土的抗压强度耐蚀系数。

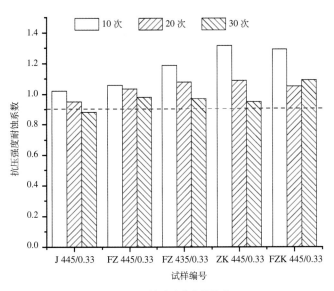

图18-10　抗硫酸盐腐蚀性能

5. 试验结论

（1）混凝土在掺加氨基脂类阻锈剂时具有与羧酸胺类阻锈剂一样的强度水平，在与防腐剂共同使用时，不会对混凝土强度发展规律产生不利影响。

（2）在不掺加防腐剂的条件下，使用氨基脂阻锈剂与低碱型高效钙类抗裂剂组合同样可以满足地下混凝土强度的设计要求。

（3）氨基脂阻锈剂具有与羧酸胺阻锈剂相似的抗氯离子扩散性能。

（4）混凝土中同时掺入氨基脂阻锈剂、低碱型高效钙类抗裂剂与高效防腐剂时，不影响混凝土的氯离子扩散系数。

（5）在改善混凝土抗硫酸盐腐蚀方面，氨基脂类阻锈剂略优于羧酸胺类阻锈剂。

（6）混凝土中同时掺入氨基脂阻锈剂、低碱型高效钙类抗裂剂与高效防腐剂，能有效降低混凝土的抗压强度耐蚀系数。

18.4　海水间接冷却技术应用

本工程在对冷水机组的冷却方面采用了海水间接冷却的方式。所谓的海水间接冷却系统，即海水不直接和需要冷却的设备接触，而是作为冷媒水的方式与中间换热器接触，交换热量。中间换热器与设备之间又形成一套闭式循环水系统，设备将热量传给闭式循环水系统，然后再通过中间换热器将热量间接传递给海水。如图18-11所示。

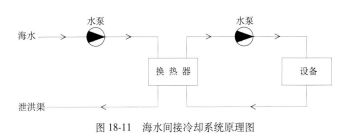

图18-11　海水间接冷却系统原理图

1. 技术难点

由于本工程为填海岛屿，在节能方面采用海水间接冷却系统较为方便。在海水管道的下料节材和除锈的方面需要施工重点考虑，同时，如何做好海水管道的防腐处理是工程的技术难点。

2. 采取措施

（1）海水管道采用计算机模拟技术控制

施工前期采用计算机模拟施工的技术，用CAD软件按照1:1的比例对海水管道进行绘制，根据管径控制每根预制管道的长度，最大管径管道的预制加工长度不能超过 6 m。实现管道预制与制作一次完成，改进了以往的先安装完再拆除并进行防腐的传统施工工艺，不仅避免了材料浪费，节约了施工成本，同时大大缩短了施工工期。如图 18-12 所示。

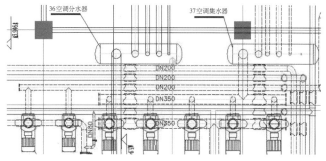

图 18-12 采用 CAD 绘制的管道下料图

（2）管道喷砂除锈技术

在管道进行防腐前采用喷砂除锈的方法对管道进行处理，本工程采用的是干式喷砂的处理方法，喷射处理利用压缩空气借助自动射吸压力式喷砂装置或者离心抛砂装置喷射磨料，对基层表面实施清洁及粗化处理，直至基层表面呈灰白色金属光泽外观和均匀的粗化面，以达到清洁和粗化要求。压缩空气必须经过冷却装置及油水分离器处理，以保证压缩空气的干燥、无油，空气压力在 0.4 ~ 0.6MPa 范围。喷射除锈时，施工环境相对湿度应不大于 85%，金属表面温度应不低于露点以上 3℃，要求采用封闭式车间形成人工气候条件进行涂装施工。喷射处理后，表面粗糙度值：对于涂料涂装 Ry 应在 40 ~ 70μm 范围以内。不仅提高了管道的除锈质量和后续的管道防腐处理的合格率，而且也大大节约了人工。如图 18-13 所示。

（3）管道内壁防腐技术

管道内壁的防腐采用先进的 SEBF 粉末涂料喷涂技术，海水管道选用螺旋焊钢管，为提高管道、管件、阀门的防腐性能，对其与海水直接接触的内壁用熔融结合环氧粉末的方式进行防腐处理。板式换热器内的金属板片则采用的是钛板，并且管道的连接均采用卡箍方式（胶圈采用的是具有耐海水腐蚀性的）。海水水泵采用耐海水型的泵体和叶轮，海水系统中的各种阀

图 18-13 管道喷砂用的喷枪

门采用的是海水专用型阀门。防腐层与管道内壁结合更加致密、可靠性得到极大提高，在提高管道防腐质量的同时也大大节约了人工。同时，管道在高温、喷涂的过程中全部采用自动化控制，合格率达到了 99%。

3. 实施效果

本工程对冷水机组冷却采用了海水间接冷却的方式，与常规冷却塔相比冷水机组的 COP 值提高了 10%。通过此种冷却方式不仅能够大大提高冷水机组的能效比，还能节约大量的淡水资源。同时，本工程的冷却水与冷冻水系统的循环水泵均采用变频控制，通过调节水流的速度及流量不仅降低了冷水机组的能耗，也降低了整个空调水系统的能耗，实现绿色节能的效果。

18.5 钢结构临时支撑技术

（本节专项工程由中建钢构有限公司实施）

1. 工程概况

前厅：外框柱为弧形方管钢柱，柱间为圆管钢梁连接；钢柱截面口 800×400×25，柱顶标高约 +36.0 m，前厅屋顶钢梁截面为 H800×400×25×20，用钢量约 1200t。

前厅共设 18 组临时支撑，除 QTTJ-5 和 QTTJ-16 外，临时支撑形式均为标准式格构临时支撑。胎架底部设底座，顶部设胎帽，均由 488 工字钢焊接而成。

格构式临时支撑共分两类：4 m 标准节和 6 m 标准节。每根前厅横梁根据梁高和地面高度将两类支撑数量进行组合，格构式临时支撑布置及形式如图 18-14 ~ 图 18-19 所示。

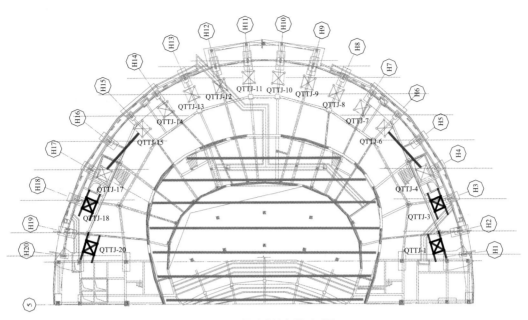

图 18-14 临时支撑布设平面图

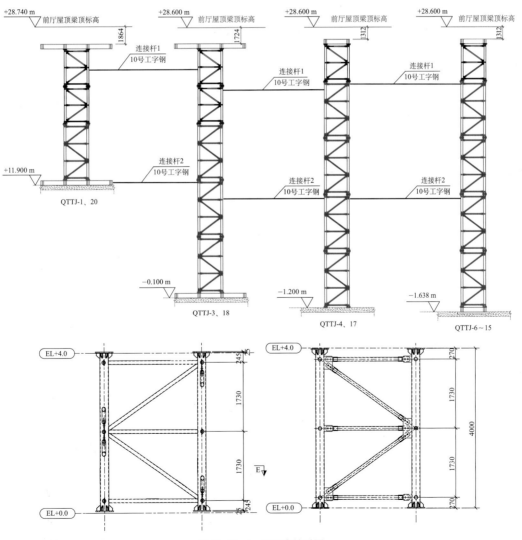

图 18-15 4m 临时支撑详图

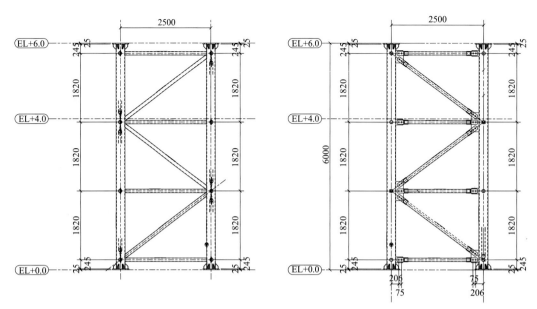

图 18-16　6m 临时支撑详图

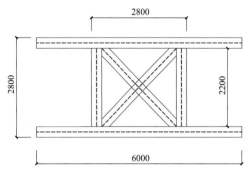

图 18-17　QTTJ1、3、18、20 底座及胎帽详图

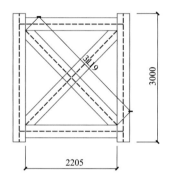

图 18-18　QTTJ4 ～ 17 底座及胎帽详图

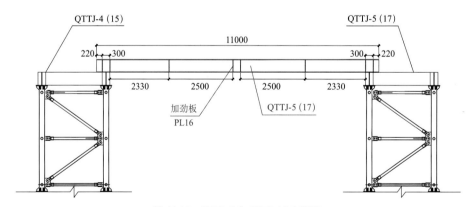

图 18-19　QTTJ-5 和 QTTJ-16 布置图

2. 临时支撑分类

前厅临时支撑按标准节组成数量、底标高和临时支撑高度共分 5 类：

第一类：QTTJ-1 和 QTTJ-20，落于 3 层楼板上，底标高 +11.90 m。每组临时支撑由 1 个 6 m 标准节 +2 个 4m 标准节 +1 个胎帽 +1 个底座组成；

第二类：QTTJ-3 和 QTTJ-18 落于地面结构底板上，底标高 –0.1 m。每组临时支撑由 3 个 6 m 标准节 +2 个 4m 标准节 +1 个胎帽 +1 个底座组成；

第三类：QTTJ-4 和 QTTJ-17 落于扶梯洞底板上，

底标高 –1.2 m。每组临时支撑由 4 个 6 m 标准节 +1 个 4 m 标准节 +1 个底座组成；

第四类：QTTJ-5 和 QTTJ-16 分别落于 QTTJ4 和 QTTJ6、QTTJ15 和 QTTJ17 之间的临时支撑梁上之间

的临时支撑梁上，底标高 +27.288 m，截面为 I488；

第五类：QTTJ-6 ~ QTTJ-15 落于地面结构底板上，底标高 –1.638 m。每组临时支撑由 4 个 6 m 标准节 +1 个 4 m 标准节 +1 个胎帽 +1 个底座组成，见表 18-9。

临时支撑分类　　　　　　　表18-9

临时支撑编号	6m标准节数量	4m标准节数量	胎帽数量	底座数量	底标高	顶标高	类别
QTTJ1	1	2	1	1	+11.900	+26.876	第一类
QTTJ3	3	2	1	1	–0.100	+26.876	第二类
QTTJ4	4	1	1	0	–1.200	+27.288	第三类
QTTJ5	0	0	1	1	+27.288	+27.776	第四类
QTTJ6	4	1	1	1	–1.638	+27.288	第五类
QTTJ7	4	1	1	1	–1.638	+27.288	第五类
QTTJ8	4	1	1	1	–1.638	+27.288	第五类
QTTJ9	4	1	1	1	–1.638	+27.288	第五类
QTTJ10	4	1	1	1	–1.638	+27.288	第五类
QTTJ11	4	1	1	1	–1.638	+27.288	第五类
QTTJ12	4	1	1	1	–1.638	+27.288	第五类
QTTJ13	4	1	1	1	–1.638	+27.288	第五类
QTTJ14	4	1	1	1	–1.638	+27.288	第五类
QTTJ15	4	1	1	1	–1.638	+27.288	第五类
QTTJ16	0	0	1	1	+27.288	+27.776	第四类
QTTJ17	4	1	1	0	–1.200	+27.288	第三类
QTTJ18	3	2	1	1	–0.100	+26.976	第二类
QTTJ20	1	2	1	1	+11.900	+26.876	第一类
合计	56	20	18	16	—	—	—

3. 临时支撑基础做法

(1) QTTJ-1 和 QTTJ-20 位于前厅三层结构楼板上，此胎架底座梁均落于混凝土梁上，经设计验算混凝土承载力满足，不需加固，测量时注意严格控制胎架位置，不得偏移，如图 18-20 所示。

(2) QTTJ-4 和 QTTJ-17 位于扶梯洞底板上，QTTJ-3 和 QTTJ-18 位于正负零楼板上，此四组胎架底座梁均落于混凝土结构上，承载力满足，无需增加基础，测量时注意严格控制胎架位置，不得偏移，如

图 18-21 所示。

(3) 前厅临时支撑 QTTJ6 ~ 15 所在位置回填地面需开挖后碾压夯实，需满足 10t/m² 承载力，夯实后采用 200 mm 混凝土找平处理，混凝土平面尺寸为 3.5 m × 3.5 m。基础顶标高 –1.638 m。胎架底座侧面各埋设 2 根 φ20 mm 的钢筋，再用 300 mm × 150 mm × 20 mm 的钢板塞焊，钢板与底座工字钢下翼缘上表面焊接固定，如图 18-22 所示。

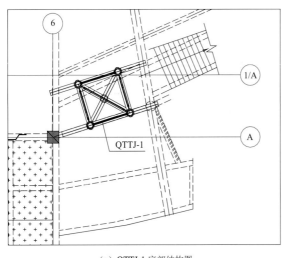

（a）QTTJ-1 底部结构图

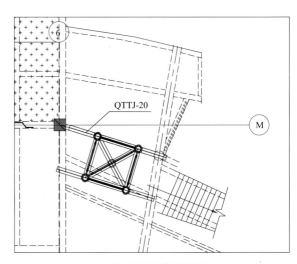

（b）QTTJ-20 底部结构图

图 18-20　临时支撑基础做法一

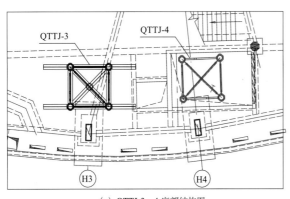

（a）QTTJ-3、4 底部结构图

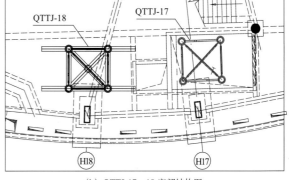

（b）QTTJ-17、18 底部结构图

图 18-21　临时支撑基础做法二

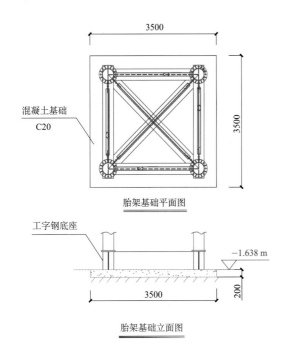

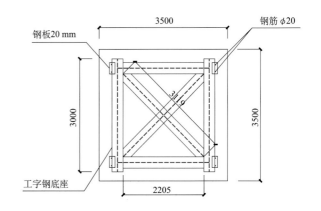

说明：1．胎架底部基础宽度为3.5 m×3.5 m。

2．基础顶面标高为−1.638 m.

3．工字钢底座均为488工字钢焊接而成。

4．混凝土标号为C20。

5．钢筋与钢板塞焊，钢板与工字钢下翼缘上表面焊接。

6．其他未注明尺寸见详图。

图 18-22　底部做法示意图

4. 临时支撑顶部做法

（1）前厅临时支撑 QTTJ1 和 QTTJ20 胎帽顶部在如下图所示位置各设 4 根标高调节立柱，立柱截面为 I488，现场根据前厅屋顶钢梁底标高对立柱高度进行调节，确保每根屋顶钢梁下部均有两根临时立柱支撑，屋顶钢梁安装时，梁底与标高调节立柱焊接固定，见图 18-23。

（2）前厅临时支撑 QTTJ3 ～ 18 胎帽顶部在如图 18-24 所示位置各设 1 根标高调节立柱，立柱截面为 I488，现场根据前厅屋顶钢梁底标高对立柱高度进行调节，确保立柱顶面与屋顶钢梁下翼缘平齐顶紧，屋顶钢梁安装时，梁底与标高调节立柱点焊固定。

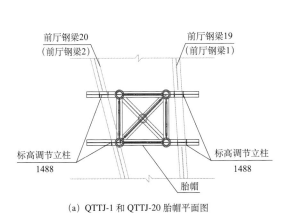

(a) QTTJ-1 和 QTTJ-20 胎帽平面图　　(b) QTTJ-1 和 QTTJ-20 胎帽立面图

图 18-23　胎帽平面图

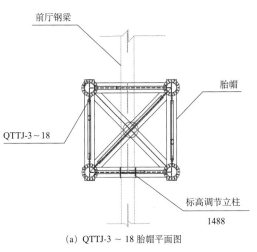

(a) QTTJ-3 ～ 18 胎帽平面图

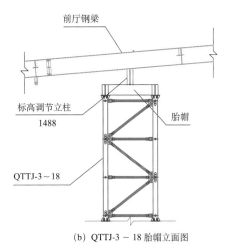

(b) QTTJ-3 ～ 18 胎帽立面图

图 18-24　胎帽平面图

5. 临时支撑连接措施

前厅临时支撑安装时，每部支撑安装两组标准节后，即将相邻两组临时支撑用 10 号工字钢连接。相邻两部支撑上下各设两道连接杆。10 号工字钢与标准节立柱焊接固定，见图 18-25。

6. 临时支撑安装工艺

临时支撑用 50t 汽车吊进行标准节拼装，各标准节之间用螺栓固定，单节标准节拼装完成后，用 50t 汽车吊或 100t 履带吊将各标准节吊装就位固定。

QTTJ-5 和 QTTJ-16 长 11 m，截面为 488 工字钢，在端部和跨中位置设置劲板。QTTJ-5 安装时，两端与 QTTJ-4 和 QTTJ-6 胎帽顶焊接固定；QTTJ-16 安装时，两端与 QTTJ-15 和 QTTJ-17 胎帽顶焊接固定。临时支撑的安装顺序需与结构卸载流程保持一致，安装顺序如图 18-26 所示。

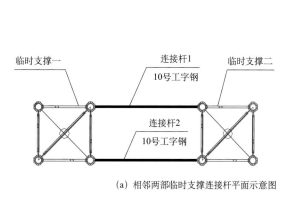

(a) 相邻两部临时支撑连接杆平面示意图

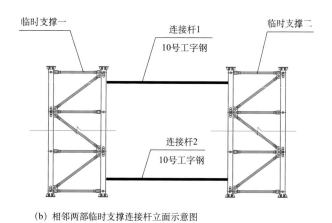

(b) 相邻两部临时支撑连接杆立面示意图

图 18-25　临时支撑连接措施

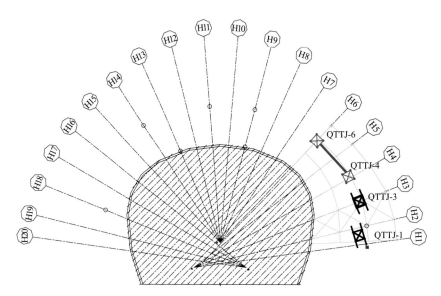

步骤一：安装 H1～H6 轴 4 组临时支撑及工装，临时支撑 4 和临时支撑 6 之间用一根 11 m 长的 I488 工字钢连接，并安装此区域内的横梁及方管柱。

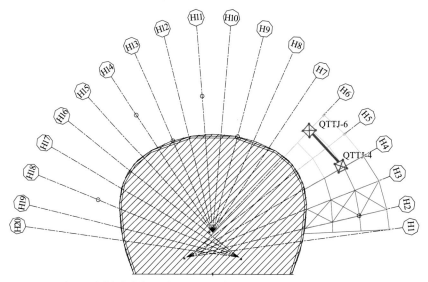

步骤二：焊接探伤合格后，卸载 H1～H4 轴之间构件。并拆除临时支撑 1、3。

图 18-26　临时支撑安装顺序（一）

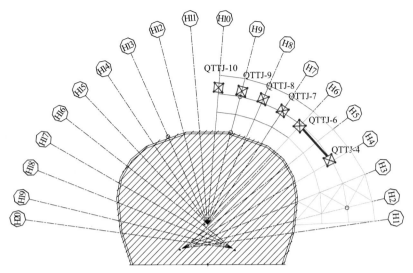

步骤三：H7 ～ H10 轴 4 组临时支撑及工装，并安装此区域内的钢梁和方管柱。

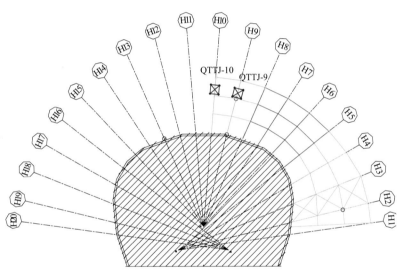

步骤四：焊接探伤合格后，卸载 H5 ～ H8 轴之间构件。并拆除临时支撑 4、6、7、8。

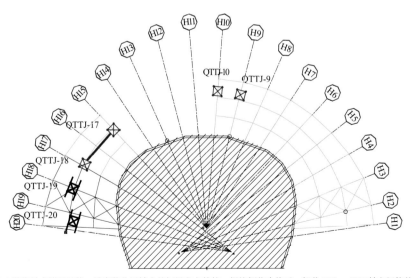

步骤五：安装 H20 ～ H15 轴 4 组临时支撑及工装，并安装此区域内的钢梁和方管柱。焊接探伤合格后，卸载 H20 ～ H17 轴之间构件。并拆除临时支撑 19、20。

图 18-26　临时支撑安装顺序（二）

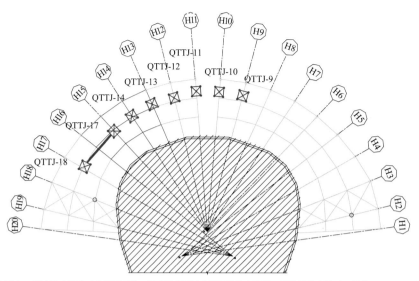

步骤六：安装 H11 ~ H14 轴 4 组临时支撑及工装，并安装此区域内的钢梁和方管柱。焊接探伤合格后，卸载 H13 ~ H16 轴之间构件。并拆除临时支撑 13、14、17、28。

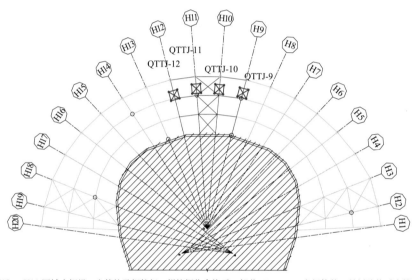

步骤七：安装 H10 ~ H11 区域内钢梁、方管柱及钢拉杆。焊接探伤合格后，卸载 H9 ~ H12 之间构件。并拆除临时支撑 9、10、11、12。

图 18-26 临时支撑安装顺序（三）

第 19 章　中央音乐学院音乐厅工程

项目地址：北京市西城区南闹市口大街

建设起止时间：2012 年 3 月至 2015 年 10 月

建设单位：中央音乐学院

设计单位：华通设计顾问工程有限公司

施工单位：中国建筑第八工程局有限公司西南公司

项目经理：窦同宽；项目总工：潘志专、薛建房

工程奖项：中建八局优质工程奖

图 19-1　中央音乐学院音乐厅工程外景图

工程概况：

工程位于西城区南闹市口大街，地理位置属于金融街核心商圈，隶属于教育部二环内唯一直属高校——中央音乐学院。

工程占地面积为 8493 m²，总建筑面积 55368 m²，其中地下室面积 19368 m²，地下 3 层；学生公寓建筑面积 30850 m²，地上 17 层；音乐厅建筑 5150 m²，地上 3 层。学生公寓及音乐厅均为框剪结构。

本音乐厅兼备了舞蹈、室内乐、乐队等古典音乐会和歌剧演出双重功能。音乐厅采用镜框式舞台结构，由主舞台和两侧侧舞台组成。台宽 23.8 m，进深 17.4 m，主舞台台口宽 16 m，高 11 m，设升降乐池，二层耳光、两道面光和追光，并配备专业的灯光音响和台上机械设施。如图 19-1、图 19-2 所示。

图 19-2　室内场景图

19.1   超宽超高钢质防火幕施工技术

1.工程概况

中央音乐学院音乐厅采用镜框式舞台结构，由主舞台和两侧侧舞台组成。台宽 23.8 m，进深 17.4 m，主舞台台口宽 16 m，高 11 m。根据建筑防火设计要求，舞台区与观众厅设计一道 17 m×9.5 m（宽×高）钢质防火幕。防火幕布设计图如图 19-3 所示。

2.钢质防火幕的设计

根据中央音乐学院音乐厅的消防及装饰设计要求，其性能、结构及操作如下设计：

（1）性能参数

1）规格：17000 mm×9500 mm；

2）耐火性能：耐火时间 4h 以上；背火面平均温升小于 140℃，最高温升小于 180℃

3）提升速度：幕体下降时间 40～45s，手动释放机构松开时靠重力下降到位——速度共分三级，第二级距舞台面约 2.5 m 时开始阻尼，第三级至台面 500～600 mm 时开始阻尼，最后一节时间不得小于 10s；

4）结构重量：帘幕重 7200kg，两侧配重各 4000kg，结构总重 15.2t。

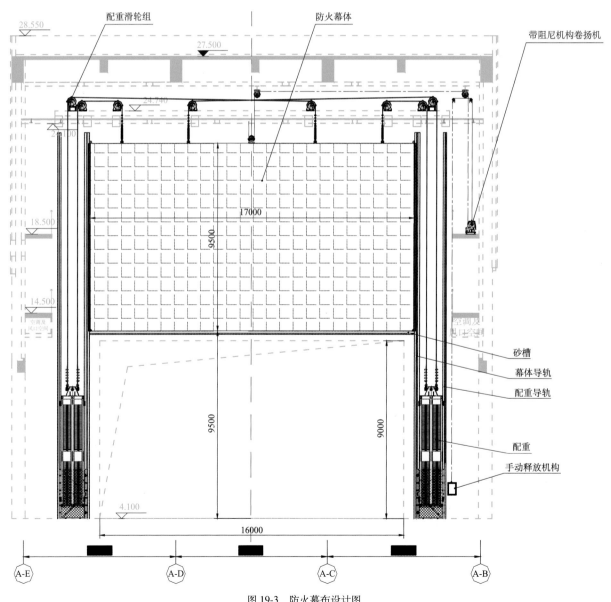

图 19-3   防火幕布设计图

（2）结构原理

防火帘幕主要由：配重滑轮组、牵引总成、防火幕体、导轨、带阻尼机构卷扬机、顶梁、底梁、机箱、电控系统等部件组成。

防火幕由 4 台电动机减速后分别驱动 6 台拽引机收放钢丝绳，实现 6 同步平衡升降，并通过助折机构及帘幕重心的规则偏移，使帘幕自小而上按顺序，规则折叠收拢于底托架梁上。

（3）技术要求

1）动力部分：

此帘幕超宽、超高，总提升重量约 7.2t，采用五台 2.0t 的电动机减速后，分段牵引，同步运行，以满足动力要求。

2）牵引总成：

由 6 根 φ32 钢丝绳通过 6 套滑轮组与帘幕底梁相连，使帘幕自下而上升降。

3）防火幕体：

幕体是防火耐火的基本载体，幕体尺寸共分成 13 块制作，安装时将高度方向分成 5 层安装，长度方向第一、三、五层分成 3 块，第二、四层分成 2 块钢桁架，现场组装，搭缝处用螺栓连接成整体，调整对角线长度相等后将上部工字钢对接处焊牢，焊高不得小于 6 mm，幕体内部填充岩棉，厚度不低于 50 mm，防火涂料（CBG60 型）涂层厚度不应小于 1.5 mm，涂前应对钢板进行除油、除锈、涂防锈漆；紧固件应采用 8.8 级以上强度；幕体与墙面间隙应考虑设置防火密封条。

4）导轨：

导轨对帘幕起着整体导向的作用，采用 20 号工字钢，使其运行面平滑，具有一定的强度，并沿高度方向按 800 mm/ 个设置加强用抱匝。

5）阻尼系统：

幕体下降时间 40 ～ 45s，手动释放机构松开时靠重力下降到位——速度共分三级，第二级距舞台面约 2.5 m 时开始阻尼，第三级至台面 500 ～ 600 mm 时开始阻尼，最后一节时间不得小于 10s。

要求生产对液压机构调试前，要清理管路并加油到位。

6）配重系统：

①幕体及配重箱与钢丝绳连接部位焊接要牢固，焊缝高度不小于 13 mm；

②配重机构应设置在其下方无人员通过的地方，必要时其下文设置接受并承受下落物的装置；

③周围设有不低于 2.5 m 的防护网，网孔大小以儿童手不能伸入触及配重箱为宜，并有明显的危险标识；

④钢丝绳夹应配有平垫及弹垫；

⑤钢丝绳为油性，规格正确并要求有质量保证书；

⑥每端绳夹不少于四只，绳卡间距不少于 100 mm，绳卡压板应在绳长头一边；

⑦电控系统：

电控系统采用智能型设计，既可接收消防控制中心信号，又可直接和烟温感相连，具有一次下底、中间停留、二次下底等多种控制方式，设有过热保护功能，多台电机同步运行功能。本工程无机防火帘幕的控制形式有三种：a. 自动控制，卷帘门与消防控制中心联网通过烟感、温感控制报警器，实现烟感一步降，温感二步降；b. 手动控制，以门两侧的按钮开关来控制卷帘门升、降、停；c. 在电源被切断时室内温度达到 730 ～ 750℃时金属熔断断开，门体自动下降，也可由人工操纵迅速灵活下降。

3. 施工安装技术

（1）施工部署

1）施工顺序：采取生产完毕后统一进场安装的方式。

2）原材料存放：原材料进厂到产品加工及成品的存放都设专管专用，材料在厂内或现场存放时要放置在干燥、通风的地方，要避免与有腐蚀性的物质及气体接触，并必须做防潮、防雨、防晒、防腐等措施。平放时，下面垫平，防止变形。由专人负责管理。

3）质量检查：检查部门必须严格把关，从原材料的购进到车间生产，每道环节都该做好质量记录，以确保产品质量。

4）产品运输：产品在运输过程中要平稳、牢固，避免因行车时碰撞损坏产品。装卸时要轻抬轻放，严格避免磕、摔、撬等行为，防止机械变形，损坏产品，影响安装使用。

（2）施工步骤

1）导轨的铺设：

① 防火幕导轨铺设尺寸位置按装配图进行。

②找正台口中心线，并标记。

③检验预埋钢板位置。

④按图从台口中心线往两侧找正。

⑤找正幕体导轨及配重导轨安装面，并标记。

⑥ 按幕体导轨及配重导轨安装面的找正标记定位，将导轨连接槽钢与固定在墙体上的钢板焊接，要求导轨连接槽钢与地面垂直，误差小于 10 mm。

⑦将幕体导轨用压板紧固在连接槽钢上，将配重导轨用螺栓紧固在连接槽钢上，导轨安装后要求导轨大平面与地面垂直，误差小于 10 mm。

⑧ 导轨大平面上涂上润滑脂。

2）沙槽的安装

沙槽安装在台口上部预埋钢板上，与钢板焊接，安装尺寸详见装配图。

3）吊点梁的安装

将滑轮的吊点梁组件用辅助提升机吊至栅顶滑轮梁处，按总图要求调整 5 根吊点梁组件在同一直线上且中心线距墙一致，调整合适后将 5 根吊点梁组件与栅顶钢梁焊接牢固。

4）幕体的安装

①幕体共分成 13 块制作，安装时将高度方向分成 5 层安装，长度方向第一、三、五层分成 3 块，第二、四层分成 2 块。

②先将第一层 3 块幕架用螺栓连接成整体，调整对角线长度相等后将上部工字钢对接处焊牢，焊高不得小于 6 mm。

③将导向轮各一件连接在幕体两侧，用螺栓预紧。

④用辅助提升机将第一层幕体平衡提升起，使第二层幕体能够放入，将导靴各一件连接在幕体两侧，用螺栓紧固。

⑤用调整垫片调整导向轮与幕体导轨平面的间隙，合适后紧固螺栓。

⑥将第二层 2 块幕架用螺栓连接成整体，调整对角线长度相等，用电动葫芦吊入第一层幕体下部，将第二层幕体与第一层幕体用螺栓连接成整体，调整对角线长度相等后将侧面槽钢对接处焊牢，焊高不得小于 6 mm。填充第一层幕体的防火棉，并用钢铆钉将蒙皮与幕体开口面铆合。

⑦提升第一、二层幕体，依次连接第三、四、五层幕体，要求同上。

⑧第一至五层幕体连接后要求对角线误差不大于 15 mm，四周框架要求焊成一体，且焊接牢固，无虚焊、裂缝等缺陷。

⑨将幕体放下，在幕体上部安装沙槽挡板，在幕体侧部安装密封板。

5）配重框的安装

①用电动葫芦将配重框架吊至合适位置，并搭建井架，在单个配重框架内预装配重块约 1t，然后用辅助提升机将配重框吊起至最上部。

②用螺栓将配重框导靴连接到配重框上，使与配重导轨配合。

③连接幕体与配重框之间的钢丝绳，调节钢丝绳长短，使两侧平衡。

④两边配重框安装同步进行。

⑤钢丝绳连接合适后，确认配重框不会跌落，可松开辅助提升机吊缆。

⑥同时在两边配重框内增加配重块各 4t，观测平衡状态，适当增减配重块，调整至幕体总重量，大于配重总重量约 0.6 ~ 0.8t，安装好防护栏。

6）提升及阻尼机构的安装

①将提升及阻尼机构安装在设备天层上，根据现场情况布置卷扬钢丝绳。

②用手动控制方式（点动）启动提升电机来提升幕体，观测幕体提升是否正常。

③安装和调节行程开关及超行程开关。

④安装手动释放装置。

⑤调节阻尼机构各调速阀流量，使防火幕达到各速度段要求。

7）调试

①各部件安装完毕后，要进行防火幕全过程运行

调试，结果应符合客户标书要求及相关规定。

②幕体及配重要上下运行自如，无卡滞现象。

③幕体靠自重下落，下落全过程不得大于 45s。

④幕体下落至距地面 2.5 m 时，幕体下降应减速，运行时间不少于 15s。

⑤手动松闸应准确、可靠。

全过程连续正常运行 5 次即可认定调试合格。

19.2 钢管热卷施工技术

为实现建筑功能，主体结构创造性地采用了钢框架 - 中心支撑束筒的结构体系，束筒周边柱随建筑形态采用了多折点斜柱形式；采用了大量的斜柱和异形桁架结构，钢斜柱多角度汇交形成相贯节点，桁架贯穿于节点间，节点极其复杂。

本工程斜柱、首节柱采用多分支重型相贯节点拼接而成，相贯复杂，节点制作难度极大，其典型节点如图 19-4 所示。

1. 技术难点

斜柱、首节柱等钢管柱采用 $\phi 1050 \times 70$、$\phi 1050 \times 50$ 等规格，材质为 Q390GJC，其主材首先需要卷制、加工。其材料的最大屈服强度达 490N/mm²，抗拉强度最大达 650N/mm²，其机械性能较高。钢管的厚径比最小达 1：15，需要对零件的贯口进行放样，零件钢板的预弯、卷圆、焊接等工艺要求较高，对工厂的加工能力要求较强，制作复杂。

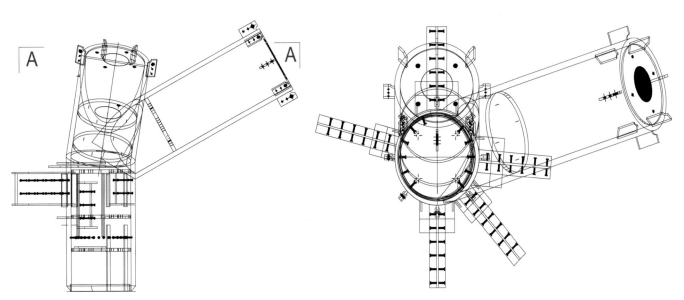

图 19-4 首层柱相贯节点

2. 制作工艺

（1）工艺流程见图 19-5。

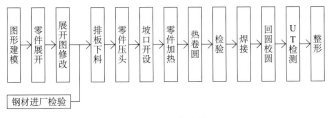

图 19-5 工艺流程

（2）图形建模

根据加工图纸的实际尺寸、角度、方向等进行实体建模，如图 19-6 所示，并进行修剪贯口。在三维视图里进行查验贯口区域的接触、碰撞检查。检查合格后，把贯口零件进行拆分。

（3）钣金展开、编程切割

用钣金展开软件进行展开，并在宽度方向两边各加 75 mm 宽的压头，然后进行编程切割。考虑到焊接收缩，尺寸放大 4 mm，切割完毕后在原零件尺寸的

图 19-6　相贯节点三维拆分示意

位置两端外侧 2 mm 位置打刻样冲眼，以备压头完毕后把余量切除掉。

由于管壁较厚，且与其他支管具有一定倾斜角度，全部采用管内壁线或者全部采用外壁线都无法满足装焊要求，所以在展开时必须考虑壁厚的影响，进行适当取舍，方能满足装焊要求。

（4）预弯、压头

预压弯在压机上进行，压头过程中随时用样板检查 R 形状（检查样板用长度为 300 mm 的铝合金材料等比例绘制，等离子切割完毕，符合检查要求时方能使用），控制间隙不大于 1.0 mm（用塞尺测量）。并检查压痕，要求压痕深度不大于 1 mm，为保证质量，可在上下模上垫较软的材料，以减少压痕深度。如图 19-7。

图 19-7　钢板预压

（5）余量切割、破口制作

根据图纸尺寸在样板冲眼位置划线，割掉预弯余量，并按照工艺要求开设破口。检查气割表面：粗糙度不大于 50μm，且无毛刺、撕开、裂纹等影响焊缝质量和强度的缺陷。破口如图 19-8 所示。

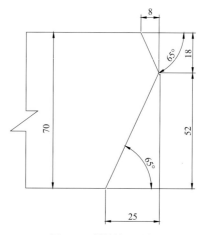

图 19-8　焊缝坡口要求

（6）加热、卷圆、成型

钢板加热温度控制在 830 ~ 850℃，保持温度按有效厚度 1.0min/mm；在卷板机上进行卷制，用内样板检查钢管 R 形状，卷制成型，控制间隙不大于 1.0 mm；卷制成型后，把卷管放在空地风冷至 100℃以下；在收口机上，检查圆度，直缝收口，点焊。如图 19-9 所示。

图 19-9　热卷管加工

（7）直缝焊接

直缝焊接严格按焊接工艺评定参数制定的 WPS 进行焊接，焊材按规定的要求烘烤至 350℃ 并保温；严禁在非焊接区引弧；为保证美观，外表面焊缝余高 ≤ 1 mm，原则上不留余高。焊接工艺参数如表 19-1 所示。

（8）焊后整形、回圆

焊接完成后，割下引（熄）弧板，并 UT 探伤，待合格后在卷板机上校圆。整形后检查形状、直线度、表面质量钢管制作要求。对于小径厚比，厚壁圆管，

焊接工艺参数　　　　　　　　　　　　　　　　表19-1

		焊接工艺							
道次	焊接方法	填充金属		焊剂	电流（A）		电压（V）	焊接速度	接头详图
		牌号	规格		极性	安培数			
1	SAW	H10Mn2	4.0	SJ101	DCEP	500~600	26~30	44~53	
2~n	SAW	H10Mn2	4.0	SJ101	DCEP	550~660	28~32	40~55	

可通过热卷工艺制作，此方法可以在一定程度上取代传统铸钢件的制作工艺，从而在既保证质量要求的情况下，又满足了工程的进度要求，节约了工期，创造了一定经济效益。

19.3 应用有限元实体建模分析悬吊钢结构螺旋楼梯

中央音乐学院音乐厅项目前厅空旷设计了一座悬吊钢结构螺旋楼梯，作为竖向交通构件，丰富室内空间。悬吊钢结构螺旋楼梯通过有限元计算软件实体建模分析，比较真实地模拟材料受力状况，在满足设计各项指标的情况下，实现截面高度及厚度的最小化，更好地指导设计，并结合装饰材料，达到最优效果。

1. 安装技术难点

悬吊钢结构螺旋楼梯因结构新颖、造型巧妙，对装饰材料的选择、构件的加工制作、测量放线和现场安装控制均提出较高要求，是不锈钢产品中加工难度最大的一种。其技术难点主要体现在以下几方面：

（1）弧形构件加工精度要求高

弧形构件的加工制作精度是保证螺旋楼梯装饰效果的关键所在，包括楼梯不锈钢侧板、玻璃栏板、不锈钢扶手等，对材料加工精度要求较高，要求严格按图制作、精准加工，严格控制误差，确保加工精度，保证螺旋楼梯自然流畅。

（2）结构呈弧形，现场测量放线难度大

由于现场土建结构存在较大偏差，因此螺旋楼梯不能严格按照原图纸的理论弧度及尺寸进行加工制作，每个部位构件的尺寸及位置都必须根据现场测量复核结果进行制作安装，测量放线难度大。

（3）非标构配件多

螺旋楼梯踏板、侧板、弧形玻璃栏板、扶手等均为不规则形状构件，均需根据项目测量结果进行定尺加工，其中弧形楼梯不锈钢侧板以一跑为一段在工厂内整体热弯切割加工而成。

（4）整体高度近5m，安装难度大

吊挂式螺旋楼梯高度近5m，对每段楼梯的安装质量要求非常严格，需要严格控制安装精度，选择合适的安装平台和安装顺序，同时充分考虑不锈钢吊杆的变形、安装精度的影响等，安装难度较大。

（5）不锈钢螺旋楼梯安全验算

除保证螺旋楼梯的美观外，为保证不锈钢拉索吊挂螺旋楼梯的结构安全性，项目通过相应的结构力学计算论证，选择合适的钢索、踏步等构配件。

2. 安装措施

（1）现场测量放线

音乐厅结构比较复杂，螺旋楼梯主要由踏步、平台和扶手三部分组成，螺旋楼梯造型呈螺旋状上升，踏步呈放射状打开，扶手亦根据整体造型呈圆滑曲线状。由于土建施工与设计尺寸有偏差，项目先结合图纸预定尺寸，复核现场实际尺寸，找出两者的差异。实际放线时，以现场尺寸为准。

放线时，利用投影坐标点，找到内弧半径及外弧半径。放完垂线后，将所有的投影坐标点进行连接，并找出内弧半径及外弧半径，确定楼梯旋转弧度及踏步旋转角度。此时，测量点越多，弧度越准确，两个弧度在不同高度的空间中衔接越好。如图19-10所示。

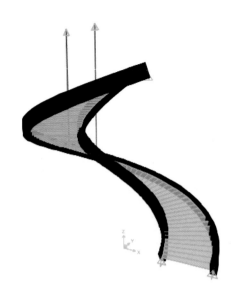

图 19-10　螺旋楼梯模型图

图 19-11　螺旋楼梯实景图

利用 X、Y 轴（横向、纵向）的距离定位，在将每个定位点找到后，在平面上确定螺旋楼梯的弧形。现场施工时，每个弧段单独放线，每个单项内容放线时再做模板，误差控制在 2 mm 内，这样做从根本上保证了每段放样尺寸的统一，同时各段弧形也可以保证柔滑、顺直。

（2）安装后置埋件

吊挂螺旋楼梯埋件的安装只能采用后置埋件做法。采用膨胀螺栓与钢板来制作后置连接件，先在土建基层上放线，确定立柱固定点位置。然后在楼梯地面上用冲击钻钻孔，再安装膨胀螺栓，螺栓保持足够的长度，在螺栓定位后，将螺栓拧紧同时将螺母与螺杆间焊死，防止螺母与钢板松动。

（3）放线复核

由于上述后置埋件施工有可能产生误差，因此在吊杆立柱安装前应重新放线，以确定埋板位置与焊接立杆的准确性，如有偏差及时修正。应保证不锈钢吊杆全部坐落在钢板上，并且四周能够焊接。

（4）安装不锈钢吊杆

将不锈钢吊杆及其连接耳板在工程内组合加工完成，现场就位后将吊杆连接耳板直接焊接于后置埋板上。焊接吊杆耳板时，需双人配合，一人扶住吊杆使其保持垂直，焊接时不能晃动，另一人施焊，双面施焊，并应符合焊接规范。实景如图 19-11 所示。

19.4　GRG 板预制与拼装施工技术

（本节专项工程由上海精锐金属建筑系统有限公司实施）

工程大面积采用 GRG（增强型玻璃纤维石膏板）吊顶及墙面整体造型。由于音乐厅对声光电及美学要求高，吊顶及墙面大量采用异形曲面 GRG 装饰材料，控制好曲面幅度是施工中的难点。GRG 施工工程量大且工艺复杂，吊顶内涉及多个专业施工，各种管线立体交叉，需各专业在 GRG 拼装之前把各系统、各设备施工完成，并验收通过，再进行装饰面层的完善。

主要施工过程：

（1）测量复核

根据三线基准，对结构的轴线、垂直线、控制线进行复核，根据工程的特点测定总控制线，以此为基准，确定转角和不同界面墙体的交叉点、墙面与吊顶的相交点作为控制点。并根据深化图纸及控制点，将吊顶及墙面进行分块，多方位进行测量复核，经复核无误后，依据各种控制点，将龙骨的平面几何位置及标高线测设于结构面上或者标注在结构面上。

（2）深化设计及放样

根据复核后构件的实际尺寸，在图纸上标出并结合效果图进行深化设计。在正式进行吊顶制作安装前，需对悬挂吊顶的钢构架及 GRG 吊顶墙面进行放样，以指导吊顶墙面制作及确保安装准确。具体的放样工作如下：

1）水平面尺寸：先确认工地现场提供的柱心线或墙心线等基准线。

2）核对施工设计图，绘制相对轴线。

3）图面标注至面板，完成面间尺寸。

4）钢卷尺拉引核对后，做点记号于平面，再以墨斗弹放墨线。

5）用经纬仪确认无误时，投影在施作高度作为板面完成面的基准。

6）高度尺寸：由业主及营建单位提供水平基准线。

7）用镭射仪扫出基准水平面。

8）用钢卷尺往上拉引至每个标高、弹线，水平标高 ±2 mm。

9）施作时，依照图纸标高。

根据设计方案，将整体吊顶板分格为横向分块，竖向分格尽量以洞口处为断点，以便对拼装位置及标高进行校核。利用计算机辅助建模，针对现场吊顶板造型变化，将整体吊顶板、墙体进行分区，每个区域内分块，将每块 GRG 板编号，运输至施工现场时可以直接进行拼装。

GRG 吊顶标高至结构顶板的距离为 5.7 ~ 6.8 m 不等，造成超高尺寸的吊顶内部空间需要安装钢架转换层。因 GRG 吊顶板自重较重，约 80kg/m^2，对于直接固定于主体结构的吊顶转换层钢架及 GRG 吊顶板要进行结构荷载计算，并应取得设计单位审核批准后方可施工，而钢架是运用桁架原理进行布置的。尖角部位的 GRG 拼接容易磕碰破坏及日后开裂，所以吊顶、墙体尖角部分块不能在尖角部位，必须与尖角部位错开。如图 19-12 所示。

（3）钢构架安装

1）根据 GRG 分布情况及受力特点，合理布置钢龙骨，主龙骨使用 10 号槽钢与主体结构连接，副龙骨为 50×50×5 的镀锌角钢与主龙骨焊接。

2）GRG 吊顶主龙骨、副龙骨根据图纸要求，大型风管底下龙骨及空调风口下的龙骨必须用型钢加固，型钢要与主龙骨或者副龙骨焊接。龙骨安装前先进行定位复核，准确无误后进行焊接固定。

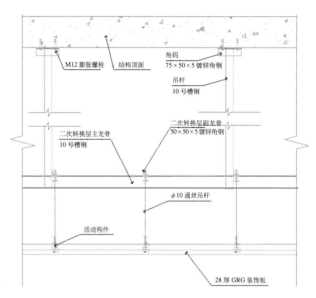

图 19-12　转换层设置示意图

3）吊顶管道设备，应根据工程实际情况合理布置。轻型灯具应吊在主龙骨或附加龙骨上。由于大型设备管道在运行过程中会产生振动，如果共用龙骨，后期 GRG 会因振动产生裂缝，所以大型设备及管道不得与 GRG 主龙骨相连，应该另设悬吊构造或者增加龙骨，这些措施构件直接与结构相连接。

（4）GRG 安装

1）吊顶墙面 GRG 造型多样，铺设规模大，且高低不均，流线型、连续性要求高。为保证吊顶及墙面圆弧曲度，安装人员必须根据设计图纸要求进行定位放线，确定标高及其准确性，注意 GRG 板位置与管道之间关系，位置要错开，防止 GRG 与其他管道等发生冲突。根据施工图进行现场安装，并在平面图内记录每一材料的编号。

2）根据深化图及 GRG 分块图，确定龙骨及吊杆的固定位置及长度，使龙骨和吊杆受力合理。并利用全站仪，在吊顶板下结构板面上设置与每一排吊顶板上控制点相对应的控制点。

3）由于吊顶 GRG 板面与结构板之间的距离过大，不能直接用 φ10 的吊杆直接吊接，需要增加 10 号槽钢作为吊杆。10 号槽钢与顶部的钢结构焊接，50×50×5 的镀锌角钢作为转换层，与上方的 10 号槽钢焊接，将 φ10 的吊杆上端固定在镀锌角钢上面，下端连接 GRG 板，保证了 ϕ 10 吊杆长度小于 1500 mm。边缘部位的 GRG 板很重要，边缘部位 GRG 固定牢固后，第二块 GRG 板以此为水平支撑点安装，其他 GRG 依次安装，这样在安装过程中，不会因为吊杆摇动而使得整个 GRG 发生偏位，边缘部位的 GRG 不能采用 ϕ 10 吊杆连接，必须采用 50×50×5 的镀锌角钢与 GRG 预埋件焊接，如图 19-13 所示。

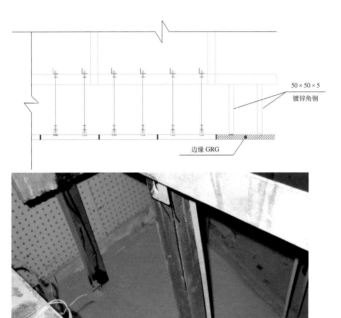

图 19-13　边缘的 GRG 固定示意图及现场施工图

4）墙面 GRG 板安装，应先安装角部，再向两侧延展。墙面 GRG 板的固定不能使用吊杆，要全部使用 50×50×5 的副龙骨镀锌角钢及 10 号槽钢。镀锌角钢与 GRG 板上预埋钢片焊接固定，对于距离墙面较远的部位，则运用桁架原理设置角钢，主龙骨为 10 号槽钢，竖向主龙骨通过固定锚板固定在墙上，固定锚板固定在结构楼板、结构梁、墙体联系梁以及地面，水平主龙骨锚固板固定在联系梁，并与竖向主龙骨焊接。对于有造型的墙面，则利用三角形桁架的工作原理设置，主龙骨采用 10 号槽钢，通过固定锚板固定在结构墙上，连接杆采用 50×50×5 镀锌角钢与

GRG 板内的预埋件焊接，对于长度大于 400 mm 的连接杆必须增加 50×50×5 镀锌角钢作为斜向支撑，如图 19-14、图 19-15 所示。

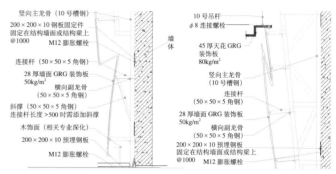

图 19-14　造型墙面龙骨及 GRG 安装示意图

图 19-15　墙体现场龙骨与 GRG 连接施工图

5）根据现场定位，在转换层龙骨上定位、打孔、安装丝牙吊杆，按照吊顶两侧墙上轴线、标高控制线及与该排吊顶板相对应的地面上的控制点，利用激光投点仪及钢卷尺将该点引至吊顶板安装位置。首先安装最低位置处中轴线上的 GRG 吊顶板，调平、校正后固定丝牙吊杆螺母。然后根据第一块吊顶板高度、位置安装下一块 GRG 板，安装完成后使用水平管及激光水准仪调平复核，依次安装同排吊顶板，并由最低位置向最高位置、由角部向两边依次安装。安装顺序如图 19-16 所示。

6）由于吊顶是单个筒灯及满天星，所以满天星的星孔位置尺寸要根据深化图纸在加工厂一起加工。而且星孔大小不一致，星孔中心的连线成圆弧形。安装完成后对星孔必须进行重复打磨处理，以保证星孔方正，如图 19-17、图 19-18 所示。

图 19-16 GRG 吊顶板现场拼装图

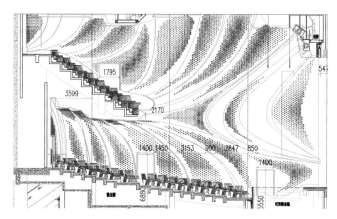

图 19-17 满天星星孔位置

图 19-18 现场星孔处理图

图 19-19 有风管吊顶龙骨分布图

7）大面积 GRG 的安装，必须待吊顶上面管道管线设备完毕后进行，例如空调、风管、消防管道、检修通道必须安装完成。吊顶灯具、风口、喷淋、烟感等，必须结合吊顶 GRG 的造型安装，在开孔前应先放线，圆弧部位、洞口中心弧度与吊顶 GRG 弧度一致，洞口间距一致保持美观对称。在吊顶内设置人行龙骨，这样便于安装满天星及日后的维修，而不破坏GRG 板。如图 19-19 所示。

8）GRG 板拼缝调整处理：为防止吊顶及墙面造型的面层批嵌开裂，用螺栓在 GRG 板接缝处背面用螺栓连接在一起，螺栓与 GRG 板之间增减弹性垫片。填缝时，先用弹性填缝材料加玻璃纤维；缝隙填满后，接缝处用网带处理（第一道工序）；等待填缝材料干固后再用进口填缝材料满批（第二道工序）；如图 19-20所示。

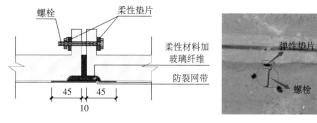

图 19-20 拼缝处理示意图

9）拼缝处理完成后满刮 GRG 吊顶板专用腻子，打磨处理完成后进行涂料施工。面层批腻子、喷氟碳漆处理工序：第一道腻子：轻抹板面并修边，宽度均为 180 mm；第二道腻子：抹一层嵌缝石膏腻子，其宽度为 270 mm，表面腻子凝固后，用 150 号砂纸打磨。满刮基层石膏、腻子、打磨：第一遍，满刮基层石膏、打磨，要求满刮并将 GRG 表面造型曲面基本找顺，待干燥后，用砂纸磨平；第二遍，满刮腻子及磨光，收缩裂缝及不平处要复补腻子，腻子干燥后，打磨平整后清扫干净；第三遍，满刮腻子及磨光，用 2 m 靠尺先检查，不平整的部位，再用腻子抹平，腻子干燥后，打磨平整后清扫粉尘。如图 19-21 所示。

图 19-21　GRG 接缝刮腻子

最后表面效果处理：按要求进行 2 ～ 3 遍氟碳漆喷涂，使漆面视觉饱满、均匀。

19.5　拉索式玻璃幕墙施工技术

（本节专项工程由北京南隆建筑装饰工程有限公司实施）

1. 拉索式玻璃幕墙施工方法

此部分幕墙主要位于音乐厅西侧及北侧，高度为16.5 m。钢拉索点式玻璃幕墙的施工是幕墙工程中的重点和难点，其显著的特点就是现场的调节余地很小，拉索和玻璃孔位在安装前已按设计要求加工好，加工公差要求严格。因此安装前对支撑玻璃的架构的位置度及平面度要求很高，测量校核安装驳接件的位置是施工中的重点，施工过程中应特别重视。

此部分施工范围狭小，施工时采用简易吊装设备配合机械吸盘机进行吊装，并搭设脚手架，便于安装工人行走及施工。拉索的预紧力的调整对整个幕墙的结构体系的平衡起着重要的作用，通过专业张拉设备及专用测力装置给予拉索准确的预拉力。

2. 拉索式玻璃幕墙施工工艺

第一步骤：测量放线、埋件的处理及转接件安装。

（1）根据测量放线所标记的位置校正预埋件的位置，位置偏差较大应在侧边加焊或重新加埋，对主受力埋件若须另行加埋必须采用高强化学锚栓，且施工应严格按照有关技术要求进行，确保埋件受力可靠。

（2）焊接支撑棒底座或驳接件支座

焊接底座前应以测量放线后最高埋件作为底座基准平面，低于该基面的埋件采用垫钢板补焊补平，对钢棒底座及驳接件底座按上述方法焊接完成后，再次复测其位置的准确性，支撑结构中若有桁架及钢梁柱的安装，使其精确就位，分段控制，以免误差积累。

第二步骤：安装及张拉预应力拉索。

在连接构件准确牢固焊接，复测达到安装要求后，可进行拉索的安装。安装时应注意保护不锈钢表面，要有合理的包装，以免在施工过程中污损表面，影响外观。先安装竖向受力拉索，后安装横向拉索。拉索装配完成后进行调整，必须保证连接驳接爪位置的中心符合安装要求，位置度 ±2 mm、平面度 ±3 mm，而且要使所有拉杆受力均匀，不能存在松动拉杆和受力过大拉杆。

拉索结构是典型的柔性结构，预拉力是拉索结构的灵魂，只有结构具有一个比较准确的预拉力，幕墙才能正常工作，结构才会安全，因此预应力不锈钢束的施工是本工程的难点。

本幕墙工程使用的所有拉索均按二次设计图纸深化设计完成后，由专业工厂加工制作定尺，运到现场直接安装。采取一端张拉的方式施工，先张拉主索，再张拉其他预应力拉索。张拉顺序按照一端向另一端方向张拉，在早期预应力损失基本完成后，再进行张拉的方式。待张拉完成后，检测先张拉的拉索预应力值是否符合设计要求，如不符合，则进行补张拉。采用这种补偿张拉，可克服弹性压缩损失，减少钢材应力松弛损失和混凝土收缩徐变损失等，以达到预期的预应力效果。见图 19-22。

第三步骤：索夹及双层玻璃面板安装。

（1）索夹的位置调整校核到安装要求后，可进行自平衡体系的预应力施工，施加预应力时应注意保持体系内力的平衡，并用钢丝测力仪反复校核拉索的预

图 19-22　预应力拉索张拉

应力值，防止出现过度张拉现象，为保证玻璃能顺利安装到索夹上，应对索夹位置控制点测量校核，全方位拉线检查每个驳接点的偏差。

（2）双层玻璃面板工厂内已经组装成单元板块，现场可以直接安装。现场按图纸要求对玻璃及玻璃夹板进行清洗，清洗剂为易挥发并不腐蚀金属和玻璃的溶剂。

（3）清洗后，按专用双组份胶的使用说明、图纸要求的尺寸位置将夹板粘结在玻璃上，必须粘好、粘牢，在粘结过程中玻璃搬运必须将玻璃垂直于地面进行搬运，严禁水平搬运。

（4）按现场的条件利用简易吊装设备配合机械吸盘机将玻璃上的玻璃夹板插入到下支座上，然后将上端玻璃通过螺栓用玻璃夹板固定在上支座上，通过调上端玻璃夹板的位置调整玻璃，直到玻璃到安装位置为止，将下端玻璃夹板用螺栓与下支座固定。玻璃在安装前用开口胶管对两个精磨长边进行保护，然后再安装下一分格的双层玻璃面板。所有玻璃安装完毕后，用水准仪测量双层玻璃面板上安装肋玻璃的安装孔位置是否在同一水平面，如果不在同一水平面，通过调整玻璃上下端玻璃夹板的高度位置来调整双层玻璃槽口面板上肋玻璃安装孔的位置，确保安装的肋玻璃横向方向水平。

（5）在安装玻璃前，先把驳接头安装在玻璃上并锁紧定位，然后将玻璃提升到安装位置与驳接爪连接固定。玻璃安装按从上而下、先中间后两侧的顺序进行，玻璃安装完毕后，经调整检验再进行打胶处理。

第四步骤：清洗注胶

打胶前应用"二甲苯"或工业乙醇和干净的毛巾擦净玻璃及钢槽打胶的部位。肋玻璃、面玻璃的垂直缝隙中用结构硅酮密封胶填充，上下及两边缝隙用耐候硅酮密封胶填充，胶缝的宽度和深度应符合设计要求；填充必须密实，并在填充后用压勺适当地按压，表面平整光滑，微向内凹。玻璃胶表面修饰好后，应迅速将粘贴在玻璃上的胶带撕掉。待玻璃胶表面固化后，应清洁内外玻璃，做好防护标志。如图 19-23 所示。

图 19-23　拉索幕墙成品效果

第 20 章　广西文化艺术中心

项目地址：广西壮族自治区南宁市五象新区龙堤路 5 号

建设起止时间：2015 年 11 月至 2017 年 12 月

建设单位：南宁信创投资管理有限公司

设计单位：德国 GMP 国际建筑设计有限公司、华东建筑设计研究总院

施工单位：中国建筑第八工程局有限公司广西公司

项目经理：王维；项目总工：高宗立

工程奖项：中建八局优质工程奖

工程概况：

广西文化艺术中心项目位于南宁市五象新区，作为广西重大文化公共设施项目和最高级别的艺术表演中心，是国内体量第四大的演艺场馆，建成后将大大提升广西及南宁的文化形象与品位。工程占地面积 244.3 亩，总建筑面积 38 万 m^2，其中文化艺术中心 11.5 万 m^2、配套工程 26.5 万 m^2，总投资约 29.5 亿元。文化艺术中心包括 1800 座的大剧院、1200 座的音乐厅及 600 座的多功能厅，地下 1 层，地上 4 层（局部 7 层），混凝土结构最高 36.5 m，歌剧院建筑顶点高度 58 m，音乐厅 51.1 m，多功能厅 48.1 m。结构形式为框剪结构 + 钢结构。见图 20-1 ～ 图 20-3。

技术难点：

1）体量巨大、工期紧张

根据以往国内剧院施工经验，此类大型歌剧院的工期至少需要三年，在工期如此紧张的情况下如何保证施工质量和进度是重点把控的难题。

图 20-1　广西文化艺术中心外景

图 20-2 大剧院内景

图 20-3 音乐厅观众厅效果图

2) 专业众多、技术复杂，立体交叉

除钢结构、幕墙、机电等常规专业外，还有舞台设备、声学、灯光音响等特殊专业，专业分包数量多达 23 家，施工交叉复杂。以观众厅为例，存在室内钢结构、机电安装、舞台机械、灯光音响、声学装修、标识等专业互相影响。

3) 大跨度，大构件施工难度大

大剧厅、音乐厅、多功能厅均为大跨度、大空间结构。音乐厅跨度 37.8 m，多功能厅空间跨度 29.5 m，大剧厅跨度 37 m，台仓位置混凝土梁最大尺寸达到 800 mm×3200 mm，支架高度 16.8 m，钢拱基础环梁尺寸最大为 4000 mm×1200 mm，对高支模体系及大体积混凝土施工要求高。

4) 平行不规则桁架组成超限钢结构施工难度大

屋面钢结构为平行不规则桁架结构，长度方向最大 214 m，宽度方向最大 206 m，三个大厅的钢结构屋盖为单方向的平面拱桁架，各榀桁架标高不一，单榀桁架局部下层幅度大，局部位置通过屈曲支撑进行刚度增强，云状屋盖生根于钢拱上，悬挑长度最长达到 15 m，杆件壁薄，大多数仅为 4 mm，结构受力分析复杂，最大理论变形量达到 284.8 mm。选用何种卸载方式，对结构的变形值控制影响非常大，甚至会影响结构安全，钢结构安装要求非常高。

20.1 大跨度超高混凝土梁贝雷架模板体系安装施工技术

1. 概述

大剧院四层主舞台区域四周有 4 根大梁，具有跨度长、截面大、高度高的特点。台口大梁最大跨度 23.5 m，最大截面尺寸 800 mm×3200 mm，最大线荷载达到 64kN/m³，梁自重最高达 144t，梁最大净高为 21.25 m，属于少见的室内大跨度、超高、大截面混凝土梁，对施工工艺的选择和施工过程中的管理是一种考验。

2. 技术难点

台口大梁自身荷载大，对下部支撑楼板要求高，普通的高支模体系搭设范围广、架体高度达到 33 m、

架体最密达到 400 mm×400 mm，搭设困难，安全隐患多，施工危险性非常大。同时根据台口大梁的设计特点，其混凝土施工又属于大体积混凝土浇筑的范畴，如何控制混凝土中胶凝材料水化引起的温度变化和收缩导致的有害裂缝是又一个难点。

3. 技术措施

贝雷架模板体系方案设计：

舞台区大梁模板体系的整体设计思路采用钢支撑+贝雷架片的形式，整体由贝雷片承受大梁的荷载，再传递给钢支撑，最后传递到钢支撑基础，如图 20-4 所示。首先考虑在现有楼板上现浇钢筋混凝土条形基础作为钢支撑的基础，基础截面为 5000 mm×2000 mm×500 mm (H)，混凝土强度等级为 C30，配筋为双层双向 φ20@150，箍筋 φ12@200，在条形基础上立钢支撑，支撑系统采用直径 609 mm、壁厚 16 mm 钢支撑，钢支撑顶端采用 φ609×16 mm 活动端，以方便标高控制和拆卸时高度降低，钢支撑相互之间用 16 号槽钢作剪刀撑或横撑，上部放置 45b 双拼工字钢作盖梁，盖梁上部放置贝雷片作主梁，贝雷片上铺设 25b 工字

图 20-4　贝雷架模板支撑体系

钢分布梁间距 @500 mm。

4. 技术要点

1）整体施工流程

测量放样→条形基础施工→安装钢支撑→钢支撑纵、横向加固连接→安装盖梁→贝雷桁架拼装、安装及加固→横向分配梁安装固定→铺设模板操作平台→铺设大梁底模、绑扎钢筋、安装侧模并加固→混凝土浇筑、养护→贝雷架模板体系拆除。

2）支撑架安装关键技术

（1）基础截面为 5000 mm × 2000 mm × 500 mm（H），混凝土强度等级为 C30，配筋为双层双向 φ20@150，

箍筋 φ12@200。基础底部铺设彩条布，基础应收面平整，水平平整度误差应控制在 ±5 mm。

（2）安装钢支撑及纵、横向加固连接

① 支撑体系采用直径 609 mm、壁厚 16 mm 的钢支撑，先根据图纸确定好钢支撑的平面位置及单根钢支撑立柱的长度，根据长度选择合适的钢支撑进行拼装。

② 拼装时注意预留一节短接头先不组装，将该短接头安装于对应位置上，短接头底部为 φ750 mm 的法兰钢板底座，然后通过 8 个 M24×150 膨胀螺栓固定于钢筋混凝土条形基础上，再拼装相应的钢支撑，短接头与基础固定节点如图 20-5 所示。

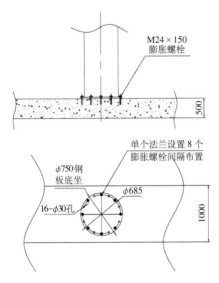

图 20-5 钢支撑与基础固定节点

③ 安装时严格控制好钢支撑的竖直度和柱顶标高，钢支撑最顶端为方便高度调节，需安装一个可伸缩调节的 φ609×16 mm 活动端。

④ 钢支撑安装好后在其之间设置横撑或剪刀撑来增加钢支撑的稳定性，横撑或剪刀撑采用 16 号型钢与钢支撑焊接连接，剪刀撑各支撑型钢与钢支撑连接处需增加 10 mm 厚连接钢板后采用满焊，横撑应沿着 16 号型钢各个面满焊，必须确保焊缝质量，横撑或剪刀撑具体布置尺寸如图 20-6 所示。

（3）安装盖梁

钢支撑顶部放置 45b 双拼工字钢作盖梁，将两根水平、并排放置的型钢焊好，保证连接刚度与水平度。

盖梁就位后将盖梁与钢支撑顶牢固焊接成一个整体，并在每个节点处两侧采用 8 号槽钢进行加固，具体如图 20-7 所示。

（4）贝雷桁架拼装、安装及加固

① 贝雷主梁在平整场地内拼装，根据每跨跨径和组距确定每组贝雷组拼装的长度和排数，用相应的支撑架和支撑架螺栓将单排贝雷片连成整体并将加强弦杆安装于贝雷架上。

② 为保证梁的刚度，贝雷、支撑架之间采用接头错位连接，这样可减少由于贝雷片接头变形产生的主梁位移。连接贝雷片的所有螺栓螺帽必须拧紧，涂上黄油的贝雷销子穿到位后，必须插好保险销。

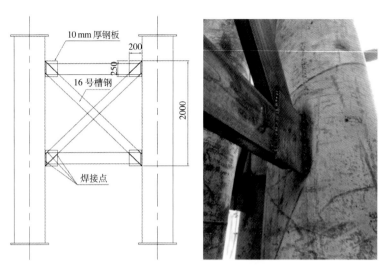

图 20-6　钢支撑之间剪刀撑加固示意

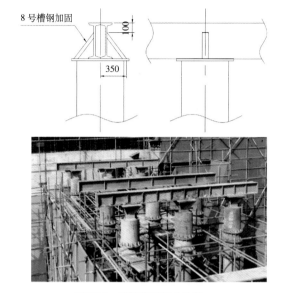

图 20-7　盖梁加固节点示意

③ 在盖梁上测量出每组贝雷组的放置位置，待拼装好后，用钢构塔吊将贝雷组吊装就位，每组在钢支撑顶处进行一行连接，最终通长连接成整体。

④ 每组贝雷组之间用 8 号槽钢及螺栓作剪刀撑，以加强组与组之间的稳定性，避免在受压时发生横向位移，同时每组贝雷片在盖梁处用 8 号槽钢制成的小龙门作定位焊接，如图 20-8 所示。

（5）横向分配梁安装固定

在架设好的贝雷梁上每间距 500 mm 铺设一根 25B 工字钢横梁，保证工字钢横梁刚好落在贝雷梁的每个受力节点上，采用卡板及下穿槽钢形式进行连接固定在贝雷梁上，注意横梁面与大梁底预留 30 mm 的模板铺设厚度，如图 20-9 所示。

（6）铺设模板操作平台、铺设大梁底模、绑扎钢筋、

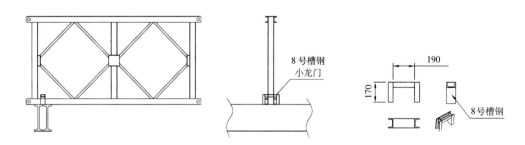

图 20-8　盖梁和贝雷片连接及小龙门制作示意图

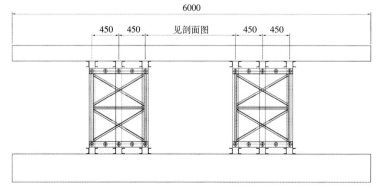

图 20-9　贝雷片与横梁连接示意

安装侧模并加固

横梁安装完毕后，在横梁上非梁底范围满铺木模板，以提供工作操作面，在横梁Ⅰ25B 端头设防护栏杆。根据图纸设计要求铺设梁底模板、绑扎大梁钢筋，梁底采用双层木模板。钢筋验收合格后，及时加固梁模板，侧模底边每间距 500 mm 在 25B 号工字钢横梁上焊接一道角钢固定件，角钢规格为∟50×50×5，长度为 30 mm。

（7）混凝土浇筑及养护

大剧院舞台区大梁截面高度非常高，要求大梁两端的框架柱、剪力墙先浇筑，再绑扎大梁钢筋，后浇筑混凝土，以保证架体整体稳定性；同时浇筑混凝土的过程须分层浇筑，每次浇筑高度不应超过 500 mm。

（8）贝雷架模板体系拆除

利用千斤顶卸落底模、拆除横梁→拆除贝雷桁架→拆除盖梁→拆除横撑、剪刀撑→拆除钢支撑、破除混凝土条形基础。

20.2 多壳体错层拱桁架及平面交叉桁架组成的连体空间结构施工技术

1. 概述

广西文化艺术中心项目钢屋盖为三壳体错层拱桁架及平面交叉桁架组成的连体空间结构，投影面积 11.5 万 m²，用钢量约 7000t。三个山形屋盖由三榀联系桁架相互连接，单壳由 20～32 榀间距为 3 m 的单方向管式拱桁架相连而成，中间最高分别向两侧依次递减，上层桁架下弦与下层桁架上弦通过系杆连接，局部拱桁架区域下陷，单榀拱桁架由倾斜的 2 根销轴支座支撑，最大跨度为 116.7 m，最大矢高为 50.75 m，最厚弦杆壁厚仅为 10 mm，属于大跨度薄壁超限结构体系。如图 20-10 所示。

2. 技术难点

1）多壳体错层拱桁架及平面交叉桁架连体空间薄壁钢结构变形的控制与研究，在国内基本处于空白，尚没有形成成熟的工法。

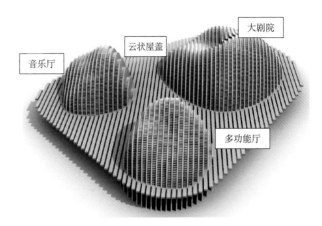

图 20-10　三壳体错层拱桁架及平面交叉桁架组成的连体空间结构

2）安装精度要求高。下一道工序为幕墙单元板块，薄壁拱桁架多壳体错层拱桁架的安装精度偏差不大于 5 mm。

3）卸载顺序对结构变形的控制与研究。结构受力分析复杂，最大理论变形量达到 284.8 mm。选用何种卸载方式，对结构的变形值控制影响非常大，甚至会影响结构安全，钢结构安装要求非常高。

3. 技术措施

1）展开对间距为 3m 的单方向管式壳体错层拱桁架和长达 15m 悬挑的平面交叉桁架组成的大跨度薄壁超限连体空间结构体系的受力分析，为类似结构的设计与施工提供参考。

2）分析三壳体错层拱桁架及平面交叉桁架组成的连体空间结构在不同卸载工况下的结构受力特性，确保卸载的科学合理顺序，保证施工安全。

3）对空间结构卸载过程的变形量进行仿真控制，优化结构连接节点，降低卸载后的结构变形量，为幕墙工程提前插入施工创造有利条件。

4）对结构关键受力节点及关键管件壁厚等进行优化，缩短现场的安装难度和焊接工作量，缩短施工工期。

4. 技术要点

1）深化设计及关键构件加工

（1）利用 midas 软件，结合运输能力、现场工况要求，深化荷载取值及构件分段工艺，减少现场拼装及焊接量。如图 20-11 所示。

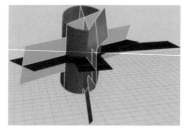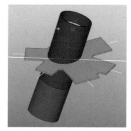

图 20-11 十字穿心节点优化为一字节点

（2）通过增加管件壁厚、外部增加劲肋、承压区增加盖板等方式进行加强，将一般的十字穿心相贯节点优化为节点板相贯节点，降低构件加工难度和现场焊接难度。

（3）桁架、拱桁架、环桁架交汇等处，众多杆件相贯的连接节点优化为多通类铸钢节点，提高强度和刚度，空间角度一致性好，保证空间网架对节点精度的要求，安全可靠，并在工厂内制作完成，大大减少现场焊接。

（4）研究了铸钢件加工、销轴插板与拱脚连接节点加工、环桁架多支管节点加工、拱桁架加工技术，确保构件加工质量。

2）拱桁架结构安装

（1）受限于平面钢拱桁架结构的特性以及后续工序的高精度要求，采取反光片将轴线定位在圆管表面，为后续轴线测量复核提供条件，确保安装精度。如图 20-12 所示。

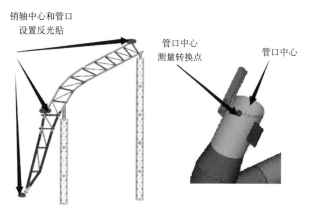

图 20-12 拱桁架复核测量

（2）明确钢桁架安装顺序，平面单榀拱从中间往两侧对称推进，起步拱安装 5 榀形成稳定体系后合拢

首拱，解决了平面钢拱结构不稳定、易倾倒的问题。如图 20-13 所示。

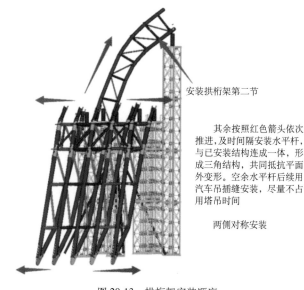

安装拱桁架第二节

其余按照红色箭头依次推进，及时间隔安装水平杆，与已安装结构连成一体，形成三角结构，共同抵抗平面外变形。空余水平杆后续用汽车吊插缝安装，尽量不占用塔吊时间

两侧对称安装

图 20-13 拱桁架安装顺序

（3）每段钢拱采用上下葫芦吊、中间固定的吊装措施，有效调节钢拱吊装角度，解决高度调节困难、耗时长的难题，提高工效。

3）交叉桁架安装

（1）外环桁架为空间四弦结构，采用三葫芦＋一固定的四点吊装法，单片交叉桁架采用二葫芦＋一固定的三点吊装，保证吊装稳定平衡。

（2）明确云棚交叉桁架安装顺序，先安装三拱环桁架的交汇交叉桁架，形成稳定体系后，安装挑檐桁架，减少钢拱变形。如图 20-14 所示。

4）结构卸载控制

（1）对连体空间结构实行单壳同步卸载，先卸载变形较大区域、次卸载变形较小区域。悬挑平面交叉桁架在单壳卸载完成后由内向外依次卸载。

（2）在结构分析计算的基础上，按照等比例微量下降的原则拆撑，来实现荷载平稳转移。卸载过程采用控制位移的方法实现分阶段整体分级同步卸载，遵循变形协调和结构安全的原则。

（3）对每个卸载点的千斤顶附近均需设置每格 10 mm 刻度线的立杆，最大行程 140 mm，严格控制千斤顶下降行程，逐渐实现卸载。

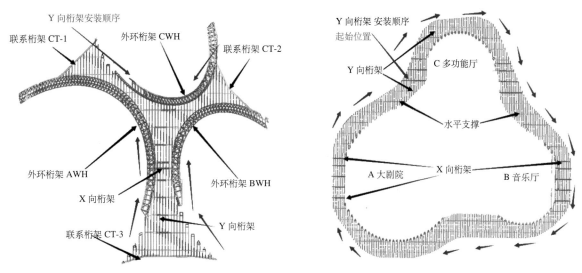

图 20-14 云棚钢结构安装顺序

20.3 仿山体高光幻彩折槽铝板幕墙施工技术

（本节专项工程由上海精锐金属建筑系统有限公司实施）

1. 概述

广西文化艺术中心金属幕墙包括两大部分：拱形金属幕墙和云状区域金属幕墙，其中拱形金属幕墙采用压型铝单板，分为三个单体：多功能厅，音乐厅，大剧院；云状金属幕墙采用铝单板。三个单体钢屋盖造型呈现出群山的起伏，与云状屋盖共同勾画了广西地区特有的"喀斯特"地貌。

幕墙展开面积约 18.8 万 m²，主要材料为 30 mm×30 mm 折槽压型铝板，整体屋面造型不规则曲度分布，屋面坡度不一致，局部下沉幅度大。拱形金属幕墙材料为厚度 3.0 mm 的折槽铝板，经过钣金加工，表面进行幻彩珠光白色氟碳喷涂后，使得外观效果在不同角度呈现不同色彩，外观成型效果优良。其中大剧院拱形金属幕墙共有 32 榀，最高标高为 58.5 m。如图 20-15 所示。

2. 技术难点

（1）压型结构导致折弯比较多，钣金成型加工难度大。折弯后，在斜口有材料的挤料情况导致斜边不整齐，需要后续进行再打磨处理，费工费时。表面为高光幻彩珠光白色氟碳喷涂处理，膜层厚度与均匀度以及色差极难控制，喷涂环境要求非常严苛。

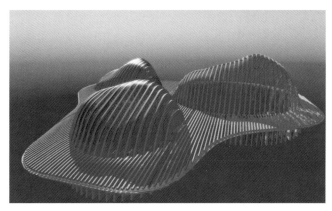

图 20-15 金属幕墙效果

（2）山体金属幕墙整体屋面造型不规则曲度分布，屋面坡度不一致，局部下沉幅度大，对多曲率、异形、无规则装饰面的安装精度要求高，铝合金装饰条的对缝连接难度大，同时给操作体系搭设带来很大困难。云状区域金属幕墙弧度大、不规则，铝板竖向面由小到大弧形变化，对安装精度要求高。

（3）铝板与铝板之间对缝难度大，铝板本身存在凹槽，大大增加铝板自闭水难度。山形幕墙铝板错层阶梯式变化，与混凝土屋面距离不一，且二者材质不一，提高屋面防水难度。

3. 技术措施

（1）对于压型板折弯成型，采用专用折弯成型模具，可一次成型 30 mm×30 mm 的凹槽，成型尺寸稳定，整体板面的尺寸精度大大提高，保证了产品质量。

通过采用长行程切割锯,可以对成型后的压型板整体进行切割,切割断面整体,拼缝自然美观,保证了安装后的良好效果。

(2)对间距不同的 30 mm×30 mm 凹槽压型表面进行高光幻彩珠光白色氟碳喷涂处理,采用数控与人工相结合的方式,使得外观效果在不同角度呈现不同色彩,外观成型效果优良。

(3)结合山体形式特点,24 m 以下拱与拱之间搭设三排落地式脚手架,24 m 以上顺着拱桁架搭设阶梯式操作平台,而非全部采用落地式操作架,避免了满堂架影响其他工序,同时减少大量搭设满堂架的材料,非常有效降低成本。格栅安装前拆除部分阶梯式脚手架,保留爬梯部分的脚手架,架体适当拆改,充分利用原有操作架,避免二次搭设,做到经济实用。如图 20-16 所示。

图 20-16 阶梯式操作平台

(4)铝板采用骨架搭接在轻钢屋面的翻口上,骨架上下两侧安装镀铝锌钢板,中间设置保温棉,充分利用骨架内部空间结构,同时起到保温作用。上层钢板与钢拱处满焊,再涂抹聚脲防水涂层,钢拱上涂抹至离镀铝锌钢板 300 mm 处,采用不锈钢箍紧环收边密闭,涂抹聚合物砂浆保护层,铝板与轻钢屋面形成雨水隔断空间,防水效果良好。如图 20-17 所示。

(5)每榀钢拱结构铝板设置了自排水结构,内部设置成凹槽,满贴 TPO 防水卷材,外部用铝单板装饰,

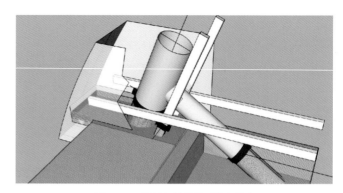

图 20-17 铝板与轻钢屋面防水节点

铝单板之间设置 1cm 缝,以便流水进去内部凹槽排掉,避免外部铝板大面积流水,既做到了自身防水,又美观实用。

4.技术要点

(1)采用犀牛软件对铝板幕墙进行建模,在 BIM 平台上导入各专业模型,基于 BIM 碰撞检测,实现在实际施工前发现管线碰撞、施工空间不足等问题。根据三维模型提取材料计划,同时将异型、多曲率空间铝板幕墙进行细化分析,获得每根骨架以及每块铝板的平面曲率,以便铝板加工。

(2)铝板 3D 扫描精确放线,通过扫描现场实际情况,与模型做对比,进行相应调整,控制偏差在允许范围,避免因偏差累积造成安装困难。根据设计位置进行放线,安装位置随之调整,保证安装精度达到设计以及规范要求。

(3)铝板设置 30 mm×30 mm 凹槽,以便铝板有足够刚度,保证铝板不易变形。铝板骨架地面拼装,更容易保证骨架杆件之间位置及骨架位置的准确性。整体吊装,一次定位成型,避免每根杆件都定位,减少重复定位工作以及空中高难度焊接作业,有效提高工作效率,节约工期。

(4)结合云环绕山的钢拱结构特点,对于山形钢桁架结构,24 m 以下部分充分利用每榀拱之间间距,设置三排脚手架。24 m 以上与钢结构轻钢屋面施工存在交叉,为保证不影响金属幕墙及钢结构轻钢屋面的施工,金属幕墙 24 m 以上脚手架形成两阶段搭设,阶梯架体和施工梯架体。在云棚悬挑结构需要安装铝板的两榀纵向骨架之间安装电动吊篮。

20.4　剧院舞台音响施工关键技术

（本节专项工程有广州市易纬电子有限公司实施）

1.概述

大剧院采用两套扩声系统，一套为大功率可控声束柱状扬声器，另一套为线阵扬声器系统。可控声束柱状扬声器采用左、中、右声道设计，其中左、右声道扬声器采用三分频系统，由电子可操控高频阵列模块（最大声压级 148dB）、电子可操控中低频阵列模块

和超低频扬声器组成。该系统声束角度可调，可分叉直接覆盖观众区，所占面积非常小，隐藏安装于台口带孔金属面网后，几乎不可见，可满足高功率、高品质的音乐、人声重现，国内设计首创。线阵扬声器系统同样采用左中右扩声方式，其中左、右声道由 3 只单 18 寸超低频扬声器 d&b audiotechnik Bi6-SUB 加 12 只双八寸线阵 d&b audiotechnik Yi8 组成，中央声道由 10 只双八寸线阵 d&b audiotechnik Yi8 组成。线阵采用葫芦升降式安装，可隐藏于吊顶内。如图 20-18、图 20-19 所示。

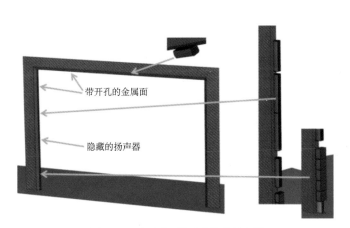

图 20-18　大功率可控声束柱状扬声器

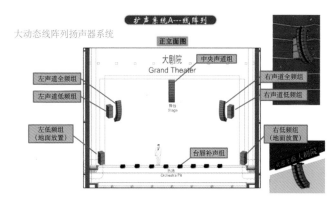

图 20-19　线阵扬声器系统

多功能厅室内声学系统采用先进的数字电子技术，实现厅堂混响时间的连续可调和自动切换，即通过电子声场控制技术来控制室内的建声混响效果时间和其他声学特性。兼容了从会议、商业艺术类（电视晚会、歌舞晚会）到经典艺术类（音乐会、歌剧、戏剧等）在内的不同应用功能，均能满足各种使用状态下的最佳音质效果要求，混响时间可以在 1.2s 至 1.8s 内可调，满足各种专业表演与声学环境的匹配问题，实现一厅多用。

2.技术难点

1）大功率可控声束柱状扬声器采用三分频设计，各频段之间会产生声干涉，需要严谨科学的调试才能取得良好的效果，另外为保障声束直接覆盖观众席，避免多余的声波辐射到其他墙面，造成多次声反射，影响音质效果，声束需要进行分叉，分别覆盖楼座和池座。如图 20-20 所示。

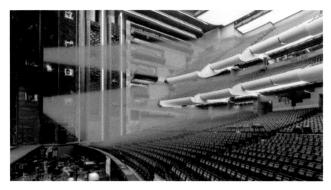

图 20-20　可控声束柱状扬声器声学分析

2）左右声道扬声器总重量达 423kg，其中低频扬声器组 160kg，线阵音箱组 263kg；中央声道扬声器组重达 220kg，另外还有 LED 屏幕的吊挂需求，需深化吊挂钢结构，既要满足扬声器的吊挂负重要求，也要满足日后检修维护需求。

3）由于左中右扬声器组为多只线阵扬声器，其吊挂的高度以及音箱之间的角度位置都必须精准，才

能确保现场扩声系统的声场均匀度，减少梳状滤波、声干涉，提高系统声音清晰度。

4）多功能厅室内声学系统由多达 54 只扬声器组成，其中 15 寸全频扬声器 8 只，10 寸全频扬声器 42 只，可控线阵列系统 4 只，由于系统通道较多，这为

系统调试增加了不少难度。室内声学系统要实现混响时间 1.2s 至 1.8s 内可调，并且要结合现场的建声环境，调试难度不言而喻，为提高后期使用人员的工作效率，需要预设多种场景模式，做到可以一键调用。如图 20-21 所示。

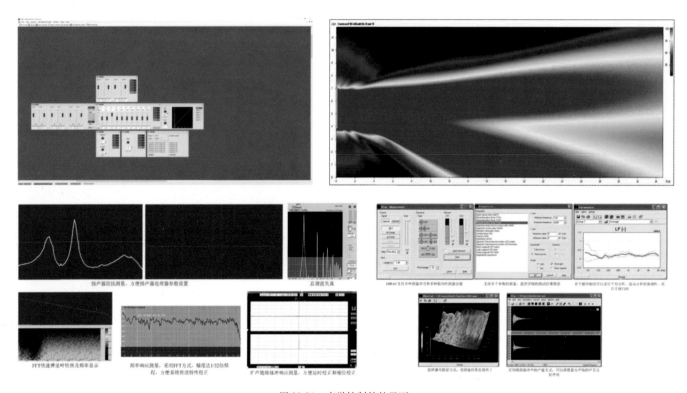

图 20-21　声学控制软件界面

3. 技术措施

1）通过 FOHHN 专业配套控制软件，辅助其他专业调试工具现场进行精细化调试。

2）重新设计钢结构吊挂节点，满足现场检修和吊挂需求。

3）利用 ArrayCalc 声场模拟计算软件以科学的计算方法来验证本系统的声学特性指标，根据现有扬声器所设计的摆放位置，将大剧院三维建模并导入到软件当中，扬声器在软件中的位置、方向、覆盖范围和指向都可以在界面中显示。对于每一组阵列，都可以即时准确运算出某段距离下的声压级。根据所建立的声场模型，能综合并精确地模拟出系统的实际性能，可自由设定系统的输入电平和所有系统的配置选项（如 CUT、CPL、HFC 或 INFRA 模式），以及空气吸

收等环境因素。所有阵列吊挂组件的负载状态也具有实时显示功能，以确定阵列的设置是否处于其可承重的范围之内。

4）利用专业调试软件确保每个通道扬声器达到最好的效果，再通过后期结合现场环境对室内声学电子处理器进行场景的调试、编排和预设。如图 20-22 所示。

4. 技术要点

1）利用扬声器厂家配套控制软件，辅助其他专业调试工具进行现场声音的测试调试，保证达到最好的音质效果。

2）根据现场实际钢结构情况设置线阵、LED 屏承重钢结构。

3）利用 ArrayCalc 三维软件建模，模拟线阵扬声

器吊挂位置，通过软件分析线阵扬声器重量、吊挂中心点位置以及各线阵之间的角度关系。

软件分析步骤：

步骤一：通过厅堂的建筑 CAD 图纸或现场场地测量尺寸，观众区的分布情况，选定基准点建立声场计算模型。如图 20-23 所示。

步骤二：根据厅堂的建筑结构、场地大小，合理选择音箱型号及其安装吊挂位置。如图 20-24 所示。

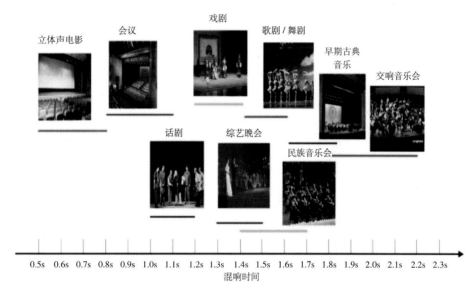

立体声电影　会议　戏剧　歌剧 / 舞剧　早期古典音乐　交响音乐会

话剧　综艺晚会　民族音乐会

0.5s　0.6s　0.7s　0.8s　0.9s　1.0s　1.1s　1.2s　1.3s　1.4s　1.5s　1.6s　1.7s　1.8s　1.9s　2.0s　2.1s　2.2s　2.3s

混响时间

图 20-22　电声调试

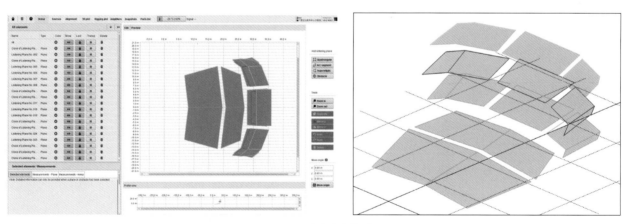

图 20-23　建立大堂模型

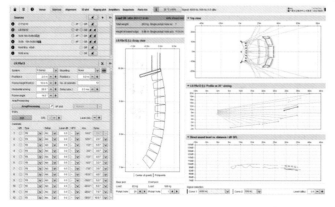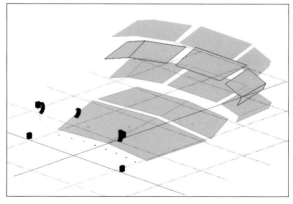

图 20-24　音箱挂位置

步骤三：根据音箱安装位置，调整每组音箱的覆盖角度。

步骤四：根据音箱安装位置，校对每组音箱的延时。如图 20-25 所示。

步骤五：参数调整完后，进行声场模拟计算，输出效果图。如图 20-26 所示。

步骤六：利用 Calc 声场计算软件查看音箱的吊挂点位、吊挂件的孔位、音箱组的尺寸大小、重量等参数。如图 20-27 所示。

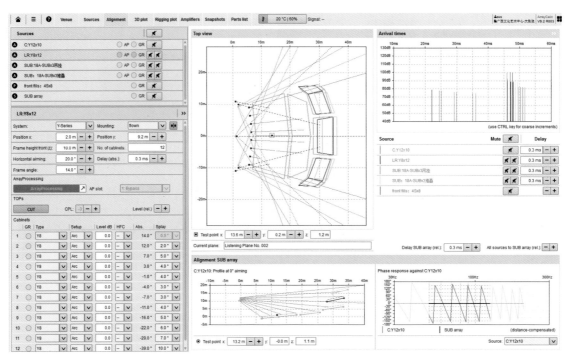

图 20-25　延时设置

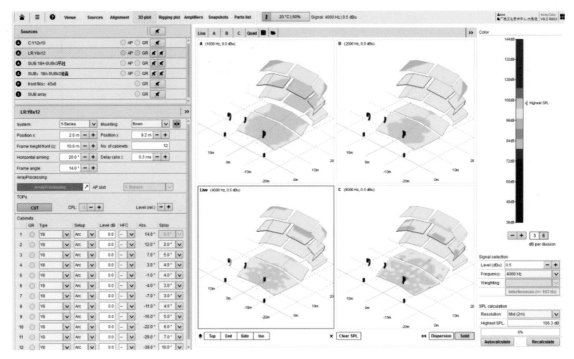

图 20-26　声场模拟计算

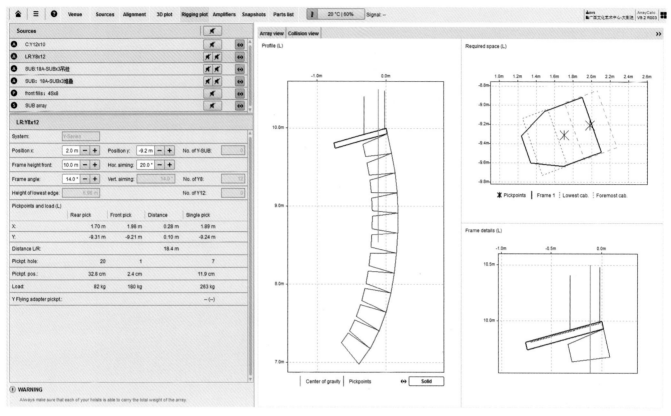

图 20-27　音箱组的吊挂安装信息

20.5　剧院声学装饰 GRC 和实木皮施工技术

（本节专项工程由深圳市中孚泰文化建筑建设股份有限公司实施）

1. 概述

大面积曲面造型 GRC+ 樱桃实木皮施工技术在大剧院和音乐厅的应用。大剧院观众厅顶棚 30 mm 厚、墙面 36 mm 厚 GRC，表面为樱桃木木皮；音乐厅观众厅顶棚 30 mm 厚、墙面 36 mm 厚 GRC，表面为枫木木皮。如图 20-28 所示。

2. 技术难点

1）双曲面 GRC 板块为基层，表面贴实木皮的反射装饰结构，折角达到 30°，基层内阻尼损耗系数大于 0.01，国内剧院首创。

2）实木皮自身材料变形性能差，GRC 板块的接缝处理、实木皮粘贴工艺研究，对粘贴牢固性、平整度、装饰效果影响重大。

图 20-28　大剧院声学装修效果

3）南宁回南天天气湿度较大，空气环境对木皮的粘贴影响很大，如何防止木皮粘贴脱落、空鼓成为关键。

3. 技术措施及操作要点

1）GRC 深化设计及下料：GRC 安装部位进行 3D 现场扫描，结合施工图、犀牛模型软件进行复核，分解确保生产的 GRC 精度满足现场安装要求。如图 20-29、图 20-30 所示。

图 20-29 现场 3D 扫描导入模型对比

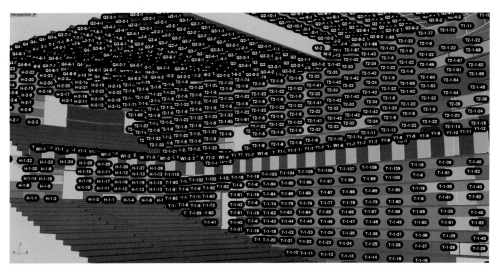

图 20-30 GRC 分解图形

2）GRC 接缝处理技术

（1）填缝前清除 GRC 板块间隙内的灰尘、砂浆等杂物；

（2）GRC 板块间隙内刷一层混凝土界面剂（丙烯酸乳液型界面剂），增强 GRC 板块与填缝胶泥的粘结力；

（3）补缝胶泥配制：硫铝酸盐水泥、建筑胶水、丙烯酸乳液、抗碱纤维丝，按 1：0.2：0.05：0.02（重量比）调制均匀成黏稠状的混合浆；胶泥配制完毕后，再加入纤维丝，对接缝处进行填缝，填缝密实至 GRC 表面 2～3 mm 处，待 72h 干燥后，清除接缝处灰尘，再用胶泥进行二次填补，接缝位置贴抗碱纤维网，宽度不小于 100 mm。如图 20-31 所示。

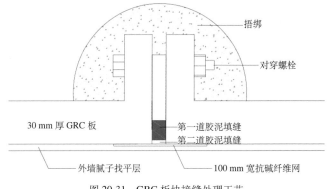

图 20-31 GRC 板块接缝处理工艺

3）GRC 表面找平措施

（1）腻子找平前清除 GRC 板表面的灰尘、砂浆等杂物；

（2）GRC 板块表面刷一层混凝土界面剂（丙烯酸乳液型界面剂），增强 GRC 板块与外墙腻子的粘结力；

（3）项目所在地位于南宁，腻子找平工作正好处于"回南天"时节，为保证木皮粘贴效果，腻子找平完成后（含水率不高于 10%），环境湿度控制在 50% ～ 60%，表面刷一层硝基清漆，增强木皮粘贴的粘结力。

4）实木皮粘贴技术

（1）腻子找平层干燥到含水率小于 20% 即可（墙体水分仪检测）；腻子表面用滚筒或毛刷，在腻子层用硝基清漆进行表面封闭处理；

（2）采用新型木皮自带亚米胶，与硝基清漆面层粘结后产生化学反应，在未干透前，对粘贴错误部分可以随意拆除、移位、减小损耗，完全干透后增强粘结力；

（3）实木木皮粘贴前，在木皮表面洒水，让其软化、自然收缩膨胀 24h，其目的是减小粘贴完成后与空气接触造成的变化；基底与木皮背面滚刷万能胶水，增加基底与木皮的粘结力，使木皮与基底的粘结力大于木皮自身的张力，有效减小因空气湿度造成表面的变化，固化 20min 左右，再进行粘贴。

（4）木皮贴上 GRC 板后，用刮板从上往下顺刮，将木皮和墙面之间的空气完全挤出；粘贴完成 24h 后，将多余部分用美工刀去除；最后用刮板等工具用力压实。

（5）接缝处，将左右木皮重叠宽度 15 ～ 20 mm，用美工刀裁切；为不损伤到基材，将多的废料（木皮）垫在接缝处，用不锈钢尺压实裁切，如图 20-32 所示。

（6）粘贴完成后间隔 24h，表面喷涂面漆，因南宁空气中湿度较高，防止木皮表面吸收过多水分，导致木皮面层起鼓、起泡。

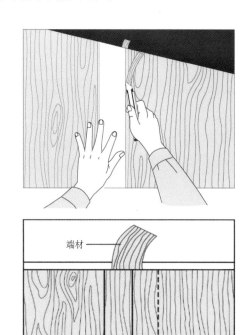

图 20-32　木皮接缝处理工艺示意

第 21 章 山东淄博市文化中心 A 组团大剧院

项目地址：淄博新城区核心区，北京路与华光路路口西 300 m

建设起止时间：2016 年 11 月至 2018 年 9 月

建设单位：淄博市新城区开发建设办公室

设计单位：北京市建筑设计研究院有限公司

施工单位：中国建筑第八工程局有限公司一公司

项目经理：赵春光；项目总工：秦永江

工程奖项：中建八局优质工程奖

工程概况：

淄博市文化中心项目位于淄博市新城区，由 A、B、C 组团及金带组成，A 组团大剧院定位为省级重大建设项目，是淄博市最大的城市公共文化建筑，划分为歌剧院、影院、音乐厅及入口大厅四个功能区。1464 座的歌剧院能够满足大型歌剧、舞剧、话剧以及综艺演出等要求；778 座的音乐厅能够满足专业音乐会演出的需求；9 个厅的影城能够满足 1200 人同时观影，并且包含一个 300 人的 IMAX 影厅。总建筑面积 6.3 万 m²，总投资约 7.91 亿元。地下 1 层，地上 5 层（局部 6 层），混凝土结构最高 34.4 m，歌剧院建筑顶点高度 37.55 m，音乐厅 22.55 m，影城 25.1 m。结构形式为框剪结构，结构设计使用年限为 50 年，二星级绿色公共建筑。见图 21-1、图 21-2。

图 21-1　山东淄博市文化中心 A 组团大剧院

图 21-2　歌剧院舞台效果图

技术难点：

（1）体量大、工期紧张。本工程结构复杂，造型新颖，施工工期仅 768d，在工期如此紧张的情况下如何保证施工质量和进度是重点把控的难题。

（2）专业众多、技术复杂，立体交叉：除钢结构、幕墙、机电等常规专业外，还有舞台设备、声学、灯光音响等特殊专业，专业分包数量多，施工交叉复杂。以歌剧院为例，存在室内钢结构、机电安装、舞台机械、灯光音响、声学装修、标识等专业互相影响。

（3）大跨度，大构件施工难度大

歌剧院、音乐厅、影城均为大跨度、大空间结构。歌剧院观众厅预应力顶梁最大尺寸达到 700 mm×3100 mm，台仓位置混凝土梁最大尺寸达到 600 mm×1900 mm，支架高度 49.95m，对高支模体系及大体积混凝土施工要求高。

21.1　歌剧院主舞台 49.95 m 高支模施工技术

1. 概述

淄博市文化中心歌剧院主舞台区域共有 8 根大梁，4 种型号 HL03、HL03a、HWKL03、HKL03，两种截面尺寸 600 mm×1700 mm、600 mm×1900 mm，最大跨度 30 m，梁自重最高达到 85.5t，线荷载最大达到 64kN/m³，梁最大净高为 49.95 m，具有截面大，跨度长，净高超高的特点。

2. 技术难点

超长跨度梁自身荷载大，对下部支撑楼板要求高，高支模体系搭设范围广，架体最高高度达到 49.95 m、架体最密达到 400 mm×400 mm，搭设困难，施工危险性高。根据现场实际情况本工程使用盘扣式钢管脚手架进行搭设，盘扣式脚手架计算时的单元是独立的，但现场具体施工时，部分模数与盘扣标准件的模数不吻合，因此，需要钢管与盘扣混搭的方式，在盘扣标准件无法连接的位置，使用钢管进行连接，如何保证在盘扣脚手架无法搭设区域内与普通钢管脚手架架体完美搭接的同时不影响架体牢固又是一个难点。

3. 技术措施

为保证支模架体有更高的稳定性，搭设更为便捷，主舞台区域架体模板体系整体设计思路为选用稳定性更高的承插型盘扣式钢管脚手架。规格为 $\phi48.3×3.6$ 的国标钢管，承插型盘扣式钢管支架的连接盘、扣接头、插销以及可调螺母的调节手柄采用碳素铸钢制造，可调底座的底板和可调托座托板宜采用 Q235 钢板制作，厚度为 6 mm，承力面钢板长度和宽度均为 150 mm；承力面钢板和丝杆应采用环焊，并应设置加劲片或加劲拱度；可调托座托板应设置开口挡板，挡板高度为 40 mm，可调底座及可调托座丝杆与螺母旋合长度为 5 扣，螺母厚选用 30 mm，插入立杆内的长度为 180 mm，可调托撑螺杆外径选用 36 mm，可调托撑的螺杆与支托板

焊接牢固，焊缝高度 6 mm；可调托撑螺杆与螺母旋合长度为 5 扣，螺母厚度 30 mm。可调托撑抗压承载力设计值不应小于 40kN，支托板厚度采用 6 mm。脚手板厚度选用 50 mm，两端应各设置直径为 4 mm 的镀锌钢丝箍两道。来自大梁及板的荷载由整体的盘扣架承受，并传递至下部的木垫板，最终传递至基础。主舞台盘扣式钢管脚手架立面图及平面图见图 21-3、图 21-4。

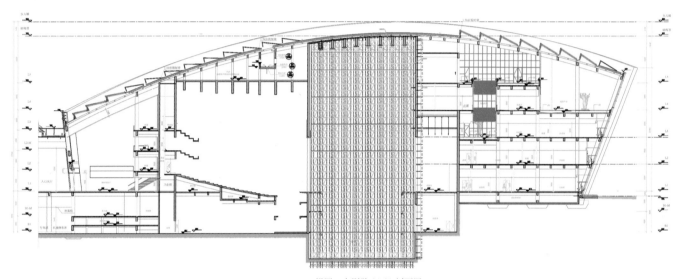

A 组团 – 大剧院 01-01 剖面图

图 21-3　主舞台盘扣式钢管脚手架立面示意图

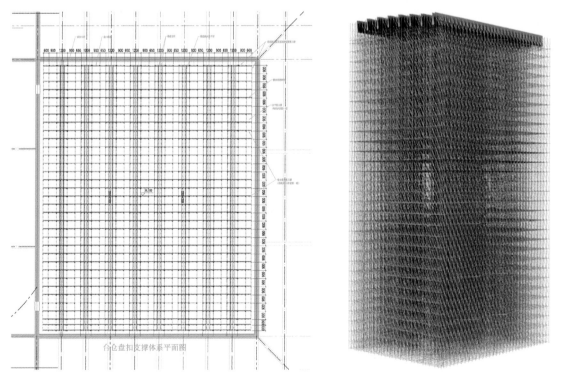

图 21-4　主舞台盘扣式钢管脚手架平面示意图

4. 技术要点

1) 整体施工流程

测量放线—垫木—安装第一步立杆—安装水平拉杆—纵横向剪刀撑—分层验收—接高立杆—水平拉杆至板或梁底下—纵横向剪刀撑—分层验收—梁底主龙骨—梁底次龙骨—梁底模板安装—梁钢筋绑扎—梁侧板安装—楼板底模安装—综合验收。

主舞台盘扣式钢管脚手架 BIM 示意图如图 21-5 所示。

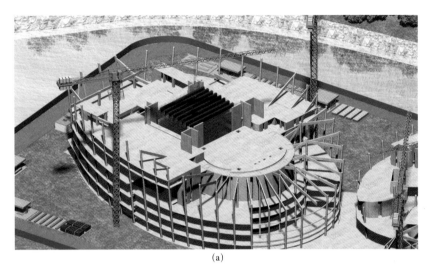

(a)

(b)

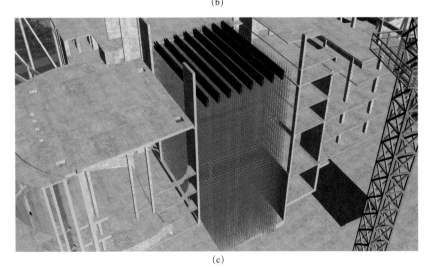

(c)

图 21-5　主舞台盘扣式钢管脚手架 BIM 示意图

2）支撑架安装关键技术

（1）模板支架立杆搭设位置应根据设计图纸放线确定，不得任意搭设，安装前，先在楼板上弹出盘扣架立杆的位置线，安装时，按照墨线准确放置垫木，垫板厚度采用 50 mm。

（2）可调底座和垫板应准确地放置在定位线上，并保持水平，垫板应平整、无翘曲，不得采用已开裂垫板。

（3）支架立杆间距严格按照方案搭设，水平杆间距为 900 mm×900 mm，大梁底部立杆间距为 450 mm×300 mm×450 mm，中间步距为 1500 mm×1500 mm，起步高度为 325 mm，第二步为 1000 mm。搭设时首先应根据立杆位置的要求布置可调底座，接着插入四根立杆，将水平杆、斜杆通过扣接头上的楔形插销扣接在立杆的连接盘上形成基本的架体单元，并以此向外扩展搭设成整体支撑体系。垂直方向应搭完一层以后再搭设次层，以此类推支架安装时每搭完一步架后，应立即检查并调整其直线度、水平度与垂直度，水平杆间距以及立杆的步距。

（4）框架梁底立杆应纵横向与板底支撑架连成整体。楼层板底支撑架每隔 10 m 设置纵向连续式竖向剪刀撑，支撑架外围设置连续式剪刀撑，剪刀撑的两头应靠近支撑顶部和梁底。

（5）盘扣式脚手架搭设区域的水平剪刀撑随层进行搭设，后期盘扣式脚手架搭设完成后，水平剪刀撑

无法进行架设。

（6）根据排版图，梁底单独的支撑立杆为盘扣式脚手架立杆，保证了梁底立杆的承载力。

（7）立杆应通过立杆连接套管连接，在同一水平高度内相邻立杆连接套管接头的位置应错开；水平杆扣接头与连接盘通过插销连接，应采用榔头击紧插销，保证水平杆与立杆连接可靠。

（8）每搭完一步支模架后，应及时校正水平杆步距，立杆的纵、横距，立杆的垂直偏差与水平杆的水平偏差。控制立杆的垂直偏差不应大于 $H/500$，且不得大于 50 mm。

（9）模板支架搭设应与模板施工相配合，可利用可调底座和可调托座调整底模标高。

（10）铺设模板操作平台、铺设大梁底模、绑扎钢筋、安装侧模并加固横梁安装完毕后，在横梁上非梁底范围满铺压型钢板，以提供工作操作面。根据图纸设计要求铺设梁底模板、绑扎大梁钢筋，梁底采用双层木模板。钢筋验收合格后，及时加固梁模，板梁采用 15 mm 厚覆塑木胶板，50 mm×50 mm 方钢背楞，主龙骨为 ϕ48.3 mm×3.6 mm 双钢管抱箍，梁中设 ϕ14 的螺杆加固，支撑为扣件式钢管支撑架。板采用 15 厚覆塑木胶板，50 mm×70 mm 木龙骨，ϕ48.3 mm×3.6 mm 钢管主龙骨，支撑为扣件式钢管支撑架。大梁侧边架体及钢筋绑扎示意图如图 21-6 所示，大梁侧边模板加固示意图如图 21-7 所示。

图 21-6　大梁侧边架体及钢筋绑扎示意图

图 21-7　大梁侧边模板加固示意图

（11）混凝土浇筑及养护

大剧院舞台区大梁截面高度非常高，要求大梁两

端的框架柱、剪力墙先浇筑，再绑扎大梁钢筋，后浇筑混凝土，以保证架体整体稳定性；同时浇筑混凝土

的过程须分层浇筑，每次浇筑高度不应超过 500 mm。混凝土分层浇筑控制及混凝土养护图如图 21-8 所示。

（12）架体拆除时应按施工方案设计的拆除顺序进行。拆除作业必须按先搭后拆，后搭先拆的原则，从顶层开始，逐层向下进行，严禁上下层同时拆除。拆除时的构配件应成捆吊运或人工传递至地面，严禁抛掷。

（13）分段、分立面拆除时，应确定分界处的技术处理方案，保证分段后临时结构的稳定。

图 21-8　混凝土分层浇筑控制及混凝土养护图

21.2　高大空间大截面预应力梁结构施工技术

（本节专项工程由山东省建设建工集团有限公司实施）

1. 概述

剧院看台（观众厅）高支模区域架体搭设高度为 11.4 ～ 34.9 m，上部为预应力大梁，梁跨度最大部位是 33.5m，梁截面尺寸为（mm）：700×3100（2 道）、700×2800（3 道）、600×2500（1 道）、500×2500（1 道）、500×2000（1 道），属于少见的室内大跨度、超高、大截面混凝土梁，对施工工艺的选择和施工过程中的管理是一种考验。观众厅区域如图 21-11 所示。

图 21-9　看台区域 BIM 模型

2. 技术难点

看台大梁自身荷载大,对下部支撑楼板要求高,架体高度达到 28m,架体搭设困难、安全隐患多,施工危险性非常大。同时根据看台大梁的设计特点,梁截面大,钢筋密度大,其中还是预应力梁,需要预埋钢绞线,钢筋绑扎难度大;其混凝土施工又属于大体积混凝土浇筑的范畴,如何控制混凝土中胶凝材料水化引起的温度变化和收缩导致的有害裂缝是又一个难点。

3. 技术措施

1) 承插型盘扣式脚手架支撑体系的设计

看台高支模架体采用盘扣式脚手架支撑体系,60 系列重型支撑架,高度为 5 m 的单支立杆允许许承载力为 9.5t(安全系数为 2),破坏载荷达到 19t,是传统钢管的 2~3 倍,看台高支模架体核算立杆间距为 900 mm,相比于普通钢管脚手架钢管用量可减少 1/2~1/3,可大为减少对下层楼板的传递荷载。

2) 盘扣式脚手架高支模支撑体系安装施工顺序:

测量放线—垫木—安装第一步立杆—安装水平拉杆—纵横向剪刀撑—分层验收—接高立杆—水平拉杆至板或梁底下—纵横向剪刀撑—分层验收—梁底主龙骨—梁底次龙骨—梁底模板安装—梁钢筋绑扎—梁侧板安装—楼板底模安装—综合验收。

3) 架体搭设过程中进行旁站监督,每两步进行一次验收,验收通过后进行下一步架体搭设,搭设过程中严格控制架体立杆垂直度,保证立杆受力稳定,架体如图 21-10 所示。

图 21-10　盘扣式脚手架

4) 梁钢筋绑扎施工顺序

梁底模施工完成后,梁底排筋安装—底排钢筋验收—梁上排钢筋安装—钢筋验收—梁箍筋安装—箍筋验收—预应力钢绞线安装—腰筋安装—拉钩安装—综合验收—模板封闭。

5) 混凝土浇筑

待各项工序全部验收合格后准备混凝土浇筑,混凝土浇筑前对混凝土工进行观众厅看台板混凝土浇筑专项交底,现场每道梁上 80 cm 设置钢绞线,悬挂在两侧架体上,混凝土浇筑过程中安全带悬挂在钢绞线上。

6) 混凝土浇筑采用分层浇筑,每层混凝土厚度不大于 600 mm,待上层混凝土初凝前进行下层混凝土浇筑;浇筑顺序为从北向南;浇筑过程中现场管理人员全程管控,实时测量混凝土浇筑厚度,保证现场实施严格按照交底进行,分层浇筑控制如图 21-11 所示。

图 21-11　混凝土浇筑控制示意图

7) 实时检测架体稳定设备

混凝土浇筑前在架体上安装架体检测设备,24h 实时检测架体稳定性,确保出现问题及时发现,过程检测数据及记录如图 21-12 所示。

8) 缓凝结预应力技术

缓凝结过程:缓凝介质→制备工艺→张拉流程→缓粘效应。

缓粘结预应力筋的生产流程:裸线放料—定位—换粘结胶粘剂涂覆—外包护套涂裹—外包护套压痕—冷却—牵引、定位—缓粘结筋盘料。

缓粘结预应力混凝土技术是一种新型的预应力技

图 21-12　架体检测仪器及数据分析

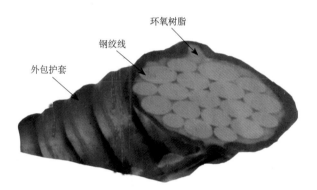

图 21-13　预应力钢绞线截面图

术，它结合了无粘结预应力和有粘结预应力两种技术的优点，同时弥补了两种技术的不足。将无粘结的油脂代替以缓粘结材料，其中缓粘结材料早期不凝固，随着龄期增长逐渐硬化使混凝土和钢绞线粘结在一起，最后成为类似于有粘结的钢绞线，达到了早期施工方便快捷，后期安全可靠的使用效果。

缓粘结预应力混凝土技术是继后张无粘结预应力技术和后张有粘结预应力技术后一种新的先进的预应力结构体系，缓凝型预应力体系是无粘结和有粘结两种体系的结合，在这种体系中预应力筋周围包裹着一种特殊的缓凝剂，前期如同无粘结筋一样，预应力筋与包裹于其周围的缓凝剂间没有粘结作用，后期则随着时间的推移周围缓凝剂逐渐硬化与混凝土和钢绞线间形成很强的粘结力。取各自之长，避各自之短，即施工时与无粘结体系一样，使用中靠包裹于预应力筋上的缓凝材料逐渐硬化，达到有粘结预应力体系的效果。

缓凝材料也可以阻挡腐蚀介质介入的通道，对钢绞线起到了一定的保护作用。缓凝结预应力筋单根布置，在梁柱节点处较易穿过，对节点削弱也很小。在严峻的暴露条件下，从结构安全和经受冲击方面来说，混凝土结构中钢筋腐蚀的后果是很严重的。采用缓粘结预应力技术的钢绞线可以提供所需的额外防腐蚀措施。

21.3　超长超重钢梁整体提升安装技术
（本节专项工程由山河建设集团有限公司实施）

1. 概述

工程钢结构总用钢量约 700t，其中入口大厅钢结构为 500t，音乐厅、剧院合计为 200t。本工程主要由 H 型吊柱、型钢格构柱、H 型钢梁截面组成。钢梁数量多，分布广（构件分布于音乐厅、歌剧院、入口大厅三个区域的不同楼层）。其中入口大厅钢梁构件长，重量大，需根据图纸及现场施工条件进行构件分段设计，以满足运输及施工进度要求。

2. 技术难点

入口大厅钢梁中有 8 根钢梁长度较大、重量也比较重，其中最大钢梁总长约 40.1 m，重量约为 26.1t，根据现场塔吊 QTZ250 的起重量性能，此 8 根钢梁需分段加工、现场地面拼装、整体提升安装。

入口大厅钢梁的平面布置如图 21-14、图 21-15 所示。

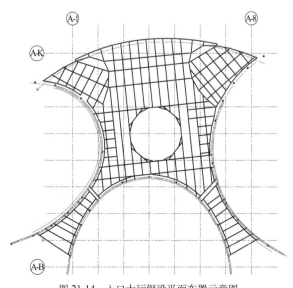

图 21-14　入口大厅钢梁平面布置示意图

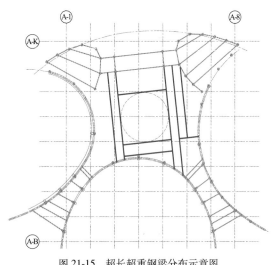

图 21-15　超长超重钢梁分布示意图

3. 施工重难点分析

超长超重钢梁施工重难点分析及应对措施见表21-1。

4. 技术措施

入口大厅超长超重钢梁，跨度大（大于 17 m）、重量大（单根重量大于 8t），整根加工时无法运输，且现场塔吊也无法整根吊装。采取分段制作，现场地面拼装，电动倒链整体提升的方法安装。

钢梁安装工艺流程：

作业准备→轴网定位→钢梁就位→钢梁拼接→钢梁焊接→吊装准备→钢梁吊装就位→钢梁位置校核→钢梁焊接→焊缝检查验收→焊缝防锈处理。

1）钢梁拼装

在把分段钢梁吊运至设计位置的正下方后，对钢梁进行拼装，拼装分段钢梁时应注意分段钢梁的拼装位置与设计位置投影的水平误差不大于 500 mm，如图 21-16 所示。

超长超重钢梁施工重难点分析及应对措施表　　　　　表21-1

序号	重点和难点	具体分析	应对措施
1	深化设计和加工	钢柱和钢梁由两家单位设计和加工，容易产生误差	对钢柱的设计和加工进行认真校核，根据实际设计和加工情况进行调整，确保钢梁的加工和安装精度
2	超长钢梁分段	即要考虑到运输的要求，也要考虑到现场拼装和安装时塔吊的起重量限制	认真分析现场塔吊的起重量，充分考虑各种情况，结合现阶段道路交能的要求，在深化阶段对每一根分段钢梁进行模拟分析，保证每一分段钢梁能满足相关要求
3	超长钢梁加工	分段较多，加工精度直接影响现场的拼装质量	加强分段钢梁加工质量的控制，安排专人在加工厂对每一段超长钢梁的加工质量按图纸进行验收
4	入口大厅钢梁安装	入口大厅钢梁部分钢梁较长，需分段加工，现场拼装焊接	加强BIM模型的组建，优化加工节点，提高钢结构加工精度，保证现场安装质量
5	钢结构节点焊接质量控制	钢结构现场焊接质量需重点管控	加强现场的焊接质量的过程检查，委托第三方进行焊缝的检测
6	超长超重钢梁整体提升安装	钢梁整体提升时的安全是施工重点	施工前对提升装置进行认真验算，提升装置加工时按设计严格验收检查，对提升倒链留有足够的安全系数，提升前对工人认真详细交底，确保整个提升过程中的安全

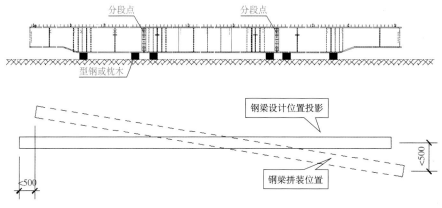

图 21-16　钢梁拼装示意图

拼装钢梁时应严格控制好钢梁的直线度和起拱值,对于设计有起拱要求的钢梁,应按设计要求的起拱值(L/1000)进行起拱(L 为钢梁拼装后的整体长度)。

钢梁拼装的直线度通过在钢梁两端张拉钢丝或者粉线进行控制,起拱值能过水准仪测量进行控制。在分段钢梁拼装完、焊接后,均应对钢梁的直线度和起拱值进行测量并做好记录。

2)钢梁加固

钢梁拼接完成后,构件长度大,在吊装过中容易

发生扭曲损坏事故,因此必须采取临时加固措施,增强钢梁工作平面抗弯、抗扭的刚度,待钢梁就位、支撑稳定后,拆除临时加固措施,如图 21-17、图 21-18。

3)钢梁安装提升装置设置

由于超长超重钢梁安装采用 20t 电动倒链进行吊装,且钢梁位于柱顶,因此在钢梁提升前需给电动倒链设置吊点装置。吊点装置采用 H250×250×9×14加工制成,与钢梁连接采用 M20 钢筋抱箍进行固定,具体如图 21-19 ~ 图 21-21 所示。

图 21-17　钢梁加固图

图 21-18　梁加固整体效果图

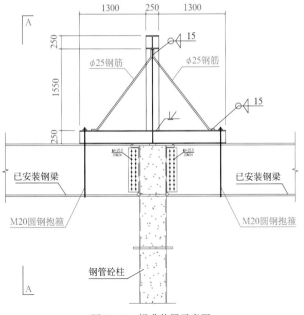

图 21-19　提升装置示意图

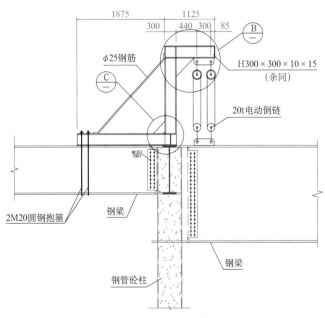

图 21-20　A-A 剖面示意图

图 21-21 提升装置效果图

4) 钢梁提升吊装

当钢梁拼装、焊接完，并且焊缝经第三方探伤检测合格后，对拼接焊缝进行油漆封闭，然后开始钢梁的吊装。

主钢梁最大重量为 26.1t，最小重量为 8.7t，以最重的钢梁为例，提升时为保证提升过程中的安全，两端分别用两个 20t 的电动倒链进行水平提升，如图 21-22 所示。

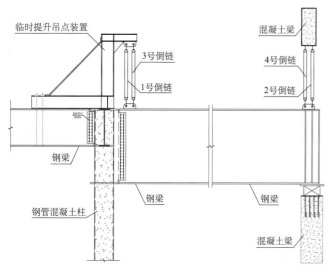

图 21-22 提升吊装示意图

提升时 1 号、2 号倒链为主提升倒链，由一个升降控制开关箱控制，以确保钢梁两端能够同步提升。3 号、4 号倒链为应急倒链，由一个升降控制开关箱控制，应急倒链的主要作用是为了防止主提升倒链出现故障时钢梁能够继续安全、顺利提升。提升时先启动 1 号、2 号倒链提升钢梁，随后启动 3 号、4 号倒链跟随上升，在钢梁的提升过中 3 号、4 号倒链不参与受力，现场吊装见图 21-23 所示。

图 21-23 现场吊装效果图

注意事项：

（1）在每一根钢梁提升前，要对电动倒链进行全面、认真、细致的检查；

（2）在钢梁提升离开地面 50 mm 时停上提升，对提升吊点装置进行检查；

（3）提升过程中要保证钢梁两端水平，从而确保两个提升倒链受力均匀。

21.4　寒冷地区节能直立锁边铝镁锰金属屋面系统施工技术

1. 概述

本项目金属屋面工程包括音乐厅、影城及歌剧院三个功能区；屋面主要包括直立锁边金属屋面系统（外包鱼鳞式装饰铝板）＋玻璃天窗；

歌剧院屋面标高范围：17.726 ～ 37.341 m；影城屋面标高范围：18.014 ～ 25.314 m；音乐厅屋面标高范围：17.833 ～ 22.396 m；本项目金属屋面系统檩条骨架

为方钢管，通过埋件与混凝土梁连接固定；屋面系统底板反铺于主檩条下方。BIM 效果如图 21-24 所示。

因位于寒冷地区，部分结构顶部无结构板，节能保温显得尤为重要，本工程金属屋面设计保温隔热层，用岩棉和玻璃丝绵为保温材料，保温材料厚度达 250 mm，设计传热系数为 0.22W/(m² · K)；采光顶采用夹层低辐射镀膜中空玻璃。明框支承采光顶采用隔热铝合金型材。采光顶与金属屋面的热桥部位进行隔热处理，封闭式金属屋面保温层下部应设置隔汽层，避免在寒冷地区热桥部位出现结露现象。

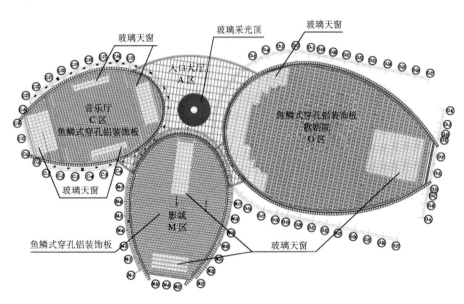

图 21-24　金属屋面 BIM 渲染图

2. 技术难点

（1）屋面面积大，本身屋面的形状就是不规则的龟壳状，外包鱼鳞式装饰铝板＋玻璃天窗节点处的连接需提前进行设计，保证整个屋面的整体性是本工程的难点之一。

（2）本工程屋面系统中，屋面板最大长度达到 40 m。如何垂直、水平运输及安装也是本工程的施工难点。

（3）本工程悬空花架梁较多，最大高度达到 27 m，斜度达到 30°，如何保证施工过程中施工人员的安全及该区域内的材料的吊运及安装时本工程的又一个难点。

（4）深化设计是本工程的重难点之一。淄博文化

中心大剧院工程的屋面板屋面造型比较复杂，建筑造型为龟壳状，整个屋面呈弧形状，标高控制点复杂。因此在外包装饰板上如何能够保证弧度的美观及设计效果，是本工程的重点。

（5）淄博大剧院工程是由三个单体组成，中间由钢结构进行连接，外表面都为不规则三维曲面，准确的测量放线使整个建筑外形准确的表现出来是这个工程比较难处理的地方。

3. 技术措施

施工工艺流程 BIM 展示见图 21-25。

4. 天沟安装

天沟安装流程 BIM 展示图见图 21-26。

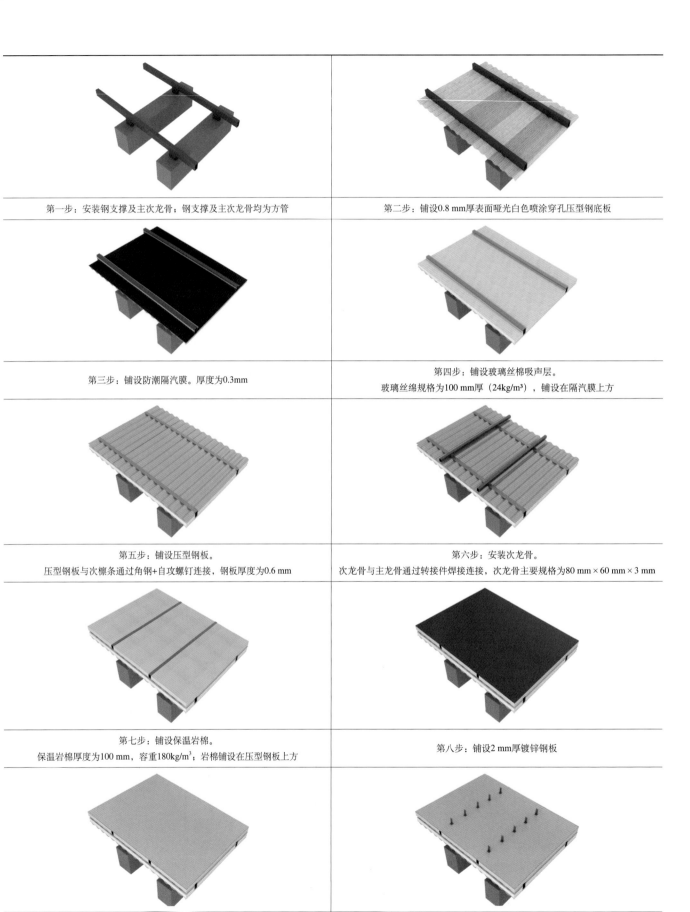

第一步：安装钢支撑及主次龙骨；钢支撑及主次龙骨均为方管

第二步：铺设0.8 mm厚表面哑光白色喷涂穿孔压型钢底板

第三步：铺设防潮隔汽膜。厚度为0.3mm

第四步：铺设玻璃丝棉吸声层。
玻璃丝绵规格为100 mm厚（24kg/m³），铺设在隔汽膜上方

第五步：铺设压型钢板。
压型钢板与次檩条通过角钢+自攻螺钉连接，钢板厚度为0.6 mm

第六步：安装次龙骨。
次龙骨与主龙骨通过转接件焊接连接，次龙骨主要规格为80 mm×60 mm×3 mm

第七步：铺设保温岩棉。
保温岩棉厚度为100 mm，容重180kg/m³；岩棉铺设在压型钢板上方

第八步：铺设2 mm厚镀锌钢板

第九步：铺设10 mm厚水泥加压隔声板

第十步：铺设1.5 mm厚PVC防水层

图 21-25　施工工艺流程 BIM 展示图（一）

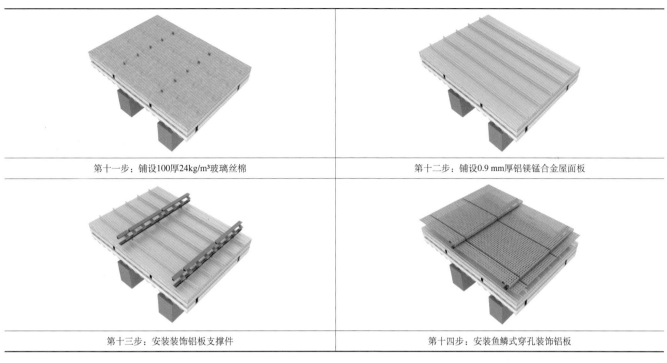

图 21-25　施工工艺流程 BIM 展示图（二）

图 21-26　天沟安装流程 BIM 展示图

21.5 曲面外斜 AAC 墙板安装技术

1. 工程概况

本工程墙板施工部位为音乐厅、影城、歌剧院，外立面均为 250 mm 厚的 AAC 墙板。外立面大部分为环梁结构，环梁层数多，整体高度大，墙板施工作业面小，运输难度大。

2. 技术难点

文化中心三个单体外立面均为弧型外立面，角度分为三种：5.43°、8.88°、27.23°。为了保证现场外墙墙板按照外立面的弧度进行安装，需要对墙板进行切割，墙板的切割顺直度需要进行保证。外墙墙板安装时，高支模区域较多，墙板运输困难较大，墙板安装为外倾角度，安装时，墙板就为也存在一定难度，需要详细策划。

3. 技术措施

1）施工准备

（1）施工前应用 BIM 技术绘制板材排列图，并标明安装就位顺序，如图 21-27 所示。排列时应按设计要求留处变形缝位置，减少现场切割量。本工程使用的板材规格按板厚分为：200 mm、250 mm 厚，宽度统一为 600 mm，影城弧度较大的板墙，采用 600 mm 的板切割成 300 mm 的墙板，再进行切角后进行安装。墙板的长度根据工地现场墙体实际高度的需要，安装前复核墙体的净高度，板材的实际长度一般比安装位置处的墙体净高短 1 ～ 3 cm。墙板安装为竖向安装，它的连接配件采用 U 型卡，外墙采用专用的连接件

（厚度 8 mm 钢板），本工程内墙板安装时采用 U 型件（3 mm 厚钢板）作为连接件。

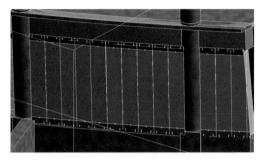

图 21-27 AAC 墙板 Revit 排版图

（2）板材的堆放场地应坚实、平整、干燥。堆放时，应按规格、等级分类堆放。底部不得直接着地，顶部应加遮盖。墙板宜侧放，堆放高度不得超过五层。

（3）搬运、装卸与安装板材时应用专用夹具和工具，避免碰撞，并防止绑扎、起吊的绳索损伤板材。如有碰伤、损伤，则允许修补。

（4）安装用的金属配件、连接铁件、预埋铁件及板材切割后钢筋的露出部分均应做防锈处理。

（5）各种管道穿越外墙板时，其结合处应做好防渗处理。

（6）加固件深化设计，加工，如图 21-28 所示。

2）定位放线

定位放线：根据工程平面布置图和现场定位轴线，由项目部测量人员确定板材墙体安装位置线，一般是弹出墙板上下的边线。标出楼层的建筑标高，安装门窗洞口处的墙板时需要。

图 21-28 加固件

3）墙板下部混凝土基础施工

墙板底部混凝土台浇筑：根据设计要求，所有墙板地步均需要做 200 mm 高，宽度同墙板厚度的混凝土挡台，其中外墙墙板底部混凝土台需要植筋，外墙弧形挡台根据外墙板倾斜度收面倾斜。如图 21-29、图 21-30 所示。

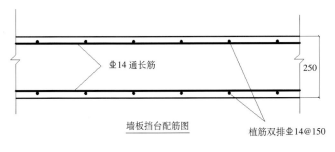

墙板挡台配筋图

Φ14 通长筋

植筋双排Φ14@150

250

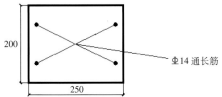

200

250

Φ14 通长筋

图 21-29　混凝土基础做法

图 21-30　混凝土基础

4）板材切割

本工程外墙墙板安装均为外倾斜、带有弧度的安装方式，因此，每块墙板都需要根据具体位置、具体角度进行切割，按照项目提前做的 BIM 模型，定位墙板位置，确定每块墙板切割的尺寸，保证每块墙板安装时的板缝符合规范要求。外墙板与混凝土圆柱交接位置，墙板需用人工凿出圆弧度，与圆柱外侧弧度相

吻合；墙板上下口沿结构弧度进行切割出倾斜面，避免缝隙过大。如图 21-31 所示。

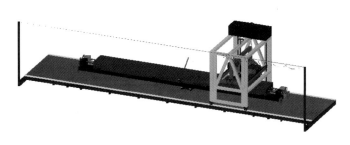

图 21-31　墙板切割工具

5）墙板后置埋板安装

外墙墙板安装时带有一定的倾斜角度，因此需要在墙板顶部及底部安装后置钢板，将墙板进行固定。如图 21-32 ～图 21-34 所示。

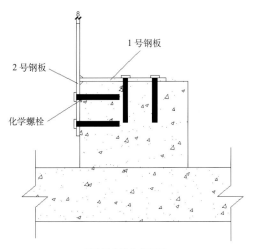

1 号钢板

2 号钢板

化学螺栓

挡台处连接件节点图

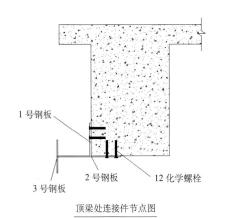

1 号钢板

2 号钢板

3 号钢板

12 化学螺栓

顶梁处连接件节点图

图 21-32　加固件埋板节点详图

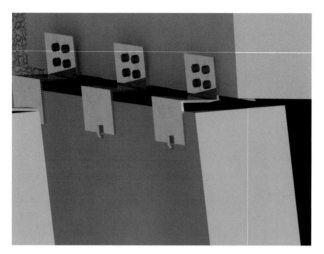

图 21-33　加固件埋板 BIM 模型图

图 21-34　底部、顶部加固件安装

6）板材就位安装

将板材用人工立起后移至安装位置，板材上下端用木楔临时固定，下端留缝隙 20 ～ 30 mm，上端留缝隙 10 ～ 20 mm。缝隙用 1：3 水泥砂浆塞填。板材安装时宜从门洞边开始向两侧依次进行。洞口边与墙的阳角处应安装未经切割的完好整齐的板材，有洞口处的隔墙应从洞口处向两边安装；无洞口隔墙应从墙的一端向另一端顺序安装。施工中切割过的板材即拼板宜安装在墙体阴角部位或靠近阴角的整块板材间。拼板宽度一般不宜小于 200 mm。墙板安装机如图21-35 所示。

图 21-35　墙板安装机

7）勾头螺栓安装

外墙板材就位后，将勾头螺栓进行安装，安装时

应将勾头螺栓的端部与外墙后置埋板进行紧固。如图21-36 所示。

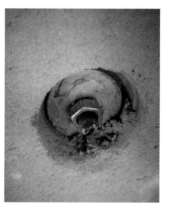

图 21-36　勾头螺栓节点

8）垂直度、平整度调整

用 2 m 靠尺检查墙体平整度，用线锤和 2 m 靠尺吊垂直度，用橡皮锤敲打上下端木楔调整板材直至合格为止，校正好后固定配件。

9）板缝处理

板材下端与楼面处缝隙用专用墙板嵌缝剂嵌填密实，板材上端与梁底缝隙用专用墙板嵌缝剂嵌填密实。板材与柱墙连接处用专用墙板嵌缝剂；板材之间凸起两侧挂满粘结砂浆，将板推挤凹槽挤浆至饱满度90% 以上。表面用专用修补墙板嵌缝剂补平；板材与板材之间拼缝用墙板嵌缝剂砂浆补平，并沿板缝加贴100 mm 耐碱玻纤网格布。如图 21-37 所示。

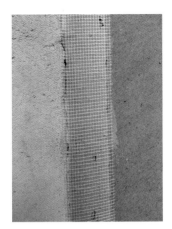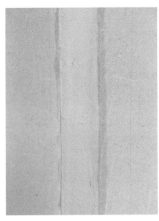

图 21-37　板缝处理

图 21-38　安装完成后整体效果

10）清理及验收

清理施工现场和已施工完成的板墙，经项目部检查验收合格后，报监理、业主验收。安装完成后效果如图 21-38 所示。

第 3 篇

大型剧院工程施工组织方案

在此以江苏大剧院的施工组织为例，由于每个剧院工程的建筑面积、地基条件、结构形式有区别，在此仅概要地介绍典型大剧院工程的施工组织方案。

考虑到江苏大剧院是仅次于国家大剧院的综合型剧院工程，是一个集演艺、会议、展示、娱乐等功能为一体的大型文化综合体。施工组织设计是对施工活动实行科学管理的重要手段，具有战略部署和战术安排的双重作用。大剧院的土建工程、幕墙工程、建筑声学装饰装修工程、机电安装工程施工方案都具有较高的参考价值。

第22章 江苏大剧院工程概况

22.1 工程概况

江苏大剧院项目是一个集演艺、会议、展示、娱乐等功能为一体的大型文化综艺体，位于长江之滨的河西新城核心区，在规划的河西中心区东西向文体轴线西端。基地净用地面积 19.6 万 m²，建筑面积 25.2 万 m²，建筑高度 47.3 m，如图 22-1 所示。

江苏大剧院工程建筑形体好似八方汇聚而来的几颗水珠，沿文体轴两侧均衡布置，围绕室内外公共空间均匀分布，形成半围合的空间形态。每颗"水珠"内分别容纳了歌剧厅、戏剧厅、音乐厅、综艺厅等功能，坐落在一个公共活动平台之上。建筑概况见表 22-1。

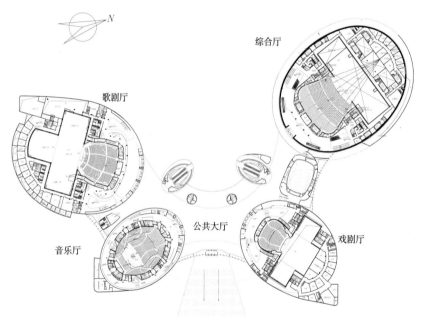

图 22-1 大剧院总体布局

大剧院建筑概况

表22-1

序号	项目	建筑特征指标			
1	一期建筑规模	总建筑面积	197337 m²		
			地上	104407 m²	
			地下	92930 m²	
		各功能厅座位数及建筑高度	座位数	歌剧厅	2280座
				戏剧厅	1001座
				音乐厅	1500座
			高度	47.3 m	

22.2　总体设想及思路

1. 整体工程施工步骤（表 22-2）

（5）歌剧厅、音乐厅±0.0顶板完成，戏剧厅2层完成

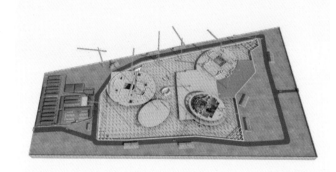

整体工程施工步骤　　　　　表22-2

（1）南区基坑桩基施工收尾；北区基坑土方开挖，施工中心岛底板

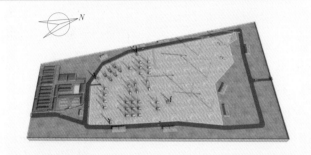

（6）所有±0.0顶板完成，地上戏剧厅至4层，音乐厅至3层，歌剧厅至2层

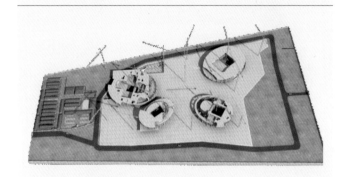

（2）南基坑土方开挖；北区施工中心岛底板

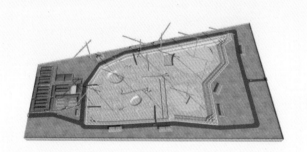

（7）戏剧厅、音乐厅混凝土主体结构完成。音乐厅至6层，歌剧厅至3层

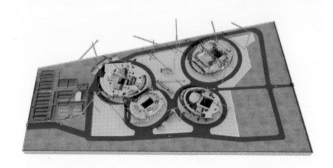

（3）南基坑主厅部位底板完成；北基坑中心岛底板完成

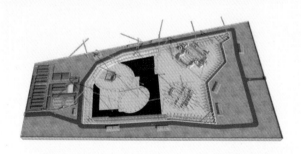

（8）戏剧厅、音乐厅钢梁、钢桁架安装，组合楼面施工；歌剧厅至4层；戏剧厅、音乐厅舞台机械设备开始安装，机电开始安装

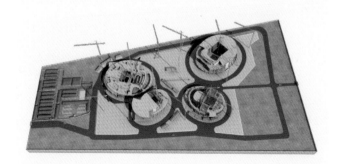

（4）南基坑中心岛底板完成；北基坑综艺厅、戏剧厅±0.0顶板完成

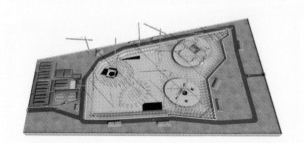

续表

续表

（9）歌剧厅混凝土主体结构完成，戏剧厅、音乐厅钢斜柱安装

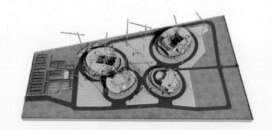

（10）戏剧厅、音乐厅屋面钢结构完成；歌剧厅主钢梁、钢桁架安装

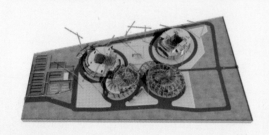

（11）戏剧厅、音乐厅金属屋面完成断水；歌剧厅钢斜柱完成；戏剧厅、音乐厅周边公共大厅完成。本阶段因青奥会召开停工1个月（2014.8.19~2014.8.31）

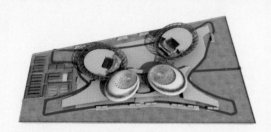

（12）歌剧厅屋面钢结构完成；戏剧厅、音乐厅室内装饰；公共大厅完成

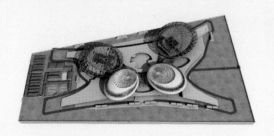

（13）歌剧厅金属屋面完成断水；公共大厅屋面钢结构施工；室外管网开始

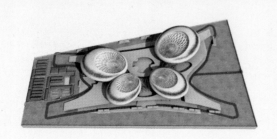

（14）戏剧厅、音乐厅室内装饰完成。歌剧厅室内装饰，室外道路、广场施工

（15）歌剧厅内装饰完成，室外工程完成

（16）竣工验收交付

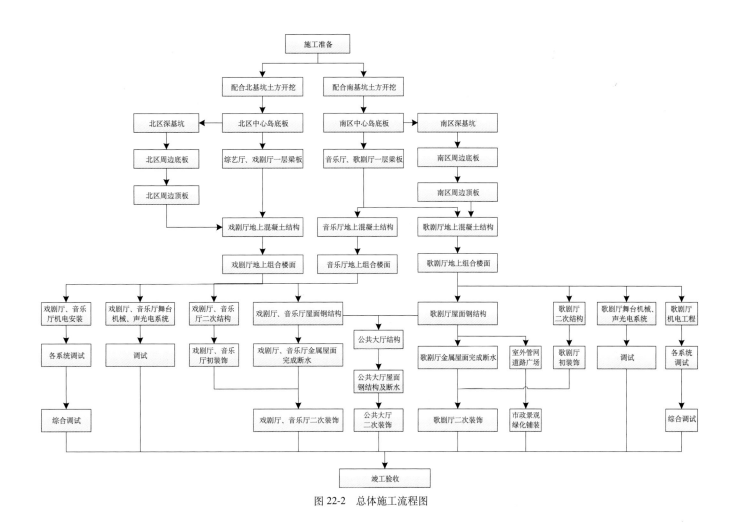

图 22-2 总体施工流程图

2. 施工总体流程

本工程总体施工流程如图 22-2 所示。

3. 地下结构施工阶段施工组织

（1）总体安排

根据施工支护图纸要求，将一期工程基坑分为南北 2 个基坑，在南北区交接处设置三轴深搅止水帷幕，先开挖北区基坑，后开挖南区基坑。交界处采用二级放坡开挖，挂网喷浆混凝土护坡。

总体分区如图 22-3 所示。

（2）地下室底板施工组织

地下阶段施工组织：本工程的桩基、基坑支护工程已由前期施工单位完成，进场后从垫层开始施工。

本工程需考虑土方开挖时间。按照设计要求，将整个基坑分为北区基坑和南区基坑组织施工，北区基坑计划于 2013 年 12 月 1 日开工进行土方开挖，南区基坑计划于 2013 年 12 月 15 日进行土方开挖。土方

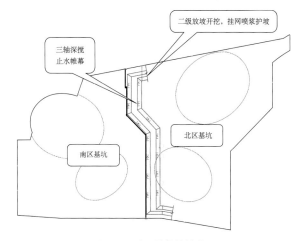

图 22-3 地下结构总体分区

开挖 15d，具备土建施工工作面后，立即插入垫层、胎模、防水的施工。土方开挖从主厅部位向四周进行，先施工主厅部位地下室，再施工周边部位地下室，尽快形成地上主体结构施工条件。

地下室底板根据设计工况要求，先施工中心岛区

域，在周边钢管斜抛撑施工完成后，进行斜抛撑下土方掏挖，再施工周边地下室底板。

本工程基坑面积大，根据施工进度要求，2014年1月底前必须完成所有中心岛底板，工期较紧。在土方开挖过程中，积极跟进，所有工作面全部铺开组织施工，整个中心岛底板分两批施工完成。

局部歌剧厅深基坑、综艺厅周边管沟深基坑在周边底板施工完成后，再进行深基坑支撑、土方开挖及深基坑施工。

根据设计图纸要求，地下室底板采取钻孔灌注围护排桩结合三轴深搅止水帷幕＋中心岛底板＋钢管斜抛撑的施工方法，先施工中心岛底板，再施工周边斜抛撑钢管支撑，最后施工周边斜抛撑区域底板。

根据后浇带的位置，底板分为4个施工区，综艺厅及周边区域为A施工区，戏剧厅及周边区域为B施工区，音乐厅及周边区域为C施工区，歌剧厅及周边区域为D施工区，投入4个施工大队，区间组织平行施工。

底板施工区段划分及施工组织见表22-3所示。

底板施工区段划分及施工组织　表22-3

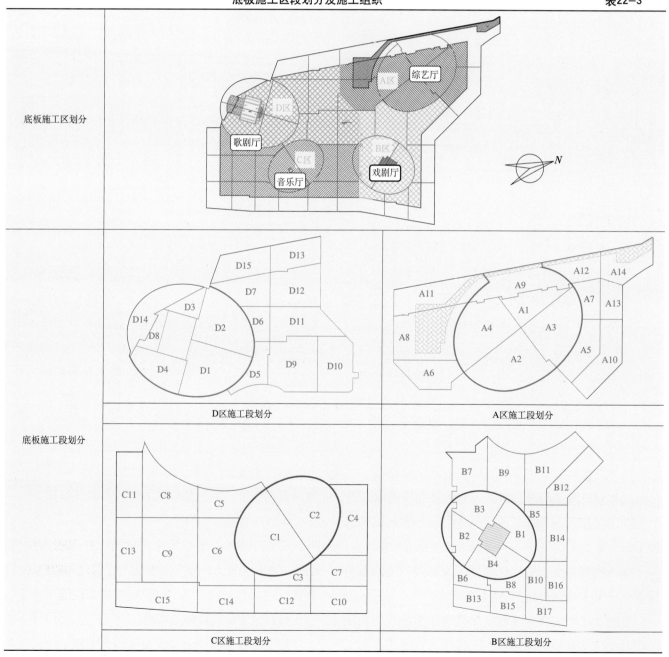

地下室底板施工组织：

本工程基坑支护及工程桩由前期单位施工完成，本标段进场后配合土方开挖单位进行施工，地下结构从垫层施工开始。

根据后浇带的设置，每个施工区划分为 14 ～ 17 个施工段，区内分别组织流水施工。

根据施工工况，地下结构先施工中心主厅部位的中心岛区底板，由中间向四周组织施工，尽快将主厅部位的底板施工完成，便于主体结构向上进行施工。

中心岛底板施工完成达到设计强度后，进行钢管斜撑下土方开挖，施工周边底板。

底板各区段施工组织详见表 22-4。

各区段施工组织　　　　　　　　　　　　　　　　　　　　表22-4

分区	施工组织	资源配置
A施工区	施工时间：2013.12.1～2014.3.3，共93d。 ①投入第一土建作业队组织流水施工；施工顺序：A1、A2→A3、A4→A5、A6→A7、A8； ②投入5台塔吊作为垂直水平运输设备，进场后采用格构柱在±0.00以上将塔吊基础施工完成，尽快投入使用； ③中心岛底板分为8块，由中间向周边组织施工，尽快将主厅部位底板施工完成，便于向上进行地上主体结构施工； ④中心岛底板施工完成后，开挖斜抛撑下土方，施工周边底板，周边底板分为6块，施工顺序：A9、A10→A11、A12→A13、A14； ⑤中心岛底板养护完成后，采用50t汽车吊在底板上安装综艺厅30根钢骨柱	①本施工区有5台塔吊覆盖，1台ST5513、4台STT200，进场后即采取格构柱形式，在自然地面上安装塔吊，便于尽早投入使用； ②1个施工队，约520人，其中钢筋工100人，木工200人，混凝土工75人，其他145人
B施工区	施工时间：2013.12.1～2014.3.3，共93d。 ①投入第二土建作业队组织流水施工；施工顺序：B1、B2→B3、B4→B5、B6→B7、B8→B9、B10、B11； ②投入5台塔吊作为垂直水平运输设备，进场后采用格构柱在±0.00以上将塔吊基础施工完成，尽快投入使用； ③中心岛底板分为11块，由中间向周边组织施工，尽快将主厅部位底板施工完成，便于向上进行地上主体结构施工； ④中心岛底板施工完成后，采用50t汽车吊在底板上安装综艺厅22根钢骨柱； ⑤中心岛底板施工完成后，开挖斜抛撑下土方，施工周边底板，周边底板分为6块，施工顺序：B12、B13→B14、B15→B16、B17	①本施工区有5台塔吊覆盖，3台ST5513、2台STT200； ②1个施工队，约520人，其中钢筋工100人，木工200人，混凝土工75人，其他145人
C施工区	施工时间：2013.12.15～2014.3.17，共93d。 ①投入第三土建作业队组织流水施工；施工顺序：C1、C2→C3、C4、C5→C6、C7→C8、C9→C10、C11、C12； ②投入4台塔吊作为垂直水平运输设备，进场后采用格构柱在±0.00以上将塔吊基础施工完成，尽快投入使用； ③中心岛底板分为12块，由中间向周边组织施工，尽快将主厅部位底板施工完成，便于向上进行地上主体结构施工； ④中心岛底板施工完成后，采用50t汽车吊在底板上安装综艺厅20根钢骨柱； ⑤中心岛底板施工完成后，开挖斜抛撑下土方，施工周边底板，周边底板分为6块，施工顺序：C10、C11→C12、C13→C14、C15	①本施工区有4台塔吊覆盖，3台ST5513、1台STT200； ②1个施工队，约520人，其中钢筋工100人，木工200人，混凝土工75人，其他145人
D施工区	施工时间：2013.12.15～2014.3.17，共93d。 ①投入第四土建作业队组织流水施工；施工顺序：D1、D2→D3、D4、D5→D6、D7→D8、D9； ②投入5台塔吊作为垂直水平运输设备，进场后采用格构柱在±0.00以上将塔吊基础施工完成，尽快投入使用； ③中心岛底板分为9块，由中间向周边组织施工，尽快将主厅部位底板施工完成，便于向上进行地上主体结构施工； ④先施工歌剧厅深基坑周边地下室底板，在进行深基坑的土方开挖、支撑施工及深基坑基础施工； ⑤中心岛底板施工完成后，采用50t汽车吊在底板上安装综艺厅28根钢骨柱； ⑥中心岛底板施工完成后，开挖斜抛撑下土方，施工周边底板，周边底板分为3块，施工顺序：D13、D14→D15	①本施工区有5台塔吊覆盖，3台ST5513、2台STT200； ②1个施工队，约520人，其中钢筋工100人，木工200人，混凝土工75人，其他145人

地下室底板施工完成后，进行坑中坑的土方开挖及支撑施工，按照设计工况分层进行深基坑的施工。

深基坑主要有歌剧厅深基坑、综艺厅周边的管沟深基坑。深基坑分布如图 22-4 所示。

歌剧厅深基坑施工步骤：与周边底板同步施工第一道混凝土支撑→开挖深坑第一层土方，施工型钢支撑→开挖下层土方至基坑底→施工底板及换撑结构→施工侧墙→施工周边底板。

综艺厅周边的管沟深基坑施工步骤：周边底板施工→开挖土方至基坑底→施工底板→施工侧墙及周边底板。

（3）地下室顶板施工组织

根据后浇带的位置，顶板分为 4 个施工区，综艺

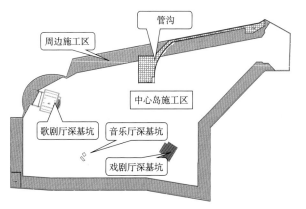

图 22-4　深基坑分布

厅及周边区域为 A 施工区，音乐厅及周边区域为 B 施工区，戏剧厅及周边区域为 C 施工区，歌剧厅及周边区域为 D 施工区，投入 4 个施工大队，区间组织平行施工。

地下室顶板施工区段划分见表 22-5。

中心岛底板施工过程中，局部顶板具备施工条件的同步开始施工。第 2 块底板施工完成养护结束后，开始施工地下室顶板结构，将第 1 块底板作为周转材料及加工场地。

地下室顶板施工区段划分　　　　　　　　　　　表22-5

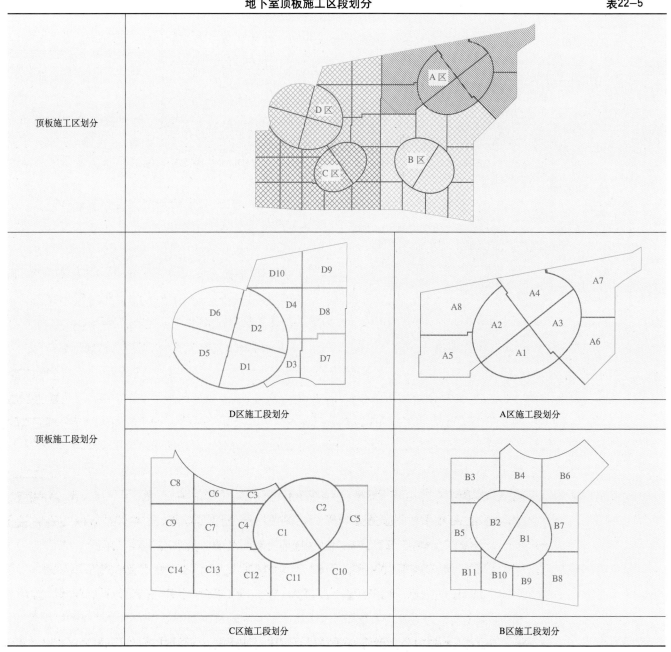

顶板施工区划分	
顶板施工段划分	D区施工段划分
	A区施工段划分
	C区施工段划分
	B区施工段划分

4. 地上结构施工阶段施工组织

（1）总体安排

本标段地上结构为歌剧厅、音乐厅、戏剧厅 3 个厅。

本工程地上结构为普通钢筋混凝土框架结构，局部平台采用组合楼面结构。施工时平面按照后浇带、变形缝进行分区施工，竖向按照楼层进行分层施工。

地下室顶板完成后，先施工歌剧厅、音乐厅、戏剧厅 3 个厅主厅部位的地上主体结构。主体结构先施工混凝土结构，各楼层内的钢结构平台在混凝土结构封顶后，采用大型履带吊在一层楼面上进行吊装，次梁采用塔吊配合吊装。

为便于地上钢结构吊装，公共大厅地上结构暂不施工，在钢屋盖吊装完成后进行施工。

本工程各单体外围均有局部钢平台与外侧斜柱相连，该部分内容在钢屋盖斜柱安装时同步组织施工。主体结构施工顺序如图 22-5 所示。

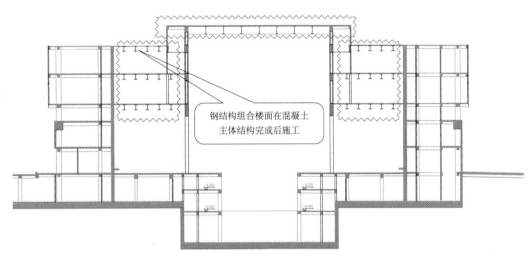

图 22-5　主体结构施工顺序

（2）施工组织

本工程地上结构为普通钢筋混凝土框架结构，局部平台采用组合楼面结构。施工时平面按照后浇带、变形缝进行分区施工，竖向按照楼层进行分层施工。

地上 3 个厅都有变形缝隔开，形成 3 个独立的单体，各自组织施工。

劳动力安排：分为 3 个施工区，投入 3 个施工大队，高峰期劳动力 1300 人，其中每个单体：木工 120 人，钢筋工 80 人，混凝土工 60 人。

机械设备组织：土建结构共投入 2 台 ST5513、2 台 STT200 塔吊；钢结构投入 2 台 450t 履带吊。

周转材料投入：投入木夹板 6 万 m^2，钢管 2000t。

（3）配合钢屋盖安装施工阶段施工组织

主厅地上结构完成后，进行钢屋盖的安装。同时由于 3 个主厅结构已经完成，且舞台机械设备、声光电系统等相对独立，在主厅主体结构施工完成后进场安装。

本阶段主要是配合钢屋盖及围护结构施工阶段。在各楼层外侧与钢斜柱相连的钢平台，在此阶段与钢斜柱同步安装，见图 22-6。这部分内容包含在本标段范围内，与钢屋盖及围护结构穿插进行施工。楼层内

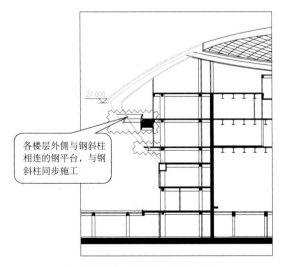

图 22-6　楼层外侧钢平台施工顺序

的二次结构及初装饰工程也在本阶段穿插进行。

　　本阶段土建塔吊全部拆除，垂直运输机械采用人货电梯，在歌剧厅内安装 2 台，音乐厅内安装 1 台，戏剧厅内安装 2 台，共计 5 台人货电梯。

　　分为 3 个施工区，投入 3 个施工队施工各单体内的钢平台，及相应单体的二次结构及初装饰工程。施工区划分见图 22-7。

　　（4）配合室内装饰安装、室外市政与景观绿化工程施工阶段施工组织

　　钢结构屋盖及屋面围护结构施工完成，屋面断水后，进行室内装饰工程的施工。

　　屋面钢结构施工完成后，进行金属屋面、幕墙的施工。

　　钢屋盖及围护结构施工完成，大型机械退场后，开始进行公共大厅混凝土结构的施工。如图 22-8 所示。

　　金属屋面施工完成后，开始公共大厅主体混凝土结构的穿插施工，此阶段重新安装 2 台 ST5513、2 台 STT200 塔吊，另对于塔吊盲区采用两台 25t 汽车吊进行吊装，以保证该阶段对现场吊运全覆盖。

　　砖墙及抹灰等湿作业、机电安装工程等施工在相应部位钢屋盖完成后插入施工，精装修中的油漆、涂料、地板等对环境要求高的项目在相应屋面断水、幕墙封闭后插入施工。在歌剧厅钢屋盖及围护结构施工完成后，进行室外市政及景观绿化施工。水、电、空调、消防、电扶梯及自动步道、舞台设备、灯光、标识标志等所有机电系统联合调试全部完成。

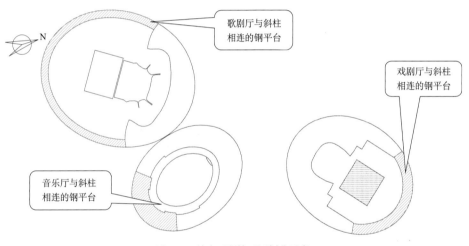

图 22-7　地上工程施工区划分示意

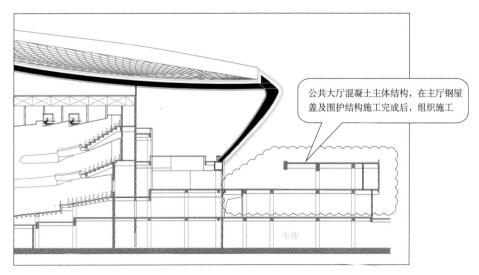

图 22-8　公共大厅施工剖面示意

第 23 章　江苏大剧院主要施工方案

23.1　基坑相关施工组织方案

虽然土方工程量不在总包范围内，总包进度计划仍要考虑土方开挖时间；此外，经过现场踏勘，目前桩基工程正在施工，场地下部管涵、箱涵障碍物正在处理。在土方开始施工时，桩基工程仍未完成，加之土方开挖为地下室结构施工的前提条件，土方开挖的时间、顺序、方法等均直接影响工程总体进度。从整个工程进度考虑，为了将土建施工与土方开挖顺利衔接、完成工程各进度节点，因此将土方开挖纳入总承包管理范围内，要求土方开挖按照下列方法进行。

（1）土方开挖总体要求

根据目前桩基施工和地下障碍物处理情况、对底板完成时间节点要求，依据地下室结构后浇带的划分，在每个区段土建施工时计划投入两个施工队同时施工，因此要求在每个区段土方开挖时必须投入两组机械，在两个作业面上同时施工，每次同时将两块底板工作面移交土建施工。

（2）土方开挖分区、分层及施工顺序

在平面上将南北基坑再细分为两个区，平面分区如图 23-1 所示。土方施工总体进度按照基坑 A 区、B 区→基坑 C 区、D 区的总体顺序施工。土方开挖竖向施工组织如下：首先挖除表层 3 m 厚土方；剩余土方分两层台阶倒退挖土、一次挖除，土方开挖过程中的临时边坡控制不大于 1∶2。以北基坑 A 区为例，土方开挖平面顺序如图 23-1 所示，基坑开挖平面顺序图如图 23-2 所示，土方开挖分层示意图如图 23-3 所示。

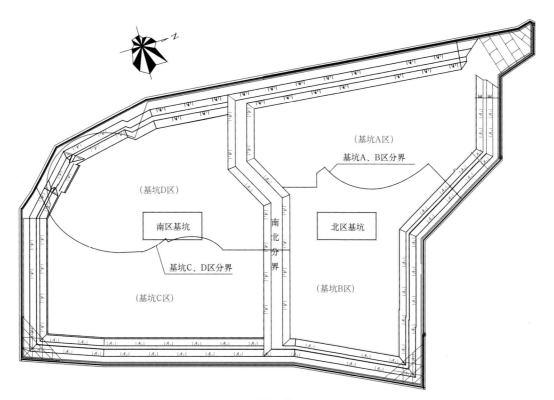

图 23-1　土方开挖平面分区图

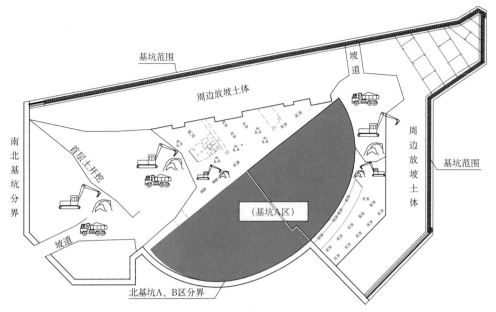

图 23-2　基坑开挖平面顺序图

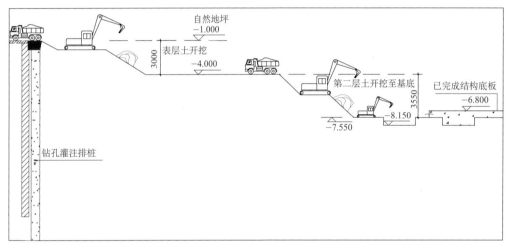

图 23-3　土方开挖分层示意图

23.2　基坑障碍物处置方案

1. 基坑障碍物概况

本工程地下主要障碍物为 2800 mm×2300 mm 的箱涵和 φ2000 的管涵，二者均为混凝土结构，与土方开挖基底竖向相对关系如图 23-4 所示，平面位置如图 23-5 所示。

2. 地下障碍物影响及处理方法

由管涵、箱涵平面位置图分析可知，箱涵和管涵共直接影响 76 根工程桩、16 根支护桩、57 根非地下室区域工程桩以及 14.3 m 三轴深搅桩止水帷幕的施

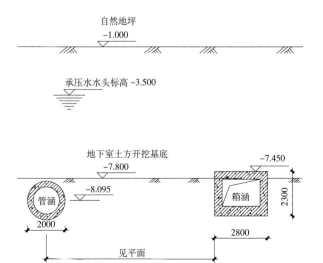

图 23-4　管涵、箱涵竖向相对位置

工，同时对歌剧厅的深坑的工程桩和支护结构影响极大。针对地下障碍物的位置以及支护结构和工程桩的施工特点，制定相应处理措施如下：

（1）基坑外围护结构

基坑外围护结构的立柱桩和三轴深搅桩受影响区域施工前，在管涵和箱涵外侧施工钢板桩支护结构，然后挖除土方、破碎地下障碍物并清除，最后回填粉

质黏土碾压密实再施工围护结构的支护桩和三轴深搅桩。做法示意如图 23-6 所示，工程桩遇障碍物施工方法顺序图如图 23-7 所示。

（2）工程桩

工程桩遇到管涵和箱涵做法如下：特种回旋钻钻透地下障碍物，深度至障碍物底部以下 1 m，然后下设加长护筒，护筒底部深于障碍物底部 0.5 m，更换

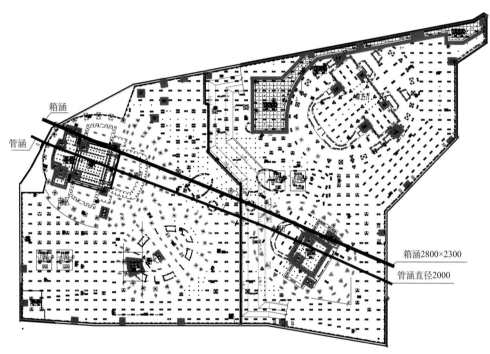

图 23-5　管涵、箱涵平面位置

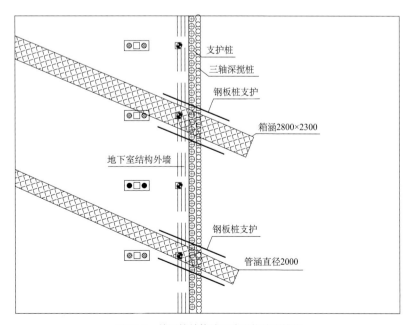

图 23-6　外围护结构地下障碍物处理措施

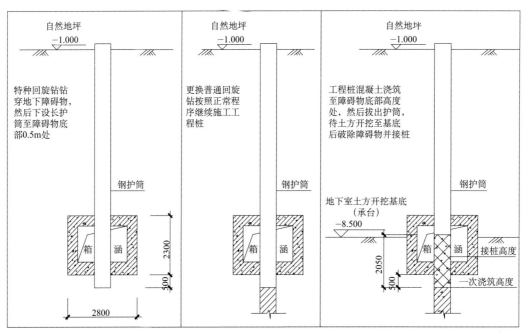

图 23-7　工程桩遇障碍物施工方法顺序图

普通回旋钻成孔，下设钢筋笼并浇筑混凝土至护筒底部高程，后期土方开挖后对此部分工程桩接桩至设计高度，以箱涵为例具体做法见图 23-7。

（3）歌剧厅支护结构和工程桩

歌剧厅深坑支护结构与箱涵有长度方向较大范围的重叠，支护结构施工受限极大，建议此处深坑支护结构外延，使箱涵与支护结构垂直相交，然后采用外围护结构地下障碍物处理措施相同方法处理。

歌剧厅深坑内工程桩施工方法同工程桩遇障碍物施工，只是深坑工程桩顶高度较低，将来无需接桩。

（4）地下室结构

管涵基本埋设在地下室土方基底以下，箱涵顶面进入底板结构 350 mm，形成影响地下室底板结构施工的障碍物，可采取在垫层施工前予以破碎碾压密实，然后再施工上部结构。

23.3　塔吊专项施工方案

1. 塔吊的选型及布置

（1）平面布置

本工程占地范围大，塔吊布置时考虑工作面的覆盖，不相互影响又不留盲区，经过统筹考虑，以经济

性和施工便捷相互权衡，拟在地下室施工阶段布置 8 台 ST5513 型塔吊、6 台 STT200 型塔吊。

歌剧厅、音乐厅、戏剧厅主体施工阶段布置 2 台 ST5513 型塔吊、2 台 STT200 型塔吊。在建筑四周环路上设置汽车吊辅助塔吊进行垂直运输。

公共活动平台主体施工阶段布置 4 台 ST5513 型塔吊、2 台 STT200 型塔吊。其中 10 号塔吊在公共活动平台施工前后由 ST5513 型塔吊装换为 STT200 型塔吊，塔吊基础采用 STT200 型塔吊基础。

塔式起重机基础均采用钢管柱、钢格构柱加钢平台基础，基础位于地下室顶板以上。做到建筑物满覆盖。

（2）塔吊主要技术参数

ST5513 型塔吊用于基础及土建结构施工，臂端吊重：1300kg；最大起重量：6000kg；最大臂长：56 m；本项目安装臂长：55 m；生产厂家：长沙中联重工科技发展股份有限公司。

STT200 型塔吊用于钢结构吊装施工，臂端吊重：1300kg；最大起重量：10000kg；最大臂长：70 m；本项目安装臂长：70 m；塔吊最大起重力矩：M=1670.00kN·m；非工作状态下塔身弯矩：M_1=5535.7kN·m。

2. 塔吊基础设计

（1）支撑灌注桩设计

STT200 型塔吊使用要求基桩采用四根混凝土钻孔灌注桩。桩径 $d=0.80$ m，桩间距 $a=3.10$ m，呈正方形布置。桩顶锚入基础底板 10 cm，有效桩长 50 m。根据地质报告，桩端进入⑤-2 层中风化泥岩、粉砂质泥岩层。桩身混凝土强度等级水下 C40，钢筋笼全长配置，配筋采用 HRB400 级钢筋，上部 30 m 范围钢筋采用 16 ⌀ 25HRB400 级，下部 20 m 范围钢筋采用 8⌀25HRB400 级。

ST5513 型塔吊基桩采用四根混凝土钻孔灌注桩，桩径 $d=0.80$ m，桩间距 $a=2.40$ m，呈正方形布置。桩顶锚入基础底板 10 cm，有效桩长 40 m。根据地质报告，桩端进入④-1 层持力层。桩身混凝土强度等级水下 C40，钢筋笼全长配置，配筋采用 HRB400 级钢筋，上部 24 m 范围钢筋采用 16⌀25HRB400 级，下部 16 m 范围钢筋采用 8⌀25HRB400 级。灌注桩施工严格按照相关技术规程、规范施工，定位允许误差在 20 mm 以内。

（2）钢柱、钢承台设计

STT200 型塔吊基础：采用四根钢柱，直径 630 mm，壁厚 16 mm，钢柱总高度为 13.2 m，插入桩基 4 m；钢管桩之间使用直径 273 mm，壁厚 12 mm 的钢管进行焊接连接；塔吊基础承台 H 型钢尺寸：HW400 mm×400 mm×13 mm×21 mm，上部焊接 16 mm 厚的钢板，型钢材质均为 Q235B，整个塔吊底部的模型示意如图 23-8 所示。

ST5513 型塔吊基础：单根钢格构柱采用 4 根 ⌐140×140×14 角钢及 410×260×10 缀板焊接而成，格构柱断面形式为 450 mm×450 mm 方形，长度为 11 m，缀板中心距 500 mm，角钢及缀板均选用 Q235B 钢。格构柱下端锚入钻孔灌注桩 3 m，穿过地下室顶板时，留设 3.5 m×3.5 m 的预留孔，待塔吊拆除后封堵。为增加格构柱截面性能并减小细长比，确保承台下格构柱稳定性和整体刚度，在四根格构柱上采用⌐14a 槽钢焊接斜（横）缀条，在格构柱采用⌐14a 槽钢焊接水平十字支撑，每层土方开挖后及时跟进加固，塔吊格构柱下土方开挖采用人工开挖，横向设置八道水平撑，斜向每个

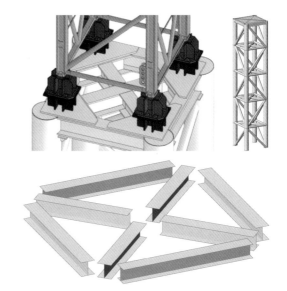

图 23-8 塔吊钢平台整体模型（钢管柱）H 型钢承台（断面显示）

面设置单道斜撑，在焊接斜撑时，宜加设节点缀板，以便焊接施工，保证质量，斜撑和水平撑采用⌐14a 槽钢。

ST5513 型塔吊基础采用钢梁承台，承台尺寸为 3560（长度 L_c）×3560（宽度 B_c）×800（高 h），共 12 个。承台采用两副 20 mm 厚 Q235b 钢板制成的 700 mm×400 mm 钢梁叠焊成井字型承台。承台上部、下部均采用 M39 高强螺栓连接（螺帽全部为双螺帽）。具体做法如图 23-9 所示。

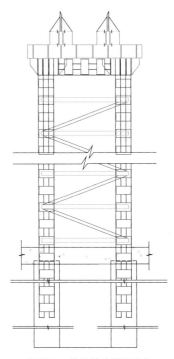

图 23-9 塔吊基础做法示意

23.4　地下室底板施工方案

1.地下室底板概述

本工程基坑面积为 92318 m²,基坑延长米 1334 m,平面尺寸约 450 m×310 m,大面积底板面标高 –6.8 m,局部坑中坑底板面标高 –8.8 m、–9.3 m、–10.3 m、–16.3 m 等。地下室基础筏板板厚 600~1000 mm,承台厚 800~1700 mm,混凝土强度为 C35、P6,C35,P8 等,混凝土方量约 70000 m³。

2.地下室底板施工区段划分

本工程基坑支护形式为钻孔灌注排桩结合三轴水泥土搅拌桩止水帷幕＋中心岛底板＋一道钢管斜撑的支护方式,根据要求,将整个基坑分为南北两基坑,先北基坑、后南基坑。在南北区分界面设置 8 m 宽临时道路,方便施工。同时根据工艺要求,先做中心岛底板,再做钢管斜撑下方底板,其中心岛、斜撑下方区域相对关系如图 23-10 所示。

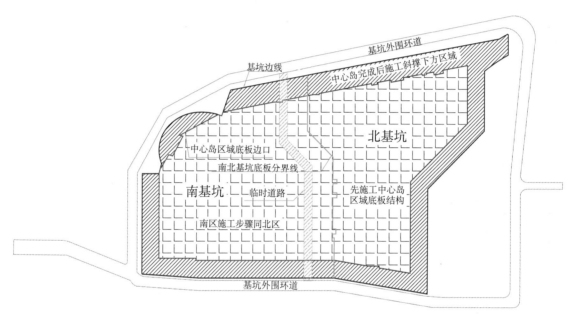

图 23-10　临时道路、中心岛、斜撑下方底板平面关系

为确保施工进度,拟投入 4 个施工队平行施工,将北基坑分为 A、B 区,南基坑分为 C、D 两个区,4 个区平行施工。按设计要求,设置沉降后浇带、收缩后浇带、施工缝等,将地下室划分为 69 块,平均每块面积约 1340 m²,先 A、B 区平行流水施工,当 C、D 区具备条件后平行流水施工,其地下室流水段详细划分如图 23-11 所示。

3.地下室中心岛底板区域、斜撑下方底板区域、坑中坑底板区域施工顺序

（1）中心岛底板、斜撑下方区域底板施工顺序

本工程底板施工与土方开挖顺序一致,A、B、C、D 区均从中间向四周施工,每个区投入两个施工班组进行平行施工,先中心岛区域、后斜撑区,先大面积

底板,后坑中坑底板、侧墙等,中心岛底板、斜撑下方区域底板施工顺序如图 23-12 所示。

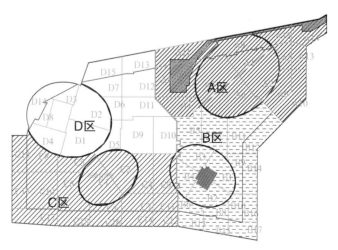

图 23-11　地下室底板流水段划分

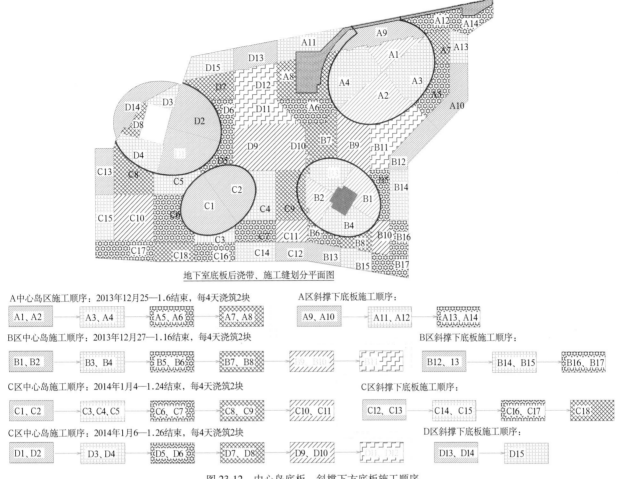

图 23-12 中心岛底板、斜撑下方底板施工顺序

（2）坑中坑施工顺序：

本工程坑中坑主要为歌剧厅深坑、综艺厅管沟、戏剧厅深坑、集水井及电梯井等，其中歌剧厅深坑底板面标高 -16.3 m，管沟底板面标高 -10.3 m，戏剧厅舞台和乐池深坑底板面标高 -10.0 m。集水井、电梯井等局部小面积深坑比大面积底板面低 1.8～3.0 m，歌剧厅深坑设计为钻孔灌注桩 + 一道水平支撑，其余部位均采用了高压旋喷桩加固，无水平支撑。

在距坑中坑边 1500 mm 设置施工缝，先浇筑 -6.8 m 大面积底板，坑中坑底板与侧墙分开浇筑，施工缝留设、施工顺序见图 23-13。

集水井、电梯井等坑中坑施工时，因面积较小，深度不大，与 -6.8 m 大面积底板一起浇筑，如图 23-14 所示。

4. 地下室底板混凝土浇筑分析

本工程后浇带、施工缝将底板划分为 69 块，平均每天浇筑约 2000 m³，高峰期浇筑混凝土约 7500 m³。混凝土连续浇筑时间长，单日浇筑混凝土量大，混凝土的供应必须及时，单位时间内的供应能力不应低于工程需要量的 1.2 倍，故搅拌站的日生产供应能力应达到 9000 m³ 以上。

底板混凝土浇筑时水平向前推进，每层浇筑厚度不超过 40 cm，采用振动棒振捣，做到"快插慢拔"，上下抽动，均匀振捣，下层混凝土振捣时应插入上一层混凝土至少 5 cm，保证二者结合部振捣密实，每层浇筑应闭合。采用三次收面的方式预防混凝土表面产生裂缝。混凝土收光完成后及时覆盖塑料薄膜和麻袋。

5. 地下室底板胎膜施工

承台、集水坑、坑中坑等采用砖胎膜，砖胎膜做法：（1）高度低于 1 m 的胎模用采用 120 mm 厚砖墙；（2）高度大于 1 m 小于 2 m 的胎膜采用 240 mm 厚砖墙；（3）坑中坑等部位高度大于 2 m，四周土体采用旋喷

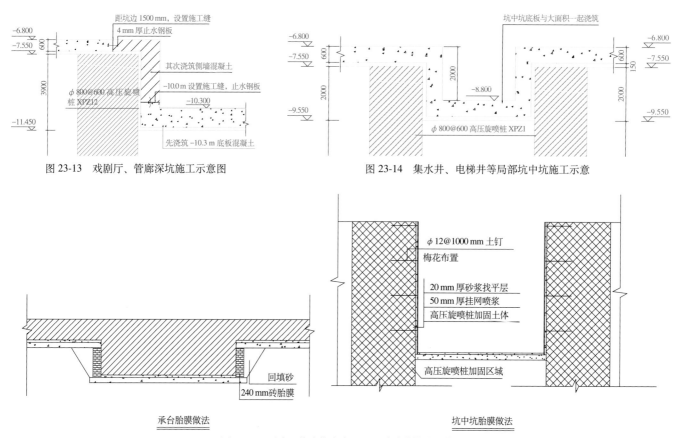

图 23-13 戏剧厅、管廊深坑施工示意图

图 23-14 集水井、电梯井等局部坑中坑施工示意

图 23-15 承台、坑中坑高度 ≥ 2 m 时胎膜做法示意

桩加固的，采用垂直开挖，采用挂网喷浆 + 砂浆找平作胎膜，其胎膜做法如图 23-15 所示；（4）胎模表面需粉刷 20 mm 厚 1：3 水泥砂浆，阴角做成圆弧，圆弧半径 5 cm，以便于做防水层。

胎模施工时需注意以下几点工作：

1）砖胎模需要具备一定强度后再回填砂。

2）对于高度超过 1.5 m 的砖胎模，应在每隔 3 m 砌 370 砖垛。

3）胎膜砌筑时每边应距承台边 50 mm，方便防水、防水保护层施工，确保承台钢筋绑扎。

6. 地下室底板钢筋工程

承台、底板钢筋绑扎时，下网先铺短向、后铺长向，上网则刚好相反。钢筋连接方式：底板钢筋 $d > 18$ mm 采用直螺纹连接，$d \leqslant 18$ mm 采用绑扎接长；墙、柱等竖向纵筋直径 $d \leqslant 14$ mm 时采用绑扎接长，16 mm $\leqslant d$ $\leqslant 22$ mm 时采用电渣压力焊，$d > 22$ mm 时采用直螺纹连接；

对于厚度为小于等于 1000 mm 底板，底板两层

钢筋网片，施工时采"几"字形马凳支撑，马凳采用 $\oplus 20$，间距 1500 mm × 1500 mm 布置，对于底板厚度超过 1000 mm 的采用型钢支架，上部的横梁选用等边角钢∟75 mm × 10 mm、间距 1400 mm、立柱选用 [6.3 槽钢、间距 1400 mm，其底板钢筋支架做法如图 23-16 所示。

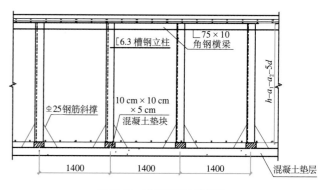

图 23-16 底板钢筋支架做法

7. 地下室底板模板工程

底板混凝土结构中，外墙、底板吊模均为常规模

板，本节不做论述，其戏剧厅坑中坑、管廊等单边模板支设详如图23-17所示。

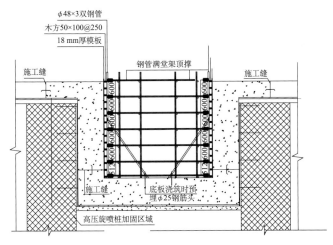

图23-17 管廊处单边模板支设

8. 地下室底板后浇带传立杆安装

本工程基坑支护形式为钻孔灌注排桩结合三轴水泥土搅拌桩止水帷幕+中心岛底板+一道钢管斜撑，在底板施工时，为保证基坑稳定性，须在后浇带处设置型钢传立杆，传力杆型钢规格、间距须满足设计要求，型钢安装时注意对水钢板的保护，严禁传立杆型钢隔断后浇带止水钢板。

9. 大体积混凝土控制措施

（1）原材料及配合比控制措施。

（2）大体积混凝土温度控制及养护。

1）温度计算

本工程底板混凝土表面采用一层0.14 mm厚塑料薄膜+1层麻袋进行保温养护，选取截面尺寸5756 mm×4000 mm×1700 mm的承台进行温度计算，得出中心温度52.4℃，表面温度39.0℃，温差小于25℃，表面温度与环境温差小于25℃，满足裂缝控制要求。

2）测温点布置及测量

表层和底部测温点距混凝土表面100 mm，中层测温点位于当次浇筑混凝土中心，在温度上升阶段每4h测一次，温度下降阶段每8h测一次，同时应测当时大气温度。测温工作应连续进行，发现温度异常应及时通知项目技术负责人，以便及时采取措施。CTJ5

（5756 mm×4000 mm×1700 mm）为例，承台测点的平面和竖向布置如图23-18所示。

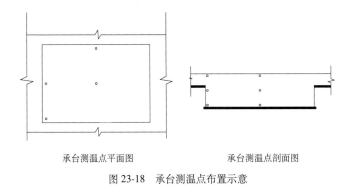

承台测温点平面图　　　承台测温点剖面图

图23-18 承台测温点布置示意

3）大体积混凝土养护

大体积混凝土浇筑完毕后，应在混凝土二次抹压完毕后及时加以覆盖、保湿，养护采用一层塑料薄膜+一层麻袋，随时监控混凝土内外温差，根据温差调节养护层厚度，混凝土养护时间为14d。

10. 地下超长混凝土结构抗裂防渗措施

（1）添加膨胀剂、抗裂纤维及设置后浇带措施

在基础底板、外墙中加膨胀剂，同时在外墙、顶板中加入抗裂纤维，以补偿、抵抗混凝土早期、中期及后期所产生的收缩，以解决超长混凝土开裂渗水的问题；施工时严格控制单块混凝土浇筑面积，合理设置后浇带。

（2）混凝土原材料、配合比控制措施

配合比设计中，根据抗渗混凝土要求，每立方胶凝材料用量不宜小于320kg，砂率宜为35%～45%，细骨料含泥量不得大于3.0%，泥块含量不得大于1%，粗骨料采用连续级配，粒径宜为5～25 mm，含泥量不得大于1.0%，泥块含量不得大于0.5%。膨胀剂掺量控制在7%～12%，试配各项性能均满足要求后用于结构施工。根据配合比设计要求，并结合以往工程施工经验，混凝土用水量不超过160kg/m³，混凝土坍落度控制在160±20 mm，扩展度控制在550 mm左右，减水剂选用聚羧酸类。

严格控制各种原材料质量。

（3）混凝土施工措施见表23-1。

混凝土运输、浇筑及振捣质量保证措施　　　　　　　　　　　　　　　表23-1

序号	工序	具体措施
1	混凝土运输	采用商品混凝土，商品混凝土厂家生产能力应能够满足工程需要，应保证混凝土连续供应，混凝土从搅拌结束到入泵时间不宜超过90 min。混凝土用车运送到现场泵车停放点，在运输过程中，运输车要保持一定的转速，到达后要先高速旋转20~30s再将混凝土拌合料流入泵车料斗中
2	混凝土浇筑	(1) 进行混凝土浇筑前，派专人对搅拌站进行驻场把关；(2) 制定专项方案，做好组织安排；(3) 制定科学的温控技术措施；(4) 在相对湿度较小、风速较大的环境下浇筑混凝土时，应采取适当挡风措施；(5) 雨期施工时，必须有防雨措施；(6) 严格控制混凝土的水灰比和坍落度，根据实时的实际情况调整坍落度损失，严禁二次加水；(7) 竖向结构严格分层浇筑、分层振捣，一次下料厚度控制在50 cm以内
3	混凝土振捣	严格控制振捣插入间距在40 cm以内，振捣时间控制在15~30s之内，混凝土采取二次振捣措施；严格掌握混凝土表面收活时机，采取二次抹压技术
4	混凝土养护	拆模后使混凝土的周围环境相对湿度达到80%以上；水平结构采取覆盖塑料薄膜密封保湿或蓄水养护；竖向结构柱拆模后采取塑料薄膜严密包裹养护；墙采用挂麻袋片浇水或布设喷淋管定时喷水养护

（4）箱形混凝土刚性环梁

歌剧厅、音乐厅、戏剧厅在 11.9 m 标高处均有一个 2000 mm×2000 mm 的钢筋混凝土环梁，为屋面及外围护结构的受力基础，环梁单跨约 12 m，自重约 9.6t/m，其钢筋密，埋件多，施工难度较大，现以歌剧厅环形梁为例说明其做法。歌剧厅 11.9 m 环梁平面位置如图 23-19 所示。

1）环梁模板支设

歌剧厅环梁模板支架大部分搭设高度 6 m，局部搭设高度 11.05 m，支撑架采用盘扣式脚手架，立杆规格为 ϕ48.3×3.2 mm，梁下立杆间距 600 mm×900 mm，步距 1500 mm。环梁下部对应的梁截面 500 mm×800 mm，板厚 250~280 mm，在施工环梁时，下部梁板须回顶，回顶立杆间距 600 mm×900 mm，步距 1200 mm，其支架搭设如图 23-19 下图所示。

环梁模板采用 18 mm 厚镜面板，梁侧模采用 50 mm×100 mm 木方做次楞，ϕ48×3 mm 双钢管做主楞，梁底次楞为 50 mm×100 mm 木方，主楞为双[10 槽钢，其模板加固图如图 23-20 左图所示。

2）环梁钢筋绑扎

由于环梁钢筋密度大，预埋件规格大，锚筋多，环梁钢筋绑扎时若间距控制不好，将给埋件安装带来极大困难，因此在环梁钢筋绑扎时，须严格控制在埋件处的钢筋间距，以方便埋件安装。

根据埋件图纸确定梁、柱钢筋间距，制作"⌐⌐⌐⌐⌐⌐"钢筋定位器，固定梁、柱钢筋间距，方便埋件施工，

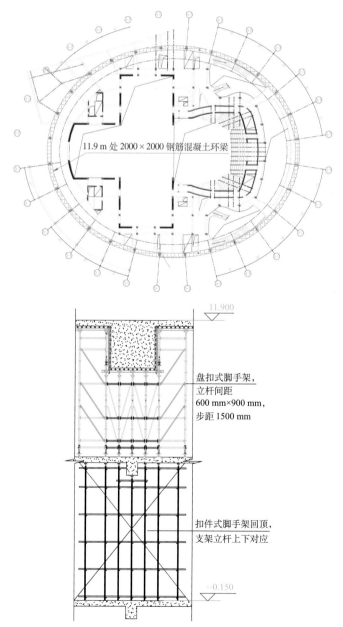

11.9 m 处 2000×2000 钢筋混凝土环梁

盘扣式脚手架，立杆间距 600 mm×900 mm，步距 1500 mm

扣件式脚手架回顶，支架立杆上下对应

图 23-19　歌剧厅环形梁平面布置图、梁下支架搭设示意图

其做法如图 23-20 右图所示。环梁混凝土与本层结构梁板同时浇筑。

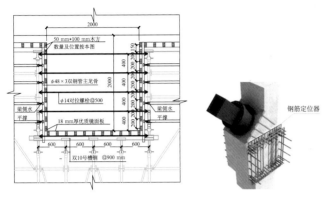

图 23-20　梁侧模加固图、埋件与环梁钢筋示意图

23.5　高空间大跨度混凝土梁高支模施工方案

1. 工程概况

本工程中歌剧厅和戏剧厅中在舞台上方的独立大梁、四周大环梁及共享大厅西面出口处的预应力大梁均属于高支模范畴。

（1）主要大梁参数统计见表 23-2 所示。

主要大梁参数　　　　表23-2

部位	梁编号	截面尺寸	跨度	梁底支撑架高度	支撑架基础
歌剧厅	KL-5	800 mm×1200 mm	25.200 m	18.700 m	混凝土板
歌剧厅	KL-2	800 mm×2000 mm	25.200 m	13.050 m	混凝土板
戏剧厅	YKL-2	800 mm×2000 mm	18.000 m	9.050 m	混凝土板
戏剧厅	YKL-2	800 mm×2000 mm	18.600 m	9.050 m	混凝土板
戏剧厅	YKL-1	800 mm×2000 mm	18.600 m	13.100 m	混凝土板
戏剧厅	YKL-1	800 mm×2000 mm	18.600 m	6.000 m	混凝土板
共享大厅	YKL	2000 mm×2000 mm	28.211 m	10.000 m	混凝土板
共享大厅	YKL	2000 mm×1500 mm	9.000 m	6.000 m	混凝土板

（2）高支模施工区域见图 23-21 所示（图中红色区域为高支模区域）。

2. 材料选择

本工程模板支撑架全部采用 B 型承插型盘扣式支撑架体系；模板采用优质镜面板；模板背楞采用优质东北落叶松木方；对拉螺杆采用 $\phi 14$ 圆钢。

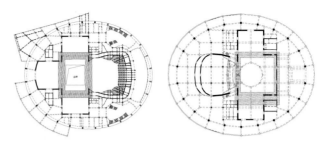

图 23-21　歌剧厅高支模区域、戏剧厅高支模区域图

3. 支撑架方案

1）支撑体系基础：模板支撑采用盘扣式钢管满堂脚手架＋可调活动钢支托组合支撑体系配合局部扣件式钢管脚手架。支架立杆直接落在地下室顶板上，地下室顶板需要加强。现场考虑如下加强措施：在地下室对应部位采用扣件式脚手架支撑，步距 1200 mm，纵距、横距各 900 mm，顶部加可调托座，上布 50 mm×100 mm 木方，在上部模板铺设和钢筋绑扎前将托座拧紧抵住地下室顶板。

2）支撑架立杆体系：大梁梁底支撑架立杆间距取 600 mm×900 mm，大梁两侧支撑架间距取 1200 mm×900 mm。立杆排布时，先排梁下立杆，然后依次向大梁两侧排布。竖向斜杆满布设置，使整个架体形成桁架体系，在框架柱部位增加拉结杆与框架柱拉结。

3）水平杆：支架第一道水平杆距楼地面 350 mm，以上步距均为 1500 mm，最上面一步的步距为 500 mm，立杆上部配可调顶托。

4）竖向剪刀撑：剪刀撑采用 $\phi 48×3$ mm 普通钢管，模板支撑架四周从底到顶连续设置。利用旋转扣件每步与支架立杆固定，钢管接长搭接长度为 1 m，使用 3 个扣件连接。

5）水平剪刀撑：支架第一道水平杆、靠梁底位置和中间高度每两步位置各设一道满布的水平剪刀撑以增加整体刚度，水平剪刀撑采用 $\phi 48×3$ mm 普通钢管。水平剪刀撑必须和满堂脚手架每道立杆用旋转扣件相连，且不得漏扣。

6）拉结杆布置：当独立大梁浇筑完成后，需要继续搭设上一层独立大梁模板支撑时需本层独立大梁混凝土强度达到设计强度且将已浇筑好的独立大梁与支撑架用普通钢管脚手架连接起来，沿梁长度方向每隔

3.6 m 布设一道，使独立大梁与支撑架形成一个整体，以增加整个架体的稳定性。具体连接方法见图 23-22 左图所示。

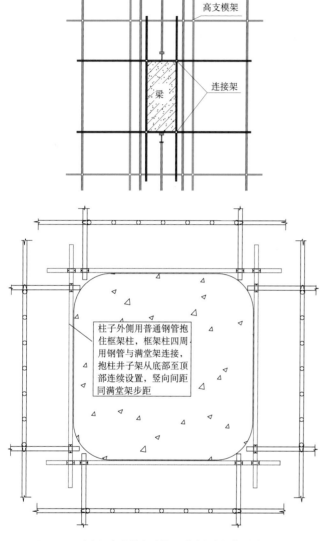

图 23-22　独立梁与支撑架连接、满堂架与框架柱连接做法

7）高支模架体与框架柱的连接图

满堂脚手架搭设时，在框架柱位置采用柱抱箍与支撑架拉结以增加支撑架的整体稳定性。做法如图 23-22 下图所示。为做好框架柱成品保护，在支撑架搭设之前，对框架柱最外侧利用木板进行包裹加固。

8）高支模支撑架搭设图

（1）共享大厅 2000 mm×2000 mm 预应力梁高支模搭设布置见图 23-23 所示。

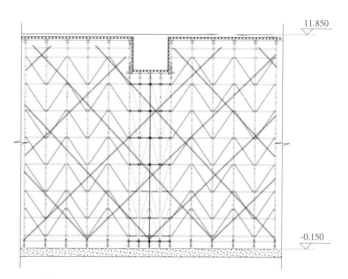

图 23-23　2000 mm×2000 mm 预应力梁高支模搭设布置图

（2）独立大梁高支模搭设布置见图 23-24 所示。

4. 梁模板方案

模板采用 18 mm 厚优质镜面板、次龙骨采用 50 mm×100 mm 落叶松木方，梁侧主龙骨采用 ϕ48×3.2 mm 双钢管、梁底主龙骨采用双[10 槽钢。

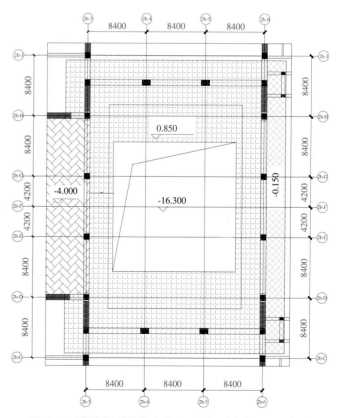

图 23-24　歌剧厅支撑件基础平面、歌剧厅支架布置平面（一）

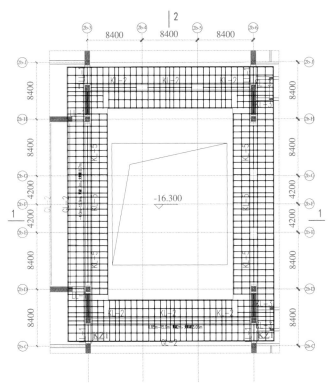

图 23-24　歌剧厅支撑件基础平面、歌剧厅支架布置平面（二）

对拉螺杆布置：对拉螺栓规格为 $\phi 14$。1200 mm 高梁：从梁底向上间距分别为 400 mm + 650 mm；1500 mm 高梁：从梁底向上间距分别为 400 mm +650 mm；

2000 mm 高梁：从梁底向上间距分别为：400 mm+400 mm+400 mm+400 mm+400 mm。对拉螺栓沿梁长方向间距为 900 mm，梁模板设计见表23-3 所示，模板支设节点大样见图 23-25、图 23-26 所示。

模板设计（单位：mm）			表23-3	
梁底模板	模板	18 mm厚优质镜面板	梁侧模板	模板	18 mm厚优质镜面板
	次楞	50 mm×100 mm落叶松木方@100		次楞	50 mm×100 mm落叶松木方横放，@250
	主楞	双[10槽钢竖向背靠背立放@900		主楞	$\phi48×3$ mm双钢管竖向布置，@900

5. 高支模安装、检查及验收

施工作业班组开始搭设前，由专职工长在现场按审批通过的专项施工方案进行立杆的预排布，然后指导现场作业，并进行检查，不按专项方案施工的及时纠正。

高支模支撑及模板体系完全施工完成后进行自检，自检合格后项目部组织技术部、质安部进行系统验收，经检验合格报请监理验收并会签后方可进入下道工序的施工。

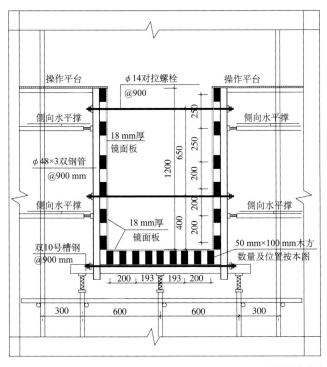

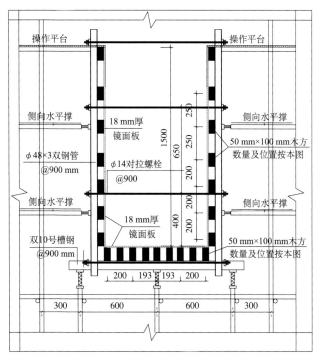

图 23-25　800 mm×1200 mm 梁模板节点大样、800 mm×1500 mm 梁模板支设节点大样

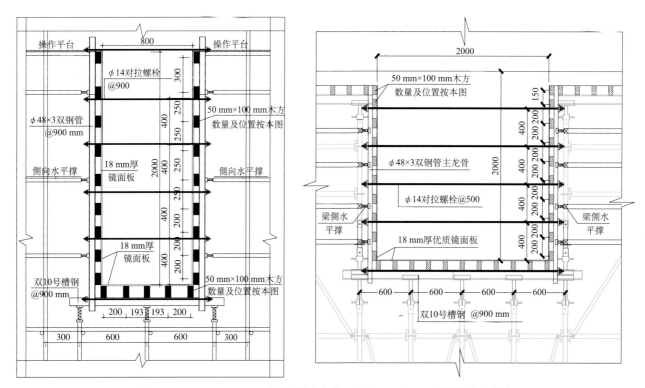

图 23-26 800 mm×2000 mm 梁模板节点大样、2000 mm×2000 mm 梁模板节点大样

23.6 钢骨混凝土施工方案

1. 概况

本工程中共享大厅共有钢骨混凝土柱 12 根，标高从 −6.8 m 至 −0.15 m，高 6.65 m；歌剧厅共有劲性钢骨混凝土柱 28 根，音乐厅共有钢骨混凝土柱 20 根，戏剧厅共有钢骨混凝土柱 22 根，标高均为 −6.80 m 至 11.90 m，高 18.7 m。综艺厅共有钢骨混凝土柱 30 根，标高 −6.80 m 至 −0.15 m，高 6.65 m。钢骨混凝土柱范围如图 23-27 所示。

2. 型钢柱安装

1）钢柱吊装之前，在每个钢柱地脚螺栓群的每一个螺栓上拧进一个调整螺母，同时对称摆放调整垫铁，用于调节钢柱的安装标高，钢柱垫铁按四组对称布置。在钢柱吊装之前，调节好垫铁组的标高及调节螺母的标高，每组内标高误差控制在 1.0 mm 以内。垫铁组由低层垫铁、中层垫铁及上层垫铁组成。

2）钢柱的垂直度调整通过钢柱底板下的螺母和垫铁组调节。通过微微调节螺母及垫铁组的高低可以控制钢柱的垂直度。要求钢柱在自由状态下，两个正

交方向的垂直度偏差校正到零，然后拧紧地脚螺栓。钢柱的标高可能会发生微小变化，正常情况下不会超过 2.0 mm。首节钢柱垂直度调整见图 23-28 上图所示。

3）钢柱就位后，按照先调整标高、再调整扭转、最后调整垂直度的顺序，采用相对标高控制方法，利

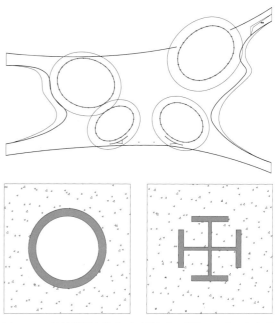

图 23-27 钢骨混凝土柱范围（洋红色区域）、圆型、十字型钢骨混凝土柱截面

用塔吊、钢楔、垫板、撬棍及千斤顶等工具将钢柱校正准确。钢柱校正方法如图 23-28 下图所示。

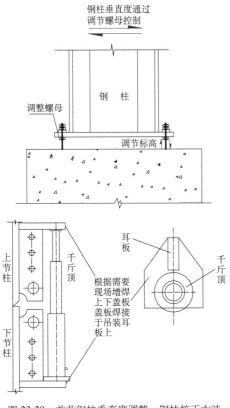

图 23-28　首节钢柱垂直度调整、钢柱校正方法

23.7　扇形曲面观众席施工

1. 扇形曲面观众席概况

本工程观众席主要由扇形曲面踏步组成，池座、楼座每台踏步高度均不相同，楼座为悬挑看台，最大悬挑跨度 7750 mm，悬挑预应力主梁尺寸 400 mm×1200 mm，次梁 400 mm×700 mm，楼板厚度 100 mm。由于其每步踏步高度、曲面弧度均有偏差，施工难度较大，本节主要以歌剧厅观众席为例阐述曲面看台施工方法，其他参照执行。

歌剧厅池座踏步高度 47 ～ 172 mm，楼座台阶高度 360 ～ 373 mm、553 ～ 567 mm，每台踏步高度不一。歌剧厅剖面图如图 23-29 所示。

2. 扇形曲面观众席施工

1）观众席支架搭设

脚手架采用钢管扣件式体系，歌剧厅观众席池座、

楼座踏步宽度 900 ～ 950 mm，立杆径向间距同踏步宽度，环向间距 500 ～ 550 mm，水平步距 1200 mm，立杆位于踏步中心线上，其支架搭设平面图与立面如图 23-30 所示。

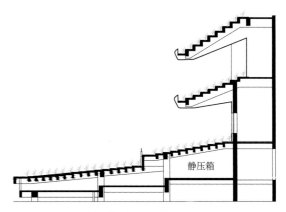

图 23-29　歌剧院楼座剖面图

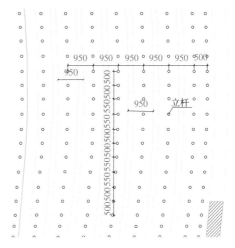

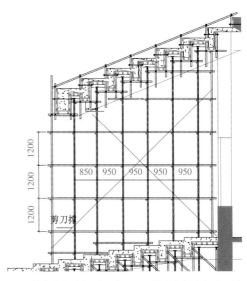

图 23-30　楼座支架立杆平面布置图、楼座支架立杆立面布置图

1200 mm×400 mm，预应力悬挑梁主梁施工时，下层模板支架不拆除，悬挑梁的立杆与下层立杆一一对应，其支架搭设如图 23-31 所示。

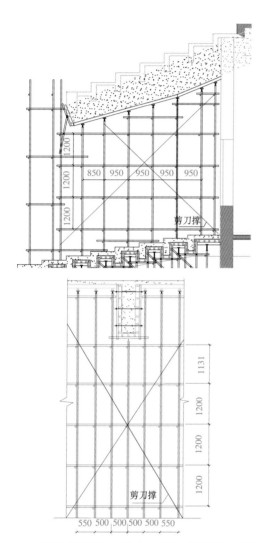

图 23-31 悬挑梁沿轴线方向剖面图、悬挑梁沿曲线方向剖面图

2）模板加固

观众席为弧形踏步，弧形模板处采用梁侧模主楞与梁底主楞沿弧形曲线固定，通过侧模主楞定位完成弧形曲面定位。踏步采用 18 mm 厚镜面板，梁底主楞采用 ϕ48×3 mm 单钢管，梁底次楞采用 50 mm×100 mm 木方，梁侧模板次楞 50 mm×100 mm、50 mm×50 mm 木方，梁侧主楞 ϕ48×3 mm 双钢管，采用 ϕ12 对拉螺栓进行加固，对拉螺栓 500～550 mm，踏步高度不够的采用铁丝与木方进行加固，其模板加固图如图 23-32 上图所示。

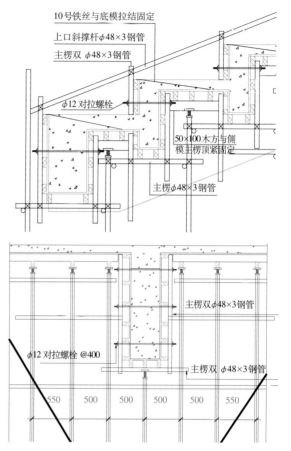

图 23-32 采用对拉螺栓加固楼座踏步示意图、大梁模板支设示意图

径向悬挑梁悬臂长度达到 7750 mm，梁高 1200 mm，局部 1500 mm，宽度为 400 mm，悬挑主梁支架稳定性是楼座模架的关键，悬挑主梁次楞为 50 mm×100 mm 木方，主楞为 ϕ48×3 mm 双钢管，对拉螺栓间距 400 mm×500 mm，第一道距底模 200 mm，其模板加固如图 23-32 下图所示。

3）混凝土工程

观众席区块划分同主体结构，混凝土浇筑与本楼层其余楼板一起浇筑，混凝土浇筑应由低到高，依次浇筑，混凝土采用低流动度，坍落度 140 mm 左右，扩展度 400 mm 左右。

23.8 预应力工程

1. 预应力工程概况

本工程预应力采用后张法有粘结预应力技术。预应力工程量主要分布见表 23-4。

预应力主要工程量分布范围 表23-4

序号	部位	分布范围	图示
1	公共大厅	三层平面局部梁	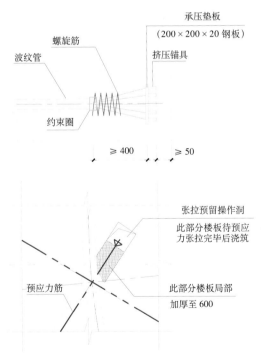
2	歌剧厅	三、四层平面池（楼）座折线梁	
3	音乐厅	三层、七层平面局部梁	
4	戏剧厅	三层夹层、三层至五层及屋面层局部梁	

2. 预应力深化设计

（1）公共大厅三层平面局部采用预应力梁，两端张拉。位于西侧的张拉端设置在清水混凝土内，为保证清水混凝土外观及施工质量，拟将此处的预应力张拉端改为固定端，固定端节点做法见图23-33上图所示。

（2）在结构边缘张拉的预应力梁拟在梁侧或梁端采用内凹式张拉端；在结构中部张拉的预应力梁拟采用加腋张拉端，加腋张拉端做法示意见图23-33下图。

图 23-33 固定端节点做法示意、加腋张拉端节点做法示意

3. 预应力工程主要施工方法与措施

1）预应力筋铺放

预应力钢绞线铺放顺序为：

安装梁底模→绑扎梁钢筋及箍筋→根据设计图纸在箍筋上点焊波纹管支架→波纹管就位、张拉端配件预埋→预应力钢绞线穿入孔道→绑扎梁拉结筋→安装梁两侧模板。

梁两侧模板安装须在预应力筋安装完毕后进行；拉结筋待预应力筋安装完毕后再进行绑扎。

2）预应力张拉

混凝土强度达设计要求强度后，方可进行张拉。张拉时应严格按照设计的控制应力进行张拉，油压应缓慢、平稳上升，并应按顺序对称张拉。实际伸长值与计算伸长值偏差应在 -6% ～ +6% 之内，否则应暂停张拉，查明原因并采取措施后方可继续张拉。

3）孔道灌浆及封锚

预应力筋张拉后应尽早灌浆，灌浆前应先优化配合比设计，定出合理的外加剂及灌浆材料配合比。灌浆压力宜适中（封闭灌浆嘴时压力约为 0.6 MPa），应防止灌浆管接口处炸开，造成水泥浆伤眼。灌浆时应及时制作水泥浆试块。灌浆后切除外露多余钢绞线，并用比结构高一等级的细石混凝土封锚。

4）相应措施

（1）预应力束位置固定的措施

预应力施工前，应绘制预应力曲线定位图，进行 1:1 放样，定位点的水平间距不大于 1 m，波纹管固定做法见图23-34上图所示。

（2）灌浆质量保证措施

为保证预应力孔道灌浆质量，在曲线预应力孔道的每波峰处安装一个泌水孔兼作灌浆孔。做法如图23-34下图所示。

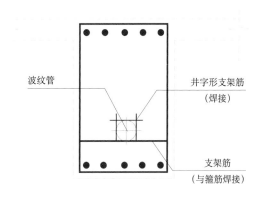

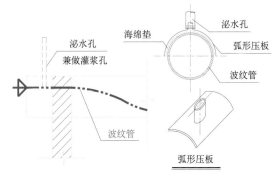

图 23-34　波纹管固定做法示意、泌水管与波纹管连接做法示意

（3）张拉质量保证措施

① 所有施工人员必须进行岗前培训；

② 选择最佳的供货单位，严把物资采购关，所有材料厂家必须提供产品合格证，按规范抽样试验；

③ 张拉设备须配套进行标定，一表一顶，压力表精度不低于 1.5 级；

④ 建立严格的检查制度，班组之间要进行自检、互检和交接检。

23.9　钢结构工程施工方案与技术措施

本工程钢结构包括歌剧厅、戏剧厅、音乐厅和公共大厅四部分。

歌剧厅钢结构分布在 4 层、5 层、6 层及屋面层，主要由大跨度钢梁和钢桁架组成，钢梁最大跨度 24 m，重 23t，桁架最大跨度 34.7 m，重 50t。

戏剧厅钢结构分布在 3 层、4 层及屋面层，全部为大跨度钢梁，最大跨度 26.8 m，重 19.7t。

音乐厅钢结构位于 5 层，全部为钢桁架，桁架最大跨度 37 m，重 53t。

歌剧厅、戏剧厅和音乐厅在标高 –6.8 ～ 11.9 m 范围还含有劲性柱，结构形式为十字柱，重量为 14.7t。标高 11.9 m 公共大厅钢结构是由圆管柱和钢梁所组成的钢框架结构。

1. 钢结构施工组织

1）钢结构整体吊装思路

标段内钢结构多为大跨度结构，可采用分段安装、高空散装或整体提升等施工方案来进行施工，但考虑本工程工期紧张，为了加快施工进度，为后续施工争取时间，计划采用现场拼装、使用大型履带吊在地下室顶板上就位、整体吊装的施工方案。钢结构施工阶段整体布置见图 23-35。

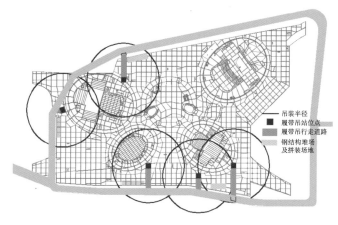

图 23-35　钢结构施工平面布置图

2）临时道路加固方案

（1）地下室顶板上的吊车站位点、行走道路、拼装场地区域，采用格构柱进行加固，并铺设路基箱。视觉示意图如图 23-36 所示。

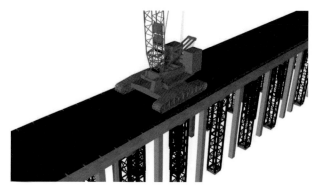

图 23-36　加固示意图

（2）吊机站位区域进行重点加固，在梁跨中位置及板中心全部进行加固，行走道路及构件堆场仅在梁跨中位置进行加固，站位位置加固示意如图 23-37 所示。

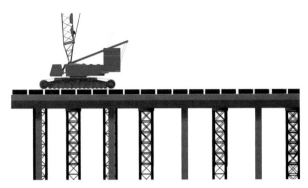

图 23-37　履带吊站位加固立面示意图

路基箱长 9 m，宽 1.8 m，两端加 50 mm 厚垫板，H 型钢规格为 588 mm×300 mm×12 mm×20 mm，材质为 Q345B。格构柱采用四根钢管（ϕ159×10）为主肢、角钢∟75×6 为缀条组成的格构式截面，材质均为 Q235B。管中心间尺寸为 1500 mm×1500 mm，最大支撑高度为 6.8 m。

3）加固验算分析

单个承重支架稳定性验算：上部履带吊自重 + 吊物重 =480t，取为 4800kN，使用则共 6 个承重支架承受此荷载，每个支架承受 800kN，每根钢管承受 200kN。

履带吊对路基箱的结构分析：根据履带吊的重量及履带的投影面积，履带吊的对地最大压力（自重 + 配重 + 吊物重）为 320kN/m²，而最小压力（自重）为 140 kN/m²。分析模型可以简化，按两端简支考虑，路基箱长 9 m，宽 1.8 m，两端加 50 mm 厚垫板，H 型钢规格为 588 mm×300 mm×12 mm×20 mm，材质为 Q345B，变形、应力均满足结构使用要求，结论为可行。

2. 钢结构吊装方案

1）典型单体劲性柱吊装方案

歌剧厅、音乐厅和戏剧厅各有 28 根、20 根和 22 根十字劲性柱，截面规格为 600 mm×350 mm×30 mm×50 mm，劲性柱均分两段进行吊装，第一段标高范围-6.8～1.2 m，重量为 6.3t，第二段标高范围 1.2～11.9 m，重量为 8.4t。第一节钢柱在底板施工阶段，采用 50t 汽车吊就位吊装，第二节钢柱在地下室顶板上使用 50t 汽车吊就位吊装。

典型单体劲性柱安装流程	表23-5
施工图示	

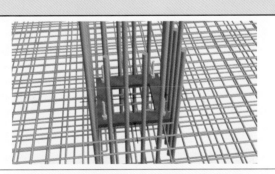

（1）在底板面筋绑扎过程中进行柱脚埋件定位预埋工作

（2）在与土建交叉施工过程中，做好地脚螺栓的监测和保护措施

（3）结构底板施工完成后，使用50t汽车吊进行首节钢柱的吊装，并进行校正

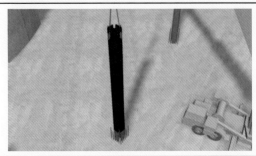

（4）地下室顶板施工完成后使用50t汽车吊进行第二节钢柱的吊装，并进行校正

2）钢桁架吊装方案

钢桁架主要分布在歌剧厅和戏剧厅。歌剧厅共计 5 榀桁架，桁架最大跨度 35 m，重量为 50t，5 榀桁架均分三段制作、运输至现场拼装成整体吊装；音乐厅共计 9 榀桁架，桁架最大跨度 37.2 m，重量为 53t，其中 GHJ-1 无需分段，GHJ-2 和 GHJ-9 分两段制作，GHJ-3 ～ GHJ-8

分三段制作。歌剧厅和音乐厅桁架布置见图 23-38。

桁架拼接成整体后使用 450t 履带吊进行吊装，主臂长度 36 m，副臂长度 66 m，在塔式工况下加超起进行桁架吊装，现以音乐厅 GHJ-5 吊装（最不利工况）为例，分析现场安装工况，桁架采用两点吊装方式进行吊装，表 23-6 为 60°桁架起吊分析。

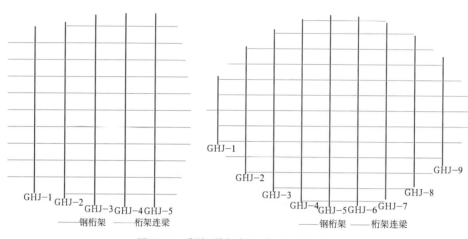

图 23-38 歌剧厅桁架布置、音乐厅桁架布置

60°桁架起吊分析 表 23-6

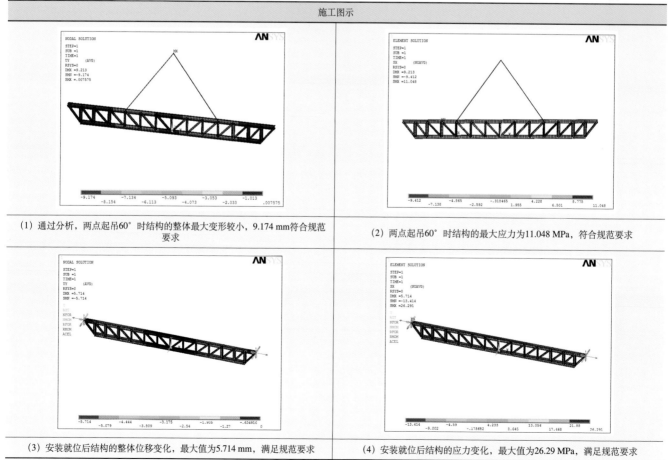

施工图示	
（1）通过分析，两点起吊 60°时结构的整体最大变形较小，9.174 mm 符合规范要求	（2）两点起吊 60°时结构的最大应力为 11.048 MPa，符合规范要求
（3）安装就位后结构的整体位移变化，最大值为 5.714 mm，满足规范要求	（4）安装就位后结构的应力变化，最大值为 26.29 MPa，满足规范要求

3）歌剧厅吊装方案

歌剧厅钢结构由劲性柱、大跨度钢梁、钢桁架组成，劲性柱分布于 -1 ～ 3 层，其余主要分布在 4 ～ 7 层，其中 6 层舞台区域还包括 5 榀桁架及连梁，歌剧厅核心筒构件详细分布情况统计见表 23-7。歌剧厅钢结构施工是在土建核心筒结构全部完成后，再插入进行，施工采用 450t 履带吊就位整体吊装，歌剧厅在垂直方向有多层结构，为避免履带吊重复移位，采取分区吊装，将一个区域垂直方向的几层结构全部施工完成后，再进行下个区域施工，分区见图 23-39 左图，施工布置及吊装立面见图 23-39 右图。

大跨度钢梁和桁架利用 450t 履带吊进行吊装，桁架连梁利用 STT200 型塔吊进行吊装。歌剧厅钢结构安装顺序为：1 区钢梁安装→2 区钢梁安装→3 区钢梁安装→4 区桁架安装→4 区连梁安装→5 区钢梁安装，歌剧厅安装流程见表 23-8。

4）钢外壳与混凝土结构之间连梁吊装

三个单体内的斜柱与混凝土结构间的连系梁必须要等 11.9 m 环梁生根的钢斜柱安装完成才能进行吊装，与斜柱整体考虑，同时安装，计划采用履带吊进行吊装。

5）公共大厅钢结构吊装

本标段内公共大厅钢结构长 159 m，宽 20 m，标高 11.9 m，主要由圆管柱、钢梁组成，其中圆管柱共 12 根，钢梁共 265 根，其中 1 根为方管梁，其余均为 H 型钢梁。整体示意图见图 23-40。

圆管柱分两节吊装，第一段标高范围 -6.8 ～ 1.2 m，重量为 16t，第二段标高范围 1.2 ～ 11.9 m，重量为 21t。第一节钢柱在底板施工阶段进行安装，第二节钢柱待单体钢结构封顶后进行安装，然后继续安装 12 根圆管柱之间的主梁，主梁分段安装，下方设支撑胎架，分布如图 23-41 所示，主梁安装结束后进行剩余次梁安装，施工主要采用 2 台 100t 汽车吊作为主要吊装机械。

戏剧厅构件统计　　　　　　　　　　　　　　　　　　　　表23-7

区域	构件分布楼层	构件类型	数量（根）
1区	四层、五层、六层	钢梁	15根
2区	四层、六层	钢梁	14根
3区	四层、五层、六层	钢梁	15根
4区	六层	桁架、连梁	桁架5榀、62根连梁
5区	七层	钢梁	15根

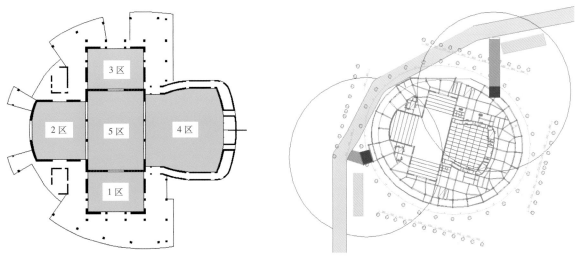

图 23-39　歌剧厅分区示意、施工布置及吊装立面图

歌剧厅钢结构安装流程　　　　　　　　　　　　　　　　　　　　　　　表23-8

施工图示

（1）利用450t履带吊吊装1区钢梁

（2）利用450t履带吊吊装2区钢梁

（3）利用450t履带吊吊装3区钢梁

（4）利用450t履带吊吊装4区钢桁架；利用STT200塔吊进行4区桁架连梁安装

（5）利用450t履带吊吊装5区钢梁

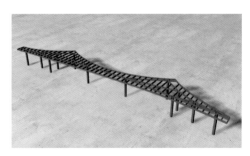

图23-40　公共大厅效果图

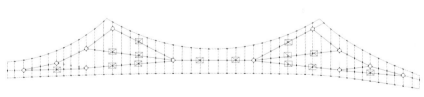

图23-41　支撑布置图

6）钢结构现场拼装方案

本标段三个单体均有大跨度钢梁，其中歌剧厅和音乐厅各有5榀和9榀钢桁架，大跨度钢构件需在加工厂分段制作，运输至现场拼装成整体吊装。采用50t汽车吊站位于基坑外道路上进行构件拼装。根据拼装方式及桁架尺寸、重量设计拼装胎架。大跨度钢梁及桁架均按设计要求进行起拱，质量人员对构件整体进行验收合格后方能进行吊装。钢结构拼装的流程见表23-9。

钢桁架拼装流程　　　　　　　　　　　　　　　　　　　　　　表23-9

施工图示		
		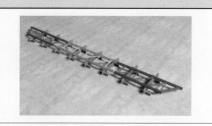
(1) 设置拼装胎架并找平。在拼装胎架上放样控制线用于桁架定位	(2) 吊装第一分段桁架于拼装胎架上，调整好桁架位置	(3) 吊装第二、三分段桁架；通过倒链、千斤顶等工具调整分段桁架位置
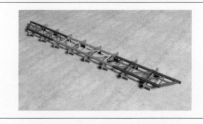		
(4) 分段桁架调整就位后，吊装剩余散件	(5) 桁架尺寸检查合格后焊接成整体	

3. 钢结构制作十字柱制作工艺

十字柱制作工艺见表23-10。

十字柱制作工艺　　　　　　　　　　　　　　　　　　　　　　表23-10

	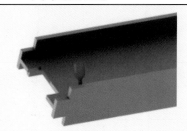	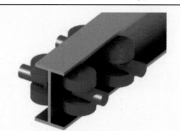
H、T型钢组立	自动埋弧焊接	H、T型钢矫正
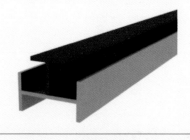		
T型组立	十字柱组立	

第4篇

大型剧院工程绿色施工技术案例

实施绿色施工是建筑行业实现可持续发展的必然要求，也是工程项目施工的现代化发展方向。传统的工程施工造成巨大的资源环境压力，引起扬尘、噪声、眩光、固废污染。开展节能减排，实现绿色施工是建筑行业的重要工作。

本篇以各大剧场工程施工过程中采用的绿色施工技术为例，按节能与能源利用、节水与水资源利用、节地与土地资源利用、节材与材料资源利用、环境保护五部分编写。由于每个绿色施工技术是结合工程实际应用的，具体设计参数具有唯一性，在此仅供业内参考。

第 24 章　剧院工程绿色施工技术案例

24.1　节能与能源利用技术

1. 剧院工程远程能耗管理系统

1）主要技术内容

目前，国家和地方制定了一系列的绿色施工规范和标准，各施工项目关于绿色施工的节能措施也越来越多，但仍存在一些弊端，能耗管理问题及项目管理现状见图 24-1。

（1）项目部根据实际情况，设计一套远程能耗管理系统，系统原理图如图 24-2 所示。

（2）远程能耗管理系统实施情况如图 24-3 所示。

（3）功能应用

远程能耗系统具有三大功能：

①数据采集与处理，对现场节水、节电情况实时

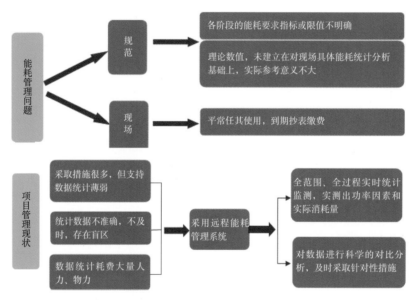

图 24-1　能耗管理问题及项目管理现状

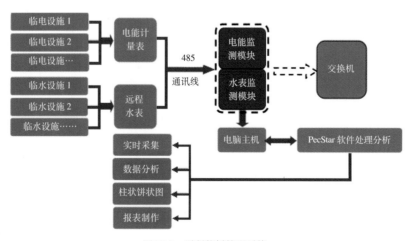

图 24-2　远程能耗管理系统

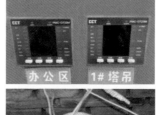

监控系统主界面　　临电系统监控图

临水系统监控图　　临电临水系统结构图　　远程能耗监测现场示意图

图 24-3　远程能耗管理系统实施情况

精准统计，为绿色施工效果评价提供可靠数据支持。

②报警功能，剖析每时每刻临水临电实际用量，针对消耗量较大的设施或系统制定相应解决方案，以管控能耗降低成本。

③曲线报表，对能耗高峰阶段不正常能耗曲线和峰值进行监测分析，有效监控临水跑冒滴漏，临电偷电、漏电以及大功率用电设备使用。见图 24-4。

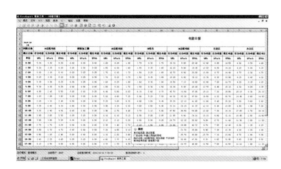

电能日报

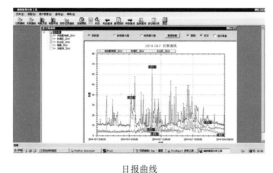

日报曲线

图 24-4　远程能耗系统

通过本项目绿色施工能耗信息化数据的采集，建立数据库，分析出同等类似项目，整体施工阶段临水、临电系统的用量情况。为公司投标报价提供参考依据，为专业分包水电费收取提供依据。

2）技术指标

可以实时反应现场临水临电动态值，有效监控现场临水临电。

3）经济、环境效果分析

（1）经济效果分析

利用远程能耗管理系统反馈的数据，优化临电系统配置，节约电能、提高供电质量、降低施工用电成本投入。同时通过能耗监信息化数据的采集，建立数据库，分析出同等类似项目，整体施工阶段临水、临电系统的用量情况，为公司投标报价提供参考依据，避免发生报价不均衡造成损失。

（2）环境效果分析

通过能耗监控系统及时发现现场临水临电偷漏跑冒现象，并作出相应解决措施，避免水电资源浪费现象发生，从而达到节水节电效果。

2. 太阳能路灯节能环保技术

1）主要技术内容

太阳能作为一种取之不尽、用之不竭的安全、环保新能源，在工程施工中越来越重视绿色环保技术应用的今天，合理利用太阳能对提升工地形象、塑造施工人员绿色环保节约意识有极大帮助。

太阳能路灯是利用太阳能电池板，白天接受太阳辐射能并转化为电能经过充放电控制器储存在蓄电池中，夜晚当照度逐渐降低，充放电控制器侦测到照度降低到特定值后蓄电池对灯头放电。

在工程使用过程中选用太阳能专用大功率 LED 路灯，采用大功率的 LED 芯片发光，LED 芯片是高性能的半导体材料，发光效率高，实际的使用寿命可达 5 万个小时以上，每瓦的光通量可达 100 流明以上，高效节能，免维护。

2）经济、环境效果分析

（1）经济效果分析

太阳能路灯因其具有不受供电影响、不用开沟埋线、不消耗常规电能等特点，体现了节能技术，并只需一次投入，可以使用 5～6 年左右，施工现场 30W 大功率 LED 节能路灯的亮度就可以达到普通钠灯或白炽灯 200W 的亮度。按当地日均有效光照 4h 以上计算，放电时间便可达到 10h，满足现场施工需要。施工现场路灯高 3m，价格为 450 元一台，而类似的普通路灯价格在 350 元左右。如果按照一个施工现场需 20 盏路灯每天照明 8h 持续 1 年的时间来计算太阳能路灯与同等亮度的普通路灯投入费用对比见表 24-1（施工用电电费按每度 0.85 元计算）。

太阳能路灯与同等亮度的普通路灯
投入费用对比如下表　　　　　表24-1

路灯类型	数量（盏）	时间	路灯本身价格（元/个）	一年电费（元）	合计投入（元）
太阳能路灯	20	1年	450	0	9000
普通路灯（200W）	20	1年	300	9928	15928

由表 24-1 可以看出，太阳能路灯节约成本效果明显，且因其一次性投入，安装数量越多，持续时间越长，其经济效果越显著。

（2）环境效果分析

①节能环保

使用太阳能时不会污染环境，它是最清洁能源之一，不会排放出任何对环境不良影响的物质，是一种清洁的能源。在越来越注重绿色环保施工的今天，这一点是极其宝贵的。

②安全

由于不使用交流电，而且采用蓄电池吸收太阳能，通过低压直流电转化为光能，是最安全的电源。其不使用现场施工用电，故不需在现场挖沟埋电缆线和穿线，减少现场施工用电触电危险，并满足了施工需要，见图 24-5。

图 24-5　江苏大剧院太阳能路灯安装图

24.2　节水与水资源利用技术

1. 施工现场雨水回用

1）主要技术内容

（1）工程背景

本工程地下室顶板上需回填种植土，地下室结构顶标高低于周边加工场地及厂区道路约 2m，降水频繁且降雨量大，基坑周边土方回填后车库顶板极易积水；在干旱炎热的夏季经常供水不足，地上主体结构施工需大量养护用水，施工用水短缺；同时解决车库顶积水、施工用水短缺两个问题，减少自来水用量，节省成本。

（2）工作原理

项目设置的雨水收集系统，将车库顶板雨水及各楼座核心筒内雨水引排至地下 2 层主要集水坑，利用地下室内正式消防水池作为储水箱，收集雨水经沉淀后排至消防水池，沉淀后的雨水作为施工用水及消防用水。

（3）车库顶板雨水回收利用系统构造及制作

雨水回收系统主要由雨水收集、过滤沉淀、加压泵送、循环利用四部分组成。所需材料为水泵、铸铁管、水箱、PVC 管等。后台制作时先根据地下室集水坑位置及车库顶板场地布置情况绘制出水管线路分布图，确定水管所需个数及长度，按图支设水管固定架。用 PVC 管及铸铁管从车库顶板落水口处接入集水坑，同时将水泵固定在集水坑内，由水泵开始焊接铸铁水管，沿固定架将水管接至沉淀水箱，经过三级沉淀、过滤，最终用水泵将过滤后的水引至写字楼消防水池储备，进入现场施工临水系统。雨水收集利用系统如图 24-6 所示。

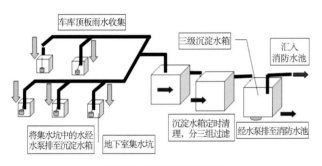

图 24-6　雨水收集系统图

2）技术指标

（1）施工现场遇大暴雨天气，现场积水不超过 4h。

（2）雨水日常储存量超过 500 m³，雨水经沉淀、过滤后满足主楼消防用水使用，水量充裕时部分作为现场施工用水使用。

3）经济环境效果分析

（1）经济效益分析

雨水收集系统利用正式集水坑、消防水池，仅安装架设少量可周转使用排水管道，安装临时加压水泵等，一次投入成本低。雨水收集系统节省车库顶板排水费用的同时，也减少了施工用水、消防用水费用的投入，取得了很大的经济效益。

通过对车库顶板及地下室雨水的回收利用，满足了地上主体结构、二次结构及初装修阶段的施工用水及消防用水，并取得经济效益显著。

（2）环境效益分析

车库顶板雨水回收利用的优点及解决关键性问题如下：

①解决车库顶板雨季积水影响加工场地使用的问题，以及持续降雨导致地下室 -2 层及核心筒内积水过多影响后续施工的难题。见图 24-7~ 图 24-9。

图 24-7　车库顶板雨水收集管道架设图、雨水排入集水坑管道图

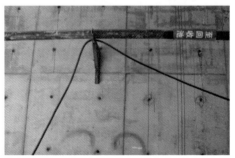

图 24-8　集水坑排水管道安装图、雨水排入回收池管道

图 24-9　正式消防水池加压水泵

②市政供水不足的难题得到解决，同时美化了施工环境，符合绿色施工节能减排的要求。

2. 混凝土养护节水技术

1）主要技术内容

混凝土养护使用薄膜覆盖养护替代传统洒水养护，薄膜覆盖养护，用薄膜把混凝土表面敞露的部分全部严密地覆盖起来，保证混凝土在不失水的情况下得到充足养护。

楼板混凝土最后一遍收面时，边收面边覆盖薄膜，通过张力作用，薄膜较好地粘结在板面上；竖向构件拆除模板后，将薄膜缠绕覆盖在柱墙上，收口部位用胶带粘住。冬期施工时，为防止薄膜内水冻结，加盖土工布。

实践表明，薄膜的保水效果显著，可周转使用，提高了混凝土的早期强度，缩短了养护周期，大大节约了水资源。见图 24-10。

图 24-10　边收面边覆盖

2）技术指标

薄膜必须不透气、不透水，土工布具有良好的保温效果。

3）经济、环境效果分析

（1）经济效果分析

使用薄膜养护，由于可以周转使用，费用特别低，大大节约用水，见表 24-2。

薄膜的保水效果显著，养护周期缩短 40%，加速了模具的周转，缩短了工期，降低了工程成本。

混凝土养护使用薄膜养护经济效果分析表　　　　　　　　　　表24-2

项目	节水用水定额（L）	方量	节约用水（方）
混凝土自然养护	180	31000	5580

（2）环境效果分析

传统的洒水养护极易造成污水横流，与文明施工、绿色施工的要求相去甚远，薄膜覆盖无须洒水，一步到位，有助于文明施工的实现。

24.3　节地与土地资源利用技术

1. 可周转式钢材废料池

1）主要技术内容

可周转钢板式钢材废料池全部采用钢材制作，具

有制作成本低，可移动周转使用，环保效果好等特点，外形尺寸：$a \times b \times h$=2.5 m×2.5 m×1.8 m，主要材料：钢板 3 mm 厚，角钢 45×45，圆钢 ϕ 16。

2）技术指标

钢材废料池制作、加工应符合现行国家标准《钢结构工程施工质量验收规范》GB 50205 有关规定。

3）经济、环境效果分析

（1）经济效果分析

钢板式废料池与砌体废料池成本分析详见表 24-3。

成本对比明细表   表24-3

用料名称	用料规格	单位	市场单价	钢板式废料池		砌体式废料池	
				用量	合价	用量	合价
钢板	2500×1800×3	kg	4.5	410.4	1846.8		
角钢	L45×45	kg	4.1	56.8	232.9		
圆钢	ϕ16	kg	4.1	5.7	24.8		
电焊条	E4300	kg	15	2	30		
普砖	240×115×53	千块	500			2.6	1300
砌体用砂浆		m³	360			1	360
抹灰用砂浆		m³	360			0.8	288
水		m³	5			2	10
防锈漆		kg	11.5	5	57.5		
调和漆		kg	11.5	4	46	12	138
人工费		工日	150	4	600	6	900
钢材残值		元/kg	2	472.9	945.8		
拆除垃圾处理		元/m³	150			4	600
成本合计		元			1891.2		3596
成本减少		元		1704.8			

每个钢板式废料池比砌体废料池成本减少1704.8元，本分析是按使用一次计算，如周转使用，成本成倍降低，效果更加明显。

另外，处理废料时，可根据情况移走废料池，方便出料。本方案是无底设计，可以设计成可开启式活动底板，直接吊装卸料，更加方便。

（2）环境效果分析

钢板废料池减少固体建筑垃圾排放，减少施工、拆除期间粉尘排放，节约占地，节约制砖用地，节约浇砖、拌砂浆等用水。钢板废料池增加钢材焊接时有害气体排放，见图24-11。

2. 预留后浇楼板内预留料具堆场

1）用途及原理

在楼层板上设置料具堆场，对应上部楼板预留，后浇筑，提高在建工程空间利用率。

图24-11 实物图

2）做法

（1）项目根据塔吊方位和自身楼层板特点，合理选取预留部位作为料具堆场。

（2）模板面板及背楞龙骨不变，对楼板下方支撑架和梁支撑架进行加固。

（3）依据技术计算，采用碗扣式脚手架和扣件式钢管架共同加密加固，错位布设。

（4）梁下立杆与楼板支撑架立杆对齐，水平横杆与周边楼板支撑架横杆拉通。

（5）堆场内预留土建吊装孔，临边搭设安全防护，挂设密目网。

（6）堆场边界涂刷醒目油漆，设置标识牌，安排专人管理，见图 24-12。

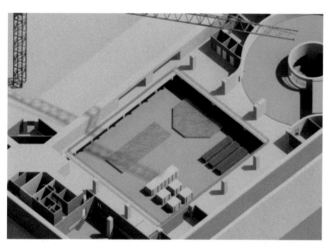

图 24-12　预留后浇楼板内预留料具堆场

3）实施效果

节约了堆料用地，提高了空间利用率；合理选取预留区域，近塔设置，方便物料转运；施工区与料具堆场进行转化，方便施工，节约成本。

4）注意事项

（1）堆场区域脚手架在堆场停止使用后方可拆除，拆除前需清除堆场内所有材料。

（2）加固区支撑架搭设方案同模板施工方案。

（3）堆场区域楼板强度达到设计强度 75% 后方可开始堆料。

（4）堆放材料不可超过对应区域的荷载限值。

24.4　节材与材料资源利用技术

1. 贝雷片支撑应用技术

贝雷片起初是一种米字型桁架钢桥，后经过改进形成了现在的贝雷片。贝雷片通过连接和相关构造，可用来搭设临时或永久性桥梁、组装架桥机和龙门吊、组装各种排架和支撑架等，用途非常广泛。

1）主要技术内容

（1）主要构配件有桁架、支撑架、角撑、础板、连接销轴和加强弦杆，见图 24-13。

图 24-13　桁架支撑架

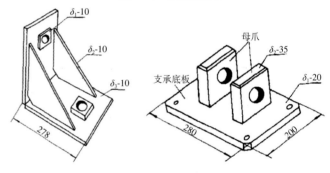

图 24-14　贝雷片主要构配件

（2）桁架长向接长、通过连接构造后，水平放置可用作梁，竖立放置可用作柱。

（3）贝雷梁或贝雷柱根据荷载大小计算桁架的排数，但不得少于两排。相邻两排采用支撑架连接成整体。根据支撑架型号的不同，一片支撑架可连接两片、三片或四片桁架，见图 24-14。

（4）贝雷柱根据组装形式可有两种形式：排架柱和塔柱。当将三片或四片桁架平行放置并用支撑架连接时，形成的柱为排架柱；当将四片桁架互成 90° 放置并用角撑和支撑架连接时，形成的柱为塔柱。

（5）当采用标准桁架、最小间距排列仍不能满足受力要求时，可在标准桁架上、下表面附着加强弦杆，以增强抗弯、抗剪能力；也可采用新型桁架片。

（6）贝雷片使用前应根据荷载设计桁架的选型、间距等参数，并重点考虑稳定性问题，特别是贝雷柱。

2）技术指标

桁架的标准尺寸是 1.5 m×3 m，桁架并排间距可以是 450 mm、900 mm 和 1350 mm，由支撑架的规格决定。

3）经济、环境效果分析

（1）经济效果

重复利用的贝雷片有效避免了为每个工程单独制作的钢桁架，其造价只有钢桁架的 50% ~ 70%。

（2）环境效果

能重复利用，避免了为每个具体工程单独制作钢桁架支撑所浪费的钢材和焊接、切割等工序，节约了资源，减少了排放，见图 24-15。

图 24-16　现场钢平台基础 -1、现场钢平台基础 -2

钢梁与塔吊标准节连接。塔身荷载通过两排钢梁传至钢格构柱，进而传递给桩基，最终由基坑底以下的土层承担，见图 24-16。

本技术采用井字型钢钢平台塔吊基础，钢格构柱、钢梁在工厂加工运至现场，加劲板、格构上垫板以及水平十字撑、剪刀撑在现场加工。此塔吊安装、拆除方便，可以在塔吊安装前进行钢梁的加工，同时省去了混凝土的养护时间。螺栓预留孔根据塔吊标准节螺栓尺寸进行放样开孔，螺栓孔精度较高。基础拆除只要拆卸螺栓进行吊运，不需要破碎混凝土，拆除方便。

2）经济、环境效益分析

（1）经济效益分析，见表 24-4。

图 24-15　江苏大剧院外罩钢结构采用贝雷柱支撑

2. 格构式井字梁钢平台塔吊基础技术

1）主要技术内容

钢平台基础由塔吊钻孔灌注桩、钢格构柱、钢梁、格构柱间斜（横）撑、水平支撑、垫板、加劲板等组成。格构柱顶焊接垫板，下面两道钢梁与格构柱螺栓连接，上面两道钢梁与下面两道钢梁用螺栓连接，上面两道

每台塔吊采用钢平台基础与钢筋混凝土基础的材料费的对比（元／台）　表24-4

传统钢筋混凝土塔吊平台				钢平台基础			
项目	用量	单价	总价（元）	项目	用量	单价	总价（元）
C30基础混凝土	25 m³	335	8375	钢梁	7.08t	7000	49560
C15垫层混凝土	2.704 m³	320	865.28				
钢筋	12t	4600	55200				
模板	22.08 m²	46	1015.7				
材料费合计			65456	材料费合计			49560

材料上每台钢平台基础就比传统的混凝土基础节约材料费15896元。钢平台可提前投入使用，在工期方面有明显的先进性与新颖性，从工期上减少了工期的浪费，从经济上减少了人工、机械、材料的浪费。

钢梁拆除后可以重复利用，按每组钢梁可以使用3个工地计算，每个工地可以节约0.5万元，共计节约1.5万元。钢梁报废后市场回收约为1万元，所以1个井字型钢钢平台塔吊基础可以节约经济效益为2.5万元。

（2）环境效果分析

传统的钢筋混凝土塔吊基础使用了大量的钢筋、混凝土、模板，而且一次投资不能循环利用，浪费了大量的材料，产生了大量的建筑垃圾。水泥生产过程中产生了大量的二氧化碳以及木模板由原木制作都不利于环境的可持续发展，另外在混凝土平台拆除时也会造成扬尘影响空气质量。

钢平台可以循环利用，并且报废后可以被回收再利用，减少了材料的浪费，有利于节能环保。

24.5　环境保护技术

1. 施工车辆自动冲洗装置的应用

1）主要技术内容

随着大气污染的日益加剧，施工场地泥土带出工地污染道路造成扬尘污染的情况增多。保护环境已成为迫在眉睫的事情，响应政府的号召，减少排放及污染，工地采取养成防控及措施。

2）标准规范

《中华人民共和国大气污染防治法》；《建设工程文明施工管理规定》；《扬尘污染防治管理办法》；《建设工程扬尘污染防治规范》。

3）经济、环境效果分析

冲洗机构的购买为单价8万，每车冲洗耗水1～3L，冲洗用水可循环使用，能节约大量水资源。冲洗装置拆卸迁移、安装方便，使用寿命长。且工作时无需多人看管，只需配备一人指挥即可。满负荷运行电费为每年3万元左右，加上维修及保养2万。

清洗车辆轮胎及底盘非常彻底，通过高压水多个角度的冲洗，能彻底清除轮胎中间、底盘下夹杂的泥块，防止泥块带到道路上污染路面，造成环境污染。循环水的利用，防止了污水排入市政管网，堵塞市政管网的发生，减少了水资源的浪费，见图24-17和图24-18。

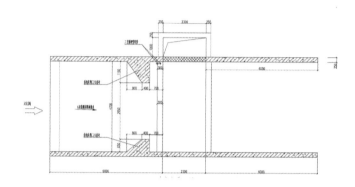

图 24-17　冲洗装置基坑图

图 24-18　冲洗装置工作照片

2. 施工固体废弃物减排及回收再利用技术

1）主要技术内容

传统施工中，混凝土、砂浆等建筑余料由于收集困难，利用率较低，多被作为建筑垃圾进行处理，同时建筑垃圾的清理多采用人工装袋、装箱，再利用垂直运输机械进行运输遗弃，造成建筑材料的浪费、人工的浪费、垂直施工机械耗用、电能的浪费，不符合绿色施工的要求。

本项目采用混凝土余料及工程废料等固弃物收集系统，将建筑垃圾进行回收，采用碎石机将建筑垃圾进行粉碎，然后作为原料用制砖机生产成小型砌块，合理利用。实现了废物利用，环境保护，绿色施工的目的，见图 24-19～图 24-21。

图 24-19　建渣破碎机

图 24-20　制砖机

图 24-21　成砖效果

2）技术指标

破碎粒径 3~15 mm，可实现各种砌块生产，强度满足规范要求。

3）经济、环境效果分析

经济效益分析如表 24-5 所示，经过分析可以看出，本技术措施变废为宝，减少了建筑垃圾的处理费用，符合绿色施工的要求。

减少了建筑固体垃圾弃排对环境的影响，同时变废为宝，实现了建材的循环利用。同时成本较低，人工费用、能源消耗都将大幅度降低。同时由于设置了回收管道，使得操作者的劳动强度大大减轻。

余料回收制砖技术经济效益分析　　　　　　　　　　　　　表24-5

项目	单位	数量	费用单价	节约费用
垃圾处理	吨	20t/月	500元/t	10000元/月
制砖	块	5000块/月	0.5元/块	2500元
人工	工日	120	100元/工日	12000元/月
节约成本	500元/月			

参考文献

[1] 吴硕贤 . 建筑声学设计原理 . 北京：中国建筑工业出版社，2000.

[2] 我国新建剧场的现状及对策研究 .《新建剧场的现状及对策研究》课题组，演艺科技，2014，（3）.

[3] 肖绪文等 . 建筑工程绿色施工 . 北京：中国建筑工业出版社，2013.

[4] 肖绪文，冯大阔 . 我国推进绿色建造的意义与策略 . 施工技术，2013，（7）：1-4.

[5]（法）保罗·安德鲁 . 国家大剧院 . 大连：大连理工大学出版社，2007.

[6] 马卫东 . 安藤忠雄 . 上海保利大剧院 . 上海：同济大学出版社，2015.

[7]《建筑施工手册》（第五版）编委会 . 建筑施工手册（第五版）. 北京：中国建筑工业出版社，2012.